U0397556

中國長江水利史料叢刊

●

叢書主編　郭康松

當邑官圩修防彙述

胡濤　整理

中国水利水电出版社
www.waterpub.com.cn

·北京·

图书在版编目（ＣＩＰ）数据

当邑官圩修防汇述 / 胡涛整理. -- 北京 ： 中国水
利水电出版社，2023.2
（中国长江水利史料丛刊）
ISBN 978-7-5170-9134-9

Ⅰ. ①当… Ⅱ. ①胡… Ⅲ. ①水利史－安徽－当涂县
－清代 Ⅳ. ①TV-092

中国版本图书馆CIP数据核字(2020)第266481号

書　　名	中國長江水利史料叢刊 **當邑官圩修防彙述** DANGYI GUANWEI XIUFANG HUISHU	
作　　者	胡濤　整理	
出版發行	中國水利水電出版社 （北京市海淀區玉淵潭南路１號Ｄ座　100038） 網址：www.waterpub.com.cn E - mail：sales@mwr.gov.cn 電話：(010) 68545888（營銷中心）	
經　　售	北京科水圖書銷售有限公司 電話：(010) 68545874、63202643 全國各地新華書店和相關出版物銷售網點	
排　　版	中國水利水電出版社微機排版中心	
印　　刷	天津畫中畫印刷有限公司	
規　　格	170mm×240mm　16 开本　34.5 印張　513 千字	
版　　次	2023 年 2 月第 1 版　2023 年 2 月第 1 次印刷	
定　　價	**128.00 圓**	

序

水與人類生活息息相關。我國古代把水視爲五行之一，老子認爲"上善若水，水善利萬物而不爭"。"水"字在古代既泛指一切水域，又特指河流，是河流的通稱，如灌水、瀟水、湘水、沅水、漢水、赤水、黑水等。古漢字中的"灾"字，有多種寫法，其中有一種寫作"災"，從水、從火會意，水在滋潤萬物的同時，又會給人類帶來災害。夏朝的開國者大禹就是在治水中成長起來的領袖。在一代一代人治理水利用水的過程中，形成了豐富的水利史料。

先秦時期的文獻中，涉及水利的主要有《山海經》《尚書·禹貢》《周禮·職方氏》等。其後西漢司馬遷在《史記》八書中撰有《河渠書》，在記錄主要河流流域的自然地理與經濟狀況的同時，尤其關注水利工程的興建情況及其利弊，如記載大禹治水、春秋戰國時期韓國水工鄭國修鄭國渠、西門豹引漳河水灌溉鄴地等史實，開創了正史專門記載河流、水利工程的先例。東漢班固在《漢書》中將其改稱爲《溝洫志》，《宋史》定名爲《河渠志》，此後的正史《金史》《元史》《明史》《清史稿》皆沿用《河渠志》之名。

在古代地方志文獻中，也有大量的水利文獻資料。如東晋常璩《華陽國志》中就有記錄都江堰水利工程歷史的內容。唐李吉甫所撰《元和郡縣圖志》，是現存最早的古代地理總志，在每縣下記載着附近山脈的走向、水道的經流、湖泊的分布等。其後的地理總志，如北宋樂史《太平寰宇記》、南宋王象之《輿地紀勝》、祝穆《方輿勝覽》及《明一統志》《清一統志》等保留了這一傳統，保存有大量水利資料。從現存宋元地方志來看，如宋代張津《乾道四明圖經》、羅濬《寶慶

四明志》、梅應發《開慶四明續志》以及《乾道臨安志》《剡錄》《嘉泰會稽志》《寶慶會稽續志》《嘉定赤城志》《澉水志》《景定嚴州續志》《咸淳臨安志》《淳熙三山志》《新安志》《嘉定鎮江志》《景定建康志》等，元代李好文《長安志圖》、熊夢祥《析津志》、于欽《齊乘》、張鉉《至大金陵新志》、楊譓《昆山郡志》、單慶《至元嘉禾志》，均記載有當地的水利資料。明清以來修志成爲定例，省有通志、府有府志、縣有縣志，都記載有豐富的水利資料。

《尚書·禹貢》《史記·河渠書》《漢書·溝洫志》《宋史·河渠志》皆集中於全書之一篇，方志中的水利文獻則較爲分散。其專爲一書者，始於《水經》。《水經》的作者和成書時代歷來説法不一。《隋書·經籍志》有"《水經》三卷，郭璞注"，《舊唐書·經籍志》著錄爲"《水經》二卷，郭璞撰"，改《隋志》之"郭璞注"爲"郭璞撰"，郭成爲作者，而《新唐書·藝文志》著錄爲"桑欽《水經》三卷，一作郭璞撰"，宋以後的著作大多認爲《水經》作者爲桑欽，其時代爲漢代。《四庫全書總目》卷六十九稱："《水經》作者《唐書》題曰桑欽，然班固嘗引欽説與此經文異，道元注亦引欽所作《地理志》，不曰《水經》。觀其'涪水'條中，稱'廣漢'已爲'廣魏'，則決非漢時；'鍾水'條中，稱'晉寧'仍曰'魏寧'，則未及晉代。推文尋句，大概三國時。"《水經》簡要記述了一百三十七條全國主要河流的水道情況。《水經》是保存至今的最早的水利專書，原文僅一萬多字，記載相當簡略，僅"標舉源流，疏證支派而已，未及於疏浚堤防之事也"。北魏酈道元以《水經》爲綱，著成《水經注》，逐一説明各水的源頭、支派、流向、經過、匯合及河道概況，并對每一流域內的水文、地形、氣候、土壤、植物、礦藏、特産、農業、水利以及山陵、城邑、名勝古迹、地理沿革、歷史故事、神話傳説、風俗習慣等，都有具體的記述。全書共四十卷，約三十萬字，所記水道一千三百八十九條。

專言河流水道疏浚之書，蓋始於宋代單鍔《吳中水利書》。單鍔，字季隱，江蘇宜興人。嘉祐四年進士，得第以後不就官，獨留心於吳中水利，嘗獨乘小舟往來於蘇州、常州、湖州之間，長達三十年。凡

一溝一瀆無不周覽其源流，考究其形勢，因以所閱歷著爲此書。宋魏峴撰《四明它山水利備覽》二卷，記載唐至宋它山堰的水利興廢情況，是一本非常珍貴的水利文獻。其後元代沙克什撰《河防通議》二卷、王喜撰《治河圖略》一卷，任仁發撰《浙西水利議答録》十卷，陳恬《上虞縣五鄉水利本末》二卷，歐陽玄《至正河防記》，皆詳言治水之法。

明代，水利專書漸繁。如姚文灏《浙西水利書》三卷、張國維《吳中水利書》二十八卷、歸有光《三吳水利録》四卷、陳應芳《敬止集》四卷、劉天和《問水集》三卷、伍餘福《三吳水利論》一卷、王獻《膠萊新河議》二卷、劉隅《治河通考》十卷、吳韶撰《全吳水略》七卷、潘季馴《兩河管見》三卷、龐尚鴻撰《治水或問》四卷、游季勛等《新河成疏》（無卷數）、王圻《東吳水利考》十卷、鄭若曾《黃河圖議》一卷、潘鳳梧《治河管見》四卷、徐貞明《潞水客談》一卷、張光孝《西瀆大河志》五卷、黃克纘《古今疏治黃河全書》四卷、黃承元《河漕通考》二卷、仇俊卿《海塘録》八卷、吳道南《河渠志》一卷、胡瓚《泉河史》十五卷、袁黃《皇都水利》一卷、朱國盛《南河志》十四卷、薛尚質《常熟水論》一卷等，還有撰者不詳之《新河初議》一卷、《吳中水利通志》十七卷、《新浚海鹽內河圖説》一卷、《黃運兩河考議》六卷等，都是比較著名的水利文獻。

清代，水利專書文獻更加豐富，除長江、黃河、運河、淮河、太湖等流域水利論著頗豐之外，與前代水利文獻相比又出現了新的特點。

一是水利文獻所涉及的地域更廣。福建水利文獻，如陳池養《莆陽水利志》等；新疆水利文獻，如袁大化《新疆圖志》等；浙江水利文獻，如毛奇齡《湘湖水利志》、吳農祥《西湖水利考》等；江西水利文獻，如蔣湘南《江西水道考》等；廣東水利文獻，如明之綱《桑園圍總志》，何如銓、馮栻宗《重輯桑園圍志》等；雲南水利文獻，如孫髯翁《盤龍江水利圖説》等。

二是新增了治水檔案文獻。如陳少泉、胡子脩編《襄堤成案》四卷、王概編《湖北安襄鄖道水利集案》上下兩集，江南河道總督衙門

編《南河成案》五十八卷、《南河成案續編》一百零六卷、《南河成案又續編》三十八卷等。

三是注重水源的考證，如吳麟《江源記》、張文蔚《江源考》、萬斯同《崑崙河源考》、紀昀《河源紀略》、沈檋德《漢水發源考》、孫良貴《楚南諸水源流考》、陳鉙《漢州水源冊》等。

四是海塘文獻明顯增加。繼明代仇俊卿《海塘錄》八卷之後，清代海塘文獻種類及規模都顯著增加。如方觀承《兩浙海塘通志》二十卷，翟均廉《海塘錄》二十六卷，琅玕《海塘新志》六卷、《續海塘新志》四卷，錢文瀚、錢泰階《捍海塘志》一卷，宋楚望《太鎮海塘紀略》四卷，蔣師轍《江蘇海塘新志》八卷，連仲愚《上虞塘工紀略》四卷等。

五是水利叢書的編撰。如吳邦慶編《畿輔河道水利叢書》，是收錄清代畿輔地區（今京津冀地區）水利的專業性叢書。該書成書於道光四年（1824 年）。包括下列著作：清陳儀《直隸河渠志》《陳學士文鈔》（輯自陳儀所著文集中有關畿輔河道水利的文章，共八篇）、明徐貞明《潞水客談》（又名《西北水利議》）、允祥《怡賢親王疏鈔》（輯自雍正《畿輔通志》所載允祥於雍正三年至八年主持畿輔水利營田的奏疏九篇）、陳儀《水利營田圖說》（輯自雍正《畿輔通志》）、吳邦慶編《畿輔水利輯覽》（匯輯宋何承矩、元虞集、明汪應蛟等人的水利奏議、文章十篇）、吳邦慶編《澤農要錄》（輯錄《齊民要術》等農書中有關開墾水田、種植水稻等史料）、吳邦慶著《畿輔水道管見》《畿輔水利私議》。王來通等輯刻《灌江四種》，是彙集都江堰水利工程歷史、文化的叢書，由《灌江備考》《匯輯二王實錄》《灌江定考》《川主五神合傳》組成，刊刻於光緒十一年（1885 年）。

長江發源於"世界屋脊"——青藏高原的唐古拉山脈各拉丹冬峰西南側。長江幹流流經青海、西藏、四川、雲南、重慶、湖北、湖南、江西、安徽、江蘇、上海十一個省（自治區、直轄市），長度六千三百餘公里，居世界第三位。長江數百條支流延伸至貴州、甘肅、陝西、河南、廣西、廣東、浙江、福建八個省（自治區）的部分地區，流域面積達一百八拾萬平方公里，約占中國陸地總面積的五分之

一。長江與黃河一樣，是中華民族的搖籃，是中國古文化的發祥地。在雲南元謀發現的元謀猿人是迄今爲止中國發現最早的屬於"猿人"階段的人類化石，距今已有一百七十萬年左右的歷史。在長江上中游地區，就有云南"麗江人"、四川"資陽人"、湖北"長陽人"的化石和石器，屬於舊石器時代中晚期的人類遺跡，距今亦有十幾萬年至一萬多年的歷史。在長江下游地區，發現有六千年前的馬家浜文化、五千年前的崧澤文化、四千年前的良渚文化等。江西清江美城和湖北武漢黃陂盤龍城兩處商代遺址，證實了這裏至少在三千年以前就已經發展了和黃河流域的中原地區基本相同的文化。在距今六千年至四千年間，生活在長江中游地區的人們就已經創造了輝煌的稻作農業文明，而水稻的栽培離不開水利。

長江流域的水利文獻十分豐富，但由於種種原因，人們對其重視不夠。清代雍正時期傅澤洪所撰《行水金鑒》一百七十五卷，其中《河水》六十卷、《淮水》十卷、《漢水江水》十卷、《濟水》五卷、《運河水》七十卷、《兩河總説》八卷，其他《官司》《夫役》《漕運》《漕規》共十二卷，《漢水江水》僅僅十卷，與長江在全國江河中的地位不太相符。比較有名的長江水利文獻，如明代的有姚文灝《浙西水利書》三卷、張國維《吳中水利書》二十八卷、歸有光《三吳水利錄》四卷、王圻《東吳水利考》十卷、薛尚質《常熟水論》一卷等，清代的有馬徵麟《長江水利圖説》十二卷、李元《蜀水經》三卷、陳登龍《蜀水考》四卷、王廷鈺《灌江備考》、張灼《匯輯二王實錄》、王來通《灌江定考》、陳懷仁《川主五神合傳》、王柏心《導江三議》、田宗漢《湖北水利圖説》、王鳳生《楚北江漢宣防備覽》二卷、胡祖翮《荊楚修疏指要》六卷、俞昌烈《楚北水利堤防紀要》二卷、倪文蔚《荊州萬城堤志》十一卷、舒惠《荊州萬城堤續志》十一卷、王概《湖北安襄郧道水利集案》二卷、陳少泉和胡子脩《襄堤成案》四卷、范鳴龢《淡災蠡述》、李本忠《平灘紀略》六卷和《蜀江指掌》、沈楘德《漢水發源考》、蔡世基《洞庭湖志》十四卷、孫良貴《楚南諸水源流考》、程國觀《李渠志》六卷、黎世序《練湖志》十卷、蔣湘南《江西水道考》五卷等。

水利文獻具有重要的文獻價值。它是研究我國古代水文化、自然地理、河流湖泊變遷、治水科技史、交通史、經濟史、軍事史、旅遊文化史、社會治理與社會生活史的重要資料，對現代河流湖泊治理開發、城市發展規劃、區域發展規劃、水利水電開發、旅遊開發、生態環境保護等具有十分重要的參考價值。

　　絕大部分水利文獻具有很明顯的地域性特點，大多流傳不廣，一般讀者獲之不易，研究者也查找困難，沒有標點整理，閱讀起來也不方便，爲此我們精選長江流域重要的水利文獻，編爲六册，包括《蜀水考》（外二種）、《平灘紀略》（外一種）、《當邑官圩修防彙述》、《江西水道考》（外五種）、《重修槎陂志》（外五種）、《湖北隄防紀要》（外四種），整理出版。在本書即將付梓之際，略叙我國古代水利文獻發展史，并略舉長江流域古代重要的水利文獻以爲序。

郭康松

2022 年 8 月

凡例

一、《中國長江水利史料叢刊》所收録文獻主要爲反映長江流域河湖历史、江河治理、水利工程相关的文獻资料，收録文獻時間範圍爲從有文字記載開始至 1949 年止。

二、本次整理主要採用標點、校勘、注釋等方式進行，並增加了整理説明。整理工作原則爲句讀合理、標點正確、校勘有據、注釋簡明。標點使用遵循 GB/T 15834—2011《標點符號用法》；凡有可能影響理解的文字差異和訛誤（脱、衍、倒、誤）都標出並改正，必要時以校勘記進行説明，校勘記置於頁脚，文中校碼〔一〕〔二〕〔三〕……附于原文之後；正文改字在文中標注增删符號，擬删文字用圓括號標記，更正文字用六角括號標記，如把擬删的"下"改成"卜"，格式爲（下）〔卜〕；對於史實記載過於簡略、明顯謬誤之處，以及古代水利技術專有術語，專業管理機構，工程專有名稱、名詞等，進行簡單注釋。

三、每個編纂單元前，有文獻整理者撰寫的《整理説明》。其主要内容包括：文獻的時代背景，作者簡介及其主要學術成就，文獻的基本内容、特點和價值，文獻的創作、成書情況和社會影響，本次整理所依據的版本及其他需要説明的問題。

四、整理後的文獻採用新字形繁體字。除錯字外，通假字、異體字原則上保留底本用字，不出校。

五、爲保持文獻歷史原貌，本次整理不對插圖進行技術處理。

目録

當邑

官圩修防彙述

〔清〕朱萬滋

整 理 説 明

　　《當邑官圩修防彙述》，湖陂逸叟輯。湖陂逸叟即朱萬滋，字德川，安徽當邑（今安徽省當塗縣）人，清宣宗道光二十四年（1844 年）生，卒年不詳，有《朱德川自訂年譜》一卷。

　　朱萬滋在同治年間兩次（1870 年和 1873 年）參加科舉均落榜，志不得行。又思士人窮經，將以致用，雖僻處鄉野，也應做有功於國家之事。而當邑官圩秦漢以前還是湖蕩，經過隋唐以來的不斷興築開發，在清代時已被譽爲"江南第一大官圩"，耕種面積居江南衆圩之首，所承擔的賦税也占到當塗縣全縣之半，經濟地位很高。但官圩地勢低下，四面臨水：東臨丹陽、石臼、固城三湖，西接路西、萬春兩湖，南承徽州寧國山水，北擁皖省江潮。所可依賴的不過是綿延近二百里的一綫長堤，"濱抵江湖風浪，一穴潰則全圩成壑，一缺不築則顆粒無收，此真億萬生靈命脈所繫"。在道光朝前後六十年間，比較嚴重的潰堤就有十四次之多。可以説，官圩的修堤防汛是關係當地民生的第一要務。在此書編纂之前，有署名"虺餘生"的《圩務瑣言》一書被呈給主持當地修堤事宜的官員，獲得了首肯并被采用。朱萬滋生於官圩，長於官圩，其先輩也曾主持或參與過官圩的修防事務，他對官圩的修防情況知之甚詳，時任縣令也因此邀他入幕參謀圩務。在這樣的背景下，朱萬滋起意將散亂的圩務諸本進行整理，且遠徵史帙，近據志乘，結合自己的實際觀察和采訪，在光緒十四年（1888 年）編輯完成了《當邑官圩修防彙述》一書，希望也能爲官圩的安瀾永慶作出貢獻。

　　此書正編分爲二十二卷，另有《述餘》八卷，《補編》一卷。正編有四集：《初編舊制》四卷、《續編圖説》五卷、《三編瑣言》六卷、

《四編庶議》七卷。其中《初編舊制》詳細彙述了當邑官圩的歷史沿革和建置變化，并搜集了關於修防的册籍、檄文、條陳。在歷史事迹不甚明晰的地方，朱萬滋加以按語，對研究該段歷史頗有助益。《續編圖説》詳列了分圩列岸圖、工段標號圖、陡門涵洞圖、鎮市村落圖、歷届修造潰缺圖。《三編瑣言》涉及修防的方方面面，包括修築、保護、搶險、夫役、董首、胥吏，所載都是興利除弊的實事，故朱萬滋不厭詞煩，以實事求是的態度逐條疏證，可資采用者不少。《四編庶議》則認爲自古帝王治理莫不親庶務、詢衆議，前世之事，後事之師，故庶言衆議只要關係圩務、足資實用，均可雅俗兼收。

《述餘》八卷，分爲山水、人物、土宜、名勝、政績、藝文、器具、占驗。爲保持正編的叙述結構與行文風格，這些内容不能全部放在正編中，故在《述餘》中詳列備載，其中山水、土宜、名勝、器具等多由朱萬滋親見親歷，足資觀覽。人物、政績等半數取自史志，半數則是朱萬滋延訪鄉親父老所得，其口述歷史資料的價值不言而喻。

《補編》一卷，從原書目次上看，此卷共包含有福定圩、柘林圩、洪潭圩、饒家圩、韋家圩、附車斛説、感義圩、五小圩、集説五篇、勸民常歌十八則、常歌後序、十可慮、後跋七首，共十三個部分的内容。其中《附車斛説》一文，并未出現在正文相關部分，疑爲編校者粗疏遺漏所致。《集説五篇》彙輯《官圩隄務始末》《官圩四岸二十九圩圖説》《上白小山總憲書》《大水紀事》《上史太尊蓮叔書》五篇文章，涉及當邑官圩堤務的歷史沿革，百姓遭遇洪水後，"雨散星飛無著落" "蕭條城郭無雞狗" 的慘狀，以及守土官員發帑賑灾的事迹。《勸民常歌十八則》則用四字俚句的形式，曉喻百姓需重視堤務才不致輕易遭難的道理。《十可慮》涉及水利人才管理、堤壩陡門修治、洪水排泄、田産賠償、鬼神祭祀、女性儀軌等值得思考的問題，具有很强的實際意義。《後跋七首》則交代了全書輯印的大體過程，對於研究全書版本源流具有一定的文獻價值。

此書内容完備，兼具實用價值和史料價值，成書後知縣嚴忠培等多人爲此書作序。書前有 "光緒二十五年歲次乙亥秋月朱詒穀堂聚珍於詩書味長軒" 牌記，底本當爲光緒二十五年（1899 年）刊本。每卷

卷首題寫編輯者和校對人姓名，如"湖嶼逸叟編輯　汪文聚銳耕校""湖嶼逸叟編輯　丁玉山允寶校"等，魚口處下端題助印人，如"王祖松助印""霍金成助印"等，總計助印與參校人員不下數十位，也足見此書關係官圩修防，服務地方之重要價值，頗受重視。

此次點校整理即依據光緒二十五年刊本。除對底本添加標點、注釋外，還據底本目錄及文義對部分標題进行了增補。若有不當之處，敬請批評指正。

整理者

〔嚴忠培〕序

光緒戊寅歲余捫篆，當盦夏汛驟漲，各隄告警，官圩尤劇。余馳往勘，瞥見驚濤駭浪惟恃此一綫危隄衛民生而資奠定，多方督護，心力交瘁。匝月始獲安瀾。防之時義大矣哉。因思夫培厚增高同一防也，而修之遲與速異。積沙累土同一防也，而修之虛與實異。於以知慎修於前事者，乃可善防於當境焉。閱六年乙酉圩潰，間年丁亥又潰。余奉中丞陳公檄再赴舊治幫辦南北要工，與圩紳楊甸臣楨、陶伯華英、戎小銘承恩及朱豸鄉萬滋晨夕晤從之。數君子者皆博雅誠篤，為全圩領袖，足以為圩福。余亦隱隱為圩民幸焉。公退之暇，縱譚世務，咸以海谷情形相質。豸鄉乃袖出湖壖逸叟所輯《修防彙述》一書為商，生取余披覽之，頃知所以為民生與國賦計者至詳且悉。自南宋以迄元明，經張、孟、朱、章諸公後先籌畫，雖多修防善政，苦無薈萃之，本輯乃時時見於他説，益以嘆《修防彙述》一書之為功不小也。烏乎！天下之患中於因循而事之在官者尤甚。晚近士大夫視公事為傳舍，其卑鄙儕俗與世浮沈者無論已。而前事不足師，成規無可考，則亦無所藉手以告成功。或曰修防之役，廣營高岸，力制湍流，顯悖疏瀹之經，曷用述為？然而安土重遷，各謀自衛，官圩倚隄為命，勢不得不與水爭。此修防之役以興，修防之彙可述也。《書》曰既修太原，《禮》曰完隄防，非明證與？觀夫博采舊聞，旁蒐近事，輯成此書，體精用宏，州居部別，計四冊二十有二卷。又附《述餘》八卷，綴以補編，策萬全，急當務，凡百八十里之隄防、二十九圩之經界，靡不燭照，而數計者。於此見歷代之興廢具焉，

國家之文獻徵焉，隄防之縱橫覽焉，崴脩之經營裕焉。一大圩綱舉目張，推之眾小圩皆可奉為程式，舉成規於不敝，俾後事之可師。雖非大禹治水之神謨，實亦近今捄患之善策也。抑又有念者，《孟子》曰徒善不足以為政，徒法不能以自行。即引《詩》言以證之，曰不愆不忘，率由舊章。觀於此書，益知有治法尤貴有治人也。因珥筆而弁其簡首。

　　　　　　　　　岜光緒十有四年戊子姑洗月中澣之吉
　　　　　　　　　常熟嚴忠培心田甫敬書於姑孰官圩
　　　　　　　　　黃池中心埂工次之繩樞草舍

〔朱漸鴻〕序

　　歲丁亥漸鴻奉命來佐是邦，訾南鄉官圩已潰，當局袖手，議者嘖有煩言。噫！其亦未知利弊也。中衢設樽，任人自酌謬己。八月陳大中丞視師宛陵，由華津艤舟而上，目擊菑區，惻肰者久。籌工籌賑，得史蓮叔觀詧力為慂恿，南北鉅工而外圩之周圍大加修葺。調金蘭生明府回任主持圩政，并檄嚴心田先生幫辦要工，漸鴻亦周旋劾命焉。圩父老咸舁手加額，僉曰自咸豐壬子後四十年來未有若斯之盛舉也。夫以百里灝瀚之波恃此一綫危隄，咫尺不堅，膏腴成壑。噫！亦艱矣哉。觀詧深思熟慮，不僅欲一訾圩民安，直欲後世圩民舉安。用是曲骹輿情，綜擎全局，查例載水利有用同知兼轄者，遂請於大府，檄以當邑縣尹之署移駐官圩，專司隄務，誠刱舉也。夏秋汛漲，巡縛隄岸，接見圩紳，上下其議論。偶經西南岸之沛國圩華亭下，得吾宗人豸鄉明經縱談隄務。乃出以《脩防彙述》一書，謂湖隩逸叟所輯，披繹旬月，知其為圩隄謀者深也。觀夫上自歷代下至國朝，要領畢張，纖悉倄具，而又附以《述餘》，旋定補編，可以監成憲，可以勸將來，可以齊凡民而風有俠，可以勵習俗而勸農桑，其有裨夫圩也豈淺鮮哉。今者夏汛安瀾，秋田多稼。上而國賦有所資，下而民命有所託，伊誰之力與？僉曰：微觀詧之功不及此。加以是書之輯，家置一編，俾圩眾奉為圭臬。安知過此以往，和親有象，康樂呈書不較勝乎今日者。億萬斯年，敬惑不怠，圩眾勉乎哉！余日望之矣。

訾在光緒十五年己丑秋月

蘭陵宗愚弟朱漸鴻逵九氏拜譔

〔姚元熙〕序

粵稽禹奠山川，九州之肇域以著。秦分郡縣，三代之立國以更。自時厥後，一統有志，都城有志，省會有志。降而至於郡邑，莫不有志。即一溪、一崗、一邱、一壑亦有吟詠及之者。雖後先載筆，繁簡不同，而其建置之源流，足以備文人之考證，廣流俗之見聞，其義一也。吾圩有湖壖逸叟者，生長田間，留心掌故。前覓得仳餘生《圩務瑣言》一書，呈之當軸，已採擇施行矣。憶戊子季春三月，南防之新埝告成，而予適以久病方瘥，駕一葉之扁舟晉謁嚴心田明府。於工次得與楊君甸臣、徐君文光、王君柳齋及趙君玉棠、煆亭諸人把臂言歡，每稱圩務辦理苦無善法。茲得湖壖逸叟所輯《修防彙述》四編，悉舉史乘及前明之冊籍、國朝之政教、近今之條約，瑣言錯綜，薈萃以成是書。屬老朽以參正之任。熙始聞之而懵然，繼閱之而悚然，終思之而益惡然。堅辭再四，不獲允。受而讀之，乃歎此書之爲官圩生色者爲不少。夫以官圩之在當邑，固縣治第一要區也。物產之豐美，又境內諸鄉所莫及也。其在原隰之所植，則有麻麥稻菽黍稷莜蕷五穀粒食之需；其在溝洫之所生，則有魚鼈蝦蚌菱藕茭茨百種佐殽之品；其周圍也，則有百七八十里之隄防；其限制也，則有二十又九區之疆界。方之古封建之制，殆一子男之國焉。圍隄以來，豈無名流碩彥、傑士才人可爲書傳述以顯地靈者，而寂不一聞焉。即有之，又或偏而不全。予甚憾焉。今得茲編，博引繁稱，循名核實，不敢徑稱曰志者，豈不及一溪、一崗、一邱、一壑與？殆有慕乎述而不作、信而好古之意也。書凡四編，二十有二卷，後補葺《述餘》八卷，具見事以彙從，原原本本，考核精詳，其信今傳後永垂不朽又何疑乎。予晚年得一冷官，齋居多暇，因得觀其書之顛末，遂推闡其作書之本意，

以見嘉惠鄉邦之一端云爾。是爲序。

時維光緒十九年歲次癸巳冬月上浣之吉
同里歲進士、吏部就職訓導
前署建平縣教諭、現署桐城縣教諭
姻愚弟姚元熙心畬氏頓首拜譔

〔陶寶森〕序

　　吾鄉有湖甽逸叟者，自殷其姓氏，所輯《官圩修防彙述》一書，予得一函，閱其凡例、目錄，計分四編，爲卷二十有二，又茸《述餘》八卷，凡以紀修防之規畫也。書中徵採故牘遺籍，亦廣博，亦精覈。斷以圩在秦漢以前尚爲湖蕩，隋唐而下興廢不時。地勢窪下，新安、宛陵諸山之水委蛇千數百里，支浍分投，匯爲石臼、固城、丹陽三湖，旁及路西、萬春兩湖。且上有弋磯江灌入，下有津溪鎖之。夏秋氾濫，奔騰橫囓，甚則踰防潰隄，平野爲壑，吾塗原爲澤國。圩尤卑下，自南宋張津創圍長隄，葉衡繼之，迄今不廢。前明萬曆間經章朱二公聿著成規，俾爲後世法。厥後累歲崇修，水患亦因以稍弭。降至國朝，道光癸未大水異常，己酉尤劇。圩民蕩析里居，罔有定極。經鄉先輩竭力經營，冀挽天心以盡人事。近六十年來告潰者屈指已十有四次。嗟夫！隄之利民久矣，圩之病澇又屢矣。此而不亟謀所以修之防之，害將伊於胡底乎？蛇龍居之無所安息，亦居斯土者之恥也。予秉鐸春穀隄工一役未遑執鞭，然生長官圩，熟諳形勢者有素。茲閱《修防彙述》一書，大抵課工欲堅，籌費欲當，涖事欲覈，保護欲勤，得此數端，則災之大者可以減，小者可以消，固人定勝天之理也。家伯華兄曾奉太守諭督辦隄工，圩內同人其心相契合也益深，故率作興事也益力。茲得是書，繙閱數過，知上下數千年、廣輪百餘里，設隄禦水之成規犖然大備，俾有志之士考鏡得失，一旦躬親是役，不至以吏爲師，行見繼起者有所折衷，吾圩庶其有豸乎。

時維光緒十六年庚寅春王正月中浣之吉

同治丁卯科舉人、甲戌大挑二等選授南陵縣學訓導

同里陶寶森彥士拜譔

緣　起

　　士人窮經，將以致用也。憶自束髮受書，粤氛告警，戎馬倥傯十餘年無攸宇。同治甲子，湘鄉曾爵相蕭清江表。餘姚朱久香師視學皖江，某獲知於門下。丁卯戊辰讀禮家居服闋。後黔南景劍泉夫子旋來督學，按試太郡，拔餼上庠。庚癸兩戰秋闈，頻占康了。嗣得跛疾，不良於行。境愈艱，事愈左，經濟日益疏，青氈坐守者幾二十載，風雨寒燈，陳編坐對，愧不獲珥筆彤庭，宣麻禁院，以佐聖天子海宇乂安之治，僅僅於閭閻間作草茅坐論陋已，致用者安在哉？然而枌榆鄉社，漢祖鍾情。溝洫微區，夏王盡力。周官設鄉遂之職，衛邑商富教之經。治蒲者善事父兄，宰費者不忘社稷。古來聖君、賢相、循吏、名儒皆得所藉手以告成功，豈以下里偏隅漫不加察乎？

　　道咸之際，吾圩屢潰。先子奉諭修隄，由少而壯而老，未克卸肩，雖歷蒙大府嘉獎，諸君倡和聯吟，奉觴上壽，亦不過當時則榮已耳。同治己巳，欹鉅而辦理不精。光緒乙酉，工興而籌費無著。所以脫網者肆流言，附羶者思染指。抑且陽鱎專政，青蠅止樊。得聯仙蘅太守匡植之，大工雖成，此中良多隉危也。於斯時也，本清白之束修，補澤皙之徭役。境與李陵比阨，一己之空拳徒張；派爲朱子真傳，萬古之聲名冒唱。蓋修隄益深修德，而防口甚於防川也。

　　去夏太平圩涵洞失守，奔騰壞隄，雖厭禍者在天心，而致潰者實人事。八月撫軍陳大中丞視師甯郡，史蓮叔觀察時攝府篆，請以紆道勘驗隄工，力請發帑撫卹災區，旋籌欸津貼潰缺，恩同再造，何幸如之。乃中丞返斾，道經黃池，適匜餘生作《圩務瑣言》一編，類皆感憤圩事，思欲振興。爰蠅頭楷錄裝潢成帙，躬赴行轅敬謹呈上。得邀藻鑑，旋蒙首肯。此誠不易逢之嘉會也。後晤邑侯金蘭生夫子曾於天

門山迎節時，業將此卷呈閱。俯准採擇施行。旋委嚴心田明府駐工幫辦。良以明府前握縣篆，爲圩衆所稱頌，敬設栗主，尸祝於東北岸花津天后宮之東廡。中丞前日道經於此所目擊者，因以有是役也。於時明府由皖赴工，單騎減從，不憚星霜，朝謀夕營，不遺纖悉。蓋自咸豐壬子修隄後未有如是之賢勞者。

又況太守史公一視同仁，邑令金侯獲上信友，故克相與以有成也。某不敏，執鞭從事者數四，人情圩務稍有閱歷。今幸浪靜波平，家居多暇，因將圩務諸本理其散漫，且遠徵史帙，近據志乘，薈萃以成是編。稽其疆里，綜其田賦，詳其人物土宜，溯興廢之由，驗得失之故。上自漢唐，下迄晚近，繕成四冊，分爲二十有二卷，顏曰《修防彙述》。又輯《述餘》八卷，綴以補編。後之君子即斯編而潤色之，循治法得治人，庶幾于思之役不復來，安瀾之歌可永慶矣。《記》曰：君子觀於鄉而知王道之易易也。其是之謂乎？

時在光緒著雍困敦嘉平月穀旦
湖隒逸叟自述於詩書味長之南軒

凡 例 十 二 則

一、是編之輯，凡以挽頹風、敦古處也。議者謂爲衣食計，豈知古來蕞爾地如武城、單父，號稱巖邑，得子游、子賤諸賢治之，政事遂光昭經傳焉。官圩一泥丸封耳，秦漢以還尚爲藪澤。無徵不信，其將縋幽鑿空乎？爰歷稽載籍，並郡邑志乘，兼國朝乾隆間史彝尊中心埂案牘，咸豐間圩工條約，信而可徵，悉遵諸本採入。益以朱小岩《圩圖説略》、虺餘生《圩務瑣言》，參以庶議，引名公鉅儒語以爲佐證，此述事之大概也。上關國課，下奠民生，可以觀今，可以鑑古，可以因時制宜，可以化裁通變。覽是編者或不以斯言爲河漢乎！

一、圩務千端萬緒，非逐節臚陳，最易眯目。茲集分四編，編分數卷，或依年序列，或因事彙從，或推本窮源，或陳利指弊。篇首綴以序言，繼列實事。管窺蠡測，大致如斯。誚覆醬瓶，知所不免。仍冀博雅代爲訂正。

一、集分四編，首冠《舊制》，取食德服疇之義也。次《圖説》，可以見而知之也。次《瑣言》，可以聞而知之也。終參以《庶議》者，庶人清議維持欲進於有道也。窮鄉僻壤，卷軸寥寥，無從蒐輯，暖暖姝姝，罔所折衷，其不爲莊子所竊笑也得乎。

一、歷稽史乘，莫詳圩所自始。惟丹陽二字始見於《漢書·地理志》。晉羊祜登峴山，云自有天地即有此山，竊謂自有天地即有此湖，特前此未圍隄耳。秦始分郡，屬鄣。漢元封改丹陽，而湖隸焉。食毛踐土，溯厥由來，返本始也。

一、《舊制》，先列本文，詳明事蹟，專主繼述，不敢妄有所增，其有未甚明晰及喫緊處，復加按詞，附以鄙意，申明因革損益之由。

一、《圩圖》所列村落鎮市似無關於圩政，幾若贅疣，然附麗隄

岸，自足壯帶礪固苞桑也。且官守巡歷亦知自某處至某處，可以備流覽焉。若夫名勝林泉在隄畔者，附詳各村鎮下，屬在垓心者，詳載《述餘》。

一、《瑣言》六則，悉興利除弊之實事，因逐條疏證，求其是以去其非。修防利弊舉不外此，故不憚語複詞煩也。肩斯役者果能按部就班以遵善去惡，而引伸觸類焉，磐石金湯，永期鞏固矣。

一、《瑣言》中《董首》一則，疑近於覈，推闡其意，惟除莠乃可安良也。堯放四凶，孔誅少正，後人不聞有議其苛者。官圩隄繫民修，非河工海塘可比。既無官守，遂無責成，亦無處分。設非懲創，必將以吏爲師，虎役蠹胥與爲朋比，其不厲民也，吾未之敢信也。是在牧民者馭之有法耳。

一、《庶議》一編計卷七，按時勢以立言，證脈理以用藥，直欲挽狂瀾於既倒也。首綴末議，妄抒鄙見。次援引歷代故實，及國朝諸名公鉅卿手筆，以資考鏡。其中雅俗兼收，纖毫必備，良以前事者後事之師也，古人不過先得我心耳。迂疏寡效，雖所不免，然十年生聚十年教訓，倣而行之，未必無補於萬一云。

一、編中遇歷朝國號，空一格寫，督撫州縣如之。若遇國朝年號，亦空一格。今上年號及現任大府，均另行擡寫。至單雙擡頭字樣，悉遵功令。若廟諱、御諱暨先聖賢名諱，均一體敬避。

一、卷末附《述餘》八卷，備載官圩山水、人物、土宜事實，並附以名勝，此不過備觀覽也。若夫官守宦績，半依志乘採入，半屬延訪父老，匪必盡無徵也。外仍圖器具以備用，列文藝以謳吟，均於圩政有關會焉。後集《占驗》一卷，亦惟守人事之常，以待天時之變焉耳。

一、《補編》詳列福定、感義諸圩，亦繪成圖幅，附以說略，俾閱者不致抱憾。最後附以集說、常歌等事，庶幾博雅之士便於考古，功名之士樂於救時也。非此則不敢贅焉。古丹陽湖嶼逸叟謹識於柳隄深處之近水居。

〔題　簽〕

　　官圩隸屬皖南當邑，僉稱首圍，隄務紛繁，舊無薈萃之本，官紳吏民莫由攷證。茲乃得逸叟彙成此編，聚珍排印，爰次苐之如左。

丁酉副車張懋功書籤

初 編 舊 制

舊制引

《史記·伯夷列傳》曰學者載籍極博，猶考信於六藝。《詩》《書》雖缺，虞夏之文可知也。粵稽帝堯八十載，洪水既治，定九州，五曰揚州，歷虞夏商周如故。洎秦始皇二十六年分天下爲三十六郡，其九曰鄣。漢武元封二年，廢鄣置丹陽郡。晉武太康二年，分丹陽爲于湖，旋改爲姑孰。元帝大甯元年，王敦初屯姑孰，即于湖也。是鄣改丹陽，分于湖爲姑孰，皆揚州分野焉。或譌爲湖熟，誤矣。隋開皇元年，置當塗縣，姑孰附於縣境，歷唐宋元明迄國朝仍之。古今沿革不同，土宇畈章則一，官圩隸茲版圖。當未圍隄時，藪澤之間荷蒲蜃蛤，居民未嘗不擅其利焉。自時厥後，生齒漸繁，稼穡漸興，隄防漸固。國家休養生息俾之任土作貢，鈎稽有序，條教日頒。溯所自始，不侈援以滋疑，不附會而杜撰，生斯土者亦知泥丸小地有所自來乎。

湖峽逸叟著

卷一　建置_{舊制一}　湖塅逸叟編輯　丁守謙少民校

目次

考丹陽肇自秦漢，而湖隸焉。圍湖成田，是與水爭地也。夫時有變更，事有因創，物有廢興。其所以變之更之者何代，因之創之者何故，興之廢之者何人，按籍以稽，或不至數典忘祖焉爾，述建置。

吳景帝永安三年，丹陽都尉嚴密築丹陽湖田，作甫里塘。時群臣皆以爲難，惟將軍濮陽興主之功，費不勝數。

按：此圍湖成田之始也。紫陽綱目以正統，予蜀茲書吳者，緣丹陽繫吳會也，非妄據也，明所隸也。是年爲蜀漢後主景耀三年。

西晉武帝太始三年，小吏奚熙請修嚴密故蹟，丞相陸抗止之，復以丹陽湖田爲三務，入後宮爲膏沐邑。

東晉成帝咸康三年初，取萬春湖、荆山、黃池三務田租入後宮。

按：圩之西偏有萬春圩，今廢爲湖。俯視清流，田塍可數，俗傳爲萬頃湖，與鳩茲接壤。又圩中廣濟圩有萬春橋、牧牛埠數頃，積潦爲蕩，未知孰是。黃池鎮在圩西南隅。《春秋‧哀公十三年》：公會晉侯吳子於黃池。杜預注：黃池，衛地。此屬吳，衛吳相距遠，名同而地異也。疑即此黃池者，非。唐史昭宗天復三年，楊行密使臺濛擊田頵，大戰於黃池，兩兵交攻，濛僞走，頵追之，遇伏大敗，即此，後置爲鎮。

齊高帝建元二年，竟陵王蕭子良表上遣五官殷灡等巡歷丹陽等縣，得可墾之田合計荒熟有八千五十四頃，治塘遏可用十一萬八千餘夫，一春就功，便可成立。

按：十萬八千餘夫乃工數也，非夫數也，一夫例謂之一工。

唐懿宗咸通八年，詔禁丹陽湖水，民田不得引灌，以稽漕運，立官主之。

按：唐代詔禁民田不得引灌湖水，致稽漕運，當時高淳廣通鎮未築銀淋閘，丹陽、固城、石臼三湖之水直趨吳下，百川東之，圩無水患可意揣而知矣。

後唐潞王清泰三年，吳王楊溥築萬春圩、黃池、荆山三務，徵其租入後宮。

宋神宗熙甯元年，轉運使張顥、通判謝景温請築萬春諸圩，不就，貶秩有差。

按：請築萬春諸圩，官圩較萬春圩尤大。考《宋史》：嘉祐八年，王知微以祕書作當塗令，時築萬春等圩，工役甚急，知微請俟農隙，議者不悅，久乃信重之，累遷都官郎中。時官圩仍繫諸小圩，未經合一，大圍當亦在請築內者。知微少時與王安石同舉進士，安石問當世法度沿革，知微一無顧忌，惟言士去就有命，名器非假人物也，坐是不獲進用。

宋徽宗宣和七年，有司請罷丹陽、石臼、固城等湖爲圩田。從之。

按：此時疑隄久廢，田與湖連，歷靖康、建炎兩朝至是始議

修復。

宋高宗紹興元年，詔太平州修圩錢米於常平倉撥借，併議修圩官賞罰。

按：黎川王鳳喈《增註事類統編》載宋洪遵履田築圩事。遵，番陽人，知太平州。圩田壞，民失業，遵鳩民築圩凡萬數方。冬盛寒，遵躬履田間，載酒食親饁餉，人忘其勞，圩遂成。第所築雖未明指某圩，官圩在州境內，圩東北岸且有以太平名圩者，其於官圩應亦大加修葺矣。

宋高宗紹興二十三年，大水，諸圩盡決，上遣鍾世期相視修築，當塗知縣張津築長隄一百八十里，包諸小圩。

按：當塗縣，隋開皇間置，唐宋因之，屬古丹陽郡。元隸太平路，旋改州。明太祖渡江至采石，陶主敬先生偕耆儒李習率父老出迎，上與語時事，因獻言曰：方今海內鼎沸，豪傑並爭，攻城屠邑，互相長雄，其志皆在子女玉帛，取快一時，非有撥亂救民之志，將軍若能反群雄之所爲，不殺人，不擄掠，不燒房屋，首取金陵以圖王業，願以身許之。遂克太平，授先生太平興國翼元帥府令史，陞太平路爲府。當塗爲附郭邑，官圩爲邑首圩。志乘所載修廢不一，南渡以前並未確有其名，亦未有以十字圍名者。張公築長隄一百八十里，乃云包諸小圩，是合諸小圩以圍成一大圩也。邑之諸圩無此鉅工，疑即官圩之所託始焉。至二十八年，太守周葵復完繕之。

宋高宗紹興三十二年，詔以永豐圩賜秦檜，檜極力增修，太平諸圩皆壞，檜死後仍歸有司，諸圩乃成。

按：高宗以永豐賜姦相，伊極力崇修，父老至今猶有傳其說者，雖無左證，以意逆之，圩之東南隅有名永豐者，未始非當日所賜履也。丹陽湖南岸亦有永豐圩，隄堅如鐵鑄，隸涫邑，食采在彼，亦未可知，騎牆之說姑存備考。又該圩堅實，緣依山麓，地性凝固。若官圩東西湖蕩，沙土鬆浮，一經風雨便坍遢矣。

宋孝宗隆興八年，戶部侍郎葉衡奉詔核實太平州圩岸。內黃池鎮福定圩周四十里，延福等五十四圩周一百五十餘里，並高堅，濱岸植以榆柳。下詔褒美之。

按：黄池鎮西北有福定圩，與官圩聯爲脣齒，中界一隄長四千弓，俗名中心埂。延福等五十四圩合圍而成一大圩，周一百五十餘里，斷繫官圩無疑矣。五十四圩名列後備覽。

廣濟圩南管	廣濟圩北管	廣濟圩中管
太平圩	清平圩	北太和圩
下興國圩	南太和圩	上興國圩
南新興圩	北新興圩	寺莊圩
廣義圩	保城圩	雞腸圩
永豐圩	延福圩	興德圩
保豐圩	東子圩	西子圩
葛家圩	沛國圩	東管圩
西管圩	感義圩	上健令圩
下健令圩	陳師圩	桑竹圩
內沛國圩	內興國圩	南感和圩
北感和圩	中新義圩	下新義圩
南子圩	義城圩	永甯圩
新城圩	王明圩	關家圩
常熟圩	刁家圩	新義圩
廣平圩	廣元圩	吳家圩
廣福圩	上官圩	建福圩
永定圩	劉家圩	涫化圩

按：上延福等五十四圩圍成一大圩，今分四岸，綜計二十九圩，有沿其舊者，有去其名者，有別取名而自爲圩者，有合數圩而成一圩者。當年頃畝數目均不可考矣。其在今日，頃畝雖多寡不齊，而圩名則確鑿可據，詳載册籍。

宋度宗咸淳八年，大水，轉運判官孟知縉投身捍水，水爲之却，今邊湖東埂有孟公碑。

按：孟公政績，《宋史》未見褒詞，第爲吾官圩捍水一節，至今圩民傳頌弗衰，立碑識之。至國朝道光二十九年，其址被水衝没，碑淖於淵。後經漁人網得之，仍植故處，設廟祀焉。一説"投身"作

"投衣"。

元順帝至正四年，照磨石處遜令曹吏朱榮甫修壞圩三百六十餘所。

按：當邑在元時擾攘相尋，地當孔道，民咸失所，幾無孑遺，得此番修茸，流亡復業，隸官圩者始奠厥攸居焉。觀夫百族譜牒，安土重遷，其發祥大都此際，前此竟寥寥爾。

明高帝洪武十二年，詔塞廣通鎮，成丹陽湖、石臼湖圩田。

按：廣通鎮屬江蘇江甯府高湻縣，俗名東壩是也。是年塞後，諸湖田遂多水患。至二十五年復濬河立閘，以通江浙糧運。永樂二年復塞之，錮以鐵，名曰銀淋。嗣後三湖圩隄率多水患矣。至國朝道光二十九年，壩之上游巨浸稽天，宣邑頑民擅自掘閘，經蘇撫傅中丞南勳申請，江督陸制軍建瀛親詣會勘，仍堅築之，緝犯定讞，而壩如故。

明成祖永樂八年，詔修圩岸以備風濤。

按：大江以南澤國居多，時遭大水者數載，故有是舉云爾。

明仁宗萬曆十五年，大水，知縣章嘉禎宿東岸花津天后宮旬餘，晝夜救水，圩岸獲全。

按：章公抱册投水，圩竟無恙，士民鳩貲立專祠於北岸護駕墩，歲時祀之，至今香火不輟，功德之足以感人深者如此，政績詳見述餘。

明仁宗萬曆三十六年，官圩隄潰，田禾淹沒殆盡，知縣朱汝鼇大加修茸，劃段分工，高三尺，闊倍之，作中心埂，自青山達黃池爲官圩西岸，至今利賴焉。

按：朱公與前令章公皆邑之恩主，均入名宦祠者也。其有造於官圩者尤大事蹟，均詳邑志。朱公祠圩有二，一在東岸新溝，一在北岸青山，圩民祀之，官圩之名見於邑乘始此。蓋東岸花津要工與西岸中心埂均繫危隄，得好官力爲修茸，防備著有成績，民不能忘，以是命名，未可知也。其原名十字圍者，合五十四圩而成一大圩，劃分四岸，中區縷隄，髣髴十字形也。十字隄規畫甚善，一隅失而三隅可保，東岸沒而西岸可全，古人不作，舊制久湮，能無慨然？

以上歷稽載籍，秦漢以還惟"丹陽"二字足據，餘無可考。至有

宋隆興間雖經核實，亦無定名。邑志於此直書官圩，名之所由昉也。

國朝乾隆二十二年，太平府教授朱錦如據官圩生員史宗連、朱爾立等呈請修復中心古埝四岸工段，載爲定例，蒙府憲朱肇基批准。官圩中心古埝例分四岸，各築一千弓，照舊對工池內取土修築。西南岸工埝自清水潭起至戴家莊止，西北岸工埝自戴家莊起至戚家橋止，東南岸工埝自戚家橋起至枸橘茨止，東北岸工埝自枸橘茨起至黃池鎮梁家橋止。勒石工所，輪流歲修，各照段落，毋得推諉，刊入府志。

按：史宗連倡首修復中心古埝四岸各分工段，起止刊載府志，以免狡推貽害，誠盛舉也。事成彙刊案牘分示同人。其自書後跋云：此埝連年廢弛，低塌日甚，余與首事目擊者久，歲甲戌具呈府縣，兩憲照舊額劃段分工，飭四岸各分界限修築完固以衞田疇，五歷寒暑始獲准行定案。因將卷宗讞牘彙之成編，刻印分示同人，固不沒作事之苦心，亦足爲後日興鳌之左券也。其勇於見義如此，連亦人傑矣哉。又按：對工池內取土，今池變大溝，無土可取，盡挑對工有糧之田，則是屬民而非利民矣，吁！

國朝咸豐二年，藩憲李中丞本仁檄知府潘筠基署縣袁青雲諭郡紳朱汝桂、唐瑩、王文炳、杜開坊、張國傑督同圩董朱位中、姚善長、周樹滋、詹蓬望等十二人修築，時知縣趙昞駐工賠修。

按：是年修隄借帑錢二萬串，照畝雇夫，當四年三潰之餘，將內隄外埝一律修築，三月工竣，官紳和衷共濟，上下一心，著有工程條約爲圩法守，洵百十年來所僅見者。

國朝同治八年，圩首湯上林、李用昭、王舟、徐兆瀛赴省請帑修築，六年攤徵還帑。

按：是歲帑金數多，圩衆未覺，修葺無法，衆議沸騰，延至工竣，大府檄縣榜示明晰，共見共聞，自後攻訐不已。縣主徐正家緣此撤篆焉。或曰徐公捐軀，亦礙此數，未知確否。後來董首罰銀賠修，亦因此歟。

卷二　冊籍_{舊制二}　湖畂逸叟編輯　尚錦春時乾校

目次

《官圩頃畝工段冊》前明萬曆年間朱邑侯創也。有以夫名多寡爲序者，有以工段前後爲序者，均未劃一，甚有脫簡，如中心埂未措一詞，花津十里要工或詳或略，是豈滄桑更變乎，抑或翻刻傳譌乎？爰釐正之前列老冊原文，逐條增輯，附於其後，有心人自能領悟焉。

明萬曆四十一年知縣事朱汝龜官圩四岸分工册原文

按：此工册未經細核，其分列四岸二十九圩夫若干名，田若干頃，大概以田八十畝出夫一名，田多則夫衆，各圩認定坐落。該圩沿隄工段再以他處稍工淘工抑配之，田畝多寡，夫名因爲之多寡，工段之多寡即由此派焉。細核其詞，亦未免於錯落。近今各守分段一成不易，推厥由來，圩衆茫無所較證也。至於夫名，今則增減不一，各變成法矣。

〔東北岸九圩〕

東北岸總圩長一料丈量，淘稍工派定夫名數目列後。原文。

按：此稽廷相所分東北隅工也，計六十一標。内提出花津十里要工，約十二標，作四岸二十九圩攢築工，其餘歸九圩分築。

南新興圩

田地一百二十二頃八十六畝五分，該夫一百五十名。潘家埠起，東北一號、二號、三號、四號、五號、六號，徐家界止，共標東北淘工一千六十弓，派夫一百一十六名。又攢築東北二十三號内淘工八十二弓三尺。本圩漏夫何廷富等田地四百四十六畝，該夫五名六分，派築北新興圩楊林塘四十弓。免夫十二，各圩長免二名，小甲免五，各鑼夫免一名，釜底港陡門免夫四名。原文。

按：此原册也，當列第一條，原本列第二條，今訂正之如左。

今謹校定：南新興圩田地一萬二千零八十六畝五分，該出夫一百五十一名，内圩長、小甲、鑼夫、釜底港陡門共免夫十二名，其餘一百三十九名派築潘家埠起，東北第一號二百弓，遞至第二號二百弓，第三號二百弓，第四號二百弓，第五號二百弓，第六號内六十弓，徐家界止，共淘工一千零六十弓，每夫七弓三尺零。又派攢築東北二十四、五號内花津要工八十三弓，每夫三尺。漏夫何廷富等田四百四十六畝，該出夫五名六分，派築北新興圩十三號工内楊林塘淘工四十弓，此夫未派攢築花津要工。

北新興圩

田地一百五十八頃八十畝五分，馬廠在內，該夫一百九十八名五分，圩長免夫二名，小甲免九各，鑼夫免一名，夏家塏免二名，餘夫一百八十四名五分。刑羊村起，東北六號、七號、八號、九號、十號、十一號、十二號、十三號，薺母灘止，共標淘工一千四百五十五弓，派夫一百八十四名五分。又攢築東北四十二號淘工一百一十一弓三尺。漏夫富光等二百八十畝，該夫三名五分，派幫本圩淘工。原文。

按：此原冊也，原本首列，茲改列第二條。

今謹校定：北新興圩田地一萬五千八百八十畝五分，馬廠在內，該出夫一百九十八名五分，內圩長、小甲、鑼夫、夏家涵共免夫十四名，其餘夫一百八十四名五分，派築刑羊村東北第六號內一百四十弓，遞至第七號二百弓，第八號二百弓，第九號二百弓，第十號二百弓，十一號二百弓，十二號二百弓，十三號內一百一十五弓，至薺母灘止，共淘工一千四百五十五弓，內除楊林塘四十弓與南新興圩築，每夫七弓三尺零。又派攢築東北二十三號內花津要工一百一十弓，每夫三尺。漏夫富光等田二百八十畝，該出夫三名五分，未派正埂，加幫本圩淘工。

大禾圩

田地五十頃一百二十畝，該夫六十四名，圩長免二名，小甲免二名，鑼夫免一名，益家灣雙塏共免二名。東北十六號淘工六十六弓，派夫八名四分。二十七號淘工一百一十三弓，派夫十七名。二十八、二十九、三十號共淘工五百弓，派夫二十六。各六分。又東北二十五號攢築淘工三十四弓一尺。漏夫楊等田四十畝，該夫五分。原文。

按：此少夫五名，必有脫誤之處。次序原列第四，今改列第三。

今謹校定：大禾圩田地五千一百二十畝，該出夫六十四名，內圩長、小甲、鑼夫、孟家涵並雙涵共免夫七名，其餘夫五十七名。內撥夫八名四分派築東北十五號內淘工六十六弓，每夫七弓四尺。撥夫十七名派築東北二十七號內淘工一百一十三弓，每夫七弓少。撥夫三十

一名六分派築東北二十八號二百弓起，遞至二十九號二百弓、三十號內一百弓，共次淘工五百弓，每夫十六弓少。又派攢築東北二十三號內花津要工三十四弓，每夫三尺。漏夫楊姓等田四十畝，該出夫五分，未派正埂，加幫本圩次淘工。

沛儉圩

田地八十二頃五十七畝九分六釐，該夫一百三名，內圩長免二名，小甲免二名，鑼夫免一名，李村塔免二名，餘夫九十六名。派東北二十六號、二十七號花津共淘工二百四十八弓，派夫三十一名七分四釐。東北三十、三十一、三十二、三十三號該分渡止，共淘工七百弓，派夫四十四名三分。東北三十五、三十六號賈家埠止，共五百四十弓稍工，派夫二十二名。又東北二十四號攢築東岸淘工六十一弓三尺，每夫三尺。漏夫陶彥美等田八十四畝，繫絕戶荒田。原文。

按：此列第四，次序未紊，仍之。其所派夫工與諸圩同未劃清。

今謹校定：沛儉圩田地八千二百五十七畝九分六釐，該出夫一百三名二分，內圩長、小甲、鑼夫、李村涵共免夫七名，其餘夫九十六名二分。內撥夫三十一名七分派築東北二十六號內一百六十一弓，遞至二十七號內八十七弓，共淘工二百四十八弓，每夫七弓四尺。撥夫四十二名五分派築東北三十號內一百弓，遞至三十一號二百弓、三十二號二百弓、三十三號二百弓，該分渡止，共次淘工七百弓，每夫十六弓零。撥夫二十二名派築東北三十四號二百弓，遞至三十五號二百弓、三十六號內一百四十弓，賈家埧止，共稍工五百四十弓，每夫二十四弓三尺。又派攢築東北二十三、四號內花津要工五十七弓，每夫三尺。漏夫陶彥美田八十四畝，該出夫一名，繫絕戶荒田，不派工段。

官壩圩

田地四十三頃三十六畝，該夫五十四名二分，圩長免二名，小甲免二名，鑼夫免一名，官壩陡門免四名，塔免夫一名。東北二十五、二十六號分淘工七十八弓，派夫十名。東北三十六、三十七、三十八號，賈家埠稍工三十九、四十、四十分號，共稍工九百四十二弓，派

夫三十八名三分。又分東北三十四號攢築洵工二十九弓，每夫三尺。漏夫朱姜田七十六畝，該夫九分五釐，本圩夫少，難派加幫官潭。原文。

按：此亦未妥當次序，原本第六，今改列第五。

今謹校定：官壩圩田地四千三百三十六畝，該出夫五十四名二分，內圩長、小甲、鑼夫、官壩陡門、涵共免夫六名，其餘夫四十八名二分。內撥夫十名派築東北二十五號內三十三弓，遞至二十六號內三十九弓，共洵工七十二弓，每夫七弓一尺。撥夫三十八名二分派築東北賈家壩三十六號內六十弓，遞至三十七號二百弓、三十八號二百弓、三十九號二百弓、四十號二百弓、四十一號內八十二弓，共稍工九百四十二弓，每夫二十四弓三尺。又派攢築東北二十四號內花津要工二十八弓，每夫三尺。漏夫朱姜等田七十六畝，該出夫九分五釐，本圩夫少難派，宜加幫官壩陡門，作免夫論。

桑築圩

田地十七頃九十三畝四分，該夫二十二名三分，圩長、小甲、鑼夫共免四名。東北二十五號洵工三十九弓，派夫五名。又東北四十一、四十二號張紀埂稍工三百一十八弓，派夫十二名九分。又分東北三十四號攢築洵工十三弓三尺，每夫三尺。漏夫劉東等田二十四畝，夫三分，查出本圩做。原文。

按：此條當列第六，原本因田少附於冊末，其語亦欠明白。

今謹校定：桑築圩田地一千七百九十三畝四分，該出夫二十二名四分，內圩長、小甲、鑼夫共免夫四名，其餘夫十八名四分。內撥夫五名派築東北二十五號內洵工三十六弓，每夫七弓一尺。撥夫十三名四分派築東北張基埂四十一號內一百一十八弓，遞至四十二號二百弓、四十三號內二十二弓，共稍工三百四十弓，每夫二十四弓三尺。又派攢築東北二十四號內花津要工十一弓，每夫三尺。漏夫劉東等田二十四畝，該出夫三分，加幫本圩稍工。

清平圩

田地三十六頃四十二畝，該夫四十五名三分，圩長、小甲、鑼

夫、塝夫共免七名。分東北四十三號牛力灣次溝工一百七十八弓，派夫十一名三分。東北四十四、四十五、四十六號次溝工，周古潭連稍二，共七百七十八弓，派夫二十七名。又分東北二十三號攢築溝工二十四弓，每夫三尺。漏夫李旺等田四十四畝五分五釐，加派本圩牛力灣次溝工幫助。<small>原文。</small>

按：此工段溝稍未分，字目亦舛，連稍句尤混，其序當列第七，原本同。

今謹校定：清平圩田地三千六百四十二畝，該出夫四十五名五分，內圩長、小甲、鑼夫、芮家涵共免夫七名，其餘夫三十八名五分。內撥夫十一名五分派築東北四十三號內牛力灣次溝工一百七十八弓，每夫十六弓少。撥夫二十七名派築東北四十四號二百弓起，遞至四十五號二百弓、四十六號二百弓、周古潭共稍工六百弓，每夫二十三弓少。又派攢築東北二十四號內花津要工二十三弓，每夫三尺。漏夫李旺等田四十四畝，該出夫五分五釐，未派正埂，加幫本圩牛力灣次溝工。

太平圩

田地一百七頃五十六畝五分，該夫一百三十四名四分，內除圩長免夫二名，小甲免夫四名，共免夫十二名，餘夫一百二十二名四分。派築東北十五號、十六號李村塝南北溝工二百零六弓，夫二十六名四分六釐。東北四十七、四十八、四十九、五十、五十一、五十二、五十三號邰家灣止，共稍工一千四百十弓一寸，派夫五十七名三分。東北五十四號次溝工二百弓，派夫十二名六分五釐。儲家壩五十五號、五十六、五十七、五十八號共稍工六百十弓，派夫二十六名。又分東北二十四號攢築溝工，每夫三尺，該工七十五弓三尺。漏夫田五十六畝董先等，該夫七名，加幫本圩。<small>原文。</small>

按：此眉目不清，字畫多舛。原列第三，茲改第八。

今謹校定：太平圩田地一萬零七百五十六畝五分，該出夫一百三十四名四分，內圩長小甲、鑼夫、邰家灣陡門並低涵共免夫十二名，其餘夫一百二十二名四分。內撥夫二十六名四分五釐派築東北十五

號、十六號李村埆南北洶工二百零六弓，每夫七弓三尺零。撥夫五十
七名三分派築東北四十七號二百弓，四十八號二百弓，四十九號二百
弓，五十號二百弓，五十一號二百弓，五十二號二百弓，五十三號二
百弓，五十四號內十弓，共稍工一千四百一十弓，每夫二十四弓三尺
少。撥夫十二名六分五釐派築東北五十四號內一百九十弓，遞至五十
五號內十弓，共次洶工二百弓，每夫十六弓少。撥夫二十六名派築東
北儲家壩五十五號內一百九十弓，遞至五十六號二百弓，五十七號二
百弓，五十八號內二十弓，共稍工六百一十弓，每夫二十四弓少。又
派攢築東北二十四號內花津要工七十二弓，每夫三尺。漏夫董先等田
五十六畝，該出夫七分，未派正埂，加幫本圩稍工。

咸和圩

田地二十九頃八十八畝二分四釐，該夫三十七名三分六釐，圩
長、小甲、鑼夫共免四名，馬練港陡門免一名。分東北二十五號洶工
六十九弓，派夫八名六分。又東北五八、五九、六十、六十一號畢家
灣稍工五百九十弓，派夫二十五名八分。又分東北二十四號攢築洶工
二十弓二尺，每夫三尺。漏夫張郊詩田四十六畝，本圩夫少難派，聽
本圩長自處。原文。

按：此繁簡失宜，其序當附於末，原列第八未合。

今謹校定：咸和圩田地二千九百八十八畝二分四釐，該夫三十七
名三分五釐，內圩長、小甲、鑼夫並馬練港陡門共免夫五名，其餘夫
三十二名三分五釐。內撥夫八名六分派築東北二十五號內洶工六十
弓，每夫七弓少。撥夫二十三名七分五釐派築東北畢家灣五十八號內
一百八十弓，遞至五十九號二百弓，六十號二百弓，六十一號內十弓
終，共稍工五百九十弓，每夫二十四弓三尺零。又派攢築東北二十四
號內花津要工十九弓，（派）〔每〕夫三尺。漏夫張效詩田四十六畝，
該出夫六分，本圩夫少難派，聽圩長調處，然應派入洶工。

按：東北岸原冊以圩分田畝多寡為序，按之工段殊未合式，當以
南新興圩首列，北新興圩次之，次大禾，次沛儉，次官壩、桑築、清
平、太平諸圩，而以咸和圩殿其後，依工為序，庶幾得之。

〔西北岸六圩〕

西北岸總圩長一料丈量，洶稍工派定夫名數目列後。原文。

按：此鄭文化所分西北隅工也，計四十八標，六圩分築，原册列第四，改列東北岸。後爲第二，始見合圍，旋轉次序。

北廣濟圩

田地一百六十六頃四十二畝五分，該夫二百零八名。外薛允安告荒三頃八十二畝一分，該夫四名七分七釐，以作漏夫算。馬練港陡門北西一號、二號、三號稍工六百弓，派夫二十四名四分。四號、五號、六號、七號次洶工一千八百弓，派夫五十名六分。西八號至十七號內一百九十弓，共稍工一千九百零九弓，派夫七十七名六分。剩夫三十八名九分。東有十三號內四十三弓，十四號二百十弓，五號內十九弓，合同內除去四十弓與上興國漏夫築，因隔遠每夫減埝四尺，實做埝三百三十三弓，本圩免夫十六名五分。又攢築花津洶工正東三十二號埝一百一十弓二尺五寸。原文。

按：四五六七四號每號二百弓，祇八百弓，何以云一千八百弓乎？"一千"二字衍文。其餘亦多糾纏不清。

今謹校定：北廣濟圩田地一萬六千六百四十二畝五分，該出夫二百零八名，內圩長、小甲、鑼夫、馬練港陡門共免夫十六名五分，其餘夫一百九十一名五分。內撥夫二十四名四分派築馬練港陡門西北第一號二百弓起，遞至第二號二百弓、第三號二百弓，共稍工六百弓，每夫二十四弓三尺。撥夫五十名六分派築西北第四號二百弓起，遞至第五號二百弓、第六號二百弓、第七號二百弓、長亭埝，共次洶工八百弓，每夫十六弓少。撥夫七十七名六分派築西北第八號二百弓起，遞至第九號二百弓、第十號二百弓、十一號二百弓、十二號二百弓、十三號二百弓、十四號二百弓、十五號二百弓、十六號二百弓、十七號內一百零九弓、陽和埝，至秋花墩等處，共稍工一千九百零九弓，每夫二十四弓三尺。撥夫三十八名九分派築東北十三號內四十三弓，遞至十四號二百弓、十五號內十九弓、薺母灘，共洶工二百六十二

弓，因隔路遠，每夫減工一尺，計除四十弓與上興國圩漏夫築，實二百二十二弓，每夫六弓少。又派攢築東北十六、七號內花津要工一百一十一弓，每夫三尺。漏夫薛允安告荒田三百八十二畝一分，該出夫四名七分七釐，未派正埂，加幫本圩溝工。

南子圩

田地一百頃八十畝，該夫一百二十六名，免夫八名五分。餘夫派西十七號內稍工九十弓起，十八號順至二十六號內五十八弓止，共稍工一千七百四十九弓，夫七十名一名。又西三十九號次溝工一百四十四弓，四十號次溝工一百八十一弓，共三百二十五弓，夫二十名五分七釐。剩夫二十五名八分，派東岸正東溝工三十四號內三十五號一百七十九弓，又稍花津溝工埂七十弓二尺五寸，每夫三尺。原文。

按：語近含糊，字多悖謬，不可爲典要。

今謹校定：南子圩田地一萬零八十畝，該出夫一百二十六名，內圩長、小甲、鑼夫、伏龍橋陡門共免夫八名五分，其餘夫一百一十七名五分。內撥夫七十一名派築西北十七號內九十一弓起，遞至十八號二百弓、十九號二百弓、二十號二百弓、二十一號二百弓、二十二號二百弓、二十三號二百弓、二十四號二百弓、二十五號二百弓、二十六號內五十八弓、薛家樓等處，共稍工一千七百四十九弓，每夫二十四弓三尺。撥夫二十名七分派築正西三十九號內一百四十四弓，遞至四十號內一百八十一弓、伏龍橋北首，共次溝工三百二十五弓，每夫十六弓少。撥夫二十五名八分派築正東圩豐庵三十三、四號內，共溝工一百七十九弓，每夫七弓少。又派攢築東北十七號內花津要工七十弓，每夫三尺。

永甯圩

田地四十三頃六十畝九分，內除夏汝謙告荒田四十四畝八分在外，又除舊冊荒田八十畝，實夫五十四名五分，免夫四名。西二十六號內一百四十二弓起，工二十七、二十八、二十九、三十號一百零七弓止，共稍工八百四十九弓，夫三十四名五分。剩夫十六名，派東岸

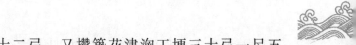

三十號、三十五號內埂一百十二弓。又攢築花津溝工埂三十弓一尺五寸，每夫三尺。原文。

按：此條亦有脫簡。

今謹校定：永甯圩田地四千三百六十畝九分，該出夫五十四名五分，內圩長、小甲、鑼夫共免夫四名，其餘夫五十名五分。內撥夫三十四名五分派築西北二十六號內一百四十二弓，遞至二十七號二百弓、二十八號二百弓、二十九號二百弓、三十號內一百零七弓、北峰埂，共稍工八百四十九弓，每夫二十四弓三尺。撥夫十六名派築正東圩豐庵三十四、五號內，共溝工一百一十二弓，每夫七弓。又派攢築東北十七號內花津要工三十弓，每夫三尺。夏汝謙告荒及舊冊荒田一百二十四畝八分，因荒不派夫，工不入此數。

義城圩

田地四十六頃一畝五分，該夫五十七名，免夫七名。派西三十號九十三弓、三十一號二百弓、三十二號七十七弓，共三百七十弓。稍工派夫五十名。又清山鎮三十二號七十三弓兩岸民房自築，又西三十三、三十四號、三十五號內次溝工七百六十一弓，派夫三十五名五分。又攢築花津溝工東北十八號埂三十弓一尺五寸，每夫三尺。原文。

按：此夫工不符，詳略未當，令閱者目眩。

今謹校定：義城圩田地四千六百零一畝五分，該出夫五十七名五分，內圩長、小甲、鑼夫、李四公陡門共免夫七名，其餘夫五十名五分。內撥夫十五名派築西北三十號內九十三弓，遞至三十一號二百弓、三十二號內七十七弓、青山澗下，共稍工三百七十弓，每夫二十四弓三尺零。撥夫三十五名五分派築青山鎮南首正西三十二號內五十弓，遞至三十三號二百弓、三十四號二百弓、三十五號內一百六十一弓，共次溝工六百一十一弓，每夫十六弓零。又派攢築東北十八號內花津要工三十弓，每夫三尺。其三十二號內青山鎮七十三弓著本鎮居民自築。

籍泰圩

田地三十七頃三十畝五分，除蔣廷魯等告荒田十六畝，除舊冊改

正田十六畝五分作漏夫算，該夫四十六名六分，免夫五名。餘夫派西十號次稍工十九弓，該夫一名二分。西四十一、四十二、四十三、四十四號一百四十弓，共稍工七百四十弓，該夫三十一名。剩夫十名三分，派築正東三十二號內洶工七十二弓。又攢築花津洶工東北十七號內埂二十弓，每夫三尺。_{原文。}

　　按：此條次、稍等字不明，餘亦有誤。

　　今謹校定：籍泰圩田地三千七百三十畝五分，該出夫四十六名六分，內圩長、小甲、鑼夫、浮橋陡門共免夫五名，其餘夫四十一名六分。內撥夫一名二分派築正西四十號內陡門北次洶工十九弓，每夫十六弓少。撥夫三十名派築正西四十一號二百弓起，遞至四十二號二百弓、四十三號二百弓、四十四號內一百四十弓、新埂頭，共稍工七百四十弓，每夫二十四弓三尺。撥夫十名四分派築正東圩豐庵三十二號內洶工七十二弓，每夫七弓。又派攢築東北十七八號內花津要工二十五弓，每夫三尺。蔣廷魯告荒及舊冊改正田三十二畝五分不派夫，工不入此數。

新義圩

　　田地八十六頃五十九畝，該夫一百零八名二分五釐，免夫九名外，郭顯學告荒田九十三畝，王繼湯告荒田五十四畝，雙溝陡門三名，魏士元、魏士化、魏士亭告荒田十九畝，郭大用告荒田十八畝，共一百八十四畝，該夫二名三分，作漏夫算。派南三十五號內次洶工三十九弓，三十六、三十七、三十八、三十九號五十六弓，共六百九十五弓，夫四十四名。西四十四號稍工六十弓，四十五順至四十八號內二十五弓，共稍工六百八十五弓，夫二十七名八分。剩夫二十七名四分，派東岸圩豐庵正東三十二號內洶工一百一十五弓。該埂一百四十二弓，免夫九名。又正東三十二號內洶工五十九弓三尺，每夫三尺。_{原文。}

　　按：此免夫重，出陡門三名突然漏夫無著，並無南工，其誤多矣。

　　今謹校定：新義圩田地八千六百五十九畝，該出夫一百零八名二

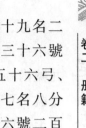

分，內圩長、小甲、鑼夫、雙溝陡門共免夫九名，其餘夫九十九名二分。內撥夫四十四名派築正西三十五號內三十九弓起，遞至三十六號二百弓、三十七號二百弓、三十八號二百弓、三十九號內五十六弓、喻家埠，共次淘工六百九十五弓，每夫十六弓少。撥夫二十七名八分派築正西四十四號內六十弓起，遞至四十五號二百弓、四十六號二百弓、四十七號二百弓、四十八號內二十五弓終，至元通庵前雙溝陡門，共稍工六百八十五弓，每夫二十四弓三尺。撥夫二十七名四分派築正東圩豐庵三十三二號內淘工共一百九十二弓，每夫七弓。又派攢築東北十七號內花津要工五十八弓，每夫三尺。漏夫郭王魏等告荒田一百八十四畝，該出夫二名三分，未派正埂，加幫本圩次淘工。

　　按：西北岸原冊以工爲序，較東北岸似妥，但數目多寡不一，難於徵信，爰校正之如此。

〔**西南岸六圩**今改七圩〕

　　西南岸總圩長一料丈量，淘稍工派定夫名數目列後。原文。

　　按：此朱孔暘所分西南隅工也，分五十六標，計七圩，原列第三，今仍之，以西北岸列於前者，順工次也。中廣濟圩田地二萬三千四十畝，該夫二百八十八名。雙溝陡門起，西南一號順至九號止，第十號繫沛國圩工，共稍工一千六百三十弓，派夫六十六名二分五釐。正南三十九號棗樹灣起，至四十七號止，共淘工一千六百五十弓，派夫二百零五名七分五釐。本圩免夫十六名，內小甲免夫八名，陡門免夫四名，圩長、鑼夫免三名。西南九號亭頭鎮一百四十四弓，居民聽自培築。原文。

　　按：此亦未合式，花津要工未載，今補之，俾四岸一律且較正之如左。

　　今謹校定：中廣濟圩近改分上下兩廣濟圩，田地二萬三千零四十畝，該出夫二百八十八名，內圩長、小甲、鑼夫、亭頭陡門共免夫十六名，其餘夫二百七十二名。內撥夫六十六名二分五釐派築正西雙溝陡門南起第一號二百弓，居民市廛基址在內，遞至第二號二百弓、第三號二百弓、第四號二百弓、第五號二百弓、第六號二百弓、第七號

二百弓、第八號二百弓、第九號內三十弓、西八標，共稍工一千六百三十弓，每夫二十四弓三尺。撥夫二百零五名七分五釐派築正南三十九號內一百八十四弓起，遞至四十號二百弓、四十一號二百弓、四十二號二百弓、四十三號二百弓、四十四號二百弓、四十五號二百弓、四十六號二百弓、四十七號內六十六弓、棗樹灣、福興庵、葛家渡、紅廟、王家潭等處，共淘工一千六百五十弓，每夫八弓零。又加派東北十三號內薺母灘淘工七十五弓。又派攢築東北二十二號內花津要工一百六十三弓，每夫三尺。第九號內亭頭鎮一百四十四弓著本鎮居民自築。

沛國圩

田地五千七百六十畝，該夫七十二名。西南十號起，十三號清水潭止，共稍工七百五十八弓，該夫三十名八分。又東南四十七、四十八號王家潭起，淘工二百七十三弓，花津雙墖口七十五弓，夫三十五名。圩長、小甲、鑼閘夫共免七名。原文。

按：此花津要工數譌甚，餘亦未明。

今謹校定：沛國圩田地五千七百六十畝，該出夫七十二名，內圩長、小甲、鑼夫、清水潭陡門共免夫七名，其餘夫六十五名。內撥夫三十名八分派築西南第十號內二十六弓起，遞至十一號二百弓、十二號二百弓、十三號內一百三十二弓終，在常樂庵南首至清水潭陡門，共稍工七百五十八弓，每夫二十四弓三尺。撥夫三十四名二分派築正南四十七號內一百三十四弓起，遞至四十八號內一百三十九弓止王家潭，共淘工二百七十三弓，每夫八弓。又派攢築東北二十一號內花津要工三十九弓，每夫三尺。

上興國圩

田地一萬一千一百六十畝，該夫一百三十九名五分。正南十四、十五、十六號黃池鎮起，共四百二十九弓，民房各自培築。又正南十六號起，至二十一號止，稍工六百弓，夫二十四名三分二釐。又次淘工夫三十一名五分釐，該工五百七十一弓。正南二十二號起，至三十

號共次洶稍工一千六百零九弓，夫八十三名四分三釐。免夫九名。內十七號十八號調下興國圩築。_{原文。}

　　按：此條夾雜太甚，花津要工亦失載，自此以下諸圩均失之。

　　今謹校定：上興國圩田地一萬一千一百六十畝，該出夫一百三十九名五分，內圩長、小甲、鑼夫、烏溪陡門共免夫九名，其餘夫一百三十名五分。撥夫二十四名三分二釐，又撥夫二十二名七分五釐派築正南十六號內一百七十一弓起，遞至十七號二百弓、十八號二百弓、十九號二百弓、二十號二百弓、二十一號二百弓、東承天，共稍工一千一百七十一弓，每夫二十四弓。內有十七號二百弓、十八號二百弓、馬坊口，共稍工四百弓，調與下興國圩築。撥夫三十二名派築正南二十二號二百弓起，遞至二十三號二百弓、二十四號二百弓、二十五號內一百八十七弓，共稍工七百八十七弓，每夫二十四弓三尺。續撥夫五十一名四分三釐派築正南二十五號內十三弓起，遞至二十六號二百弓、二十七號二百弓、二十八號二百弓、二十九號二百弓、三十號內九弓、小牛灘、一里碑等處，共次洶工八百二十二弓，每夫十六弓。又調築下興國圩正東第三號內一百三十弓起，遞至第四號內七十弓止谷家埠，共洶工二百弓，繫十七號至十八號共稍工四百弓換。又西北岸北廣濟圩撥出東北十三號內薺母灘洶工四十弓與漏夫築。漏夫田未載，數俟考。又派攢築東北二十二號內花津要工六十九弓，每夫三尺。緣漏夫酌減。其第十四號二百弓起，遞至十五號二百弓、十六號二十九弓，共四百二十九弓，繫黃池鎮基，著本鎮居民自行培築。

保城圩

　　田地一萬一千六十畝，該夫一百二十七名。正南三十、三十一號共三百一十五弓。烏溪鎮兩岸民房自築。正南三十二號起，至三十九號止，共稍工一千四百九十二弓，夫一百二十七名。免夫九名。_{原文。}

　　按：此條脫略苟簡之至。

　　今謹校定：保城圩田地一萬一千零六十畝，該出夫一百二十七名，內圩長、小甲、鑼夫、周家涵共免夫九名，其餘夫一百一十八名。內撥夫七十八名五分派築正南三十號內烏溪鎮西十五弓起，越鎮

基至鎮東三十一號內六十一弓，遞至三十二號二百弓、三十三號二百弓、三十四號二百弓、三十五號二百弓、三十六號二百弓、三十七號內一百八十弓、棗樹灣，共次洶工一千二百五十六弓，每夫十六弓。撥夫二十九名五分派築正南三十七號內二十弓起，遞至三十八號二百弓、三十九號內十六弓，共洶工二百三十六弓，每夫八弓。二共工一千四百九十二弓。撥夫十名派築東北十六號內洶工七十弓，每夫七弓。又派攢築東北二十一號內花津要工七十弓，每夫三尺。其三十一號內一百七十六弓，三十二號內一百三十九弓，共三百一十五弓，繫烏溪鎮基，著本鎮居民自築。

貴國圩

田地六千四百二十畝，該夫八十名二分。東南四十八號起，至五十一號止，共稍工五百九十五弓，夫七十六名三分。免夫四名。原文。

按：此亦未當，不過詞無枝葉耳。

今謹校定：貴國圩田地六千四百二十畝，該出夫八十名二分五釐，內圩長、小甲、鑼夫共免夫四名，其餘夫七十六名二分五釐，盡派築東南四十八號內六十一弓起，遞至四十九號二百弓、五十號二百弓、五十一號內一百三十四弓止五顯廟等處，共洶工五百九十五弓，每夫八弓少。又派攢築東北二十二號內花津要工四十五弓，每夫三尺。

永豐圩

田地九千三百三十六畝，該夫一百一十六名七分。東南五十一號起，至五十六號止，共洶工九百零十弓。內免夫十一名。原文。

按：此過簡略，殊欠詳明。

今謹校定：永豐圩田地九千三百三十六畝，該出夫一百一十六名七分，內圩長、小甲、鑼夫、籍家陡門共免夫十一名，其餘夫一百零五名七分。盡派築東南五十一號內六十六弓起，遞至五十二號二百弓、五十三號二百弓、五十四號二百弓、五十五號二百弓、五十六號內四十弓終，共洶工九百一十弓，每夫八弓零。又派攢築東北二十一

號内花津要工六十三弓，每夫三尺。

按：西南岸册亦以工爲序，特詞過簡略，未盡詳明，間多譌字，因校正之，較原本似妥當焉。

〔東南岸六圩今改七圩〕

東南岸總圩長一料丈量，泑稍工派定夫名數目列後。原文。

按：此趙杙所分東南岸工也。坐正東一面分三十五標，計七圩分築。内提出三十二、三、四等號派入西北岸永甯、南子、新義、籍泰四圩分築。原列第二，今改第四，圩凡一周。

低場圩

田地五千五百二十畝，該夫六十九名，内除圩長、小甲、埲夫、閘鑼夫共免十一名，餘夫五十八名，派築泑工四百二十弓，正東一號泑工一百九十弓，二號泑工二百弓，三號泑工七十弓，每夫一名築埂七弓一尺九寸。原文。

按：此語未盡明白，其略去花津攢築要工，宜補之。

今謹校定：低場圩田地五千五百二十畝，該出夫六十九名，内圩長、小甲、鑼夫、井家涵、籍家陡門共免夫十一名，其餘夫五十八名。派築正東第一號起一百五十六弓，遞至第二號二百弓、第三號内七十弓，共泑工四百二十六弓，每夫七弓一尺九寸少二弓。又派攢築東北二十號内花津要工三十四弓，每夫三尺。

下興國圩

田地八千一百一十二畝，該夫一百一名四分。查出漏夫田一千二百零八畝，該夫十五名一分，加派六圩泑工標内。内除圩長、小甲、鑼夫共免七名，餘夫一百九名五分。該埂七百三十八弓，正東三號泑工一百三十弓，四號泑工二百弓，五號泑工二百弓，六號泑工二百弓，七號泑工六十七弓，每夫一名築埂七弓一尺九寸。内除正東三四號内共二百弓，與上興國圩修築。原文。

按：此漏夫加派未清，調換未載，觀下自見。

今謹校定：下興國圩田地八千一百一十二畝，又查出漏夫田一千二百零八畝，該出夫一百一十六名五分，內圩長、小甲、鑼夫、烏溪陡門共免夫七名，其餘夫一百九名五分。派築正東第三號內一百三十弓起，遞至第四號二百弓、第五號二百弓、第六號二百弓、第七號內六弓，共淘工七百三十六弓，每夫七弓一尺九寸。因漏夫減派七十一弓。加派正東十號內淘工四十弓，其第三號內一百三十弓遞至第四號內七十弓，共淘工二百弓，調與上興國圩築。因築馬坊口第十七號內一百七十一弓起，遞至十八號二百弓、十九號內二十九弓，共稍工四百弓。又派攢築東北十八號內花津要工五十四弓，每夫三尺。漏夫未派要工。

南廣濟圩

田地八千六百六十四畝，該夫一百八名三分。查出漏夫田一千一百三十六畝，該夫十四名二分，入六圩正東淘工標內。除圩長、小甲、鑼夫、閘夫共免十名，餘夫一百十二名五分。分正東七號淘工一百九十四弓，八號淘工二百弓，九號淘工二百弓，十號淘工一百七十三弓，共七百六十七弓。原文。

按：此弓數不符，疑是漏夫減去。

今謹校定：南廣濟圩田地八千六百六十四畝，又查出漏夫田一千一百三十六畝，該出夫一百二十二名五分，內圩長、小甲、鑼夫、烏溪陡門共免夫十名，其餘一百一十二名五分。派築正東第七號內一百九十四弓起，遞至第八號二百弓、第九號二百弓、第十號內一百七十三弓，共淘工七百六十七弓，每夫七弓一尺九寸。因漏夫減派六十三弓。又派攢築東北十八號內花津要工五十三弓，每夫三尺。漏夫未派要工。

新溝圩

田地二萬四千七百五十二畝，該夫三百九名四分，查出漏夫田四百畝，夫五名，共夫三百一十四名四分，內除圩長免夫二名，小甲免夫二十名，鑼夫一名，埝閘夫六名，實夫二百八十五名四分。該埝二

千二百六十五弓，分正東十號溝工二十七弓，十一號順至二十一號止，分溝工二千二二百弓，二十二號分溝工三十八號，每夫一名七號一尺九寸。原文。

按：此工多少未合圩例。

今謹校定：新溝圩田地二萬四千七百五十二畝，該出夫三百零九名四分，又查出漏夫田四百畝，該出夫五名，共夫三百一十四名四分。內除圩長、小甲、鑼夫、新溝陡門閘夫共免夫十九名，其餘夫二百九十五名四分。派攢築正東第十號內二十七弓起，遞至十一號二百弓、十二號二百弓、十三號二百弓、十四號二百弓、十五號二百弓、十六號二百弓、十七號二百弓、十八號二百弓、十九號二百弓、二十號二百弓、二十一號二百弓、二十二號內三十八弓，共溝工二千二百六十五弓，照圩例每夫七弓一尺九寸，多派八十四弓。又派攢築東北十九、二十號內花津要工一百六十八弓，每夫三尺。漏夫未派要工。

廣義圩

田地一萬四千五百六十二畝，該夫一百八十二名，查出漏夫田二百六十二畝，該夫三名四分，加派六圩正東溝工標內。除圩長、小甲、鑼閘夫共免十三名，實夫一百七十二名四分。正東二十號溝工一百六十二弓，二十號順至二十七號分溝工一千弓，二十八號溝工一百五十六弓，每夫一名分埂七弓一尺九寸。原文。

按：此亦夫少工多，號數殊不分明。

今謹校定：廣義圩田地一萬四千五百六十二畝，又查出漏夫田二百六十二畝，該出夫一百八十五名三分，內除圩長、小甲、鑼夫、南柘港陡門共免夫十三名，其餘夫一百七十二名三分。派築正東二十二號內一百六十二弓起，遞至二十三號二百弓、二十四號二百弓、二十五號二百弓、二十六號二百弓、二十七號二百弓、二十八號內一百五十六弓，共溝工一千三百一十八弓，每夫照圩例七弓一尺九寸，多派四十七弓。又派攢築東北十九號內花津要工七十九弓、二十五號內花津要工二十二弓，每夫三尺。漏夫未派要工。

王明圩

田地八千三百二十畝，該夫一百零四名，查出漏夫田九十六畝，該夫一名四分，內除圩長、小甲、鑼夫、閘夫共免十名，實夫九十五名。分東二十八號淘工四十四弓，二十九號順至三十一號分淘工六百弓，三十二號淘工八十五弓，每夫一名該工七弓一尺九寸。派東岸花津攢築淘工、東北十八號十九號淘工二百弓、二十號淘工一百一十工。原文。

按：以上諸圩均未載花津攢築要工，此獨載之，亦未妥協，弓數不符，不可徵信。

今謹校定：王明圩田地八千三百二十畝，又查出漏夫田九十六畝，該出夫一百零五名二分，內除圩長、小甲、鑼夫、大隴口陡門共免夫十名，其餘夫九十五名二分。派築正東二十八號內四十四弓起，遞至二十九號二百弓、三十號二百弓、三十一號二百弓、三十二號內八十五弓，共淘工七百二十九弓，每夫照圩例七弓一尺九寸，多派二十七弓。又派攢築東北十九號內花津要工五十七弓，每夫三尺。

按：東南岸以工為序，所云每夫七弓一尺九寸，核之殊多不符。其花津要工未載，亦屬闕典，因逐條正之，未知當否。

按：老冊分工程式大略四等，濱臨湖面有風浪者為淘工，臨大河者為次淘工，在內港無風浪者為稍工，花津十里要工為攢築工。淘工每夫派築八弓，次淘工每夫派築十六弓，稍工每夫派築二十四弓，雖略有增減，亦相工之淘稍耳。至花津攢築要工，每夫三尺。通圩一例。細繙此冊，雜亂無紀，脫簡多端，閱者不能無憾。且中心埂四千弓未曾標號，更未措置一詞，以致後來聚訟。其老冊書法四岸不同，必非一手所定，閱時既久，遂生疑竇，況歷經兵燹，碑石剝蝕，翻刻模糊，亥豕焉烏，莫由徵信。茲先將原文鈔列，明知錯誤，一字不敢增刪。再將逐圩校定附於其後，以便比勘。其文法仍歸一律，庶幾瞭然，尚冀識者訂正焉。附刊中心埂說略。

〔中心埂四千弓〕

中心埂四千弓，約計標號二十，如做東北花津攢築要工，俾圩各

分弓丈自堪允協，乃分至沛國圩清水潭第十三號即跨此至黃池鎮爲第十四號，置此工而不論何哉？或者恃福定爲外援與。而北岸章公祠首架隔感義圩者又分之，此獨不分，殊未可解。前輩湯天隆、孫啟芝諸公曾列條陳，若豫知後來有狡推者，茲故不能不附列於後焉。

國朝乾隆二十四年官圩中心埂分工碑記

大官圩設立中心古埂架隔福定圩，原與王家潭花津同爲險要之地，自有明萬曆四十一年，四岸總圩長東南岸趙杕、西南岸朱孔暘、西北岸鄭文化、東北岸稽廷相鬮分段落，各岸築一千號，同報具工程何太尊批准，垂爲定例。國朝順治十五年，東北岸生員湯天隆、孫啟芝等叩請按臺衞批飭四岸照舊例修築，編載縣志。邇來各小修恃有福定圩爲外藩，偷安怠誤，致中心埂日就低塌。乾隆二十年三月，西南岸士民史宗連、朱爾立等具呈上府叩飭四岸修築完固，以備不虞。蒙批仰當塗縣即查照舊一律修築，工竣具報毋遲。東北岸各小修人等繪圖飾控，將中心埂推入西南一岸。蒙秦憲犀斷，據覆呈繪圖，開東南岸六圩半，核算本工及攢築險工共六千五百八十號三尺。東北岸九圩，本工及攢築險工共九千八百二十九號四尺。西北岸六圩，本工及攢築險工共八千六百三十五號。西南岸七圩，除中心埂四千號外，已有本工及攢築險工二共八千九百八十八號，若再將中心埂責令西南岸獨修，西南岸有工一萬二千九百八十八號，殊屬不均，可見中心埂之四千號向例四岸朋築，以均勞逸無疑。爾等推諉怠誤，大有不合，候臨勘押修。七月初二日詳府蒙朱憲批，據詳已悉，仰即飭令四岸照舊攢築以衞田疇，毋得任其抗延干咎。二十一年四月，府、縣信牌委員履埂，照舊額丈量起止，分定段落，四岸恪遵。二十二年九月，公叩請府憲載志勒碑，蒙批准勒石工所，並將各岸工段編載府志，以垂永久。自今以往，凡四岸業主各宜上念前人創制法良意美，下念閤圩生靈思患豫防，勉之，慎之。

計開

西南岸一千號，自清水潭起，至戴家莊止。

西北岸一千弓，自戴家莊起，至戚家橋止。

東南岸一千弓，自戚家橋起，至枸橘茨止。

東北岸一千弓，自枸橘茨起，至黄池鎮梁家橋止。

右共四千弓。

知太平府事朱肇基

知當塗縣事李永升

署當塗縣事秦廷塑

知當塗縣事孫賢相

太平府教授朱錦如

當塗縣典史鈕維鏞

原呈士民

史宗連	朱爾立	尚士椿	尚　文	尚士佐	丁丙揚	賈秉乾
劉達如	潘展和	趙廷英				

首事姓名

賈以茂	賈兆龍	張玉彩	李捷飛	殷□□	殷紹軾	殷紹輅
劉廷柱						

同事姓名

趙朗文	趙維三	趙勝原	錢爾揚	錢兆景	錢繼賓	孫學進
孫爾嘉	孫天祥	李漢湘	李錦文	李儒連	李惟賢	李名德
李世阡	李廷燦	李光華	李世柏	周錫予	周維爵	周子采
周兆慶	周咸茂	周月九	吳保善	吳魯公	吳餘慶	吳愷文
吳鼎臣	鄭秀草	王廷魁	王　熙	王廷獻	王玉彩	王公棠
王光前	王振紹	王舜舉	王士華	王起柏	王得雲	王培彰
王東敘	陳介眉	陳公朝	褚照林	衛方瑶	衛芝山	沈宗商
沈世輔	沈東玉	沈步蟾	沈尊五	韓名超	韓元文	楊嘉模
楊雲先	楊上珍	朱文象	朱熊階	朱春臺	朱履謙	朱健行
朱有公	朱文侯	朱乾恒	朱復言	朱正其	朱明章	朱南英

朱乾昌	朱受益	朱次梁	朱彩明	朱無琢	朱任元	朱建中
朱九如	朱文先	何爾玉	何明秀	張宗植	張連枝	張宗杙
張玉安	張和聲	張玉龍	張獻珍	張茂學	張心田	張惟銓
張以東	魏定鳴	陶澄川	陶　涵	陶運天	陶克猷	陶宏敏
陶載陽	陶展漢	陶展澍	鄒士祥	鄒元和	鄒建中	潘東山
葛如綱	魯　元	魯文達	魯廷瑞	魯聖玉	魯獻榮	俞漢傑
任子振	任　幹	任元子	袁秀愷	史調元	史載名	唐天禄
費廷尊	湯佩珍	湯啟球	殷紹軦	殷世文	殷世安	殷六宣
蕭永甯	汪遷三	汪士彤	汪士彬	汪聿修	汪喬士	汪聘三
臧公玉	戴文志	戴煜文	戴敏文	戴錦雲	麻進如	麻雲如
麻起如	賈聚美	賈永耀	賈紹尊	盛孔嘉	徐聖言	徐飛池
徐師範	徐天榮	徐初盛	徐厚五	徐成美	徐宏如	徐贊和
徐化南	徐士秀	胡天明	胡雲先	胡志山	胡成普	胡定名
霍定周	霍昌遠	丁支均	丁天德	丁玉音	丁咸有	丁彩明
丁儀範	丁敘青	丁朗先	丁支運	丁瑞吉	丁召南	丁受昌
丁敘成	杭佩三	劉志甯	劉輝五	劉　銳	劉繹東	劉含光
劉貞士	劉薈雲	劉廷光	劉朝卿	劉公維	劉廷相	劉位東
葉流芳	申友餘	莊元林	莊恒士	尚士昌	尚聚靈	尚東明
尚有常	尚行原	尚培五	尚純仁	尚清元	尚維三	關錫尊

桃園壇李公中	周象公中	王家潭王公中
沙潭王公中	陳家埭公中	下莊沈公中
清水潭沈公中	朱光公中	橫埂朱公中
樓分下朱公中	鍾家舖許公中	石橋魯公中
陳張村張公中	魏大公中	烏溪魯公中
亭頭殷公中	亭頭丁公中	華塘史公中
戚家橋谷公中	莊東分公中	

右備録諸君姓氏，足見好善者多，共勸義舉，匪特流芳百世也，亦以俾後世子孫對祖若父之名感發興起焉爾。

按：《中心埂分工碑記》二通，一立黃池北鎮梁家橋，一立清水潭陡門南岸，高丈餘，闊半之。碑文姓氏擘窠大書四岸各分工段起

止，至今遵守勿替。當乾隆時，該埝就湮寖，久爲心腹患。史朱諸君居近工次，習見失修者四十餘年，因攘臂前驅，尚義者同心附從，古稱同舟共濟，良有以夫，此有志者所以事竟成也。再考前明修造中心埝四總長報工，何太尊批示云：中心埝爲福定圩架隔，年來官圩倚爲外藩，遂忽中心埝而不修。三十六年朱縣令雖責令胡守約領稻穀募夫修築，畢竟爲守約侵欺冒破，草率了事。守約之罪不可勝誅，亦官圩之民藉福定圩爲長城半壁，狃處堂之安而不爲徹桑之計耳。閱議書此埝雖派分南料，然大浸之後廢敝之餘，非合衆力難以成功。一圩之中成敗相關，不可不權宜從事。准四岸協築，除清水潭及甘家屋後大缺合力攢造外，其餘四千弓各分一千，此缺仍屬南料督管，不得以此爲例牽扯三總，各付照云云。乃東北岸陳紹裘、戎文紹等牽連西北、東南兩岸，希圖狡推，結訟五稔，祇摘"此缺仍屬南料督管"一語，"不得牽扯三總"之詞故爲留難，抹煞"其餘四千弓各分一千"之語，飾詞朦稟，將三岸原日分定中心埝額工推入西南一岸，殊失"此缺仍屬南料督管"之語意。蓋此缺者，明指清水潭之大缺也。南料者，西南岸料也，督管者，此清水潭之大缺在西南岸所分一千弓之內，四岸攢造成功，應歸西南岸督管也。若僅據"南料"二字，豈"東南料"非此"南"字乎？是"南"字不分晰矣。況云此缺，豈中心埝四千弓盡繫潰缺乎？且前云官圩倚爲長城半壁，豈西北、東南、東北三岸獨非官圩而西南一岸爲官圩乎？揆之情理，均屬不合。宜史君積忿不平，大聲而疾呼也。使予而與史君同時，爲之執鞭所忻慕焉。

附覆稟諸名
東北岸小修：陳紹裘、陶靖臣、錢玉斯。
西北岸小修：李天齊、王在天、李國昌。
東南岸小修：蔣公郡、周子華、吳雲鸞。

卷三　檄文 _{舊制三}　湖畈逸叟編輯　衛錦堂朝鍇校

目次

道德齊禮，上之政也。樂事赴公，民之職也，顓蒙岡識大體，故《周禮》月吉讀灋懸書使民知敬畏。記曰不率教者，則夏楚以加之。願吾圩咸懍斯意焉。述檄文。

明萬曆三十七年知縣朱汝鼇諭四岸總首分工畫段檄

爲秋成重葺圩工事。照得當塗水國也，通邑圩田最多。而圩田如大官圩延袤幾二百里，濱抵江湖風浪，一穴潰則全圩成壑，一缺不築則顆粒無收，此真億萬生靈命脈所繫。迺舊年大水異常，圩埠盡行傾卸。本縣單騎親出，徧踏荒疇，廉知往時修築俱託圩長，聚財入橐，倩老幼搪塞視爲具文，致圩工疏忽，等諸道旁之舍，以致點夫百無二三。督理八九月竟無成效，往往一年之災變作兩年之害。予思法無一定之規，姦猾觀望而莫知遵守。埂無分劃之法，人人推諉而何以稽查。特鑒攢築賣夫弊端，創立估工劃段良法，令各業戶自照本戶田畝

多寡以爲派工多寡，分認處所用木標錨定本夫名下，俾分工分夫惟力視其田而止。自埂自築誰敢撤其標以逃？未及百日得告成事，民稱便之。茲秋成將畢，例得重加修葺，用是勒石以示永久爾。民各有室廬，各有田畝，其世世行之毋忽。

按：朱公爲吾邑令，值圩潰，擬修築條例十五則，圩人立生祠二，一在東岸新溝，一在青山鎮西偏。今僅存故址殘碑而已。其條例不可考，惟創分工段，約圩衆世守勿替，民到於今稱之。所云標者，凡埂百丈計二百弓，先用木標爲號，俟分定後界以石也。復定方向，自馬練港西達新陡門，折而南行，經千觔閘轉東向南，又曲折向西南行，過印心庵至青山鎮爲西北，越鎮南行直達雙溝爲正西，計共四十八標，分屬西北岸工。自雙溝起，至清水潭亦爲正西。跨中心埂十五里至黃池鎮，東行經烏溪至橫湖陡門爲正南，計共五十六標，分屬西南岸工。自橫湖陡門北首直至潘家埠爲正東，計共三十五標，分屬東南岸工。至圩豐庵內有西北岸三標。自潘家埠北至花津天后宮抹角，向西至章公祠首，向南至馬練港陡門爲東北，計共六十一標，分屬東北岸工。內薺母灘迤北風浪險惡，俗名十里洶工，條約改名要工，四岸攢築。獨憾清水潭至黃池鎮中心埂四千弓未曾分標註册，非當年未分是埂也，良由恃福定圩爲外障未議歲修耳。雍乾間廢墜多年，至史宗連出始起而糾正之。

國朝康熙三十四年知縣祝元敏纂修縣志載官圩剔弊事宜文

官圩古名十字圩，合衆圩而成者也。俗稱八十四圩，實五十四圩。設立小修者二十九圩而已。或以圩小而不必立，或以工簡而可兼攝。但其中報役免夫之陋習不除，殊非堅隄固圉之制。田居闔邑之半，賦即半，於闔邑不可不加意也。舊制圩役不及紳衿者，以圩務重大，得則功，失則罪，鞭扑宜加，若紳衿則不便行法，故不與，非優而免之。如云紳衿即當免役，豈陽侯波至遇紳衿田即不肆虐乎？後乃謂紳衿之免圩役如丁糧優免之例，舛矣。誤一。紳衿免役，即繫事外之人，不宜更議役。而今之報總圩小修者全自紳衿主之，一當議總役

之日，東奔西馳，賣彼覷此，甚至僉議已定，而臨時一二積霸且有出呈袖中擅易所議姓名，上欺官長，下壓同事，腹誹而不敢爭，錯愕而不及辯，一時有秀才尊同道院之目。誤二。若小修則愈奇矣。小修者，有修築圩隄之責者也。必其才力足以服人，方可以責眾治夫。理合以田畝為定，多者先之，少者次之，其餘數畝及荒廢不成田之業主則置之。恐其田畝不多，漫無經理，或至失事也。今則田多者恐擔干紀賄報焉，脫去己名而不充；田少者或以充小甲等役為恥，而欲作圩長以自張。於是充者不當，當者不充，不欲者以錢脫，其欲者又以賄求，欲脫者不使遽脫而昂其值，欲求者不使即得而靳其與，一一惟賄是謀。必使充役者強半猥鄙不足數之徒，言不敢忤眾，勢不能役人者，然後可。聽其欺壓而不違，工埕之鑼雖頻敲而操畚之夫無一至，卯簿虛設，名色空存，令既不行，工何由起？倘有失事，又得歸罪於小修，肆行索騙加之。慶弔具儀，歲時饋送，一有疏忽，禍譴叢生。誤三。工由夫作，夫從田起，定例也。有田則有夫，田多則夫眾，定數也。既署為夫，自當通力合作，固無可增，亦何從免。今則小甲先免夫若干矣，紳衿之田總不出夫矣，無田之衿亦效尤而得銀八錢而代人免一夫矣，其非紳非衿之地棍又操小修之短長而脅制之不敢不免夫矣。如此各免夫從何生？豈挑土夯築之役半望之神運鬼輪乎？圩工何得不疏，洄工何自而鞏。誤四。此四端之弊，積漸使然，於今為甚。

又有歲內不興工，直遲延至次年二三月方上工。一遇春水氾漲，土方湮沒，無處取土，則工歇矣。恐官驗工，無新土者必究，反將舊埝浪窩不平處削去外土，有似新築，官一驗過，掩飾一時，則一年之事畢矣。非徒無益，而又害之。若不亟除此弊，恐難保無虞也。欲除以上諸弊，惟於未報小修時先令舊役造田冊，驗田多者若干家可勝小修之任，押令公議鬮定年次輪充，庶免躲閃不公之弊。若議四總即令各小修公同僉議，或即小修中公舉一人，或於小修外另擇一人。紳衿既已免役，再不得插身其中據遴選之權，開營謀之漸，而賢司牧更宜破除情面，公舉一人即具承伏，萬不開免彼移此之門，優以禮而假以權。苟有作姦怠事者，重繩以法。又設立循環卯簿，半月一換密掣，曠卯重究小甲，則夫不能多免而修築得時，公事庶得其人，而縱容保

夫之大弊俱可漸免矣。此而圩隄不固，不克永保無虞也，未之有也。此急務也。

按：此刊入邑志，公於圩政，廉知積弊久深，欲思患而豫防也。觀其語語切實，字字痛快，活描出奸黠射利、庸懦誤工景象。肩斯責者讀之，果深省焉，上裨國家，下造桑梓，行見食德飲和，綏豐屢告矣。否則躬紳衿而行鬼蜮也。圩衆其共勉之。

國朝康熙五十九年知縣王巨源禁革官圩四總修詳文

查得大官圩中列二十有八圩，分爲四岸，每岸七圩。七圩之內設圩長一名，即前此總修小圩長七名，即今之小修。蓋七圩朋作，未有疆界，必得一人以董其役，此小修所由設也。逮後七圩劃段分工，一圩有一圩之工，安危各有專司，總修遂爲虛設，且日久弊生，漸爲民害。每年當繳報之時，或差貧賣富，或包攬徇私，更且一名浮報數名，以資需索。圩民不勝其累，故士民劉煥等有瀝陳弊實之控。蒙撫院切念民生，鄭重圩務，批司行府轉行飭議。復據士民等呈稱，官圩半縣錢糧，上關國課，亦生等身家性命、祖宗墳墓之所倚賴。闔圩有二十八名小修，各圩修各圩之圩隄，即修各身家性命、祖宗墳墓之圩隄，何待總修之督理、長差之催趲？況計田派夫，催夫則有小甲，督夫則有小修，總修不催夫不督工，安用總修？試問四十七年豈無總修，豈無長差？實由此輩朋姦勒索，以致繳報遲延，興工太緩，遂使圩不能堅，遭此大害。據報則總修之不利於圩可知已。夫民之所利則興，民之所害則除。今群情既視總修爲贅疣、爲蟊蠹，應便革除，止留小修二十八名，每年任各圩自行公舉，祇造花名卯簿送縣查點，不留纖悉擾民，實爲妥便等情詳府申轉詳奉院批，開如詳飭遵行，知到縣仍飭於每年水患歲警等事案內，屆修之時，務使親臨驗勘，毋致推諉惰誤。

按：自康熙中葉歷年大水，官圩總修不爲親身督護，至戊子圩潰，仍與點胥蠹棍朋比充役，圩民拱手聽命，受累良深。保城圩士民劉煥等洞悉弊實，不忍坐視，是年六月躬赴撫轅瀝陳五害，籲請禁

革。蒙李中丞檄府查詳批司飭縣查議，無非興利除害之實政也。中有視爲贅疣等語，已覺多事而無所用矣。若視爲蜂蠆螫人，抑何毒乎。吁！可畏已。

國朝乾隆二十一年六月署縣事秦廷塈修復官圩中心埂詳文

爲晰陳飛累飭循舊例以杜狡推事。緣本年五月二十八日奉府朱信牌內開據該縣大官圩士民陳紹裘赴府具稟生等，現有感義圩分心埂公修未便牽扯中心埂，稟求查案循例辦公等情控府，據此除批示外爲查此案。前據西南岸士民史宗連、朱爾立等呈稟中心埂四岸公修，當行該縣查議督修在案。今據前情，合亟抄詞飭查，爲此仰當塗縣官吏照牌理事文到，立即確查中心埂現今曾否興工，作何修築，確查妥議，詳府核奪。事關圩隄要務、國課民生，不得偏累延徇致干察究。計抄詞一紙，內開具稟當塗縣大官圩士民陳紹裘等爲晰陳飛累飭循舊例以杜狡推云云。乾隆二十一年五月二十日批候據呈一併行縣確查等因到縣，奉此卷查此案。乾隆二十年三月二十三日，奉憲臺批據西南岸史宗連、朱爾立等具叩恩押飭永築圩隄等事，蒙批仰當塗縣即查照舊例飭令及時一律修築，工竣具報毋遲，圖紙並發。又於乾隆二十年五月十六日奉憲臺批據大官圩東南、東北、西北三岸小修戎文紹等呈，爲誆憲飛工叩飭差押照舊修築事，蒙批仰當塗縣確查具報，抄冊並發各等因。奉此，當經卑職親詣查勘，得史宗連、朱爾立等與戎文紹等控築中心埂一案，緣大官圩西南岸隄埂外旁有福定圩，大官圩西南岸之隄埂即架隔福定圩，稱爲中心埂，丈有四千弓。

查福定圩實當衝流險要，向因福定圩潰，中心埂低塌，不能防障，以致大官圩被淹。自康熙四十八九年，督令四岸圩民將中心埂培築高厚，迄今已四十餘年矣。乃圩民恃有福定圩爲之外障，遂視中心埂爲緩工，致日就低塌，是以史宗連、朱爾立等呈請照舊四岸公築也。今三岸小修戎文紹等以大官圩分爲四岸，各築各岸本工，有分工弓數段落碑記爲詞。其兩造呈內有所列萬曆及順治、康熙年間修築事例，雖在縣，並無存房卷宗可稽。但查當邑志載順治十五年生員湯天

隆條陳修築事宜，內開「西南岸外有福定圩當其上流，西北岸外有感義圩衛其下水，先年官圩屢次破壞皆由福定、感義兩圩先圮，故設立中心埂以界別之，計共三十餘里，若此埂不堅，鄰圩一壞則官圩難保，叩飭四總圩長照舊額對工取土堅築，毋恃鄰圩外障以致本埂疏虞，恩為萬全」等語。奉前本府飭行勒石，今碑石雖殘失，而志乘實有可據。核其「叩飭四總圩長照舊額對工取土堅築」一語，則中心埂例繫四岸公修已可概見。嗣於康熙四十七年以後革除總圩長，專設小修，劃段分工，亦刊在邑志，並未有「中心埂專責西南岸修築」之語。即今卑職按圖親身履勘大官圩各立有分工碑石，其東南岸六圩劃分應築本工暨攢築東北岸花津等處險工二共六千五百八十弓三尺，東北岸九圩劃分應築本工及攢築花津等處險工二共九千八百二十九弓四尺，西北岸六圩劃分應築本工及攢築東北岸花津等處險工二共八千六百三十五弓，西南岸七圩除中心埂四千弓及該岸黃池、烏溪二鎮弓口繫市民修築不在分工之內，已劃分應築本工及攢築東北岸花津等處險工二共八千九百八十八弓，此繫伊等從前公議照圩田多寡派分應修之工，若以中心埂之四千弓再責令西南岸獨修，則西南岸有一萬二千九百八十八弓，勞逸實屬不均。

且東北岸花津等處險工現派及西南岸攢修，則西南岸中心埂何獨不派三岸人等修築乎？況中心埂不固，設福定圩偶有疏失，則大官圩西無保障，必全圩受累。是中心埂實繫四岸人等身家所關，非獨西南一岸之干繫也，應請通飭四岸照舊攢修，豫保穩固。但現今禾苗在田，圩外湖灘已沒水底，無從取土，應俟秋收後卑職再行親詣確勘，分別緩急二段押令四岸小修興築，實為公便等情。黏連原稟批詞於乾隆二十年七月初二日詳覆。旋奉憲臺批開據詳已悉，仰即飭令四岸照舊攢修以衛田廬，毋得任其抗延干咎繳等因。續經卑職將覆查中心埂工，議令四岸小修公辦必須親勘劃段。正值卑職趕辦收漕暨撥運賑米各事宜，均須在倉督率，實難分身往勘。且查該圩埂在福定、大官二圩之內，非瀕湖沿河緊工可比，應請緩俟來歲春融親詣勘明，酌量分派，飭同攢築等情。又於乾隆二十年十月二十四日詳具憲案，蒙批據詳已悉，仍應按期分派趕修，毋得遲延干咎繳各等因在案。

逮至本年春月，先行卑職縣典史鈕維鏞親詣履勘，分段督修，開造具報。候卑職親加履勘去後，嗣據該典史鈕維鏞勘明分段飭修。僅西南一岸各圩遵修一千弓，其東南、東北、西北三岸各一千弓未經修築，造冊詳覆到縣，並投徑詳憲案。蒙批查修築圩隄原繫保衛田廬要務，今中心埂西北、東北、東南三岸小修人等因何抗不遵，行仰當塗縣即確查詳究，毋得徇延致誤險工，繳冊並發，等因批縣。奉此卑職遵覆飭差嚴押趕修。茲據東北等三岸小修陳紹裘等以晰陳飛累一詞上控憲案，蒙批前因抄詞檄行下縣，奉此該卑職查得中心埂一道雖坐落官圩之西南，實為全圩之屏翰。前奉飭查，業經卑職查明四岸本工碑段弓數及此埂向繫四岸公築，碑記昭垂，邑志可考，備敘原由，詳奉批允在案。詎西北、東北、東南三岸小修，陳紹裘等延挨不修，復以萬曆年間中心埂衝潰，曾令四岸公築，固屬廢墜之後，工程浩大，權宜從事，是以碑內載明此後仍屬南料。

　　又康熙年間四岸公修亦止四十八弓，茲西南岸史宗連、朱爾立等派令三岸各築一千弓違例飛累等詞上控憲轅，奉飭查議。卑職復查萬曆四十一年埂上衝潰，西南岸總圩長朱孔暘、西北岸總圩長鄭文化、東南岸總圩長趙栻、東北岸總圩長稽廷相報工冊內載明清水潭新衝大缺寬闊深長，工程浩大。朱孔暘名下除大衝缺外，原日分定舊額工埂由清水潭起至戴家莊止，鄭文化原日分定舊額工埂由戴家莊起至戚家橋止，趙栻原日分定舊額工埂由戚家橋起至枸橘茨止，稽廷相原日分定舊額工埂由枸橘茨起至梁家橋止等語。既云舊額，是中心埂之清水潭至戴家莊今丈計工一千弓，昔歸西南，自戴家莊至梁家橋共工三千弓，向隸東南、東北、西北三岸，實有成例，即前詳報工冊。前府憲何批內除清水潭大缺合力攢造外，其餘四千弓各分一千，此缺仍屬南料，不得牽扯三岸等語。繫因清水潭本屬西南，比時衝缺工大，災祲之餘西南一岸獨力難支，派令四岸飭築，誠恐西南岸後援以為例，故特指明此缺此後仍屬南料。是"仍屬南料"一語原專指本屬西南岸之清水潭衝缺而言，其三岸舊額分工不在其內。誠恐三岸後將本工藉此橫推，所以復有"其餘四千弓各分一千"之語也。

　　逮後順治十五年議據生員湯天隆等條議，詳奉前憲批允修築事

宜，亦以中心埂爲官圩保障，應飭四岸公修，勒碑載志。至康熙四十七年之衝缺四十八弓繫在枸橘茨起至梁家橋工段以內，例屬東北。因工稍險，亦令四岸助修，並非因西南工派及三岸也。窮源溯流，則中心埂應照萬曆年間報工冊內原定舊額工埂四岸協修，萬難更易。乃陳紹裘等不遵古例，並前憲金批止摘"此後仍屬南料，不得牽扯三岸"之詞，抹煞詳呈報工冊內所開三岸原分舊額之工段，並其餘四千弓各分一千之批，飾詞混稟，希圖將三岸原分額弓推歸西南一岸，實屬不合。所有中心埂應照前詳仍飭四岸攢修，以衞田疇，再小修等抗延不修，本應逐名詳明枷示押辦。第念修圩通例，業主充當小修，農佃赴工力作，卑縣上年秋收未稔，今春米價高昂，各佃日用悉屬艱難。其各岸應修官圩本工自春徂夏督催趕修，均已力盡。

逮至本工告竣，東作正興，夏雨時行，修坍補卸人隨處有。際茲禾苗暢遂，正需耕芟埨灌，似宜聽其竭力南畝以冀秋成。況查江河水勢，現稱平穩，其外護之福定圩亦已飭修堅固，足資捍禦。若再嚴飭修補，竊恐有妨農業。可否暫爲寬限，一俟秋收即嚴飭陳紹裘等各帶工佃按段趕修，敢再抗延，即逐名詳明枷示工所押令修竣，分別責處，務使埂工完固，勞逸無偏。緣奉批查，理合查案酌議，具文詳請憲臺核示遵行，爲此備由開冊具申，伏乞照詳施行，須至書冊者。

朱太尊批：所議已屬妥協，仰即飭令遵照，如陳紹裘等再敢抗延不修，即詳明究處，以爲誤工者戒。此繳。

按：此乃第三次詳文也。初史宗連等以叩飭公修一詞呈縣，復以叩恩飭押一詞呈府。而戎文紹等飾詞狡推，具呈府憲，業經縣主秦兩次具詳，未蒙昭晰。得是文原原本本，逐一推勘，毫無滲漏，而案始定是役也。史公裒集案牘，俾後人悉知根柢，功在桑梓，利及隄防矣。其原呈、再呈情詞周到，府判、縣判語意公明，三岸小修戎文紹及陳紹裘等後先狡控，延及五稔始獲准行，非始終不渝者，曷克臻此？緣由備載史帙，茲不贅錄。

國朝咸豐二年安徽布政使司布政使李本仁重修大官圩告示

爲剴切曉諭事。照得當塗縣圩田縣亘數十里，幾居邑賦之半，田

至窪下，全賴隄埂以資保障，設被衝灌，則田廬皆成巨浸。爾民櫛風沐雨，三時勤苦，罄室竭力於田，老穉懸命，乃往往束手於一朝之患。號呼奔走，其旁痛莫之救，而獨不爲先事之備，有識者憫且戚矣。皖省比歲洞隄穴壩，駭浪衝激，農民鳴鉦集補，晝夜搶護，欲與水爭一綫於洪濤巨浪中。逮室家漂没，無可如何，始環江而號曰：天乎！吁！此真氣數之所爲，抑人事之未修耶？本使司任之歲目擊吾民凍餒流離，盡焉傷之。每至大雨時行，江流漲溢，未嘗不中夜徬徨，寢食俱廢，思所以保衛吾民者莫急於修隄一事。故嘗身親履勘，熟計情形，博諮僚佐，廣詢土人，知因災流徙隄障之衝毀者，窮民未能復業。其間有籌歀補苴者，官吏紳董不得其人，率苟且潦草以塞上意。

届今冬，令百川水勢大落，而圩田積潦終歲恒苦，陂塘新築埝岸復卑薄疏漏，不足以禦江潮之衝激。陡遇風雨駛流擊其内址，潞漲囓其外垠，隄岸不立時傾裂者幾希。當邑大官圩内界十字圍中繚長隄，外蔽沙埝，昔人立制亦良美矣。徒以頻遭水潦，不知踵事修築，十字圍久蕩然無存，長隄外埝亦殘缺不能備緩急。本使司於上年隨同撫憲捐廉倡始，俾各屬圩工次第興舉，務期有備無患。第念爾邑隄壩遼闊，糜數萬金錢，徒事粉飾無益也，是必司牧得其人而後可，特爲遴選賢員。得爾府主潘、縣主袁相與反覆推論，殫心切究，知其能爲吾民身家性命計也。因舉圩岸之事任之。於其行也，復諄諄以前事相詔誡。叠據勘稟，皆肫然以此事爲己任，慈愛子惠之恩流溢楮墨，其大要務求實效，不謀近功，力破從前潦草之習，視爾民之自爲計功相萬矣。且以爾民踴躍輸將，頗解同井相恤之義。復恐民力不逮，籲請籌歀以資津貼。

除如請籌給外，本使司復捐廉一千千文爲之倡，爾民當念爾父母官多方勸導，競矢公心，所延紳董又皆潔清自愛之士，凡車馬供億及書役圩修一切陋費均禁斷嚴絶，其一片苦心，爾民當自感動念。本使司恭承簡命來蒞斯邦，陳臬開藩，於今三載，洞悉爾等衣食事畜之源惟恃此隄岸之保固，故捐廉籌歀，不惜至再至三，殫慮焦思，皇皇然若勿及，豈好爲是勞民哉。誠以仰沐聖恩，下不負民乃能上不負國，若一身飽食煖衣，置百姓飢寒於不顧，則亦焉貴此司牧爲耶？

爾百姓亦當念本使司身非土著，宦轍靡常，豈復有自私自利之見存？不過爲爾民計長久、策萬全，聊以自盡其職而已。爾等幸勿分疆界、私財力，狃小見、急近功。旱潦初無一定，有無原可相通。其有籍隸鄰邑，家本豐腴，向曾廣置圩田，因連歲歉收，遂成廢業者，當捐資修復以存世業。至於井里相恤，在鄉里尤不乏急公好義之人。高阜者比歲有收，倘能慨捐協濟，古誼是敦，則低區藉助有資，安知受其惠者後此不還相卹也。所望通力合作，務爲一勞永逸之計，毋負爾府若縣肫誠懸切之心。本使司恨不能親負畚鍤爲爾民助，而惓惓之意未嘗一日去諸懷也。從此雨暘時若，屢告豐綏，將與爾民共享昇平之福，本使司蓋不能無厚望焉。此示。

按：方伯此示純從肺腑中流出，脫盡一切刑驅勢迫模樣，仁人之言流澤孔長，益信然也。其籌及鄰籍置產一則，尤爲周到。

國朝咸豐二年署太平府事潘筠基示

爲曉諭事。照得當邑大官圩向繫民工民辦，本年被水漫缺，工程較鉅，若照常攤派，恐民力難支。上憲軫念斯民，本府目擊情形，實爲心惻。業經籲請酌給口糧，援照庸工於賑之例，即日開工。本府親臨駐工督辦，所有本府往來船隻、人夫及隨帶書役自給飯錢，其餘日用亦繫自備，全撤當邑支應派工委員每月由縣捐給薪水銀十兩，本縣駐工一切亦令自備，監修紳士每名日給薪水七折錢三百文，派段差役飯錢由府縣捐給，俱不准在正項內絲毫挪動。如有本縣及委員家丁、書役、轎夫敢向圩首、圩修人等索擾者，即赴本府駐工處所指控，立即枷治以示懲警。

本府縣俱繫署任來年時當夏令，計已交替本屬，爲時甚暫，其所以殷殷注意、不辭勞瘁者，誠以爾民屢被水災，流離可憫，必欲爲爾民圖一勞永逸之謀，卜大有屢豐之慶，爾民亦宜激發天良，共相踴躍。現今米價甚賤，工價定以每日給錢七十文。本府甚愛爾民，非欲過於從減，無如經費支絀之際，豈能有餘？現定之價已足餬口，即使多給十餘文，三月之工每人所多止及千文，而統計工之所費需數千千

文，不過欲以所省之費仍用於應辦之工。工鉅費少，不得不力求撙節，本府並非有意吝惜也。至所領之歟，照市價易錢，概行榜示，務令人人共曉。本府爲鄭重民事起見，故不憚諄諄勸戒，願爾民共諒此苦心也。特示。

按：此次築隄得人最當，故功歸實用，費不虛縻也。藩司遴選府縣，府縣遴選紳衿，無不上下一心。爲政在人，取人以身，於茲益信。

國朝光緒十四年安徽巡撫陳彝示

爲剴切曉諭事。照得圖治者難在開其先，而守成者貴在持其後，圩務亦其一也。皖境瀕江，多圩田，農民終歲勤苦，合家生計懸命於一綫危隄。宜何如齊心同力以爲先事之備，乃竟漫不經意，不能防患未然。丁亥五月，江潮陡漲，如當邑之官圩甫經報險，晝夜搶護，勢已無及，如湯沃雪缺口，忽告全圩盡没，此果天心之不仁與，抑人事容有未盡與。本部院目擊吾民凍餒流離，朝夕徬徨，眠食俱廢，思保衛吾民者惟築圩一事，賑卹尚第二義也。亟商司道等於無可籌措中撥帑興修，歟之多寡以工之大小爲差，官之勤惰以工之虛實爲驗。董其役者俱實事求是，潔己奉公。代賑以工，工各告成，民亦得食，何其幸也。雖然本部院勤於謀始，而幸獲觀成。爾小民喜於樂成，究難與料變。久於安樂，則厭聞危苦之言，狃於因循，則自戕振作之氣，人情大抵然與。意揣此時爾必曰圩工固孔堅也，又必曰縱有意外，撥歟固甚易也。信如斯也。是不能隨時保護，將來必棄前功。

而本部院竭力經營，轉致隱滋後患，雖曰愛之，實以害之矣。爲此出示曉諭，仰各邑圩田紳董耆民人等一體知悉。自此次興修之後，務須逐年逐處加高培厚，庶持久遠而保成功。

又況正月聞雷，二月暴雨，水潦實在意中，新工彌多可慮，幸勿以目前自恃，忘未雨之綢繆，幸勿謂鉅歟易籌，致噬臍之悔恨。須知圩堰本當民辦，國家豈有閒錢？現在海軍各餉行省湊集不遑，此後院司雖欲爲民請命，亦苦力竭難籌，吾民更何指望？本部院身非土著，

宦轍靡常，所以惓惓不忘，諈諈相勗者，特以作一日之官須盡一日之心；盡一日之心乃盡一日之職。不然本部院行將去皖矣，圩之堅固與否，與本部院究何涉耶？爾小民當體此意，本部院有厚望焉。切切特諭。

　　按：此諭情詞斐亹，雖不專指官圩而言，而官圩爲通省冠，舊年十月親勘災區，力籌工賑，未必非緣官圩而發也，亟登之以誌其盛德云。

卷四　條陳_{舊制四}　湖畎逸叟編輯　尚時錫沛恩校

目次

世稱識時務者爲俊傑，吾人抗懷往古，評騭當今，上下數千年，縱橫數萬里，成竹羅胸，矧在井里，茲編所録意見，或有不同乎，要亦時勢使然耳，述條陳。

國朝順治十五年生員湯天隆、孫啟芝等條陳十六事，上之巡案，條列於後

一、圩長首在得人，不用舊役，繳換須憑士民公正者多方酌議老成才力堪充之人一名開報，不得意爲更僉，以滋弊竇。

一、官圩東面自石臼固城三湖風浪特險，舊制本埂之外設有搪浪埂，上蓄楊柳蘆葦抵塞洶涌，近爲人夫不齊，以致消滅強半，擬合復興。

一、築埂原爲田畝稅命之計，百密尚虞一疏，切有鄉官、生員並

曾現充過圩役者擅開免夫之例，致令刁頑無佃者亦欲賣夫以肥己，獨不思夫不出則埂不固，埂不固則圩之害大，而稅命莫保，以後概懇不免。

一、圩夫以田八十畝爲夫一名，築工八十日。然夫名雖在卯曆，而某人執某田、某人接某卯，圩長不知，惟小甲知之，是以凡弊皆起於小甲。小甲始以貨利賄圩長，及令指染，則有慾不得爲剛，彼遂可選殷實之夫而賣其全名者、賣其日工者，圩長亦不能察也。擬令各圩小甲開造圩夫花名冊，的實無譌，存附。新役圩長如有不到圩，有不接卯者，以便開明申究。至積慣小甲作弊者，禁不復用。

一、小民惟冬月務閒，春則農事興矣。上年原八月定人，十月起工，近因更換推諉，延至春初，以至春水起而土方没，便剷埂脚以敷埂頭，立視坍卸，不惟無益，而反有損，乞從舊宜蚤。

一、圩工浩大，兼之復造搪浪埂，有今年之不足者來歲補之，若圩役一年一換，則心與事未必前後相符，擬令二載一換，以終前績。

一、圩長苦心戮力，又無供食，寒風凍雪之下以民管民，任勞任怨。而本縣工房視爲奇貨，每一總圩長派定常例，動即需索數千金，否則妄加差徭，百般魚肉。夫圩長苦役何堪復朘其膏。賣夫則犯法，賣田則傾家，所以前此一經報名，即有閉門逃竄者，以其充此役即敗厥家也。以後圩長卯曆自行裝訂送縣鈐印，工房不得與事，自免需索。

一、圩長果能得人，而通圩又不免夫，夫齊則工倍，何必委官提勘。又逢祭祀湖神，本縣原有錢糧給辦猪羊酒席請府廳同祀，所以重民事也。近或委官代祭，費用俱出自圩長，其何以堪。以後仰懇正堂躬親主祭，嚴禁隨行各役需索，則不致以爲民者擾民矣。

一、官圩俱屬水鄉，非山林材木之地，工房每以滾木苛派，官圩之四總遣人入省料理，費常不貲。昔也緣木求魚而不得，今也緣魚求木而又得乎？擬永革除。

一、修城濬河並應工夫等役各照通縣一百三十九里公出力役，何得獨取官圩之夫，害累四總？亦一弊也，合應革免，以甦民困。

一、僉報圩長凡有莊田原宜當役，不論居鄉、居城與居別地，但

有莊田在官圩內，才力堪充者，則公報總小圩役一同輪充，不得推諉，此亦循凡圩別埠之例也。

一、圩夫抗法不到，合應申縣究責，枷號以警其餘，蒙縣以此爲心，呈到即准。而工房並差役照依原被一樣需索起票等費，否則按捺不行，及票行拘而差役祇需塌夫銀兩不行帶赴懲治，愈令頑愚玩法，以後懇縣當堂面准面差，立行處治，庶法在必行，圩工大振矣。

一、官圩肘腋鄰圩，西南岸外有福定圩當其上流，西北岸外有感義圩衞其下水。先年官圩屢次破壞，皆由福定、感義兩圩先圮，故設立中心埂以界別之，共計三十餘里。若此埂不堅，鄰圩一壞，則官圩必難保矣。叩飭四總圩長照舊額對工取土堅築，毋恃隣圩外障以致本埂疏虞。

一、圩長以一人率千人，實以齊民治齊民，歷來原有竹板撲責刑具以督愚頑，近時視同，故事頑夫全不畏懼，工力未齊皆由未奉憲飭也。仰懇行縣給發，庶藉仗天威克警頑惰。

一、四總圩長之下例有小圩長二十八人以統各圩夫名，若總長得人而小役或有不當者，則無以佐總役而奏圩工。先年僉報小役多以恩怨取舍，故多不勝任。今舉四總圩役合議二十八人俱屬老成堪充，黏單開報，伏乞准飭承報，免致推諉。

一、圩長正當臨圩督工之際，每奉府縣別派差徭而去，致令眾夫解散，有誤築圩大事。以後惟里役正差此外概懇飭免。

按：上十六條皆鑑當時之失有累於圩，是以上之巡按衞中丞貞元，蒙批縣查明確勘，具詳覆批示云：閱諸欵大有裨於圩政，既經士民定議，又經該縣勘詳，誠詢謀僉同久遠無弊矣，即勒石永著爲令。時知府事李之英、同知郁春枝、通判熊啟、知縣事王國彰同會衞勒石於花津天妃宮傍，並載邑志。乾隆二十二年，史宗連倡復中心埂，錄第十三條中有"叩飭四總長照舊堅築"之語，據爲鐵板註腳，微湯君言，史君幾無左證矣。君子之言，世爲法則也，宜哉。

國朝康熙四十九年官圩士民劉煥等條議四則刊入邑志

一、公派圩修照興國圩清夫清田爲例，無論紳衿士庶照田均派朋

充，開載執田姓名，田多者列前，田少者列後，輪流交遞，八月送簿，十月興工，舊圩修不得遲延，新圩修不得推諉。

一、催夫遵照舊例，一夫八十畝田，做八十工爲率，倘有刁頑抗隱一工，罰補兩工，更或不遵，許圩修稟縣枷責治懲警衆。

一、各圩築埂於對工湖灘取土，水滿用船，水涸用棧，無許挖埂腳以敷埂頭，致埂易坍卸，湖灘業主亦不得撓阻。

一、卯簿自行裝訂送縣鈐印，每年春間皆請縣親臨查勘。

按：此四條剔出當時顯弊，當已不數年而有賣田閃差，貪賄賣卯，一弊去一弊又生矣。其田八十出夫一名，今多變易成例者，時爲之也，而八十工則未能一律矣。至請縣親勘，良以親民之官實心行實政也，而今竟何如哉！

國朝咸豐二年署縣事袁青雲奉檄督修官圩率士民朱岐、姚體仁、徐方疇、夏鍇等條議

爲明定章程，詳悉示諭，以甦積累，以垂久遠事。照得當邑官圩向稱沃土，近年疊遭水患，民不聊生。本署縣奉憲遴委，權篆斯邦，駛征抵境，他務未遑，先詣工所察看情形，曉夜焦思，難安寢饋。據實瀝陳憲藩邀准賞給冬春口糧，復蒙籌欵捐廉以濟工用。爰做照廩工於賑之例，計日而授以食，即按畝而派以工。現奉本府督率，邀請城內公正紳董親歷勘估數次，詳加勸諭，剔除從前一切積弊，在在節省，視如己事。爾等俱當激發天良，踴躍從事，上體大憲高厚之恩，下爲身命久長之計。第工段有多寡，工程有險夷，工料堅實，慎始之謀，保護周防，全終之要，既酌盈以劑虛，復慮前而顧後，總期工必核實，費不虛糜。衆志成城，天心可轉。茲將派費、做工、搶險、歲修各事宜示列於後。

一、民工宜照出也。原議每畝一夫，照數出齊，先儘要工興築。惟本年要工工程太鉅，民力不逮。現已籌欵，如數給領興修，嗣後不得援以爲例，但亦以錢完工竣爲准，如錢完而工未竣，惟該圩修是問。

一、興工宜擇要也。要工外舊有搪浪埂，長亦十里，原因要工難保易潰，設此以爲保障，先民慮周藻密，於此可見。今久坍沒無存。東北岸瀕臨丹湖，以一綫圩隄當百里之長風巨浪，無怪四年三潰，而缺口俱在此三十里之內。民困若此，心竊憂之。是以於工費力求撙節，留爲建築外隄之用，以期一勞永逸。再近來次要工一帶蘆灘經水衝刷，其險無異於要工。擬自李村涵至刑羊村約長五里一律添築外埂，並捐資栽種蘆葦，以爲防護。原議興工自要工起首，其餘次第施工，但搪浪埂關繫全圩，明年節令太早，誠恐春水一發，貽誤全局，關繫匪淺，不可不防，應先修復搪浪外埂，並築埂之兩頭接連圩身以禦春水，而便於取土。舊制高五尺，今一律建高八尺。

一、派費宜平允也。除各缺口填塘，及孟公碑添築月隄，填平溝身，加碱埂腳，樁木蘆蓆俱已照數估計給費興修外，所有要工十里爲二十九圩攢築之工，議將經費先儘此處攤派，則二十九圩均有幫貼，不致慮及向隅。又於次要工、稍工內量爲津貼，既視里數之長短，復辨工程之難易，斟酌權衡，均甘共苦，毫無偏袒，各照估計土方興築，取具領狀附卷。

一、圩修宜合辦也。今冬興工，新圩修之事。而今夏搶險，舊圩修之責。如但令新圩修經管，則舊圩修搶險不力，轉得逍遙事外，易啟因循取巧之弊。且今年之新圩修即明年之舊圩修，以此輾轉推諉，無人任患，伊於胡底，圩之莫保，實由於此。著新舊圩修一同合辦，則興工時可以互相覺察，搶險時不致退縮不前。成功後由新圩修出具保固切結附卷，嗣後永以爲例。

一、工程宜如式也。本縣察看官圩形勢，本年工程須比從前加高二尺、加寬三四五尺不等，俱於各圩承領結內開載某圩身高若干、面寬若干、底寬若干。爾等具有天良，既已承領經費，俱要遵式興築，夯碱堅固，方足以資捍禦，此繫爾等身家性命所關，不得稍有草率偷減，貽誤全局。現在湖水極小，著一律均取湖土，其湖面有浮沙者，起除盡淨，然後取土，不准稍有夾雜。至埂腳稍有堆積螺壳、瓦礫者，最爲圩工之害，一併起去，然後加土，如有違誤，懲罰重修，決不寬貸。至孟公碑改建月隄，繫歷年衝潰之所，尤宜格外加工，底寬

十丈、面寬二丈五尺，每挑土一層，和以石灰夯硪三徧，再挑二層，和灰夯硪如前，如此辦法可保無虞。

一、開工宜及早也。來歲節令太早，春水一發，即無礙於圩身，而湖灘湮没，無從取土，必致仍舊挑挖埂腳以及挑取田內拋鬆之土掩飾目前，自貽後患，是爲剜肉補瘡、飲鴆療渴，其爲害正無窮也。前車可鑒，務各尅期開工，如違，嚴懲不貸。

一、夫役宜多集也。譬如兩段工程，一段五十人爲之，百日方可告竣，一段百人爲之，五十日即可（蔵）〔葳〕事，工多早完，不但湖水未漲，可以放心，即一切糜費俱可從減風日之中，爾等亦可少喫辛苦。今年於正埂之外又添出搪浪埂工程，夫役尤宜格外加多，儻仍派夫不多，遷延時日，開工雖早，其貽誤一也，坐失機宜，豈不可惜。

一、糜費宜節省也。向來圩務之壞，總緣糜費過重，圩修承領經費又繫一統給發，以致層層剝削，節節欺矇，所領若干，到工不知幾何。積弊相沿習焉不察，即如往年經費或多於今年，而搪浪外埂無人議及，可勝浩歎。今定夫價俱由本官委員親身給發，不假胥吏之手，且按日計工核給，不經圩修、甲首之手，所有經費絲毫均歸工用，可免侵蝕中飽等弊。至委員、紳董薪水，以及書役、工食、舟車、夫馬等費由府縣捐給，不動公項一文，以期節省而歸核實，多一擔土即多一擔之益，如有向爾等圩修人夫需索者，不論何項人色，一律執法從事，不少寬貸。

一、公項宜揭示也。經費若干，共見共聞。俟工竣後，即將領銀若干，易錢若干，各圩承領若干，外埂動用若干，椿木、石灰、蘆蓆、行用、運費、夯硪木石若干，一一分別明白出示，通衢有目共覩，總期明可以對衆庶，幽可以質鬼神。

一、工料宜豫備也。每年水大之時，民人率皆畏難苟安，即有一二踴躍從事者，而斂費搆料動多掣肘，不免臨時猝辦，措手不及。且湖土淹没，不可撈取，勢不得已買取民間鬆土搶救，是以往往失事。今擬於工竣後，豫備蘆蓆、椿木堆存工所，並於埂面堆築土牛，臨時取用甚便，既不至互相推諉，更不致倉卒難圖。此項經費亦由府縣分

捐置備，不在正工內開銷。再查從前舊章，農佃編草爲簾，每畝一尺，以爲搪浪之用，通圩計得草簾二萬五千餘丈，合少成多，工微利溥，須做照成式爲之，明夏雖無稻草可用，暫以麥䅌代之亦可。

一、搶險宜協力也。通圩周遭一百七十餘里，一處失事，通圩受害。水大之時，果能同心協力，隨時搶救，不難化險爲夷，費用有限，保全實多。如有圩修不肯向前，圩民逍遙觀望，置身事外者，立即枷治工所，飭令搶救，果能保護，當予省釋，如有失事，定予重懲。且圩工在平時原有此疆，爾界一旦告險，當思同舟共濟，不分畛域，鄉鄰之間即有害於人無害於己之事，當亦休戚相關，守望相助。況同在一圩，失事雖有彼此之分，而受害則無人我之別。如果某圩告險，而路遠一時傳呼不及，或本工人力太單，隣近之人即當協力搶救保全，爲人亦即以爲己也。況今日我能搶救鄰圩，他日我有危險，隣圩亦必爲我搶救，此心此理，今古從同。

一、巡圩宜周密也。近來圩工之弊，總緣人心不齊。水大之時，圩工告險者不過數處，及時補救，危可復安。巡查不到，立即失事。去圩遠者，在家安坐，不肯勤勞，去圩近者，因非本工，視同膜外。甚至未險之時，虛張聲勢，希圖於中取利，真險之時，反不以告，即告，亦不足取信，往往因而失事，殊堪痛恨。今與爾等約，每逢水大之時，各圩本工就近各自巡查，無可推諉。至十里攢築之工，通圩圩修輪流值班巡查。圩大者二三圩爲一班，圩小者三四圩爲一班。每班帶夫二三十名，五日一輪，常川駐工，晝夜梭巡，一有警急，立時搶救，甚爲得力。計一年之內巡圩不過數月，而各班輪流，每圩值班不過數十日。且各班之內，初次派某人，二次另派某人，則某人巡查不過數日。以數日、數十日之辛苦，而獲終歲之安全，何樂如之？偷懶數日、數十日，而致全功盡棄，身家莫保，何苦如之。人雖至愚，孰得孰失，應所共曉。而往往坐失事機者，總緣偷懶推諉，積習相沿，惜未有以提醒之耳。況早救一時，則用力少而成功多，遲救一時，則用力多而成功少。是圩工之難易全在乎搶救之早遲，而搶救之早遲全在乎巡查之勤惰。且窵遠之人不自巡查，附近者或袖手旁觀，或藉端浮鬧，皆所難免。果能帶夫巡查，二者之弊不除自絕。自示之後，其

各激發天良，通盤打算一翻，必當幡然省悟。在愚懦懶惰之人或計不及此，然十室必有忠信，其間明白能任事者當不乏人，是在委曲開導以身先之，斷無不有信從之者。今於各圩圩修外諭派圩首三人，四岸共十二人，分為三班，每岸各派一人，十日一輪，遇有緊急，立即傳呼搶救。如圩修中有輪班巡工而怠誤不到者，即指名稟究。本官仍不時親查，稽察勤惰，分別究懲。

一、歲修宜及時也。圩破之後，民情困苦不堪。議及興修工程浩大，經費苦無所出。豐收之年，民力寬裕，施工無多，然亦不可大意。坍卸處所固亟宜修整，即未坍卸者亦必加高幫寬，萬萬不可因其工程稍好，以為不甚要緊，將來要緊，悔無及矣。若果年年保固，歲歲加修，金隄鞏固，萬無一失，豈不甚好？將來連得豐收，夫工有餘，不但正埂外俱宜加築，即十字埂亦可復舊。此次工程修復之難幾同創始，既蒙大憲恩施有加無已，復荷天心仁愛。雨暘時若，湖水不生，得以一律完固，土性既堅，夯硪亦實，從此經年積累，並加高厚，可以永保無虞。

一、安良宜除莠也。救災恤鄰者為良民，幸災樂禍者為莠民。近聞水大告險之時，有等不法莠民從中阻撓，把持包攬，甚至將圩首蹧蹋不堪，乘人家危急之時為自己漁利之見。況圩破同受其害，則不但乘人之危，直是利己之災矣。喪心若此，大膽若此，深堪髮指。現在圩修已不能努力向前，出費更不容易，若不將此莠民除去，何以安我良善。自示之後，如再有敢蹈前轍者，為有生所共嫉，為覆載所不容，定即嚴法處治，不遺餘力。本縣去惡務盡，令出惟行，懍之慎之，勿謂不教而誅也。

一、借歁宜有著也。爾等現因民力不逮，呈請詳借育嬰堂存典生息銀兩以濟公用，原為一時權宜，俯如所請，應照各圩承領若干，各歸各圩按歁攤派認還，定於明年秋熟楚繳以清首尾而符舊制，仍取具承領認還切結存案。

一、塘溝宜填實也。查圩身內外多有深塘處所，或因歷年圩潰之時衝刷所致，或因圩民無知，挑挖成坑以為養魚之計，顧小利而忘大害，於圩工大有關繫。本應責令該圩修，復惟念民情困苦，力難堪

此，今勘估貼費，飭令補土還原，一律加寬。嗣後如再有在埂腳挑塘養魚者，一經查出，除責令補還外，仍從嚴懲處不貸。

一、圩身宜禁葬也。始而棺朽，則圩受其害，繼而圩潰，則棺亦莫保。現在要工一帶厝棺甚多，其中破損不全者亦復不少，目擊之餘，蹙然難安。爾等爲其後者，竟熟視若無覩耶？今已捐置義地於青山之麓，除有力、有後者限令自行遷葬外，其餘無力、無後者由官給費一概遷葬净盡。嗣後永遠不准再行在圩身埋葬，違者重究不貸。

一、外埂宜保固也。萬姓之身命繫乎圩隄，全圩之關鍵在乎要工，而搪浪埂則要工之門户，即全圩之保障，關繫最爲緊要。此埂舊在湖邊，地勢低於正埂五六尺不等，舊高五尺，上栽蘆葦與之委蛇，則浪柔而無力，是蘆葦藉此埂以滋長，即通圩恃此埂以保全。若不竭力保固，貽誤可勝言哉？今建高八尺，夯硪堅固，自足以資捍禦。惟日在風浪中衝激洗刷，損傷實所難免。若僅照常歲修，不但每歲冬令功多，且恐夏令或有疏虞。著秋成後各於外埂之外一律堆築品字墩三五層，愈多愈好，墩形宜圓，浪勢易分，層層錯列，上栽蘆葦，浪雖抵埂，亦强弩之末矣。且現在就近取土，工減費輕，易於爲力，而將來外埂不致坍卸，冬令歲修之時工亦無幾。兼之墩上蘆葦有利挑墩成塘，養魚又有利。凡此皆自然之利也。計其出息，足敷歲修有餘，保護外埂之法莫善於此。爾圩民其敬聽而遵行之。

按：諸條示切而當，約而賅，如剝蕉，如抽繭，其爲吾圩籌畫者至已盡矣。果遵是法而行之，由要工而標工，而搪浪埂，而品字墩，而十字隄，誠綱舉目張矣。況又栽蘆葦，砌石壩，填溝塘，遷棺匶之各有裨益乎。官爲經理如是，顧名思義，其斯以爲官圩乎。

附興工章程

一、設官局一所，委員駐工彈壓，城内諭首士五人，四岸派首士十二人，隨委員在工經理缺口並十里要工。

城紳名目：王蔚卿文炳、杜寶田開坊、張小雪國傑、唐子瑜瑩、朱月波汝桂。

一、孟公碑及廣義圩二處本年缺口爲工甚鉅，民力不逮，算明土

方如數給費興修，他處不得援以爲例。其十里要工各漫缺口各歸各圩派夫赴工，算明土方若干、該錢若干，圩修具領存局，每日查夫多少、給錢多少。錢完工竣，如錢有存，則賞給圩夫。錢完而工未竣，即責成圩修。

一、設五色小旗，編列圩名及土夫名號，插立擔頭，各依旗色魚貫而行，毋許擁擠。

一、設五色大旗，標立埂頭五處，以便各夫認旗卸土，又標湖內五處，以便各夫認旗取土。

一、土夫、夯夫、椿夫、各局棚頭由各局首士給與木牌執照，以憑查核。棚頭逐日持牌向本局首士支領工食，散夫不得冒領，如違責革不貸。

一、孟公碑、廣義圩二處搭蓋棚廠，每棚給棚費價錢二千文，棚頭除工食外日加錢十文。

一、募土夫，每棚二十人，每名給工食錢七十文，內派棚頭一名值管火食送飯、指認土方。

一、夯夫在土夫內每棚輪流各提二名，大夯八名，小夯六名，每名日給工食同土夫，層土層夯，以期堅固，違示者並棚頭責革。

一、土夫、夯夫每天陰在午後歇工者，酌予工食錢一半。土夫未滿二十擔者，又折半。未滿十擔者，無工食錢。椿夫木未入土者無錢。

一、圩夫在棚倘有怠惰滋事、不遵督夫之人使喚等弊，應掣旗號者掣去旗號，應掣腰牌者掣去腰牌，罰本日工食錢一半。

一、土夫做卯限定卯集酉散，每日午飯放夫一次，下午放夫喫烟一次，倘有偷閒好懶及擔土太少者，酌罰本日工錢二十文，再犯重處不貸。如督夫之人不肯勤勞，避怨徇情，聽夫怠惰，經官查出，除名補諭以示懲警。

官局夜設信香以稽時候，雇鑼夫一人司香，按時起更，爲各局傳更之准，給工食錢七十文。

一、各局各雇鑼夫一名，逐日巡埂，凡集夫、散夫、傳更、儆衆以昭劃一，逐日巡工，以防竊匪等事，日給工食錢七十文。

一、官局雇銃手一名，給工價錢七十文，每日四更頭炮各棚造飯，五更二炮各夫齊集，三炮各夫上工，午飯後各局鑼夫悉聽信炮傳更，集夫上工。

一、各夫在工鬮毆，在棚酗酒賭博情弊一經發覺，由本局首士指名稟究，除本人枷號示工外，該棚頭責革不貸。

一、奉發官項在各缺口併十里要工及次要工併各稍工俱照土方酌給，項盡爲度。至借育嬰堂銀兩，照各圩田畝派借具領，來年秋後各歸各圩加息按畝派費償還。

一、各圩修厲所向有拜帖請酒租壋一切陋習，概行裁革。至缺口每土夫一名給棚廠足錢七十文，其餘每夫一名厲所給足錢七十文，儻有仍蹈前轍格外需索，立提重究。

附巡圩章程並示諭圩首人等知悉

照得豫備不虞，古之善教。今年圩工較勝往年，現在水勢亦視往年較小，然慎重巡防必實力奉行，方可萬無一失。且必自今年爲始，行之有效，將來即可永遠遵守，照章施行，豐亨屢慶。除本縣隨時親臨巡查外，所有各圩圩修輪班巡圩章程前已明晰示諭，茲將添派圩首總巡事宜開列於後，該圩首等務各任勞任怨，勿稍泄視，以爲各圩修表率，本署縣有厚望焉。仍將到工日期稟明，以便稽查、給發薪水。切切！特諭。

計開

西南岸圩首：朱位中、尚曙庵、丁玉聲。

東南岸圩首：周樹滋、姚信中、汪永成。

東北岸圩首：姚體仁、徐方疇、戎金輅。

西北岸圩首：夏朝玉、徐逵九、詹蓬望。

以上圩首十二人作爲總巡，每岸各派一人，十日一輪，往天后宮守汛。其餘各圩圩首、圩修並各甲長仍各分段在本工守汛。

一、天后宮官項捐置椿蓆原備不時之需，如有某處險要，歸該圩圩首稟明領用，秋後歸還。

一、各圩工段應用樁木蘆蓆仍照舊章各圩自備，毋得觀望。

一、各圩應用麥荄草韉，趁此麥秋登塲，該圩修等傳知各甲首早爲預備，各儲該圩公所以備不時之需。

一、各圩極要工、次要工如遇潮汛泛漲將至埂面五尺時，各圩修、甲首即齊赴工，每日派人在圩巡更守宿，水退後始准囘歸。倘有不到以及私逃，立時提究。

一、各圩在埂遮浪樁木，如附近居民乘間竊取，或藉水興放划船滋擾，圩修立時提究。

一、堆積土牛本年水勢可不需用，俟冬令水涸，挑取湖土一律接築，作爲子埝，再加寬厚，庶水長埂高，可以永保無虞。

一、水小之時，四岸圩首各派一人駐工，由官給發薪水。如遇水大，四岸十二圩首齊赴工所，薪水概發。其餘各圩修、甲長人數過多，各守汛地，自備資斧。此因叠災之後，格外體恤，恐因費用無出，貽誤巡防，關係匪淺，將來得有收成，下年不得援以爲例。

按：巡防夏汛一役最爲圩政先務，茲乃言之鑿鑿，凡我圩民幸勿聽之藐藐焉。

國朝光緒十二年署縣事華椿採取士民吳德成條陳並示勒石

爲釐訂章程，剴切出示，實力奉行，共安樂利事。照得大官圩爲當邑首圩，向分四岸，計圩二十有九，總計數十萬田廬，全賴圩隄爲保障。該圩人衆田多，隄埂向稱高厚。乙酉夏五陰雨連旬，徽甯山洪下注，外江湖水上涌，太平、新溝兩圩隄埂相繼衝潰，多方搶救，人力難施，田廬竟成澤國，心焉傷之。本縣痛癢相關，瀝情上告，蒙各大憲軫念民艱，准緩丁漕，並籌發撫卹津貼，以工代賑。經諭各紳董同心協力，將標工缺口一律修築告成。本年春夏以來，雨暘時若，潮水亦平，如天之福，三時不害，五穀豐收，吾民安衽席而登仁壽，誠大幸也。惟事豫則立，遠慮乃無近憂，事簡易行，有備乃能無患。旱潦雖曰天定，挽囘端在人謀。是圩隄始重冬工之堅固，繼賴夏水之籌防，尤宜加意整頓也。本縣接見都人士時，以圩工爲先務之急，延訪

紳士，詢及耆農，得其大要，茲就該紳士所議章程，並采文生吳德成條陳，圩務各層擇其簡而易行者綴爲八條，合行剴切曉諭，爲此示，仰大官圩四岸士民人等一體知悉。爾等居屬同井，數十萬田廬悉恃圩隄爲保障。歲修防護章程行之已久，凡該圩夫卯、經費及標工、要工畫段認修各層悉照舊章辦理外，所有後開章程八條繁爲整頓圩規起見，不強人以所難，但求事之有濟，各宜齊心協力，慎始圖終，永固百餘里之隄防，共享數萬家之樂利，實有厚望焉。倘有因時變通，盡善盡美，由各紳耆隨時條陳辦理，勿隱勿延，切切特示。

一、董事最宜和衷共濟也。官圩向分四岸，岸有總董二三人不等，經理一岸之事，遇有要件則四岸公議。每岸有七八圩不等，每圩另舉圩董經理一圩之事。凡官接見岸董諭辦圩務，岸董傳知圩董，圩董傳知圩修、甲長，官不能徧見多人，以岸董爲總匯，岸董、圩董原無軒輊也。圩名二十有九，均繫官圩隄防爲保障，各攄所見，擇善而從，同心協力，繼之以和衷，從此隄防鞏固，年穀順成，家給人足，實地方之幸也。

一、歲修必須冬工告竣也。冬令水涸，挑取湖土堅築，時值農隙，鳩集卯夫亦易。照章應辦歲修須及早開辦冬工，一律加高培厚，夯硪堅固，年復一年，則隄高且厚，固若長城矣。若遲至春水漸生，買取田土不特廢業缺糧，且農工漸忙，必致草率偷減，於合圩大局關繫匪淺。嗣後圩董稽查歲修，如有圩修玩誤冬工，及草率偷減情事，公同稟官究懲。

一、溝工宜加意防護也。查花津溝工共長十有餘里，向歸四岸劃分工段各專責成，值年圩修務乘冬晴水涸，將應管歲修工段集夫加高培厚，夯硪堅固。逮至夏水漸漲，務備樁蓆遮護周密以保隄身。水勢較大，風浪又狂，甚至護隄樁蓆衝刷飄淌至再至三，恐值段圩修力難撐持，四岸總董先期密勘妥議，於適中處所設立總局籌辦樁木、蓆片、黃蔴等項，堆積公所。如某段某圩應需樁蓆，該圩修親身赴局點數領取，計價若干，即由領取樁蓆之圩籌費歸欸，庶樁蓆可以濟急，圩段均獲保全矣。

一、樁蓆須預爲籌備也。查各岸各圩分段巡防，設遇水漲勢急，

臨時籌欵購辦椿蓆誠恐轉輾貽誤，何如豫爲籌備，緩急可以應手。嗣後責成各圩董除歲修認真稽查，及一切夫費均照向章辦理外，酌以本年爲始，於秋收後按畝另籌善後保全費一次，大圩約銀七八十兩，小圩約銀五六十兩，或堆積五穀，或寄存殷實店舖。水年買辦椿蓆堆存工次，設遇防護夏水用盡，或已用若干，秋收另籌補足。存儲倘備而未用，由該圩公舉妥人經理，專備善後保全之需，不得挪充別項公用。此繫有備無患之舉，業佃均宜踴躍，切勿觀望爲要。

一、船隻須公辦應用也。圩隄瀕臨河湖，取土裝夫需船駕駛。夏令水漲之年，按圩按甲公起大船四隻，長夫六七十名，自備口糧土具椎夯，在該圩應築標工地段搭廠，晝夜防護，一圩團聚一處，聯絡梭巡。或有隄埝危險，該管段圩夫力不能支，即鳴鑼呼救，他圩夫船聞鑼即至，齊心堵築，共保隄防。如有違抗滋事，即惟該圩圩董、圩修、甲長等是問。

一、隄防宜聲氣聯絡也。官圩雖分四岸，四岸雖有二十九圩，全賴一隄爲保障，分地段以專責成，非分畛域也。俗云一寸不牢，萬丈無用，則防護聯絡爲先務。凡遇水勢稍大之年，四岸各設一局在本岸險要之處，籌備椿蓆等件，堆積公所，並每岸派出划船一隻，公議董事一人，帶長夫二十名在本岸標工處所逐段梭巡，與隣岸會哨輪流不息，遇有標工單薄，即責成管段圩修加高培厚，設有江潮山洪風浪衝激勢甚洶險，即鳴鑼呼救，逐段聲傳，頃刻即周三岸夫船聞信馳至，協力保救以固全局而樂豐年。惟各岸夫船各插顏色小旗，各岸民夫均掛腰牌一面，寫定某岸、某圩、某姓名以便辨認，如有恃衆聽唆、挾嫌滋事，認明何色小旗、腰牌，即知何岸夫船，定責成該圩董、圩修等查出送官究懲。

一、埝外、埝內應加意培護也。查埝外之遮浪埝布種蘆葦、茭草，原期發長茂盛，抵搪風浪保衛外埝之用，近埝居民不准私行砍取，亦不准縱放牲畜作踐。至周圍隄埝外濱河湖，內亦多臨潭港，近埝農民每靠埝脚撈泥肥田，歷久挖傷，必致埝脚單薄，日久坍卸。嗣後埝脚不准撈泥取料，以固隄身，倘有前項故違情事，查出公同稟究。

一、舊章、新章宜相輔而行也。官圩通共二十九圩，每年歲修分段、夫卯、經費及夏令防護一切舊章行之已久，仍宜循舊辦理，不得輕議紛更。至前第四條酌籌善後保全費一次，繫爲另備樁蓆未雨綢繆之計，眾擎易舉，並不強人所難。嗣後實心整頓，如有盡善條陳，隨時商辦，惟期事之有濟斯已耳。以上八條簡而易行，其各懍遵爲要。

按：華侯採訪條議以示圩民，慮周藻密，且曰新章、舊章相輔而行，並非故立崖岸、強人以所難能者，奈圩眾不察，視若罔聞，何哉？前年丁亥，太平圩低涵失守，嘖有煩言，若有不滿於公者，觀其示語肫切，實有惓惓之苦心，一展卷而不忍没云爾。

國朝光緒十四年署太平府事史久常勒石條示

爲出示勒石曉諭永禁惡習、整頓圩規事。照得當塗縣通境圩岸惟大官圩爲首，民間向章按年歲修，立法周密。本府訪聞近來人心不古，每遇興工之處，四岸集夫到齊，無處棲身，須向附近居民或租屋居住，或雇地搭棚，該處居民罔顧大局，視爲利藪，任意高擡時價，勒索酒食。並有挑土上埂，若由他人田埂經過者，亦必索要路錢文，故作刁難，無所不至。尤有甚者，凡遇水大之時，各汕工處所各甲首均置備樁木、蘆蓆等料以搪風浪，以保圩隄，關繫甚大，而附近居民竟敢伺隙在埂肆行竊取。種種惡習，實堪痛恨，亟應永遠嚴禁。況此次該圩工程稟蒙大憲軫念民艱，不遺餘力籌欵發縣會委興修，尤應整頓圩規，妥慎保護。除行縣遵照外，合併明晰，開列規條於後，出示勒石曉諭，爲此示，仰當塗縣大官圩軍民人等知悉。自示之後，爾等務各滷除嗜利惡習，恪守舊章、新規，保護圩隄，衛人衛己。倘敢不遵，復萌故智，一經查出，或被告發，定即飭縣提案從嚴懲辦，決不姑寬。其各懍遵毋違，切切特示。

計開：新增整頓圩規八條

一、圩隄下無論官塘、私塘概不准撈泥以傷埂腳，是第一要着。

一、圩隄上概不准厝葬棺木，現擬於四岸及中心埂附近擇於高阜

處所另行設立義塚，以便安葬。

一、圩隄上概不准散放豬牛，以免作踐。

一、洶工陡門處所除時加修理外，隄上每年必須多添土牛，並備椿木、蘆蓆等件，以防不測。工次所存木料等項，無論何人均不准擅用。

一、洶工陡門下外灘均須添插蘆葦、茭草，以禦風浪。

一、陡門、石涵均須公同因時啟閉，概不得擅自私開取魚，貪利忘害。

一、每年歲修挑夫照章按田分派，不准賣夫、霸夫，以歸公允。

一、遇水大之年，四岸設局，晝夜巡查，以便救護。

按：署府勒石條示，特舉舊章申明之耳。惟挨埂撈泥一事是害埂之尤者，特具隻眼列入首條。繼以厝棺、放畜等事，皆人所不免而易犯者。茲特揭明於圩政，亦大有裨益。

光緒十四年知縣金耀奎批准朋修條議六則

查歷屆圩潰，各段稍工冲刷殘敝，獨力難支，茲邀圩公議朋費朋夫，事屬可行，但須得人，庶免僨事，此亦慎終於始之意。所擬六條，榜示通衢，俾令周知。條列於後。

一、凡遇歲歉朋充如上廣濟圩、興、沛、王明諸圩已為前導，同在圍內，何不可行？第作事先貴謀始，尤貴圖終。前屆未曾議及，姑置勿論。茲擬兼辦之法，朋修、值修相輔而行，較之諸圩似為妥善。

一、值修當為首領，餘甲附從，所有承充繳報諸役均繫首領承辦，先計定該甲按畝費若干，餘甲幫費若干，如不敷用，按事酌加。凡釘木椿、添土龍、置水箭等事必將捐費用盡，不必存留。

一、議甲首編牌催夫赴埝，所轄畝數不得稍為隱匿，更不得以己田編散各牌，如有此情，查出重罰。自冬徂夏，上夫一律到底，不准換替。斷以五十以內、二十以上方准赴工，其老幼疲癃立時刷斥，違者惟該甲長是問。

一、除岸總、圩首、甲首及客稽會田暨孤寡戶名重複外，再選老

成殷實户名赴工督理商酌諸務，不必復令集費催夫。

一、各甲再派業主二人照議集費，限期繳局，掣票計數，以資工需。一俟本屆務畢將一切工需榜示通衢，俾有目共見，事外業主不得逞刁抗費，如違稟究。

一、朋修之法，一屆難以奏功，惟周圩一次工必肥實，其中辦事諸人如有年久歲更、田畝變買，再議妥人以補其缺。

以上六條酌按時勢，並非強人以難，大約費廣人多易於集事。且朋修之法不必定要歲歉，或年久歲修不振，一圩差滿之際，朋修推及各岸，各岸皆然。如果各發天良，不存畛域，或將此議稍有變通，或另行添補，均無不可，是否可行，以繳差爲度。

續 編 圖 説

圖説引

　　《詩》譜《豳風》，《書》陳《無逸》，尚已，漢所以具知天下阨塞者，入關先得圖書也。晉裴秀製圖之體六，曰分率辨廣輪也，曰准望正疆界也，曰道里定起止也，曰高下方邪紆直三者因地制用也。吾圩司馬朱小岩前輩勤勞圩務，鞅掌一生，於經籍不暇表見，獨於圩務有神桑梓。兵燹後賚志以没。某於餘燼得敝簏中藏圩圖五幅，幅綴以萬言，其村莊土俗頃畝工丈逐細臚陳，雖未經剞劂，莊誦之下如示諸掌。余近輯《彙述》，不亟爲闡揚以詔來者，致令湮没不傳，伊誰之咎也。吉光片羽，雖曰碩果僅存，然而祖宗廬墓之鄉，傳留宇宙意者呵護有靈與。爰詮次之，壽之梨棗，以公同好。他日太史采風，軺軒過境，得邀公卿顧問，備知風土人情，使片壤尺地若燭照數計焉，未必無補於政治民生也，由是獻之天子，陳之廣厦細旃之上，仰邀睿鑒，知場圃之築、稼穡之艱，胥於是圖得之矣。其亦猶《豳風》《無逸》之意也夫。

湖隈逸叟著

卷一　分圩列岸_{圖説一}　湖畇逸叟編輯　朱甸寅大本校

目次

《書》曰中畫郊圻，慎固封守，王政也。考官圩舊制，畫分四岸，細列二十又九圩，蓋得君陳之遺意焉。子輿氏亦云仁政必自經界始，官圩橫縱，其畝非有法以疆理之，吾民其魚矣，遑言有乂乎。此按田徵夫，按夫築隄，工役之所由興。當先知圩岸之所由劃也，述分圩列岸。

坵廣濬圩呉德成子平篆

官圩四岸二十九圩圖題辭

　　撫茲圩圖，襟河帶湖。四隅環繞，萬井摩挲。長隄百里，風浪堪虞。中分界限，十字成區。董以官長，命我農夫。擔畚負鍤，其來于于。載植楊柳，載種蒲蘆。安瀾永慶，其在斯乎，其在斯乎。

　　　　　　　時在咸豐二年壬子同邑優選八旗教習
　　　　　　王文炳蔚卿氏譔於花津孟公碑工次之庽廬

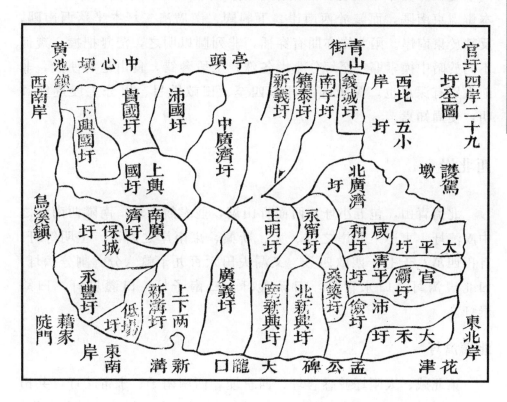

官圩四岸二十九圩圖説

　　周公營洛邑，《書》稱伻來以圖。《周禮》大司馬設司險，掌九州之圖以周知其山林川澤之阻。是知輿地之學最重者圖，有書無圖，則脈絡不貫，有圖無説，則里界茫然。圩隄亦猶是也。官圩古名十字

圩，前人經營，分列四岸，中區縷隄似十字形，善制也。考諸志乘，或稱八十四圩，或云五十四圩，皆無定局。至有宋隆興間，戶部侍郎葉衡核實太平州圩岸延福等五十四圩，周一百五十餘里，而圩之大圍始就。復相其地勢高下，區子埂以分水，使其高不致乾，卑不致溢。如西北岸旁青山勢高阜，東北岸近花津，地低窪，設無縷隄以界之，其不至旱者屢旱、澇者益澇不止。由縱而觀，南自烏溪直達馬練港，如十字之豎畫，以橫而論，西自雙溝東行至新溝，如十字之橫畫，中間子埂，髣髴十字而已。然南兩岸猶犬牙相錯也，永豐、保城二圩，本僻處東南隅，而隸於西南岸。下興國、南廣濟二圩本坐落西南隅，反隸於東南岸。兩北岸亦間有穿插，非列圖以明之，茫無把握，幾何不同於暗中摸索耶？至圩分小大各殊，工段參錯，良由地勢使然，非前人別有深意也。圖後謹將圩岸四至、田畝數目、甲分工段逐節註明，便周知焉。

西北岸

北倚青山，包五小圩，西面青山湖，並韋饒兩圩，南隣西南岸之中廣濟圩，東連東北岸之咸、太、新興、東南岸之新溝、王明等圩，計田四萬八千七十四畝四分。又漏夫田六百九十畝八分。劃分六圩，曰北廣濟圩，曰永甯圩，曰新義圩，曰南子圩，曰義城圩，曰籍泰圩。

北廣濟圩

東北咸、太兩圩並感義圩、西官埂，西南南子、永甯諸圩，共田一萬六千六百四十二畝五分，又漏夫田三百八十二畝一分。分七甲，編博、厚、高、明、悠、久、長字號，派工七段，二十年輪修一次。

一、派西北馬練港西首邢家甸稍工六百号，起自老陡門至本圩長亭埂工止。

一、派新陡門長亭埂次洶工八百号，起自本圩稍工至本圩陽和埂工止。

一、派西北陽和埂、千劬閘埂、上任村、佘村、薛家樓等處稍工一千九百零九弓，起自本圩次洶工至秋花墳南子圩工止。

一、派正東薺母灘洶工一百一十一弓，起自中廣濟圩工至北新興圩工止。又一百一十一弓，起自北新興圩工至上興國圩止。

一、派東北花津攢築要工一百一十一弓，起自太平圩工至南子圩工止。

一、派戚家橋中心埂三百二十四弓，起自籍泰圩工至義城圩工止。又有攢築失修工，下同。

南子圩

西官埂，南籍泰、新義兩圩，北義城圩並官埂，東永甯、北廣濟兩圩，共田一萬零八十畝，分四甲，計十二號，派工五段，十二年輪修一次。

一、派西北周郎橋、印心庵、北峰等處，稍工一千七百四十九弓，起自北廣濟圩秋花墳工至永甯圩工止。

一、派正西伏龍橋後次洶工三百二十五弓，起自新義圩工至籍泰圩工止。

一、派正東三十四三號內圩豐庵洶工一百七十九弓，起自籍泰圩工至永甯圩工止。

一、派東北十七號內花津老莊村前要工七十弓，起自北廣濟圩工至永甯圩工止。

一、派戚家橋中心埂二百零五弓，起自新義圩工至永甯圩工止。

永甯圩

西新義、南子兩圩，南新義、王明兩圩，東王明圩，北北廣濟圩，共田四千三百六十畝九分，又漏夫田二百二十四畝八分，分□甲，派工四段，□年輪修一次。

一、派西北北峰、臧村等處稍工八百四十九弓，起自南子圩工至義城圩工止。

一、派正東三十五四號內圩豐庵洶工一百一十二弓，起自南子圩

工至永甯圩工止。

一、派東北十七號內花津老莊村前要工三十弓，起自南子圩工至新義圩工止。

一、派戚家橋中心埂八十七弓，起自南子圩工至籍泰圩工止。

義城圩

北青山澗、官埂，西青山湖、官埂，東南均南子圩，共田四千六百一畝五分，分十甲，派工四段，十年輪修一次。

一、派西北青山澗埂稍工三百七十弓，起自永甯圩工至青山鎮工止。

一、派正西青山鎮南首湖旁次溝工六百一十一弓，起自青山鎮南至新義圩工止。

一、派東北十八號內花津老莊村後要工三十弓，起自籍泰圩工至西南岸保城圩工止。

一、派戚家橋中心埂八十七弓，起自北廣濟圩工至原至東南岸中心埂工止，今改至西北岸六圩中心埂攢築工止。

新義圩

西官埂，南上下兩廣濟圩，北籍泰、南子、永甯三圩，東新溝、王明兩圩，共田八千六百五十六畝，又漏夫田一百八十四畝，分四甲，甲分四號，派工五段，十六年輪修一次。

一、派正西青山湖、喻家埠次溝工六百九十五弓，起自義城圩工至南子圩工止。

一、派正西雙溝後稍工六百八十五弓，起自籍泰圩工至雙溝陡門工止。

一、派正東三十二、三號內圩豐庵溝工一百九十二弓，起自王明圩工至籍泰圩工止。

一、派東北十七號內花津老莊村畔要工五十八弓，起自永甯圩工至籍泰圩工止。

一、派戚家橋後許高涵中心埂一百六十六弓，起自西南岸貴國圩

工至南子圩工止。

籍泰圩

西依官埂，東南均新義圩，北南子圩，共田三千七百三十七畝五分，分十甲，派工四段，十年輪修一次。

一、派正西小浮橋稍工七百四十弓，又次洵工十九弓，起自南子圩工至新義圩工止。

一、派正東三十三、四號內圩豐庵洵工七十二弓，起自新義圩工至南子圩工止。

一、派東北十七、八號內花津老莊村前要工二十五弓，起自新義圩工至義城圩工止。

一、派戚家橋中心埂七十一弓，起自永甯圩工至北廣濟圩工止。

又合西北岸攢築中心埂六十弓，起自北廣濟圩工至東南岸中心埂工止。萬善庵前有分工碑。

又有青山鎮七十三弓，市民自築。

西南岸

南界宣邑大河，西隣福定圩及洪柘兩小圩，北連西北岸新義圩，東與東南岸參互錯綜，至橫湖陡門，計田六萬五千八百七十畝，畫分七圩，曰上興國圩，曰上廣濟圩，曰下廣濟圩，曰貴國圩，曰沛國圩，曰永豐圩，曰保城圩。

上廣濟圩

東新溝圩，西南下廣濟並上興國圩，北新義圩，共田一萬一千二十畝，分頭、二、三、四甲，甲編恭、寬、信、敏、惠五號，派工五段，五年輪修一次，遇歉朋修。

一、派正西亭頭鎮北稍工八百號，起自下廣濟圩工至亭頭鎮三滶蕩工止，今四甲細分。

一、派正南福興庵洵工二百弓，起自下廣濟圩工至本圩三甲工

止。四甲。

一、派正南葛家渡洮工二百弓，起自本圩四甲工至下廣濟圩工
止。三甲。

一、派正南紅廟洮工二百弓，起自下廣濟圩工至本圩二甲工止。
頭甲。

一、派正南王家潭洮工二百弓，起自本圩頭甲工至下廣濟圩工
止。二甲。

以上四段原繫一段，今細分之。

一、派正東十三號內薺母灘洮工三十五弓，起自北新興圩工至下
廣濟圩工止，今四甲細分。

一、派東北二十一、二號內花津宋村前要工七十九弓，起自沛國
圩工至下廣濟圩工止，今四甲細分，各碉石礮。

一、派中間舖中心堘一百六十四弓，起自上興國圩工至貴國圩工
止，今四甲細分。

下廣濟圩

南沛國圩並上興國圩，西官堘，東上廣濟圩，北新義圩，共田一
萬一千五百二十畝，又收入上廣濟圩撥補田五百零四畝，分五、六、
七、八四甲，甲編文、行、忠、信四號，派工五段，十六年輪修
一次。

一、派正西雙溝南首稍工八百三十弓，起自雙溝鎮至上廣濟圩
工止。

一、派正南棗樹灣東首洮工二百二十五弓，起自保城圩工至上廣
濟圩四甲工止。

一、派正南紅廟洮工四百二十五弓，起自上廣濟圩四甲工至上廣
濟圩頭甲工止。

一、派正南王家潭沿洮工二百弓，起自上廣濟圩二甲工至沛國圩
工止。

以上三段原繫一段，緣與上廣濟圩細分，故段落錯綜也。

一、派正東十三號內薺母灘洮工四十弓，起自上廣濟圩工至北廣

濟圩工止。

一、派東北二十二號內花津宋村要工八十四弓，起自上廣濟圩工至上興國圩工止，今礩石磡。

一、派清水潭中心埂一百八十六弓，起自沛國圩工至保城圩工止。

沛國圩

南貴國圩，東上興國圩，西官埂，北下廣濟圩，共田五千七百六十畝，分東西各五甲，編國、正、天、心、順、官、清、民、自、安十號，派工四段，十年輪修一次，遇歉朋修。

一、派正西亭頭鎮南稍工七百五十八弓，起自亭頭鎮南關至清水潭陡門工止。

一、派正南王家潭、王祠旁泑工二百七十三弓，起自下廣濟圩工至貴國圩工止。

一、派東北二十一號花津宋村前雙垰口要工三十五弓，起自保城圩工至上廣濟圩工止，今礩石磡。

一、派清水潭中心埂七十八弓，起自清水潭陡門至下廣濟圩工止。

上興國圩

東保城圩及南廣濟圩，南官埂並下興國圩，西貴、沛及下興國圩，北下廣濟圩，共田一萬一千一百六十畝，分五甲，甲分四號，以聰、明、睿、知、寬、裕、溫柔、齊、莊、中、正、發、強、剛、毅、文、理、密、察爲目，派工六段，二十年輪修一次，遇歉朋修。

一、派正南東承天寺、小牛灘、一里碑等處次泑工並稍工共五百七十一弓，又一千六百零九弓，起自下興國圩工至保城圩工止。

一、派正東谷家埠泑工二百弓，起自低場圩工至下興國圩工止，此段繫與下興國圩調築。

一、派正東十五號內薺母灘泑工四十弓，起自北廣濟圩工至太平圩工止。

一、派東北二十二號內花津宋村後要工六十九弓，起自下廣濟圩工至貴國圩工止，今碅石磡一半。

一、派正南黃池鎮東稍工二百弓，起自鎮基至下興國圩工止，該工與鎮鞏固，年久玩修。

一、派賈家潭中心埂一百六十九弓，起自永豐圩工至上廣濟圩工止。

保城圩

南官埂，西上下興國兩圩並南廣濟圩，東永豐圩，北東南岸新溝圩，共田一萬零一百六十畝，分四甲，派工五段，二十□年輪修一次。

一、派正南烏溪鎮西龍華寺前次洶工十五弓，起自上興國圩工至鎮基工止。

一、派正南烏溪鎮東魏家灣、周家垎、棗樹灣等處次洶工一千四百七十七弓，起自烏溪鎮基至下廣濟圩工止。

一、派東北十八號內花津後湯村前要工七十弓，起自西北岸義城圩工至東南岸南廣濟圩工止。

一、派東北二十一號內花津大聖堂後要工七十弓，起自永豐圩工至沛國圩工止。

一、派清水潭前中心埂一百五十四弓，起自下廣濟圩工至永豐圩工止。

貴國圩

南下興國圩，西官埂，東上興國圩，北沛國圩，共田六千四百二十畝，分前後各五甲，派工三段，十年輪修一次。

一、派正南王家潭後五顯廟洶工五百九十五弓，起自沛國圩工至永豐圩工止。

一、派東北二十二、三號內花津張家甸要工四十五弓，起自上興國圩工至東北岸大禾圩工止，今碅石磡。

一、派戴家莊中心埂九十八弓，起自上廣濟圩工至西北岸新義圩

工止。

永豐圩

東南官埂，西保城圩及南廣濟圩，東北低塲圩及新溝圩，共田九千三百三十六畝，分五甲，派工三段，□□年輪修一次。

一、派正南籍家陡門西首洌工九百一十号，起自貴國圩工至過陡門東首東南岸低塲圩工止。

一、派東北二十一號內花津大聖堂要工六十三号，起自下新溝圩工至保城圩工止。

一、派秋溝中心埂一百四十二号，起自保城圩工至上興國圩工止。

外有亭頭鎮一百四十四号，市民自築。

黃池鎮四百二十九号，市民自築。

烏溪鎮三百一十五号，市民自築。

東南岸

東南瀕丹湖、葛家所，至新溝所一帶，西與西南岸犬牙交錯，迤至黃池鎮，北界東北岸南新興圩，計田六萬九千九百三十畝，又漏夫田三千一百零二畝，畫分七圩，曰上新溝圩，曰下新溝圩，曰廣濟圩，曰王明圩，曰南廣濟圩，曰下興國圩，曰低塲圩。

低塲圩

東南均官埂，西南永豐圩，西北新溝圩，共田五千五百二十畝，分二甲，派工二段，□年輪修一次。

一、派正東邊湖老莊洌工四百二十六号，起自西南岸永豐圩工至上興國圩工止。

一、派東北十九號內花津前陳村要工三十四号，起自廣義圩工至下新溝圩工止。

又與合岸攢築中心埂。

下興國圩

西南黃池鎮，東保城圩並南廣濟圩，南上興國圩，北亦上興國圩及貴國圩，共田八千一百二十畝，又漏夫田一千二百零八畝，分十甲，派工三段，十年輪修一次。

一、派黃池鎮東馬坊口稍工四百弓，起自上興國圩工至上興國圩工止，内有二百弓調與上興國圩築。

一、派正東普通寺洵工五百三十六弓，起自上興國圩工至南廣濟圩工止。

一、派東北十八、九號内花津後湯村要工五十四弓，起自南廣濟圩工至王明圩工止，今碌石礎。

又與合岸攢築中心埂。

南廣濟圩

西南上下兩興國圩，東保城圩並永豐圩，北新溝下廣濟兩圩，共田八千六百六十四畝，又漏夫田一千一百三十六畝，分四甲，派工二段，二十□年輪修一次。

一、派正東普通寺洵工七百六十七弓，起自下興國圩工至上興國圩工止。

一、派東北十八號内花津後湯村要工五十三弓，起自保城圩工至下興國圩工止。

又與合岸攢築中心埂。

上新溝圩

南低塲、永豐二圩，西下新溝圩，北王明、廣義二圩，東官埂，共田一萬二千三百七十六畝，分上五甲，派工二段，□年輪修一次。

一、派正東普通寺後王村、于村、新溝、陡門、大灣等處洵工一千一百三十三弓，起自上興國圩工至下新溝圩工止。

一、派東北十九號内花津大聖堂要工八十四弓，起自低塲圩工至下新溝圩工止。

又與合岸攢築中心埂。

下新溝圩

南低場圩，西上廣濟圩及新義圩，東上新溝圩，北王明、廣義兩圩，共田一萬二千三百七十六畝，分下五甲，派工二段，□年輪修一次。

一、派正東七甲灣、響埫、小汪村等處溝工一千一百三十二弓，起自上新溝圩工至廣義圩工止。

一、派東北二十號內花津大聖堂要工八十四弓，起自上新溝圩工至永豐圩工止。

又與合岸攢築中心埂。

廣義圩

南上下兩新溝圩，北東北岸南新興圩，東官埂，西王明圩，共田一萬四千五百六十二畝，分六甲，派工三段，□□年輪修一次。

一、派正東陳家巷、南柘港、汪村等處溝工一千三百十八弓，起自下新溝圩工至王明圩工止。

一、派東北十九號內花津後湯村要工七十九弓，起自王明圩工至低場圩工止。

一、派東北二十五號內花津稽村灣南要工二十二弓，起自南新興圩工至大禾圩工止，今礤石磡。

又與合岸攢築中心埂。

王明圩

南新溝圩，西永甯圩，西北北廣濟圩，東廣義圩，共田八千三百二十畝，又漏夫田九十六畝，分四甲，派工二段，□□年輪修一次，遇歉朋修。

一、派正東大隴口、孫趙二村等處溝工七百二十九弓，起自廣義圩工至西北岸新義圩工止。

一、派東北十九號內花津後湯村要工五十七弓，起自下興國圩工

至廣義圩工止。

又與合岸攢築中心埂。

按：中心埂一千弓，合岸公築，七圩未分派也，起自戚家橋茶庵前西北岸止工處，至枸橘茨東北岸起工處止。

東北岸

東瀕三湖，北臨姑孰溪，南界東南岸王明、廣義二圩，西連西北岸永甯、北廣濟並感義圩，計田六萬五千零六十一畝一分，又漏夫田一千零九十六畝，畫分九圩，曰南新興圩，曰北新興圩，曰太平圩，曰官壩圩，曰清平圩，曰沛儉圩，曰大禾圩，曰咸和圩，曰桑築圩。今議合岸照田派夫，籌一百二十五枝。

南新興圩

南王明、廣義二圩，東官埂，西永甯、北廣濟圩，北北新興圩，共田一萬二千零八十六畝五分，又漏夫田四百四十六畝，分六甲，派工三段，□年輪修一次。

一、派東北潘家埠、方家嘴、金底港、徐家界等處淘工一千零六十弓，起自永甯圩工至北新興圩工止。

一、派楊林塘四十弓，夾入北新興圩工內。

一、派東北二十四、五號內花津邵村後要工八十三弓，起自官壩圩工至桑築圩工止。

又攢築中心埂派夫籌二十枝。

北新興圩

南南新興圩，東官埂，北沛儉、桑築、官壩、清平等圩，西北永甯、北廣濟圩，共田一萬五千八百零八畝五分，又漏夫田二百八十畝，分九甲，派工二段，□年輪修一次。

一、派東北刑羊村至孟公碑等處淘工一千四百五十五弓，內有八十五弓夾北廣濟圩工內，起自南新興圩工至上廣濟圩工止。

一、派東北二十三號內花津張家甸要工一百一十弓，起自咸和圩工至沛儉圩工止。

又攢築中心埂派夫籌三十一枝。

太平圩

東清平圩，北臨官埝，西南北廣濟、咸和諸圩，共田一萬零七百五十六畝，又漏夫田五十六畝，分□甲，派工三段，□年輪修一次。

一、派東北李村垎南北淘工二百零六弓，中夾大禾圩六十六弓，起自上興國圩工至北廣濟圩工止。

一、派正北邵家灣稍工一千四百一十弓，起自清平圩工至本圩工止。

一、派正北儲家壩稍工六百一十弓，起自本圩工至咸和圩工止。

又攢築中心埂派夫籌二十一枝。

大禾圩

東北均官埝，即十里要工，西沛儉圩，南北新興圩，共田五千一百二十畝，又漏夫田四十畝，分□甲，派工三段，□年輪修一次。

一、派東北花津天妃宮西北首次淘工六百一十三弓，起自沛儉圩工至沛儉圩工止。

一、派東北十五號內花津李村涵要工六十六弓，起自太平圩工至太平圩工止。

一、派東北二十三號內花津宋村後要工三十四弓，起自貴國圩工至咸和圩工止。

又攢築中心埂派夫籌十枝。

沛儉圩

東大禾圩，南北新興圩，西官壩、桑築二圩，北官埝，共田八千二百五十七畝九分六釐，分□甲，派工四段，□年輪修一次。

一、派東北二十六號內花津稽村淘工二百四十八弓，起自官壩圩工至大禾圩工止。

一、派東北二十三、四號內花津邵村要工五十七弓，起自北新興圩工至太平圩工止。

一、派東北該分渡次洶工七百弓，起自大禾圩工至本圩稍工止。

一、派東北賈家壩稍工五百四十弓，起自本圩洶工至官壩圩工止。

又攢築中心埂派夫籌十六枝。

官壩圩

東沛儉圩，西清平圩，南桑築圩，北官埂，共田四千三百三十六畝，又漏夫田七十六畝，分□甲，派工三段，□年輪修一次。

一、派東北二十四號內花津稽村灣要工二十八弓，起自清平圩工至南新興圩工止。

一、派東北二十六五號內花津稽村灣要工七十二弓，起自廣義圩工至沛儉圩工止。

一、派正北賈家壩稍工九百四十二弓，起自沛儉圩工至桑築圩工止。

又攢築中心埂派夫籌八枝。

清平圩

西南咸和、北廣濟兩圩，西太平圩，東官壩、桑築兩圩，北官埂，共田三千六百四十二畝，又漏夫田四十四畝，分□甲，派工二段，□年輪修一次。

一、派正北周古潭、牛力灣等處次洶工七百七十八弓，起自桑築圩工至太平圩工止。

一、派東北二十四號內花津稽村灣要工二十三弓，起自桑築圩工至官壩圩工止。

又攢築中心埂派夫籌七枝。

桑築圩

南北新興圩，東沛儉圩，東北清平、官壩兩圩，西北咸和、太

平、北廣濟諸圩，共田一千七百九十三畝，又漏夫田二十四畝，分□甲，派工三段，□年輪修一次。

一、派東北二十五號內花津稽村灣要工三十六弓，起自南新興圩工至咸和圩工止。

一、派東北二十四號內花津稽村灣要工十一弓，起自太平圩工至清平圩工止。

一、派東北張紀埂稍工三百四十弓，起自官壩圩工至清平圩工止。

又攢築中心埂派夫籌三枝。

咸和圩

北太平圩，東桑築、清平兩圩，南北廣濟圩，西感義圩，共田二千九百八十八畝二分四釐，分□甲，派工三段，□年輪修一次。

一、派東北二十五號內花津稽村灣要工六十弓，起自桑築圩工至廣義圩工止。

一、派東北二十三號內花津張家甸要工十九弓，起自大禾圩工至北新興圩工止。

一、派正北畢家灣稍工五百九十弓，起自太平圩工至馬練港陡門止。

又攢築中心埂派夫籌五枝。

按：中心埂一千弓，合岸公築，九圩未分工也，起自枸橘茨東南岸止工處，至黃池鎮北梁家橋工止。

按：官圩分工修築，在乾嘉以前照夫輪修，至道光間疊遇水災，遂致牽混隱抗者多。西兩岸圩董首事分甲按年清釐積弊，緣東畔隄遠，力難撐支也。惟東兩岸居址近隄，作息較便，故仍照夫籌輪差，與西畔未嘗一轍焉。

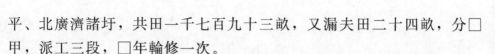

卷二　工段標號_{圖說二}　湖壖逸叟編輯　朱大椿佐廷校

目次

　　《國語》曰天根見而水涸，言節交寒露，收場功而偫畚挶也。又曰立鄙食以守路，言路有廬食，分程限以備傳報也。官圩之有隄防，繼長增高殆無虛歲，夏秋汎濫，來者日益甚，去者日益緩，防者可日益弛乎？計惟有使之按部就班焉，則畚挶興而程限定矣。述工段標號。

官圩四岸分工畫段標號圖

大隴口趙錫純䰸亭甫書

官圩分工畫段標號圖題辭

　　非不計功，是不誇大。我無爾虞，爾無我詐。計畝均分，勤於農隙。百堵皆興，星言夙駕。築之登登，乃歌穋穋。先知稼穡之艱難，庶幾吹豳而息蜡。

　　余欲思輯圩務一書，有志未逮，獲覯此編，若有導吾以先路者，因題數語，用誌景仰云爾。

時在道光丁未秋月同里

夏宣竹心氏敬識於鹿龕精舍

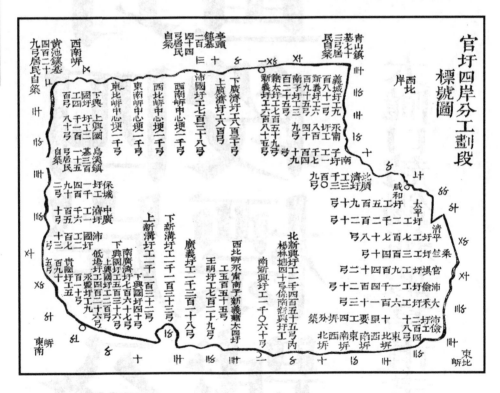

官圩分工劃段標號圖說

　　考圩字未見經典，梁沈約《韻書》亦未收録，惟《史記·孔子世

家》云"孔子生而盂頂"，司馬貞曰"圩，窊也"。江淮間水高於田，築隄捍水曰圩，言周圍築成隄岸以防水患，此圩字之始也，古通盂，外高中低，象形也。《書·禹貢》：九澤既陂。蔡註云：陂，障也。即今保障之義。《禮·月令》"完隄防"，言築圍防水也，楚境作垸，淮上作圍，土音也。官圩舊屬湖蕩，自圍隄後奠厥攸居，廣輪幾及百里。隔膜視者固難洞察，即生長是鄉，終老牖下，某段沟要、某處平穩、某工派與某圩修築，問之則茫無所對，即有能道其大概者，非屬約略之詞，即有偏舉之弊，求其井井有條、鑿鑿可據者，百無一二焉。況宦遊千里，來自遠方，人地不宜，言語或齟，車塵偶駐，其能以驟識乎？即良有司擘畫彌周，而邑號衝繁，錢穀簿書喧闐旁午，加以冠蓋送迎，莫遑暇食，又安能徧歷原野，到處留神，而尺寸不迷乎？余奉公有素，疆理雖無善狀，而閱歷彌覺單心，凡合圩周圍工段無不詳加審察，用是繪成圖幅，恪遵前明分工劃段良法、計弓標號成規，逐一臚列，復憾幅隘莫能詳載，倣術家用橫推直看之灋將四岸二十九圩工段標號數目備列幅中，上註某地、某名，下載某圩應修工若干，丈尺起止分明，俾閱者一覽而知，如親歷其地云。

計開

每埂二百弓爲一標，界以石，分列方位，編以號數。

東北自潘家埠起第一號，環至馬練港陡門，計六十一標。

西北自馬練港陡門起第一號，迤至雙溝陡門，計四十八標。

西南自雙溝陡門南起第一號，至清水潭跨中心埂至黃池鎮繞至籍家陡門，計五十六標。

正東自籍家陡門北起第一號，直至潘家埠交匯，計三十五標。

以上謹遵前明知縣朱公標定，惟中心埂四千弓每岸一千弓原冊未曾標定，今並逐段載明，以完全璧焉。

按：老冊清丈者冊弓，今所用者悉遵部發京弓，每尺較短冊弓一寸，通隄四萬數千餘弓，准此計之，不必蛇行鴨步，其相去也遠矣。況歷屆退挽月隄在在添築，新工則必不止此數可知也。繪成圖式如左。

潘家埠
韓家村北
首有漫缺
外面丹陽
湖以下至
花津同
方家嘴

【第壹溝號工】【第貳溝號工】【第叁溝號工】

東北第一號起工所
自第一號二百弓起遞至第二號二百弓
第三號二百弓第四號二百弓第五號二
百弓第六號内六十弓止南新興圩修築
十弓分屬南新興圩修築工一千零六

外有支港
刑羊村
徐家界
萬壽庵
元壽庵
門
釜底港陡

【第肆溝號工】【第伍溝號工】【第陸溝號工】

自第六號内六十弓南新興圩止工起餘
一百四十弓遞至第七號二百弓第八號
南新興圩止工起

謝家灣
村北有大
漫缺灣
陶家灣
孟公碑
道光二十
八九年連
潰咸豐元
年又潰圈

【第柒溝號工】【第捌溝號工】【第玖溝號工】

二百弓第九號二百弓第十號二百弓十
一號二百弓十二號二百弓十三號内三
十弓越至十四號内八十五弓共溝工一
千四百五十五弓分屬北新興圩修築

楊柳塘
榮甫造
至正間朱
官義門元
夏家潭
築月隄

【第拾溝號工】【第拾壹溝號工】【第拾貳溝號工】

楊柳塘溝工四十弓殽與南新興圩修築

上半葉（右欄）

東北
四岸二十九圩築　丁紹變助印

李村涵　貓耳潭　攢築　二十九圩　要工四岸　迤北十里　薺母灘　延福庵　後漫灣　吳家潭村

【第叁拾洵號要工】　【第叁拾陸號要工】　【第肆拾號要工】

北新興圩三十號
中廣濟圩七十五號　今兩圩細分　北新興圩工止
北廣濟圩九十五號合下號一百二十二號　共一百二十一
北新興圩八十五號
北廣濟圩八十五號合下號一百　共一百二十一
北廣濟圩九十六號合下號一百二十　共一百二十一
大禾圩六十六號
太平圩二十七號合下號一百二十四號
太平圩五十五號
上興國圩四十號
共一百五十一號

上半葉（左欄）

官圩修防彙造
續編卷二　工段標號
八
朱論殼堂藏珍

後湯村　老莊一名　蔣家巷　前陳村　前湯村

【第肆拾陸號要工】　【第肆拾柒號要工】　【第肆拾捌號要工】

弓
北廣濟圩七十五號合下號三十六號　共一百二十一
南子圩七十弓
新義圩五十八號
舊泰圩七號合下號十八弓共二十五弓
義城圩三十弓
保城圩七十弓
南廣濟圩五十三號
下興國圩二十九弓合下號二十五弓共

下半葉（右欄）

東北
四岸二十九圩築　劉同選助印

雙涵口　大聖堂　後陳村

【第玖拾號要工】　【第貳拾號要工】　【第貳拾壹號要工】

五十四弓
王明圩五十七號
廣義圩七十九號
低場圩三十四號
上下新溝圩百五弓合下號一百　共一百六十
八號
中廣濟圩六十五號合下號九十八弓共
保城圩七十弓
沛國圩三十九號
永豐圩三十七號合下號二十六號　共六十三號

下半葉（左欄）

官圩修防彙造
續編卷二　工段標號
九
朱論殼堂藏珍

稽村灣　邵村　張家閘　朱村

【第貳拾肆號要工】　【第貳拾叁號要工】　【第貳拾貳號要工】

官驪圩二十八號
清平圩三十一號
桑竺圩三十一號
太平圩七十二號
沛儉圩三十五號合下號共五十七號
北新義圩一百二十弓
成和圩十九號
大禾圩三十四號
貴國圩下號十二弓合共四十五弓
上興國圩六十九弓
下廣濟圩八十四弓
一百六十三弓今分上廣濟圩七十九弓
中廣濟圩六十五弓合下號九十八弓共

稽村
十里攢築
要工止

【第貳伍號要工】【第貳陸號溝工】【第貳柒號溝工】

桑築圩三十六弓
咸禾圩六十弓
廣義圩三十二弓
官壩圩號三十三弓合下共七十二弓
合上號三十四弓又本號四十九弓共八十三弓

官壩圩修築
自第二十六號內三十九弓官壩圩止工
起餘一百六十一弓遞至二十七號內八
十七弓止共溝工二百四十八弓分屬沛

自第二十七號內八十七弓沛儉圩止工
起餘一百一十三弓溝工分屬大禾圩
修築

龍王廟
天后宮坐
圩向向湖
花津渡口
自此轉灣
向西行以
下始孰溪

【第捌貳號溝工】【第玖貳號溝工】【第拾貳號溝工】

南新興圩止工起為第二十八號二百弓遞
至二十九號二百三十號內一百弓共
次溝工五百弓亦分屬大禾圩修築

自本圩止工起為第二十八號二百弓遞
至二十九號二百三十號內一百弓共

大禾圩工止

自第三十號內一百弓大禾圩止工起餘
一百弓遞至三十一號二百弓三十二號

孟家涵
陳公渡原
名該分渡
小村落依
埂傍

【第壹叁號溝工】【第貳叁號溝工】【第叁肆號溝工】

二百弓三十三號二百弓止共次溝工七
百弓分屬沛儉圩修築

自本圩三十三號止工起為第三十四號
二百弓遞至三十五號二百弓三十六號
內一百四十弓共稱工五百四十弓亦分
屬沛儉圩修築

沛儉圩工止

【第叁拾稱工】【第叁拾壹號稱工】【第叁陸稱工】

自第三十六號內一百四十弓沛儉圩止

沛儉圩工止

上欄

正北　官壩桑築圩工　丁稱雙助印

潰
同治八年
賈家壩

舊有慈慧
史金闇

【工稱號叁拾柒】【工稱號叁拾捌】【工稱號叁拾玖】

工起餘六十弓遞至三十七號二百弓三
十八號二百弓三十九號二百弓四十號
二百四十一號內八十二弓止共稱工
九百四十二弓分屬官壩圩修築

庵楊球建

張紀墕

【第肆拾號稱工】【工稱號壹拾肆】【工稱號貳拾肆】

官壩圩工止

自第四十一號內八十二弓官壩圩止工
起餘一百一十八弓遞至四十二號二百
弓四十三號內二十二弓共稱工三百四
十弓分屬桑築圩修築

官于修防彙述　續編卷二　工段標號　三　朱詒穀堂裘珍

下欄

正北　清平圩工　丁稱爐助印

官壩陡門
清平圩涵
牛力灣

【工洶次號叁拾肆】【工稱號肆拾肆】【工稱號肆拾伍】

自第四十三號二百二十二弓桑築圩止
起餘一百七十八弓次洶工分屬清平圩
修築

自本圩次洶工起為第四十四號二百弓
遞至四十五號二百弓四十六號二百弓
止共稱工六百弓分屬清平圩修築

桑築圩工止

周古潭
張家莊
芮家涵

【工稱號肆拾陸】【工稱號肆拾柒】【工稱號捌拾肆】

自清平圩止工起為第四十七號二百弓
遞至四十八號二百弓四十九號二百弓
五十號二百弓五十一號二百弓五十二
號二百弓五十三號二百弓五十四號內
十弓共稱工一千四百一十弓分屬太平
圩修築

清平圩工止

官于修防彙述　續編卷二　工段標號　三　朱詒穀堂裘珍

正北　太平圩工

朱昌後助印

大灣

外澂灘數
項

【工稍號肆拾肆】　【工稍號肆拾伍第】　【工稍號肆拾玖第】

太平圩工止

西北　咸和圩工

唐震之助印

儲家壩

老鸛嘴低
涵光緒
十三年潰

章公祠
光緒十一
年潰

【工稍號伍拾伍】　【工稍號陸拾伍】　【工稍號柒拾伍】

自本圩止工起爲第五十五號内一百九十弓遞至五十六號二百五十七號二百五十八號内二十弓止共稍工六百一十弓仍分屬太平圩修築

太平圩工止

續編卷二　工段標號

古

朱詒燉堂聚珍

重修

光緒戊子

冊失載

門史宗連

邰家灣陸

【工稍號貳拾伍】　【工稍號叁拾伍】　【工淘癸號肆拾伍】

自本圩止工起爲第五十四號内一百九十弓遞至五十五號内十弓次淘工共二百弓亦分屬太平圩修築

太平圩工止

續編卷二　工段標號

宝

朱詒燉堂聚珍

護駕墩

外附感義
圩

畢家灣一
作肇架灣

【工稍號捌拾伍】　【工稍號玖拾伍】　【工稍號拾陸第】

自第五十八號内二十弓太平圩止工起餘一百八十弓遞至五十九號二百六十號二百六十一號内十弓終共稍工五百九十弓分屬咸和圩修築

咸和圩工止

工段標號

馬練港陡
門俗名老
陡門今塞
以下爲西北岸標號
連潰二缺
同治八年
出入
由觀音閘
感義圩水
外有港在

【第陸拾壹號稱工】
此號僅有十弓自潘家埠起第一號丈量
至此六十一號未必適全號數蓋闕如也

【第壹號稱工】
西北第一號起工所

【第貳號稱工】
自第一號起二百弓遞至第二號二百弓
第三號二百弓止共稱工六百弓分屬北
廣濟圩修築

西風下逼
面山澂畏
長亭埭外
新陡門
自此轉南
邢家甸
餘弓
向感義圩
圈築三百

【第參號稱工】
自本圩止工起爲第四號二百弓遞至第
五號二百弓第六號二百弓第七號二百
弓止共次溝工八百弓亦分屬北廣濟圩
修築
工止

【第肆號稱工】

【第伍號稱工】
按此四號八百弓老册載一千八百弓
乃多刊一千字查老圩分工章程照田
派夫照夫分埭而埭又分溝稱次三等

對面白土
山
干勉閘五
小圩出入
水道
自此轉東
陽和埭
埭上
茶村

【第陸號稱工】
溝工每夫七八弓之間次溝工每夫十
六弓稱工每夫二十四弓此工次溝派
夫五十名六分以十六弓計之定是八
百弓無疑卽稱工每夫亦祇二十四
弓爲有次溝工派及三十六弓之多乎
一千兩字衍文

【第柒號稱工】

【第捌號稱工】
自本圩止工起爲第八號二百弓遞至第
九號二百弓第十號二百弓第十一號二百
弓十二號二百弓十三號二百弓十四號
工止

子五小圩
興周城城
下山南保
橋外附塘
起至項家
自干勉閘
迤邐西南
行
自此曲折
任村

【第玖號稱工】
二百弓十五號二百弓十六號二百弓十
七號內一百零九弓止共稱工一千九百
零九弓仍分屬北廣濟圩修築

【第拾號稱工】

【第拾壹號稱工】

西北　北廣濟圩工

均有私埂界之中有港道水之出進北行者由千勤閘出進西行者由青山閘出進

【第貳拾號稍工】【第叁拾號稍工】【第肆拾號稍工】

朱昌後助印

秋花壋

【第伍拾號稍工】【第陸拾號稍工】【第柒拾號稍工】

自第十七號內一百零九弓北廣濟圩止

北廣濟圩工止

續編卷二　工段標號　大　朱詒穀堂聚珍

西北　南子圩工

薛家樓

【第捌拾號稍工】【第玖拾號稍工】【第貳拾號稍工】

工起餘九十一弓遞至十八號二百弓十九號二百弓二十號二百弓二十一號二百弓二十二號二百弓二十三號二百弓二十四號二百弓二十五號二百弓二十六號內五十八弓止共稍工一千七百四十九弓分屬南子圩修築

張里仁助印

北峰埭

【第壹拾貳號稍工】【第貳拾貳號稍工】【第叁拾貳號稍工】

續編卷二　工段標號　九　朱詒穀堂聚珍

周郎橋

印心庵

古涵

〖貳拾肆號稍工〗〖貳拾伍號稍工〗〖貳拾陸號稍工〗

南子圩工止

自第二十六號內五十八弓南子圩止工
起餘一百四十二弓遞至二十七號二百
弓二十八號二百弓二十九號二百弓三

〖貳拾柒號稍工〗〖貳拾捌號稍工〗〖貳拾玖號稍工〗

十號內一百零七弓止共稍工八百四十
九弓分屬永甯圩修築

項家橋

青山澗山水下注

青山閘

青山鎮

西麓有朱公祠

〖第叁拾號稍工〗〖叁拾壹號稍工〗〖叁拾貳號稍工〗

永甯圩工止

自第三十號內一百零七弓永甯圩止工
起餘九十三弓遞至三十一號二百弓三
十二號內七十七弓共稍工三百七十弓
分屬義城圩修築

此號青山鎮基七十三弓市民自築

自第三十二號青山鎮南起餘五十弓遞

李四公陡門以下繫青山湖面原圍圩宋開寶間泰戶部劄廢水漲畏西風浪拍九船口

〖叁拾叁號次淘工〗〖叁拾肆號次淘工〗〖叁拾伍號次淘工〗

至三十三號二百弓三十四號二百弓三
十五號內一百六十一弓止共次淘工六
百一十一弓亦分屬義城圩修築

義城圩工止

自第三十五號內一百六十一弓義城圩

正西　新義南字二圩工

蕭口生助印

输家埠

【工汛次號陸叁】【工汛次號柒叁】【工汛次號捌叁】

止工起餘三十九弓遞至三十六號二百
弓三十七號二百弓三十八號二百三
十九號內五十六弓共次汋工六百九
十
五弓分屬新義圩修築

饒家圩

北閘

浮橋陡門

有小市

韋家圩

伏龍橋陡
門

【工汋次號玖叁】【工汋次號拾肆】【工稍號壹拾肆】

自第三十九號內五十六弓新義圩止工
起餘一百四十四弓遞至四十號內一百
八十一弓止共次汋工三百二十五弓分
屬南子圩修築

南子圩工止

此第四十號內一百八十一弓南子圩止
工起餘十九弓爲次汋工分屬籍泰圩修
築

此第四十一號二百弓四十二號二百弓

新義圩工止

官圩修防彙述　續編卷二　工段標號　三　朱詒穀堂藏珍

正西　籍泰新義圩工

王敬昭助印

新埠頭

【工稍號貳拾肆】【工稍號叁拾肆】【工稍號肆拾肆】

四十三號二百弓四十四號內一百四十
弓止共稍工七百四十弓亦分屬籍泰圩
修築

自第四十四號內一百四十弓籍泰圩止

籍泰圩工止

元通庵

祠山殿

【工稍號伍拾肆】【工稍號陸拾肆】【工稍號柒拾肆】

工起餘六十弓遞至四十五號二百弓四
十六號二百弓四十七號二百弓四十八
號內二十五弓終共稍工六百八十五弓
分屬新義圩修築

官圩修防彙述　續編卷二　工段標號　三　朱詒穀堂藏珍

正西　亭頭鎮　下廣濟圩工　　殷良洲助印

官圩修防彙述　續編卷二　工段標號　二　朱詒穀堂聚珍

上段（右起）

雙溝陡門
原有舖
自青山至
此十里
舖基地

清水潭外
自浮橋陡
門南行至
雙溝舖經
舖基地
自浮橋陡

【第肆拾捌號工稱】
陡門南首卽西南岸標號
西南第一號起工所
新義圩工止

【第壹號工稱】
自第一號起二百號遞至第二號二百
第三號二百弓第四號二百弓第五號二
百弓第六號二百弓第七號二百弓第八
號二百弓第九號二百弓共稱工一千
六百三十弓分屬中廣濟圩修築今分兩
圩下廣濟圩四甲修雙溝舖南首工八百

【第貳號工稱】
此號僅二十五弓如東北六十一號之例

【第叁號工稱】
三十弓上廣濟圩修亭頭鎮北首工八百

【第肆號工稱】
弓

【第伍號工稱】
頭甲工
上廣濟圩起工今四甲細分
下廣濟圩工止

附洪柘饒
三圩中有
夾港十餘
里近設三
閘不修束
埂荷利目
前非良策
也

北閘設浮
橋陡門南

下段（右起）

正西　上廣濟圩沛國圩工　　王敬昭助印

中閘設洪
潭寺西
南閘設颺
板街西里
餘
洪潭圩

三溢蕩
土橋
五顯廟

【第陸號工稱】
二甲工

【第柒號工稱】
三甲工

【第捌號工稱】
四甲工

【第玖號工稱】
此號內一百四十四弓繫亭頭鎮基居民
自築

【第拾號工稱】
自亭頭鎮南第九號內二十六弓起遞至
第十號二百十一號二百十二號二
百弓十三號內一百三十二弓共稱工七
百五十八弓分屬沛國圩修築
上廣濟圩工止

【第拾壹號工稱】
亭頭鎮
殷家潭
陡門
龍王廟
丁家潭陡門原
名倪家潭
長樂庵
官塘壩涵

官圩修防彙述　續編卷二　工段標號　五　朱詒穀堂聚珍

夏家橋　【堙心中】

清水潭陡門　【堙心中】

清水潭明萬歷戊申　【第叁拾號梢工】
沛國圩工七十八號　自清水潭起　至戴家莊止

工碑亭中心堙分　【第貳拾號梢工】
西南岸中心堙起工所
此號未滿數如前例核少六十八號
沛國圩工止

癸丑連潰迤南至黃　【堙心中】
下廣濟圩工一百八十六號

秋溝福定圩　【堙心中】
保城圩工一百五十四號
永豐圩工一百四十二號

池鎮外附潰光十九年賈家潭道中間舖道　【堙心中】
上興國圩工一百六十九號
上廣濟圩工一百六十四號
共一千弓分　屬西南岸修　築今七圩細　分如上數

光三年潰　【堙心中】
貴國圩工九十八號
西南岸中心堙工止

戴家莊　【堙心中】
新義圩工一百六十六號
西北岸中心堙起工所
自戴家莊起　至戴家橋止
築今六圩細　分如上數

許家高涵　【堙心中】
南子圩工二百零五號
共一千弓分　屬西北岸修

伍家潭　【堙心中】
永甯圩工八十七號

破潭道光三年潰　【堙心中】
緒泰圩工七十一號

戚家橋今　【堙心中】
義城圩工八十七號
北廣濟圩工三百二十四號

西北岸攢修工六十號　西北岸中心堙止

義城圩攢修工六十號　西北岸中心堙止
此攢修工因兵燹失修未立碑前東南西北兩岸互推經沈太守委勘訊斷立碑定界

東南岸中心埂

正西　東南岸中心埂

衝沒
萬善庵前
有分工碑
牛頭潭　【埂心中】
桃源　【埂心中】
趙大塘光
緒十三年
潰　【埂心中】

東南岸中心埂起工所

自戚家橋起
至枸橘茨止
共一千弓分
屬東南岸修
築七圩攢修
未派分工段

新溝灣康　【埂心中】
定界
年重立碑
光緒十四
廢
枸橘茨今　【埂心中】
三十餘弓　【埂心中】
月隄四百
三十餘弓

東北岸中心埂起工所

東南岸中心埂工止
自枸橘茨起
至黃池鎮梁

賡編卷二　工段標號　元　朱詒穀堂藏珍

正西　東北岸中心埂

熙四十七
年潰
會基渡　【埂心中】
五里界　【埂心中】
王氏母橋
咸豐十一
年潰
白潭道咸　【埂心中】
間連潰四
五次　【埂心中】

家橋止共一
千弓分屬東
北岸修築九
圩攢修未派
分工段

殷秀鳳助印

梁家橋
騰蛟寺今　【黃池鎮】
玫名普安
黃池鎮　【黃池鎮】
稱塘
廣教寺
丹陽書院
城隍廟
鳳凰樓
留愛橋

此第十四號二百弓遞至十五號二百
十六號內二十九弓共計四百二十九弓
繫黃池鎮基居民自築

東北岸中心埂工止

賡編卷二　工段標號　元　朱詒穀堂藏珍

（右上欄）

正南　上下興國圩工　徐錦九助印

界外面大
對河宣城
西承天寺
馬坊口
寶圩
貴明關
磄屋
三忠廟
向東
自此轉灣

【第拾陸號工稱】【第拾柒號工稱】【第拾捌號工稱】

自鎮基二十九号外此號內有一百七十
一弓遞至十七號內二十九弓共稍工二
百弓分屬上興國圩修築緣基址堅固歷
年玩修

此第十七號內一百七十一弓起遞至十
八號二百十九弓內二十九弓共稍工
四百弓亦分屬上興國圩修築緣坐落下
興國圩調與下興國圩修築

（左上欄）

河　高涵
吳家涵
東承天涵
蔣家涵

【第玖拾號工稱】【第貳拾號工稱】【第拾壹號工稱】

自第十九號內二十九弓下興國圩止工
起餘一百七十一弓遞至二十號二百弓
二十一號二百弓止共稍工五百七十一
弓分屬上興國圩修築
合上並調與下興國圩工共稍工一
千一百七十一弓

下興國圩工止

（右下欄）

正南　上興國圩工　蕭世金助印

成定圩
對河宣邑
漫口
同治二年
小牛灘

【第貳拾貳號工稱】【第貳拾叄號工稱】【第貳拾肆號工稱】

自第二十二號二百弓起遞至二十三號
內二百弓二十四號二百弓二十五號內一
百八十七弓共稍工七百八十七弓亦分
屬上興國圩修築

（左下欄）

一里碑
牛角塘

【第貳拾伍號工稱】【第貳拾陸號工稱】【第貳拾柒號工稱】

自第二十五號內一百八十七弓本圩稍
工起餘一十三弓遞至二十六號二百弓
二十七號二百弓二十八號二百弓二十
九號二百弓三十號內九弓止共次洶工
八百二十二弓仍分屬上興國圩修築
合上稍工七百八十七弓共計工一千
六百零九弓

正南　烏溪鎮　保城圩工

徐裕九助印

正南　保城圩工

蘇世金助印

（右上）

龍華庵　烏溪鎮陡　三官殿門

【貳拾捌號稍工】【叁拾貳號稍工】【第叁拾號稍工】

此號內有一十五弓保城圩築久係算
上興國圩工止

此第三十號內一百七十六弓保城圩築起遞至三
十一號內一百三十九弓共計三百一十

官圩修防彙述　續編卷二　工段標號　三　朱諭穀堂聚珍

（左上）

保寕庵　馬神廟　呂祖廟　魏家灣　金保圩　對河宣邑

【叁叁號次溝工】【叁貳號稍工】【烏溪鎮稍工】

弓分屬保城圩修築

鎮西四十五弓共次溝工一千二百五十六

六號二百三十七號內一百八十弓加

三十四號二百三十五號二百三十

遞至三十二號二百二十三號二百三十

自烏溪鎮東三十一號內有六十一弓起

基上興國貴國南廣濟下興國四圩公地

五弓繫烏溪鎮基君民自築陡門兩旁餘

官圩修防彙述　續編卷二　工段標號　三　朱諭穀堂聚珍

（右下）

周家涵

潰
康熙二年
灣卽此
志載湯家

棗樹灣邑

【叁陸號次溝工】【叁伍號次溝工】【叁肆號次溝工】

官圩修防彙述

（左下）

順水壩

【叁玖號次溝工】【叁捌號次溝工】【叁柒號次溝工】

此工二百二十五弓分
屬下廣濟圩修築

自第三十九
號內十六弓

保城圩工止

十二弓

一千二百五十六弓共計工一千四百九

六弓亦分屬保城圩修築合上次溝工

十九號內一十六弓止共次溝工二百三十

工起餘二十弓遞至三十八號二百弓三

自第三十七號內一百八十弓本圩次溝

官圩修防彙述　續編卷二　工段標號　三　朱諭穀堂聚珍

福興庵

《工沟號拾肆第》

此工二百弓分屬上廣
濟圩四甲修築

保城圩止工
起餘一百八
十四弓遞至
四十號二百
弓四十一號

葛家所

《工沟號壹拾肆》

此工二百弓分屬上廣
濟圩三甲修築

二百弓四十
一號二百四
十二號二百
四十三號二
百弓四十四

荷花埂

《工沟號貳拾肆》

此工二百二十五弓分
屬下廣濟圩修築

號二百弓四
十四號二百

新庵

《工沟號拾肆第》

屬下廣濟圩修築

塌塘埂

《工沟號叁拾肆》

此工二百弓分屬
下廣濟圩修築

下廣濟圩修築
二百弓四十
七號止共沟
工一千六百
五十弓分屬
中廣濟圩修
築今分上下
兩圩各四甲

楊姓

《工沟號肆拾肆》

此工二百弓分屬上
廣濟圩頭甲修築

廣濟圩頭甲修築
六號止共沟

紅廟

《工沟號伍拾肆》

此工二百弓分屬上
廣濟圩二甲修築

廣濟圩二甲修
築今分上下

張官壩

十五號二百
弓四十六號

逼大河險
深莫測外
闊數頃淵
王家潭寬

《工沟號陸拾肆》

此工二百弓分屬
下廣濟圩修築

中廣濟圩工止
錯綜如上式

王祠

《工沟號柒拾肆》

分屬沛國圩修築

目第四十七號內六
十六弓中廣濟圩止
工起餘一百三十四
一百三十九弓止共
沟工二百七十三弓

工也

《工沟號捌拾肆》

此工二百弓分屬
下廣濟圩修築

沛國圩工止

自第四十八號內一
百三十九弓沛國圩

八面佛

《工沟號玖拾肆》

圩修築

止工起餘六十一弓遞至四十九號二百
弓五十號二百五十一號內一百三十
四弓止共沟工五百九十五弓分屬貴
國圩

小村

《工沟號拾伍第》

五顯廟

《工沟號壹拾伍》

工一千六百
五十弓分屬貴
國圩工止

自第五十
一號內一
百三十四弓貴國圩

上欄右

官圩修防彙說　　東南　永豐圩工　　中慶興助印

李家灣

團灣徐

【第貳拾伍號泃工】　【第叁拾柒號泃工】　【第肆拾伍號泃工】

止工起餘六十六弓遞至五十二號二百
弓五十三號二百弓五十四號二百弓五
十五號二百弓五十六號內四十四弓終
共泃工九百一十弓分屬永豐圩修築

上欄左

官圩修防彙說　續編卷二　工段標號　吳　朱諭毅堂藏珍

大王廟

老莊陳

陸門

俗稱籍家

橫湖陡門

【第壹號泃工】　【第陸拾號泃工】　【第伍拾伍號泃工】

此號僅四十四弓如上倒或未設此號永
豐圩工卽在正東第一號數內觀下弓數
恰合可以恍然

永豐圩工止

自第一號一百五十六弓起遞至第二號
二百弓第三號內七十弓共泃工四百二

正東第一號起工所

下欄右

官圩修防彙說　　正東　下興國圩工　　楊占春助印

陶家莊

邊湖谷村

祠

谷家涵

【第壹號泃工】　【第叁號泃工】　【第肆號泃工】

十六弓分屬低場圩修築

按上第一號一百五十六
號四十四弓恰符二百弓數故斷為一
號也

此第三號內一百三十弓遞至第四號內
七十弓共泃工二百弓調與上興國圩修
築緣十七號十八號十九號內分有稱工
四百弓調與下興國圩修築

自第四號內七十弓上興國圩止工起餘
一百三十弓遞至第五號二百弓第六號

低場圩工止

下欄左

官圩修防彙說　續編卷二　工段標號　毛　朱諭毅堂藏珍

閘

井家涵

【第伍號泃工】　【第陸號泃工】　【第柒號泃工】

六弓分屬下興國圩修築

二百號第七號內六弓下興國圩止工起餘一
百九十四弓遞至第八號二百弓第九號
二百弓第十號內一百七十三弓共泃工

自第七號內六弓下興國圩止工起餘一
百九十四弓遞至第八號二百弓第九號

下興國圩工止

上半葉

寺門前吳公埂

正東　南廣濟圩工　申慶典助印

【第柒號溝工】　【第捌號溝工】　【第玖號溝工】

七百六十七弓分屬南廣濟圩修築內撥出工四十弓與下興國圩修築俗名親家

南廣濟圩工止

普通寺

【第壹拾號溝工】　【第貳拾號溝工】　【第叁拾號溝工】

此號內有親家工四十弓下興國圩修築

自第十號內一百七十三弓下興國圩止工起餘二十七弓遞至十一號二百弓十二號二百弓十三號二百弓十四號二百弓十五號二百弓十六號二百弓十七號二百弓十八號二百弓十九號二百弓二十號二百弓二十一號二百弓二十二號

內三十八弓共溝工二千二百六十五號

分屬上下兩新溝圩修築

下半葉

王村　大灣　朱公祠故址今改廣興庵　新溝隄門　于祠

正東　上新溝圩工　楊占春助印

【第肆拾號溝工】　【第伍拾號溝工】　【第陸拾號溝工】

此處前明嘉靖五年潰退挽月隄二里許

光緒十一年又潰

以上工今分與上新溝圩修築

于姓祖塋　七甲灣

【第柒拾號溝工】　【第捌拾號溝工】　【第玖拾號溝工】

以上工今分與上新溝圩修築

以下工今分與下新溝圩修築

上段

右頁（官坽修隄彙述）

楊氏佳城

八甲灣

響涵　《工溝號叁拾貳第》

王家莊

小汪村　《工溝號壹拾貳》

陳家巷　《工溝號貳拾貳第》

自第二十二號內三十八弓遞至三十三號二百弓二十四號二百弓二十五號二百弓二

起餘一百六十二弓

上下兩新溝圩工止

王芝生助印

左頁（富于參坊建祀）

南柘港陡　《工溝號叁拾貳》

門

汪村九姓　《工溝號貳拾貳》《工溝號伍拾貳》

十六號二百弓二十七號二百弓二十八號內一百五十六弓止共溝工一千三百一十八号分屬廣義圩修築

下段

右頁（官坽修隄彙述）

正東　廣義王明圩工

降福殿

一葦庵

元福裏

多福鄉約　《工溝號捌拾貳》

碑縣主

丁洪立

孫村　《工溝號柒拾貳》

井巷

大隴口陡　《工溝號陸拾貳》

廣義圩工止

鄭立玉助印

左頁（官坽修隄彙述）

福祿埂　《工溝號壹拾叁》

趙村　《工溝號拾叁第》

趙家港　《工溝號玖拾貳》

門

自第二十八號內一百五十六弓廣義圩止工起餘四十四弓遞至二十九號二百弓三十號二百弓三十一號二百弓三十二號內八十五弓共溝工七百二十九弓分屬王明圩修築

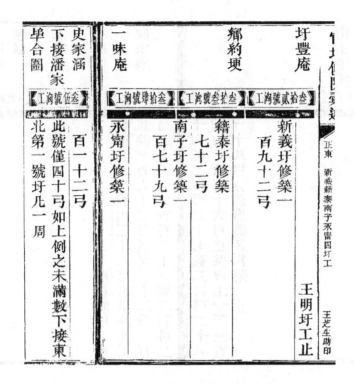

已上連中心埂合共二百二十號內東北第六十一號內少一百九十弓，西北第四十八號內少一百七十五弓，西南第十三號內少六十八弓，第五十六號內少一百五十六弓，正東第一號內少四十四弓，第三十五號內少一百六十弓，共少七百九十三弓，皆號之未滿數者耳。實計四萬三千二百零七弓。近因倒潰圈挽，則不止此數矣。

卷三　陡門涵洞_{圖説三}　湖隄逸叟編輯　朱大椿佐朝校

目次

陽開陰闔，天之道也。出呼入吸，人之道也。圩隄之有陡門、有涵洞，開闔之際而呼吸隨之，地道不其然乎？然必乘天時、盡人事而後地利有資焉。以是知陡門、涵洞之設，地道也，即人道也，實法天道也。官圩四岸所設，規畫雖微有不同，而利用則無或異焉。述陡門、涵洞。

官圩四岸

隄門涵洞圖

王明姚信中楷

官圩四岸陡門涵洞圖題辭

爲磐石與，爲帶礪與。修之屛之，職司啟閉。灌之漑之，田原樂利。放乎四海，有本者如是，觀其汨汨乎來，滔滔而逝，後進者盈科，四達而不悖。問創始於何時，則將應之曰：倣《周禮》稻人之遺制，變而通之，俾周流而一無所滯。

時維咸豐十年歲次庚申二月花朝

張在川佑泉甫敬題

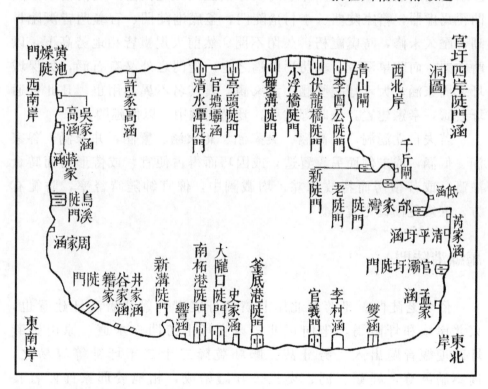

官圩四岸陡門涵洞圖説

《周禮》：稻人掌稼下地，鄭疏謂種稼之下地宜水，職司水利也，旱則引流以滋灌漑，潦則堵築以備潨漶，後人師其意而變通之，陡門所由設也。圩有陡門，如戶牖然，所以利啟閉也；如喉舌然，所以便

出納也。圩分二十有九，傳言古制設陡門十三座，與石頭城門符，今逐一考之，未必盡然也。考陡門之設，或數圩共置一座，如上下兩興國圩、貴國圩及南廣濟圩公建烏溪陡門，上下兩廣濟圩公建亭頭陡門，上下兩新溝圩公建新溝陡門等類是也。

或一圩各置一座，如新義圩之建雙溝陡門，沛國圩之建清水潭陡門，王明圩之建大隴口陡門，廣義圩之建南柘港陡門，官壩圩之建官壩陡門等類是也。有圩在垓心不能建置陡門，附鄰圩爲出入，如咸和、永甯、桑築等圩均有幫貼建置之議。今分水縷隄，半廢古制，就湮水之出入漫瀚以行，如邰家灣及浮橋陡門久經閉塞，雙溝清水潭陡門視爲虛器，籍家陡門、李村垱陡門、釜底港陡門、官義門皆瀕臨丹湖，歷久未修，時虞窳朽，久閉不開。然前人規畫皆相地勢高下，以時啟閉，而防旱澇者，非苟焉以爲之也。陡門之外又有石涵，如保城圩之周家涵，大禾圩之雙涵，孟家涵，異其名不異其用也。凡此皆通圩公議，奉憲建置，頗昭鄭重焉。爰備列圖中，以便巡閱。

若夫自立涵洞，如高涵、吳家涵、蔣家涵、響涵、井家涵、谷家涵、低涵，或未便而另籌置造，或因巧而得占便宜，或恃形勢而時貪灌溉，或苦積澇而特放霪霖，均載圖中，俾官紳隨時督率，防範有方，庶幾免傾覆之虞矣。

馬練港陡門

俗名老陡門。坐落西北岸北廣濟圩隄畔，繫北廣濟圩建置也，東北岸咸和圩附焉，坐向正北，爲官圩下游門戶水道，原由感義圩北埂觀音閘出入，勢紆甚。國朝乾隆二十二年圩紳等謀易之，遂稟請邑尊，經顧、馮、婁三公其議始成，相地於邢家甸西首長亭埂西向建置，今名新陡門，經費議廣濟七而咸和一❶，後遂援爲成例焉。

---

❶ 一 不合比例，應爲"三"。

新陡門

在邢家甸西首，即上老陡門移建也，説見上條。同治丙寅，李明經用昭率衆修葺之。

李四公陡門

俗名青山陡門。西北岸義城圩建置也，在青山鎮南數十武，地勢高阜，便於進水，而不輕於洩水，其身短促，故常終年閉錮焉，今尚完好。

伏龍橋陡門

西北岸南子圩建置也，在伏龍橋市中。明萬曆四十六年圩紳潘應欽倡建，國朝康熙三十三年欽孫、潘人傑鳩工重修，事載邑志，今亦完固適用。特口門外堆積瓦礫過多，淘汰之功洵不可少。

按：光緒二十一年重修。

浮橋陡門

西北岸籍泰圩建置也，今圯塞，未啟者近百年矣。詢之居民，僉曰：該圩田畝無多，陡門瀕臨外湖，隄埂單薄，艱於啟閉，水勢直灌，隄身震撼，恐誤隄也，故圯後遂塞之。

雙溝陡門

西北岸新義圩建置也，不臨外湖，以內港水爲出入，道遠甚，北距浮橋四里。今饒家圩築土閘障之，洩水甚難。南港距亭頭三滋蕩五里，又有洪潭圩土橋鎖之，迤西三四里洪、柘兩圩復築土閘，過閘紆

囬曲折，至隆事港始入大河，水道幾十五里，在此接水亦復不易，陡門之設如虛器焉。特不如深濬北閘，水便出入之爲愈也。

按：此陡門同治十年修之，石工草率，今又倒塌，不適用矣。

亭頭陡門

西南岸上下兩廣濟圩公建也，明天順元年移建。國朝乾隆五十五年修興沛諸圩用水之田例幫經費，在下廣濟圩挑取閘夫十二名免赴工築，自備牐板應用，聽下廣濟圩值修相時啟閉，兩旁餘址無多，北建龍王廟，圩民祀之。

按：該陡門水道出入紆甚，當粵氛時，鎮西有港爲瓦礫壅塞，兼居民任意鋪占，且有廟橋、庵橋重鎖之。洪、柘兩圩近添土牐，不修官埂，儌傍官圩西埝爲東面長城，陡門之啟閉直視閘爲啟閉矣。委蛇十餘里，經隆事港始達大河，曲如蠖，細如縷，使數萬畝膏腴血脈不能流通。後有作者，知必以淘港濬河爲急務也。且陡門滲漏朽敗，尤不能不籌修葺焉。又考該陡門原在亭頭鎮北首三溇蕩口，川流直瀉，難於啟閉，因移建於此焉。

乾塘壩涵

此內水私涵也，在沛國圩長樂庵南首隄畔，內有壩，由壩灌水入田，今廢。

清水潭陡門

西南岸沛國圩建置也，面臨夾河，北岸柘林圩，南岸福定圩，兩圩當河口近築土閘，號爲南閘，不開者五十餘年，置陡門於無用之地，今亦傾圮焉。南畔有碑亭。乾隆間史君彝尊倡修中心古埝四岸分工，立碑於此，有記。

按：官圩西埝外附福、柘、洪、饒四圩，均有港溇以利水道。

道光二十二年議設土閘，作暫爲防水之計，不過免西顧憂耳。豈知近來諸小圩緣此不修內埂，專恃南北中三閘，致雙溝、亭頭、清水潭三處陡門不適於用，是最下乘也。設諸小圩有失，官圩西埂三十餘里不堪障水，可毋慮與？

許家高涵

沛國圩許姓所置私涵也，外臨深泓，接福定圩陡門之水，資灌溉焉。

黄池塞陡門

一作燥陡門。廢塞多年，相傳在稠塘以南，即鐵巴橋，是其水與鎮北之梁橋通焉。古有夜行船，水路可達亭鎮。今祇空存其名，而實蹟已湮矣。

按：鎮西鐵巴橋原設陡門，爲興貴水道，鎮民傅光斗、許其善、朱尚賢等請於當道塞之，緣二圩水由烏溪陡門可出入也。塞與騷同音，俗譌爲騷陡門，其名殊不雅馴矣。

吳家涵

外臨大河，在西承天寺東首官埂畔上，興國圩頭甲建，進水灌田甚便。

高涵

在東承天寺西首上興國圩隄畔，其用與吳家涵略相同耳。

蔣家涵

在東承天東首上興國圩隄畔，皆進水私涵也。

按：上三涵緣隄畔無溝，田畝依埂，因建涵洞，俾外水内注，足資灌溉，且省桔槔之用，便甚也。故俗諺有云：快活似神仙，東承天做田。正謂此也。

烏溪陡門

南兩岸四圩公同建置也，坐落圩之正南烏溪鎮中，乃官圩上游門户，其在東南岸南廣濟圩、下興國圩屬焉，其在西南岸貴國圩、上興國圩屬焉，内臨無溢港，外瀕大河，上頂宣邑諸河之衝，東迎葛家渡西來之溜，波瀾瀰漫，陡門短促，最險要之區焉。歷久失修，深虞傾圮。上有三官殿陡門橋，額云：溪崖准望，秀水同春，龍巖四德。

按：該陡門兩畔餘址十餘丈，東西均以關巷爲界，召與市民列肆，歲收其租頗不貲。如有廉能者出，區畫善章，積儲此項，嗣而葺之，或亦不至於窘用也。至光緒二十二年張懋功、王承槐、汪文聚、尚在雍等重建完固，第以四圩子隄未修，水仍無歸宿，尤有待於繼起者。

周家涵

此繫公涵西南岸保城圩建置也，在棗樹灣，因地段瀕湖，風浪險惡，久閉不開。該圩子埂荒墜日久，水道漫瀚以行，附近圩陡門爲出入，安所得廉能者設法以修葺之。

橫湖陡門

俗名籍家陡門。西南岸永豐圩、東南岸低塌圩公建置也，俗呼爲籍家陡門，緣籍爲永豐著姓，且爲建造首圩，又得叁分有貳，故以是傳焉。兩圩地處窪下，遭粵氛後，户口寥落，無力繕整，比歲不行啟閉，田塍積潦，難望麥秋。因思該圩前哲劉廷柱、陳宗升諸君助修中心古埂，告除採買弊政，力振衰頹，今修葺無人，甘居窪下，何今人不若古

人哉？姑識之，以冀後啟者。

　　按：該陡門籍經始時鋪底之石寬且大，年久兩牆攲側。光緒十二年，史蓮叔太尊親臨履勘，諭予與楊明經甸臣董其役，仍議將修陡歆內提東北岸溢領銀一千兩續交當塗縣金公，着該圩董任禮堂、吳樹基、徐振宙等承領，雇工購料，重加修葺，陡門自是適用矣。且恐上圩高仰，放水以十五層石爲准，不至久澇，亦不至過涸，善策也。史、金功德，圩民謳思不置也宜哉！

谷家涵

　　土洞也，在低場圩邊湖谷村前首，片石俱無。冬令鑿埂洩水，以冀種麥，毋或失時。交春堵築還原，特恐閉塞不堅，夏漲浸淫失守，是又不可以不防。

井家涵

　　在邊湖谷村後，閉塞年久，不能開閉，名徒存矣。

新溝陡門

　　東南岸上下兩新溝圩建置也，該圩隄有大灣，傳言前明嘉靖間潰缺，退挽月隄，築作三載乃成。陡門原瀕湖旁，緣圈隄後移置灣內于祠南首，基址短促，識者惜之。

　　按：此陡門同治六年修整，尚堅好足用。光緒辛卯又續添出隄身，接修數丈。

南柘港陡門

　　東南岸廣義圩建置也，坐落汪村，故名汪村陡門。瀕臨丹湖。乾隆己巳，知縣事李永芳諭令董事汪芝田、周漢英、紀明易、孫光第等

重修，有碑記，見藝文。

響涵

此隄畔外水私涵也，滲漏，久不開閉。

大隴口陡門

東南岸王明圩建置也，西北岸永甯圩附焉，在大隴口孫村之北、趙村之南，瀕丹陽湖畔。下有支港，土名趙家港，十餘里始達運河。水涸時設壩以通扁舟，便撥運焉。其地有小市居民數百家，商賈輻輳，抑且蒭蕘、雉兔者均於湖上取求，則港之有利於圩也亦溥矣哉。

史家涵

在韓家村，今失其故處。

釜底港陡門

東北岸南新興圩建置也，在元壽庵前畔，外臨丹湖，緣圩内出水港底深而似釜，故得名也，俗譌爲無底港者，非。

官義門

是門之建在元順帝至正年間，朱榮甫修圩時所設也，坐落東北岸北新興圩隄畔。其制與陡門同用，閘板以時啟閉，特未設圈門，微有異耳。史宗連圩圖失載，今亦朽壞，圯塞不開矣。

按：邑志載李維楨《金柱山記》云：吳興章公嘉禎來爲令，會洪水潰缺，官圩田二十七萬悉爲汙萊，召有田者謀曰：無圩則無田，吾假爾粟以食貧民，假貧民力以築圩隄，此兩利之道也。有田者皆諾。得糈十萬而圩成，建官義門備旱澇蓄洩。據此則又似爲前明萬曆年間

重建也。

李村涵

此雖名之以涵，制實與陡門同用也。坐落在東北岸猫耳潭前湯村，瀕臨丹陽、石臼兩湖，東北岸沛儉圩水由此出入。

雙涵

東北岸大禾圩建置也，在東埂大聖塘後、宋村之前。考大禾圩原有上中下三圩，是涵之設適臨上中兩圩分水私埂處，開涵放水可以歧出歧入，緣口門用舌也，故以雙名。

孟家涵

亦東北岸大禾圩建置也。下大禾圩最低，不能逆流至雙涵，故設此涵，在北橫埂畔，與沛儉圩同用。

按：此涵光緒戊子史蓮叔太尊籌請庫欵重修，石工完好。

官壩陡門

東北岸官壩圩建置也，在北橫埂，面臨姑孰溪，迤西數十弓即清平圩涵。

清平圩涵

東北岸清平圩建置也，較陡門稍小，亦臨姑孰溪。

芮家涵

亦清平圩建置也，與上涵同。

邰家灣陡門

東北岸太平圩建置也，史氏圩圖失載焉。

按：該陡門國朝順、康間久已湮塞，故未載入。考李習、朱榮甫《修陂塘記》載，黃池鄉邰家灣陡門不通川流，新鑿溝渠深八尺，闊一丈二尺，長五百六十二丈，引姑溪河水直入陡門。榮甫與習係元末明初人，動此鉅工建是陡門，知必有大利於民者。

又光緒丁亥圩之老鸛嘴低涵衝潰，積澇無從消洩，郡伯史蓮叔廉得其情，俯准圩民之請，知東北岸一帶低窪，民情倍苦，並將該陡門及孟家涵瀝詳撫憲陳六舟中丞、阿嘯山方伯撥庫銀二千兩力修廢墜。工竣後，仍議將溢領銀兩撥貼西南岸之籍家陡門。卸篆時，殷屬新守王子范汝礪諭董挨次提欵，妥為修葺，仍留去後之思云。

低涵

東北岸太平圩置也，在護駕墩章公祠東北首，老鸛嘴地最低窪，咸、太諸圩積水均由此出，今廢。

按：此涵祇洩圩內積澇，不常啟閉。光緒十三年五月十二日，太平圩首戎文軒因漏網魚失守致潰，全圩被淹，時江潮實未漲也。事聞上憲，由四百里牌單懸賞百金會營拿獲，後經邑侯金公反覆申詳，議從末減枷示三年，從寬開釋。是年建造潰缺越築在外。該涵片石無存，莫知其向矣，姑記之以備考焉。附記陡外諸小圩各閘。

千觔閘

青山下五小圩公建也，在白土山東麓之保興圩與北廣濟圩之長亭埂交，內有五小圩私隄，外有澈㳽，北有夏氏易盆橋，水出入必由之所。

按：是閘曾於光緒戊子同列案牘請欵重修。

青山閘

　　在青山鎮東義城圩隄畔，能障山水以灌義城圩田，亦能引河水以溉五小圩諸田，緣山下有溪，足以瀦水也。

北閘

　　在饒家圩東北隅，以土爲之。

中閘

　　在洪、柘兩圩夾河內，啟閉均在此閘。夏汛將發，旋謀築塞，舟楫不通，亦一憾事。

南閘

　　在福定、柘林兩圩夾河內。

　　按：上三閘皆近年用土築成，爲一時權宜之計，策之未善者也，參見雙溝亭頭及清水潭陡門下。

卷四　鎮市村落<small>圖説四</small>　湖陾逸叟編輯　朱大柯質成校

目次

佘家村　　　周郎橋　　　薛家樓　　　秋花墳　　　印心庵
北峰埭　　　項家橋

　　先王疆理天下，有分土，遂有分民。自井田廢而阡陌開，民之託
處官圩者，大都自食其力，平日所習，不外士農工賈。少而習焉，長
而安焉，不見異物而遷焉。父詔其子，兄勉其弟，寖久而桑麻利植，
雞狗相聞，雖康衢樂土無以加茲，彼通都大邑猶少此敦厖也。述鎮市
村落。

官圩鎮圖

新興地語仁隸

官圩村落治隄新市村蓄

官圩沿隄鎮市村落圖題辭

我疆我里，爰居爰處。自西徂東，侯亞侯旅。士尚衣冠，農築場圃。可以安耕鑿，可以通笑語。佳哉氣鬱蔥，蛟龍作霖雨，萬春繞路西，三湖漾其左，大鎮鞏金湯，聊以固吾圉，無懷與，有巢與，風俗直追乎太古。

時維咸豐辛亥年嘉平月

東南岸廣義圩霍步雲玉山甫偶題

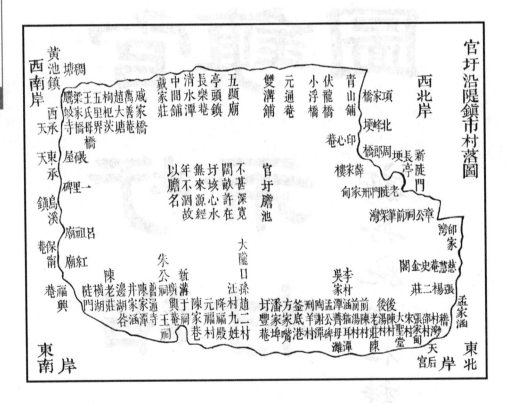

官圩沿隄鎮市村落圖說

孔子曰里仁爲美，又曰十室之邑必有忠信，可知人不以地圍，地必以人傳也。官圩膏腴數千頃，烟火數萬家，所恃爲安堵無恐者，長

隄百里耳。考當邑原爲澤國，官圩左當三湖之衝，走鋌而來，上承兩郡之水，建瓴而下，一段不堅，全圩成壑。農佃僻處鄉隅，作息僅在隴畝間，罔識全局。士君子咿唔斗室，不出户庭，又未嘗留心圩政，即有時輪修一載，十數年偶一經營，各管各工，不暇兼顧，抑且閱時卸事，視爲傳舍，漫不經心。

余席先人餘蔭，薄有産業，緣此弱歲從公。自道光癸未，即與圩前輩周旋，執鞭効命，今耄矣。囘憶數十年前風霜備歷，鞅掌一生，幾如孔席不暇煖，墨突不得黔者。以故足蹟所經，未嘗至通都大邑，祇於沿隄要害之區，名勝之地，輒數數過焉。其有關於圩隄者，在在訪諸父老，搜之碑碣，靡不殫精竭慮，以期於當。爰曲折繪圖，詳誌村鎮，細載坐落，俾閱者摩挲披覽，如掌上螺紋，纖悉畢露；如鏡中人面，媸妍畢呈。庶幾某地鞏固，某段險要，某屬名勝，某涉洶涌，一展卷間瞭然在望矣。至若垓心勝蹟名區，其足以資流覽而助謳歌者，不一而足，兹僅以沿隄大概著於編。

青山鎮

鎮距郡城三十一里，山麓有古寺，鎮中閭閻百室。宋米南宫有第一山碑，其山逶迤，包孕五小圩、感義圩。鎮之西鄙有朱公祠，朱孔暘、稽廷相、趙栻、鄭文化四人侑食廡下。有書院，明萬曆八年知府錢立建，後移入郡城。馬軍寨山於秋夏之交霪雨經旬，間起小蛟，山洪俯注，近逼義城圩隄畔，因培高岸以障之。旋於鎮東偏設石閘以利水道。隄外平湖一面，名青山湖，汪洋七八百頃。宋開寶間知縣孫宣教呈請路西湖永不圍田，以甦民累。奉户部劄禁廢渟蓄山水，俾不壞隄，乃急來緩受之策也。鎮舊有舖，設舖司一，舖兵一名半。

伏龍橋

橋之所在失考。自青山南來五里地脈直注於此，似龍伏焉，故名。有小市，市中設陡門，南子圩潘氏倡建。北有祠山殿，南有得月

庵，西面韋家圩附焉。一作囦圖橋，未知孰是。前有宋故朝散大夫蔣氏墓碑。

浮橋

夏氏宅也。邑鄉宦朗齋先生族人分支聚此埂旁，原設木橋，農佃赴湖樵牧路經是橋，夜則撤之，備不虞也。籍泰圩建置陡門於此，今圮塞。隄外湖灘至冬常涸，可以取土修隄。西南首饒家圩附其外旁。

元通庵　祠山殿

在雙溝舖北約里許，土人春秋二社常報賽焉。門西向，秋來爽氣撲人眉宇。

雙溝舖

舊有舖，設舖司一，舖兵一名半。自青山舖至此十里爲西兩岸交界所。饒家圩附其外。傍有夾港一道，新義圩陡門水由此出入焉。北距浮橋四里，南距亭頭鎮五里。

五顯廟

在亭頭鎮北半里，廟祀治水諸神，廣濟圩民社鼓餳簫，春祈秋報，咸集於此，猶存古陶唐氏之幽簫遺風焉。其群聚而共飲者，率皆村釀豚蹄，直不啻家家扶醉矣。

亭頭鎮

古華亭也，距郡城四十五里，繫姑孰鄉。鎮之南爲沛國圩。亭在洪、柘夾隄中沚，昔爲圩衆講約所，未詳築自何代，相傳爲天女散

花，鄉三老釀金爲亭以供之。今址没於水。南首丁氏聚族居焉。國初有青麓先生諱再騫者讀書亭下，康熙己未成進士，選授黔南禄豐縣令，補知勸州，攝安甯州，行取科道，後奉諱家居，作傳經家塾於亭之南，子弟薰陶者甚衆。其於圩政亦多所指畫，惜稿本盡散去。鎮南數十武有潭，舊名倪家潭，今更名丁家潭，緣潭北有丁祠也。潭之西有長樂庵，設茶以慰行旅。外附洪、柘兩小圩，中有夾河，中廣濟圩建立陡門，門前有潭，名殷家潭，以殷祠得名也。殷亦爲圩望族。乾隆間有大軒者甫弱冠，侍母疾，奉湯藥，不忍赴試，母促之至郡，而院門扃矣。乃叩門曰：滄海遺珠。文宗奇之，試以七藝，皆英氣逼人，遂冠軍焉。首四題爲毋意、毋必、毋固、毋我，繼三題爲晉之乘三句。後以文名著於時，其子姪紹軾、紹輅、紹軹輩皆蜚聲黌序間也。

清水潭

一名颺板街。前明萬曆間圩潰，胡守約承領稻穀築作，未堅。越五年，原缺復潰，衝成大潭。陡畔居民數家自成小市，漁翁緣潭得魚，在此賣之以沽酒焉。俗名颺板街，地以物形名耳。潭東北隅史宗連建立四岸中心埂分工劃段碑亭，今圮，碑亦殘缺矣。自此至黃池鎮原計十五里，道、咸之世屢潰屢修，添挽月陡十餘所，約計不下二十里。雖繫內埂，實屬要工。順、康間倚福定圩爲屏障，廢弛四五十載，得沛國圩史宗連、朱爾立等大聲疾呼，經營，五歷寒暑始得恢復，飭四岸照舊額各修工埂一千弓，編冊載入府志，至今遵守無違。惜老冊數經翻刻，頗多別風淮雨之憾，擬校正之。

中間舖

俗誤鍾家舖。在中心埂畔，繫姑孰鄉二十五都，自雙溝至此十里，舊設舖司一，舖兵一名半，南至黃池鎮十里。道光三年潰缺，遺址就湮。

136

戴家莊

中間舖前一小村落也，今則蔓草荒烟，居無人矣。該莊爲西兩岸中心埂分界所，特誌之。

戚家橋

橋甕以石甃成，道光癸未圮於水，傳言前明總兵戚繼光建。按：《明史》：繼光，閩之連江人，字元敏，嘉靖中除浙江都司，四十一年倭寇犯閩，繼光奉檄往剿。似政績所至，與此無涉。意者僑寓此間，爲是利涉與？抑傳聞異詞與？又聞戚氏抄没，子孫變姓爲伍。旁有伍家潭、伍氏墓，或曰黄池漆榮祖建，後被害仇家。二説未知孰是。考邑志載榮祖繫元末人，好周濟，無建橋之事。其南至黄池八里，北距亭頭七里，時有七上八下之謡，又有讖云：上七里，下七里，金銀窖存七七里。前有萬善茶庵，圩民亦行祈報故事。再數十武有桃源，源前有潭，名牛頭潭。

龍潭灣　趙大塘

康熙戊子年潰，與枸橘茨相近，趙大塘在其北。後光緒丁亥年又潰。

枸橘茨

此植物也，何以名？又何以書？乾隆二十二年史宗連倡修中心古埂，丈分工段，東兩岸工段起止適如茨邊，遂名之，載入郡志，故不能略也。第茨乃微植，歷久易朽，今立界石。

五里界

自此南行至黄池鎮五里，一名犁頭尖，以物形名也。

王氏母橋　倉基渡

王氏不知何許人也，或曰黃池鎮有王侍郎巷，明初居此，其母好施與，建是橋以通利濟焉。今失考。又半里許有倉基渡，傳言明祖渡江首定太平，置倉庾於此，儲宣歙糧餉，轉輸金陵。今橋圮，倉亦尋沒，惟片石僅存焉。

梁家橋　騰蛟寺　稠塘　琴橋

橋在騰蛟寺西南隅，稠塘通焉，塘之南有陡門，今塞，俗謂塞陡門，或謂燥陡門。又傳爲鐵巴橋，猶髮髴有鐵巴形履之有聲，遂譌爲琴橋。稠塘栽藕九孔，甜嫩無渣滓，土人漉粉作貢，載入《安徽通志》。今寺改名普安，因澤國不宜於蛟，遵邑侯王公指也。橋畔有史宗連倡修中心古埂分工劃段碑記，咸豐間燬於兵。

黃池鎮

在官圩西南隅，南界大河，有浮橋，名留愛橋，宣當二邑各置船六艘，鎮北、東北岸中心埂，鎮東上興國圩標工西首爲福定圩官埂，該鎮計長四百二十九弓，市民自築。考邑志載鎮距城八十里，繫姑孰鄉二十四都，爲邑重鎮。西有城隍廟，再西里許有起鳳山，與騰蛟寺相望，有稠塘。南畔有廣教寺，唐大中二年華林覺禪師創，宋宣和間僧晉明修，元時廢，明洪武十八年僧知遠重建，萬曆三十九年僧勝德修，均歲收稠塘藕稅以供佛緣。有當仁公館，明嘉靖中知府林鉞請贖緩建。有丹陽書院，宋景定五年劉貢士建，郡守朱禩孫聞於朝，（錫）〔賜〕是名。元至元間憲使盧摯割天門書院餘緡重建，吳澄記之。明天順間改爲公館，尋廢，今遺址均在。寺前有梯雲坊，王衍立。攀桂坊，楊景立。有鳳凰樓，臨大河，流丹聳翠。南岸大觀鎮孝廉趙東田先生謂人文蔚起肇端此樓，題其額，筆墨飛舞，塌之者咸珍如拱璧。

大興朱文正公經此，擊節歎賞，遂聘孝廉爲西席。且什襲字蹟以去，小趙之名遂滿江南矣。

鎮之北有崇元觀，在福定圩，亦鎮之拱衛。有晴嵐會館，在騰蛟寺西偏，庚文石先生倡建，課鎮中子弟者。其後胡徑三、汪景、曹聯翮舉於鄉，其食廩餼貢成均者指不勝屈。有五顯廟、鑒王廟、三忠廟。有井五，東街煖廟内義全井，廣教寺内廣教井，五顯廟内北廟井，北街綫巷口内綫巷井，又梁橋井。有東上街，西上街，東下街，西下街，實水陸通衢焉。宛陵施愚山先生有《夜泊黃池詩》。舊設舖司一，舖兵一名。十里至宣城橫罡舖。今蕪采營烏溪汛分設黃池外委一員，汛兵六名。

楊泗廟

在黃池鎮東盡處，俗傳神能治水族諸怪，並救暴風覆舟之阨，故設廟祀之。

貴明關

俗譌作鬼門關，戚繼光葬此，石碣尚存，字蹟磨滅不可辨識。

碾屋

黃池鎮積儲倉也，在東上街，可貯粟十萬擔以備荒。

寶圩

有田三十餘畝，四圍墳起，官圩潰，亦無風浪，尚堪收穫，與稠塘、碾屋爲鎮之三寶，故稱寶圩。

西承天寺

出黃池鎮東半里許，大河中積土成基。宋嘉定八年僧從密卓錫於

此募創，元圮，明成化戊子僧如潭募化重建，板橋殷居士出貲助培基址，而規模遂宏敞矣。東北隅有文昌閣，趙東田前輩爲撰記，國朝咸豐間燬於兵。光緒四年僧本玉募建，宅成，四圍植以嘉木，蔚然可觀，門臨大溪，風檣往來上下盡堪寓目。

東承天寺

由西承天寺東行二里許，兩寺對峙，地名上官莊，繫姑孰鄉。唐大中三年建，宋嘉定間僧普照修，明正統間僧智榮重建，成化十七年僧惠真增修。初寺基隘甚，橫溪廣東番禺縣大尹朱遇春解囊置基址三畝樂助之，並建後樓三楹，鑄銅佛像三尊，尊各數千觔，臧獲亦樂脱簪貝以助佛臂。左右瞥見之下猶隱隱有簪珥泉貝形也，細察潛無，亦一異事。咸豐間粵氛猖熾，寺宇灰燼，僧宏源潛將銅佛拙坎埋之。同治乙丑募建，漸復舊觀，銅佛依然璀璨矣。

一里碑

距烏溪一里許，無村落，惟荒塚纍纍耳，濱臨大河，隄亦衝要。

烏溪鎮

志載：在縣治東南九十里，一名墨溪，由黃池鎮東行十里至鎮。鎮基長三百一十五弓，居民自築，對河宣邑金保圩。鎮之東西皆保城圩隄工，中間建立陡門，爲官圩上游門户。内臨大港，曰無溈港，長近二十里，寬闊數百頃。水心寺孤懸港中，宋淳熙間僧珍恭建，元廢，明洪武十六年僧正炤重建。鎮西有龍華寺，宋景定間僧道清建，明洪武八年僧德壽重建。近爲通衢，鹽鐵輻輳，亦且人文鵲起，居民魯趙麻魏諸族均衣冠濟美，似較勝池上。邑志載：舊設汛司一名，兵十二名，專防官圩、湖山村鎮等汛。

魏家灣

與烏溪鎮毗連，魏姓聚族於灣畔。

呂祖廟　馬神廟

二廟均同治年間新建。呂祖廟門臨大溪，傍晚一輪明月上下相印，幾如不夜天佳境也。內建育嬰堂，居士顧文明、魯柱臣，後行之麻子青、魏奉之等經營，誠盛事也。馬神廟北向，背河面圩勢亦雄壯，第門首榜曰聖興庵，則近於鑿矣。

唐家莊　孫家莊

二莊沿隄小村落也。

保甯庵

庵面大溪，水陸交通之地，居民設茶爲旅人解渴。東首有灣，邑志名湯家灣，俗稱棗樹灣。前明萬曆間有謠記異曰：九月二十三，打破湯家灣。即此。國朝康熙二年，屆期果潰，後築挽月隄，內外險峻，其工段原分屬保城圩歲修，如果加工培築，可無再誤之虞矣。

福興庵

亦保城圩士民施茶所也，兩庵相匹，與黃池鎮東西兩承天寺等。春冬修隄，董首、圩夫作爲僑寓，中供達摩佛，有僧以奉香火焉。

葛家所

由溪至涫往來要路，向有私渡，行旅苦勒索焉。志載雍正七年湯

恭友、丁建中等募衆捐金買作義渡，置芮家埠民田四十一畝，歲取其租，備修船、雇夫之費。

紅廟　新庵

楊氏家廟也，村落百餘家祈年報社咸集於此，亦足徵獻羔祭韭之遺風矣。後進供奉大士，亦名新庵。屋宇閒廠，董夫歲修可賃作廡，乃居停索值良苛，且要求酒食，視憲禁如弁髦。迤東一帶沿隄數十村落大率類此，刑羊村以北尤甚，痼疾難化，其積漸使然也。安得良有司力除此習乎。庶幾改之，予日望之。

王家潭

潭廣約千畝，深不可測，鱣鯊鱸鯉潛伏其中，縮項鯿味尤美，有重至十數斤者，土人網得之，常昂其值。該潭外瀕丹湖，傍瀦大河，一綫危隄，兩水相夾，誠通圩第一險工也，分屬下廣濟圩修築。未知何時成此巨潭，亦未知圍隄時緣何包孕圩內，請俟知者。有汛地，邑志載：舊設汛兵三名。

五顯廟

在貴國圩隄畔，祀五顯五福諸神，疑近於五通，不足數也。

張官埂、王家莊、葉家埠、蘇家莊、陶家莊、團灣徐姓，以上諸處皆附隄畔小莊村農佃居址也，可廡土夫食息，免往來步履之勞。

籍家陡門

原名橫湖陡門，籍爲永豐圩著姓，倡首建置，故因以名。隄岸列肆，近湖居民所弋魚鳧、蘘蓼諸物均於此交易焉。

陳家莊

陳氏聚族而居，古木蕭森，禽鳥上下，中有廟，春秋報賽讌集於此。乾隆時有陳九朝者倡首告除採買秕政，亦人傑也。自此至花津六七十里，村落相望，皆逼近三湖，風浪險惡。

邊湖谷村　井家涵　陳家潭

丹陽湖邊谷姓居之，爲孝廉谷鳳喈族。東望數十里青蔥無際，初夏早起，曉風蕩霧，旭日升輪。長白河帥麟見亭詩句有云：遠岫青從天際落，初陽紅向樹頭看。斯境似之。第蓑草蒙茸，居民慓悍，各爭界限，時而鬭毆，識者憂之。越北里許有井家涵，今塞。再北有陳家潭，爲低場圩最低處。

普通寺

在東岸隄畔多福鄉。唐貞觀間有僧淨慧結茅於此，綠蓑青笠，具瀟灑出塵之表，因建是寺臨湖旁，近水拖藍，遠山疊翠，如天然畫圖焉。寺後植翠柏四株，大可十圍，高聳雲際。宋景定三年明極禪師重建，明洪武間普度再建，至今叢林梵宇，香火彌盛。

王村

在廣興庵南。前明嘉靖五年隄決，村北圍成大灣約三里許，堵築三載乃告成功，外爲魚池，中設陡門。王祠峙立東南，于祠鼎建西北。邑志載：舊有新溝市，南至黃池鎮，北通郡城，通衢也。

廣興庵

前明邑侯朱汝黿專祠，故址在新溝市南首，今改作廣興茶庵。東

南岸會議圩務時設局於此，適中處也。

新溝所

在多福鄉，志載與葛家所均納漁課。

于祠

于與王比鄰而居，皆圩著族也。元有于勝一始遷於此，官拜集賢院學士。明有于鍍拾遺金還原主，事績均載邑志。王於國朝乾、嘉間衣冠特盛。二姓合好，世爲昏因。惟於圩隄多齟齬，一恃以力，一營以私，安所得周禮調人之法而治之。于祠東北有灣滲漏，亦緊要隄工。

陳家巷

此間有灣，下新溝圩八甲洶工巷，亦失其故處。

元福裏

孫氏莊也，與南柘港接壤。

南柘港　汪村九姓

廣義圩陡門設，此前有講約碑，邑侯丁洪立，其聚族者邢、鄧、宋、莊、葉、孔、茅、方並汪而九，汪尤著，故總以汪村名也。有降福殿，三月間村耆彥釀錢米會酒食，鳴鉦攢鼓，列幨張幟，神於中呼哨竟日，老少雜逐以將事，謂之臉神，藉以逐疫，其方相氏之遺意與。

大隴口　孫趙二村

中有王明圩陡門，孫村在其南，趙村居其北，官圩東岸大村落

也。人烟稠密，基址寬厚，瀕丹湖旁，魚鳧茭芡取不禁而用不竭，直不啻雲連徒洲也。有港名趙家港，水涸時用小舟出入，濚洄十餘里始達運河。對岸湖陽鄉，先正鴻博徐文靖居也。

圩豐庵

在北新興圩隄畔。宋咸淳元年建，原名圩夫庵，改作圩豐者，望歲之遺意也。初圍隄時經始於此，歷朝圩政條教禁令豐碑林立，道光己酉庵没於水，咸豐癸丑又燬於兵，至光緒初年始議重建，今大殿煥然矣。有福禄埂。

潘家埠

明太祖渡江時有潘庭堅爲本府儒學教授，其子繡嗣任，事載邑志。

韓家村

即潘家埠也。村首有潘祠，韓氏繼起，立祠在村中間。其處爲東兩岸分工起止界限。

方家嘴

在潘家埠北，村落也，南首有潰缺。

釜底港　元壽庵　徐家界

其地有陡門，村無著姓，漁村蟹户比屋而居，北有元壽庵，再北有徐家界。

刑羊村　萬壽庵

邑志載：舊設汛兵三名，陳爲村著姓，望衡對宇，東岸一大村落也。祝邑侯鑾所謂質而不華，儉而不侈，其殆是與。一説村名刑羊，爲興築時刑少牢以祭於此。北有萬壽庵。

謝家潭　陶家潭

二村相聯，世敦姻睦，緣隄內有潭，故名之。俗務耕讀，古處可風，列庠序者聯翩以入。

孟公碑

孟公字知縉，太平州判官也。宋度宗咸淳八年大水，投衣捍水，水爲之却，民爲立碑亭以誌遺愛焉。事載《安徽通志》。國朝道光二十八年碑没於水，後爲漁人網得之，仍立廟以護神，歲時爲之祭祀。

夏家潭

前有官義門，最古，元至正間朱榮甫造。

吳家潭　延福庵

山東按察司吳騫族人聚此。初騫祖時舉居花津，博學工文，倡濂洛之傳，搆澹甯齋，著《掃花尋徑集》，有遺訓三百餘言。施閏章、笪重光輩稱其語語真摯，子姓化之，故至今質樸有古人風焉。村北有延福庵，當門空潭，印月静境也。

薺母灘

丹湖此處較高，有灘，多野薺，大而茂，甘而脆，土人掘取漉

粉，歉歲可以充飢。咸豐壬子修隄，茂才丁逢年《工次即事》有句贈云：薺母灘頭二月天。正咏此也。

李村垲　貓耳潭

有陡門，爲沛儉圩洩水處，一名貓耳潭，象形也。又譌爲毛家潭。

前陳村　前湯村

二村烟火相連，夙稱醇樸，士讀農耕，崇本抑末，唐魏鄒魯之風庶幾近之。順治間有歲進士湯天隆洞悉圩弊，擬十六條上之，巡按批准施行，永著爲令。

老莊

陳氏發祥地也，故名老莊，一云蔣家巷。

後湯村　後陳村

此以後村名者，緣前有湯陳二村，此以後別之也，其風俗大略與前村等。

大聖堂

在圩東埂，濱丹陽湖，唐寶曆元年建，明時宋允都重建前門，今增修，院宇宏廠，庖湢寮房煥然具備，西岸董首時厲居焉。

宋村

居民百家，惟本業是崇，盡力田畝，收功錢鏄者居多，夏水囓

隄，有時爲色於里焉。今亦改爲弦誦聲矣。

張家佃

附隄畔小村落也，開軒面塲圃，可以方斯佳境。

邵村

逼處十里要工，三湖風浪至是歸束，最洶涌處。

稽村灣

自薺母灘迤北十里至此皆屬要工，此灣繫道光間連潰，明分工總首稽廷相居此。

天妃宮

在官圩東北隅，旁有龍王廟，邑志載每歲夏水將泛濫時具牲幣，守令躬詣湖傍祭湖神，即此。

國朝順治十五年，知縣王國彰緣湯天隆條陳圩務十六欵上之，巡案批永施行，勒石宮右。

按：此宮臨湖畔，十里要工保護事宜、四岸士民會集、府縣官吏歲勘均駐其地，其有功德於圩隄者，歲時祀之，如陳六舟中丞，潘鶴笙、黃冰臣、史蓮叔三太守，袁瞻卿、趙燁堂、張樵秋、嚴心田、周小蓮、金蘭生諸明府，皆設栗主焉。又丁亥賑濟諸善士通判張承、劉蘭階、呂少卿亦附姓氏，邑侯趙晛贈東北岸董首姚上舍額善長一方。

附龍王廟楹聯，明經姚元熙撰：一廟鎮湖隄控丹陽石臼以同歸黿伏蛟潛民不擾；萬年資保障統河伯波臣而受治鷗眠雁落物無驚。

天后宮聯額，潘正海題：全圩福主廟中誰共千秋想屬麻姑仙人曹

娥孝女；門外春來百里但看白湖春日金嶂炊烟。

　　謹按：天妃繫福建莆田林氏女，母陳氏，孕十四月而生於唐天寶元年三月二十三日。甫周歲，見諸神乂手作拜狀，婆娑按節。兄弟四人業商，往來海島，忽一日妃若有所失，瞑目。父母以爲暴疾，呼之醒。而悔曰：何不使我保全兄弟無恙乎。不解其意。後兄弟歸，哭言前日颶風大作，見一女牽蓬引導。始知向之瞑目，乃出元神以救之。年及笄，誓不適人，無何端坐而逝，無嗣者隨禱隨應。至宋中貴路允廸使高麗，颶風幾覆舟，見有人登檣救援，知妃靈護，還朝奏聞，詔封靈惠夫人，立廟於湄州。明永樂七年，中使鄭和通西南夷，禱其廟，徵應如之，遂勅封護國庇民妙靈昭應宏仁普濟天妃神。始封靈惠夫人，歷元明累封天后，至國朝屢葉加封，列在祀典。

　　又按：歷朝諸家所稱龍王，如《法華經》載難陀等八龍王，《華嚴經》毗樓博乂等十龍王，《紀數略》載乾闥婆八部龍神，《文獻通考》載唐肅宗詔修龍湫祠，又宋徽宗詔封五色龍神，《格致鏡原》載茆山有龍池，歲旱祈雨輒應。《伽藍記》載烏塲國有池，龍王居之。《神農求雨占》載甲乙日不雨，命青龍東方舞之等詞。《山海經》載應龍處南極殺蚩尤不得飛，故旱。《淮南子》載土龍致雨。諸家所說，類多詭誕，惟《會典》云金龍四大王姓謝名緒，宋亡投苕溪死節，門人葬其鄉之金龍山。明太祖呂梁之捷，緒顯靈助焉。遂勅封爲河神，立廟祀之。國朝加封，歲時祭祀。

花津渡

　　官圩由此渡河。經黃土八圩至花津鎮有分汛三，湖盡而姑溪之源接矣。

陳公渡

　　疑即老冊所載該分渡。

孟家涵

在隄北畔，曠野無村落，參見陡門涵洞下。

楊家莊

三家小村落也，自此以下皆臨姑孰溪。

張家莊

亦幽僻村落也。自天后宮至護駕墩幾二十里，一綫危隄，孤寂如鶩，惟此二莊有烟户，然亦相距三四里焉。莊之北面姑孰溪風檣往來不絕，謫仙過此，曾詠及之，詩見《述餘·文藝》。

史金閣 _{今增}

光緒戊子修隄始建閣焉，考此址原屬慈慧庵，里人揚球等建。

邰家灣

一作西圩角。北横埂大曲折處，環繞六七里，當曰圍隄，緣東南運河之水下注，恐無淳蓄處，囓隄防，特曲留大灘瀦之，如青山湖永不圍隄、急來緩受之意也。内有金家莊。

護駕墩

俗傳古者天子巡狩蹕駐於此，臣民衞護，無驚恐也。一作賀駕，取萬民趨賀之意也。邑志未載，二説亦未知孰是。坐臨官感二圩隄畔，市民列肆而居，如繡毯狀。楊氏、祝氏爲著姓焉。鎮中有財神

閣，觀音閘，東有章公祠。

章公祠

前明邑侯章公嘉禎抱冊投水，潰缺得合龍焉，圩人立專祠祀之，世享勿替。附楹聯云，撰文姓氏失考：拯全圩百里風濤功施到今政績與孟公並永；資北岸一方保障恩傳自昔德澤偕姑水同流。旁有大士庵。

筆架灣

在章公祠前，一里三灣，如筆架形，一作畢家灣，係太平、咸和兩圩派分標工，老冊作中心埂，界隔感義圩者。今屬險工，蓋此埂終年不經水漲，倘感義圩有失，外患猝乘，官圩臥不安枕矣。

老陡門

在邢家甸東里許，曠地也，內名馬練港外港，在感義圩，通觀音閘，今廢。

邢家甸　新陡門

十數家烟戶，青山斜郭，綠樹圍村，田家自有樂也。西數武即新陡門。

長亭埂　陽和埂

外面白土山澗，夏水漲時，畏西風下逼，新陡門在其北首，再北爲感義圩之磨盤埂險工也。

埂上　陳家村　佘家村

皆田家小村落也，外附五小圩，不見風浪，然其間亦數數潰圍，旁多小潭，不可考矣。

周郎橋

塘下圩，尹姓建，適生子週歲，故名之。

薛家樓　秋花墳

薛氏居也，亦詩書族，隄畔有秋花墳，爲北廣濟圩止工、南子圩起工處。

印心庵

在南子圩隄畔，未詳建自何時。觀其背倚青山，松林翳蓊，面臨沃野，畦麥豐盈，抑且空潭印月，可證前身，正不僅風籟遙吟，泉聲不絕已也。

北峰埂

南子圩標工屬焉，在青山澗下，有石涵，今塞。外面臧家村。

項家橋

山梁也，北接山隴，南連義城圩隄，亦堪止水，依山有小村。

卷五　修造潰缺_{圖説五}　湖堧逸叟編輯　朱萬溢璞臣校

目次

《書》云：既修太原，修之云者，仍其舊而培其新也。官圩爲可耕之地，必不容棄以予水，脱非極力崇修，井里桑麻葬於魚腹，室廬墳墓化作蛟宮矣。道光癸未以後，天災流行，人事容有未盡乎？

其間易危爲安，轉敗爲福，端賴有心民瘼者宣上德、抒下情也。豈曰小補之哉？述修造潰缺。

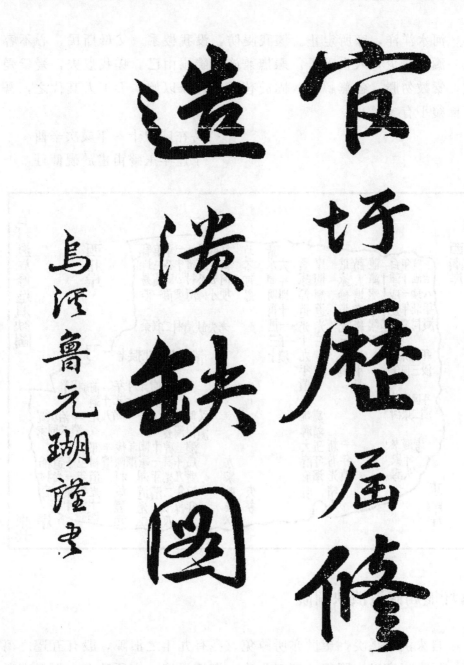

官圩歷屆修造潰缺圖

烏涇魯元瑚謹畫

官圩歷屆修造潰缺圖題辭

　　河水洋洋，靡所定止。壞我隄防，沒我稷黍。父母斯民，心不容已。灑沈澹災，入告天子。賑撫兼施，饑溺由已。嗟我農夫，爰眾爰旅。囊鼓勿勝，各無解體。固於苞桑，自今以始。天工人其代之，吾圩庶幾乎有豸。

時在咸豐十一年歲次辛酉
丁逢年玉聲甫書於硯傭莊

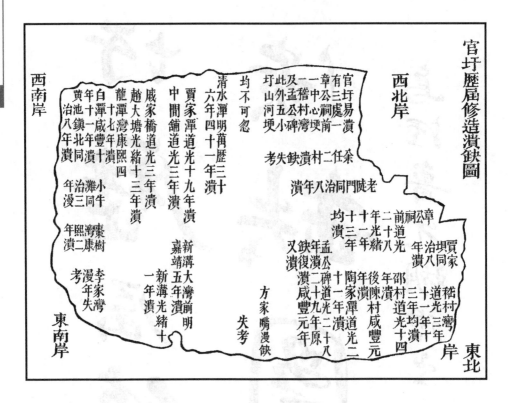

官圩歷屆修造潰缺圖說

　　自來洪水爲災，聖世亦所難免。堯有九年之汩陳，殷有五遷之蕩析。近自唐宋以迄國朝，河工告決，海塘漫淹，亦所時有，而督理者

相望於道，豈惟官圩。官圩之告潰，屢矣，雖有天意，尚賴人謀，其間時勢不同，章程屢易。除邑志載歷朝水災外，閱前輩史宗連册，知前明萬曆三十六年清水潭潰，係胡守約承修，築作未堅，歷五載而原缺復潰，人謀不臧可知矣。後來所潰者，如康熙二年潰、四十七年潰，雍正四年潰，乾隆三十四年潰，缺在何地，修自何人，傳聞異辭，茫無左證。逮至道光朝八潰，咸豐朝三潰，皆余所目見者。回思年少奉公，亦越於今四十餘載，督造潰缺凡十有一次。若者勤爲保障，若者惰而誤工，潰在何日，缺在何圩，竊嘗自愧不能灑沈澹災，爰夷定難。幸得疊荷各大憲軫卹災區，群相安於衽席，仁心善政，民不能忘。爰次第其事，豈爲後人資談柄哉，亦聊以爲考鏡也。繼自今得良有司別勤惰，嚴創懲，措吾圩如磐石之安金湯，自堪永賴矣，奚煩蹀躞爲哉。兹將所潰地段、督修姓名繪寫成圖，詳記其事，以俟後之君子論定焉。斷自道光癸未年始。

道光三年癸未

　　五月二十日福定圩周家埠潰，波及官圩中心埂。二十二日戚家橋潰，北廣濟圩工。同時中間舖亦潰。上廣濟圩工。連日風雨，東岸稽村灣繼之沛圩僉工，蓋援西失東也。自乾隆戊子至是幾六十載，豐亨日久，未經河伯，農佃聞風哭泣，坐任飄淌田廬，農器無一存者。次春餓莩盈途，圩之富室，如竹院張氏、曹家壩楊氏、黃池張氏、周氏、刑羊村陳氏、塘南閣周氏、徐氏、馬家橋臧氏、上下埠陶氏、夏村夏氏、李家甸李氏、太陽村姚氏、華亭丁氏，均解己囊加惠近地，余家亦勉力爲之。凡姻族鄉黨按口給穀，並勸烏黃等鎮平糶賣米。水退後，仍有撿骸骨、借牛種諸善舉。諸股實無不彼此爭勝。邑令王公寅軒正邀集四岸紳董公議修築事宜，東北岸徐金魁、西北岸陶之鍾、東南岸楊炳蔚、西南岸臧懋金等倡首協築費出捐金，余亦黍附驥尾。次年上其事於大府，奏請分別予獎，部議照例准行。

　　按：戚家橋之潰，匪人謀之不臧，乃天意之有在。此橋甃石尚堅，居民瓦屋兩進，惟陰溝隧道小水浸淫，至夜烈風甚雨，猝然大

崩，霎時間石橋瓦屋舉無存者。其中必藏蛟龍惡物，得水便興，乘以雲雨，致潰圩隄也。可畏哉！又按：中心埝之易潰者，良由土鬆水驟，非外埝漸潰可比，故福定圩有失，此埝殆哉，岌岌乎可危矣，若能保守旬日，或可無虞。

道光十一年辛卯

六月十一日花津稽村前潰。沛儉圩工。是冬邑令趙汝和、署府陳公煦倣照舊章，邀集四岸承辦。東北岸姚體仁、東南岸楊訓昭、西北岸陶之鎬、西南岸朱位中勸令倡首捐資堵築，工甫竣，而瘟疫盛行，閉門無人煙者十居八九。麥熟田畦，無能刈穫，至六月中播種秋穀，各殷實之元氣傷矣，卹鄰之舉所以未行。

道光十三年癸巳

六月十三日圩潰，其缺又在花津稽村灣前。沛儉圩工。水較十一年爲大，有業之家日形支絀，是以四岸紳民稟請府憲陳遠雯雲撥借普濟堂歀銀一千七百兩，照典生息，諭東南岸楊訓昭、西北岸陶之鎬、東北岸姚體仁、西南岸朱位中督辦大缺四圍衝刷殘敝工段，復諭余等承葺之。余奉父命倡首解囊助工需銀七百兩，太守陳據實詳部，邀請議敘，得八品職銜歸之我父，惛五公其借歀至次年麥熟加息繳還普濟堂。

道光十四年甲午

六月十四日圩漫溢，時水未大漲，緣花津邵村北新興圩工。要工風狂浪激，幾欲失守。經傳知三岸，余等躬詣危隄，瞥見滾雪飛花，儼同瀑布。遂懸賞格得對岸八圩河箚水手，下樁貼蓆，水勢漸殺。經月餘乃得斷流，圩獲半收，兩西岸幸無淹沒，諺所謂破半邊官圩是也。一切救險工需，除捐囊外，仍向烏黃各鎮富商挪借。署府曹玉水江、邑侯徐竑照舊邀議，於是陶之鎬爲領袖，姚體仁、臧在濱、張殿邦、

楊謨、臧上國、丁葆光、陳評士、夏美玉、朱位中等瀝情稟請蒙借育嬰堂存典生息銀三千兩整修築漫口，次年隨同完編一並歸欵，其貧苦不能完納者，四岸富紳代之，無有一蒂欠者。

　　按：前人制十字圍，其妙處於此可驗。

道光十九年己亥

　　七月十一日中心埂賈家潭潰，上興國圩工。四岸董首援例借欵修築。是時堂欵奇絀，邑侯某諭令本岸承修三岸幫費，四總長東北岸姚體仁、西北岸夏漢玉、東南岸張雲翔、西南岸朱位中推西南岸爲首事，緣是缺在西南岸工也，一切工需均由西南岸措辦。除三岸幫貼外，其不敷者仍有六百餘金，後三岸解體，經西南岸者遂探囊足之。

道光二十一年辛丑

　　五月十五日花津孟公碑陶家潭潰。北新興圩工。其日疾風甚雨，至夜尤暴，余督夫往救，覺眼前都是微茫地，身外頻臨浩渺天，無怪乎當日孟公殉節也。水涸後，東北岸祝起慶邀集東南岸張雲翔、西南岸朱位中、西北岸夏漢玉謀建造之策，請釋前嫌，而東北岸究無敢肩任者。於是匍赴金陵，上控督轅，蒙批隄工於賑，准給庫欵撥與修隄，而缺口藉以葳事。

道光二十八年戊申

　　七月十七日東北岸章公祠前潰，咸和圩工。緣感義圩先告潰也。時孟公碑陶家潭又潰。北新興圩工。潮漲不已，伏秋二汛直至霜降始退，延及凌汛，積潦未乾。次年春月，疹疫盛行，隄工無着。府縣屢諭，莫展一籌，不獲已援請成例隄工於賑。時爲首者，東北岸祝起慶、東南岸張雲翔、西北岸詹蓬望、西南岸朱位中，乃姚體仁堅持外圈之說，諸人信之，詎知賑欵無多，興工又晏，己酉二月杪起工，至四月

中旬外湖漲盛，原缺未竣先潰，麥熟未收。

道光二十九年己酉

閏四月初四日孟公碑原缺未竣先潰。北新興圩工。先是二十八年未興冬工，本年桃汛陡發，一日夜間乃至三尺許，趕修不及。時尚無官督民辦章程，麥熟在望，夫皆散歸，工亦停止。繼而水漲甚大，漫口漸平。延至五月十三日，大雨如注，伏汛踵生，三數日間水溢丈餘，故傳言未竣先潰也。由是汪洋千里，水天一色，皖江郡邑無完區焉。四圍工段沒盡，百室飄淌無存，近來第一大水之年也。九月水涸，四岸士民力請當事籌欵修築。連年歲歉，徧野哀鴻，其散而之四方者聞賑歸來。上憲諭令以賑代工，設有不敷，繼以借欵。時東北岸祝起慶、東南岸張雲翔、西北岸詹蓬望、西南岸朱位中督理隄工，至次年三月報竣焉。

咸豐元年辛亥

六月初一日圩潰在後湯村。廣義圩工。時夏水過漲，十里要工十數處同日告警，孟公碑亦潰。北新興圩工。本年開辦冬工，前邑侯趙晛撤篆陪同，署縣袁青雲遵奉藩憲李本仁扎辦隄工，旋奉府憲潘筼基諭，在城紳士孝廉唐瑩、朱汝桂，優選王文炳，明經杜開坊、張國傑，督同四岸十二總修，東北岸姚體仁、戎金輅、徐方疇，東南岸周樹滋、汪永成、姚信中，西北岸詹蓬望、夏朝玉、徐逵九，西南岸尚成熹、丁玉聲、朱位中，並委石少尹琛駐工彈壓。此次興修，若網在綱，有條不紊，一切規模悉由府縣酌定，縷晰合圩情形上之大府，往復函商，逐條布置，工竣作圩工條約一書，俾圩遵守，向來未有之盛舉也。余年屆服政，工次稱觴，諸同人即席賦詩晉祝，自愧砆碔獲親珠玉焉。迄今追憶，殊深舊雨之思，益歎晨星之散矣。

上李方伯書

敬稟者：竊卑職叩辭後由省起身，行抵當邑，隨同潘牧暨汪令、

趙令親詣大官圩勘閱情形。查該圩坐落縣之南境，離城四十里，其東北隅瀕臨丹陽湖。湖面週圍一百八十餘里，風浪最惡，其瀕湖圩埂三十里，土人謂之洶工。今夏衝決，各口均在此三十里之內。據土人云西南風軟，東北風硬，洶工之外舊有圩埂以爲外障，本形單薄，近來頻年大水，坍塌無存。每遇東北風大作，湖水縱低圩埂一二尺，而風猛浪高，圩外之水即能打過圩內，人力已屬難施，加以波浪洶涌，晝夜衝激洗刷，湖面一望無涯之水僅靠此一綫長隄，實難恃以無恐。故隄工之厚薄堅鬆，在乎人事，而風勢之大小久暫，亦視乎天時，此洶工一帶所以易於衝潰之情形也。

至東南一帶臨固城、石臼二湖，西南一帶臨路西、萬春二湖，湖面較窄，尚易保護，其北境河身尤小。查該圩周圍一百七十餘里，最險者爲洶工，計長十里，次者爲次洶工，約近二十里，其餘爲稍工，計一百四十里。內決口衝刷成塘者計十三處所，現在測量有深至七八尺不等者，將來水退之後，必須填實塘底，方可興工。有深至一丈以外者，必須讓過深潭圈越施工。圩破之後，內外風浪衝囓，洶工十里全行淹沒，間有壩腳尚存者數處，次洶工殘缺不堪，約存十之三四，稍工殘缺較輕，而里數較長，工程亦復不少。今年水勢較小，而圩破後兩面受傷，形勢與往年較重，此圩工浩大之實在情形也。現在圩內二十九圩普被淹沒，一片汪洋，田內積水仍有二、三、四、五尺不等，間有高阜屋基露出水面，村落盡成瓦礫，圩內民人寥寥，不過十分之一，餘俱逃荒外出，目擊之餘，殊深焦灼。

卑職前過當邑，略訪情形，或以爲中心埂未破，尚獲有秋，今查北中心埂約長八里，繫附在官圩西北隅之感義圩。南中心埂約長十五里，繫附在官圩西南隅之福定圩。此二圩附在官圩之外，遂以官圩爲中心埂。二圩田畝僅二萬三千有奇，雖獲保全，與官圩內二十九圩被淹之田畝風馬牛也。

又查圩內舊有十字埂如田字式，從前圩破一隅，其三隅尚可保護，今則十字埂久已無存，一處告險，全圩受害，此現在官圩概行被淹與從前傳説不同之實情也。圩工既鉅，開工自應從速。但各圩田畝有多寡，工段有險夷，向來派工不能一致。現在民人尚未歸里，章程

難以懸定，況水未涸復，無從取土，詢諸土人，現在之水較冬臘極小之時尚大一丈有餘。頃奉本府飭限圩差傳集各圩首來城諭話，並出示勸導，察其情形，各圩首恐難如限取齊。

第極承憲恩，何敢苟安旦夕，自取愆尤？然必有人而後議可集，有土而後工可興，此又不得不俟水退之後方可趕緊修築之情形也。伏念頻年災歉，民人逃荒者習以爲常。今歲自夏徂冬，歷時既久，異鄉苟可覓食，縱然水退，無可招徠，未必盡行歸里。

卑職欲於興工之中寓撫綏之意，前奉面諭格外體恤，酌請春賞，猶慮緩不濟急，不但恐誤要工，併恐嗷嗷之衆朝不及夕，用是展轉思維，必得恩施早沛，所全實多。憲天軫念民依，無微不至，保赤鳩工，一舉兩得。如蒙允准，功德無涯。此委員金令、趙令會稟內所以請給冬賞，與卑職不謀而合之由來也。倘荷福庇，水勢早退一日，即人民早回一日，湖土可取，圩工可興，定即趕速督催，盡心竭力，以期仰副憲懷，斷不敢稍事須臾，致負委任。至選擇圩首之必得其人，按段計工之務核其實，此又宜隨時隨事稟承本府斟酌稽查，無煩縷述者也。肅泐蕪稟，併呈圖説。

上李方伯勘估工程書

敬稟者：竊卑職前將官圩大概情形肅函專呈，業蒙慈鑒，並將未能盡善之處明晰指示批發，仰見憲臺軫念民依，無微不至，慮前顧後，訓示周詳，捧誦之餘，寅感無已。茲於月日隨同本府潘牧暨趙令等並敦請城鄉公正紳董親詣周歷勘估，現在水勢比較上屆已退五尺有餘，圩內高阜田畝均已涸復，間有佈種麥籽處所。其低窪田畝尚積水數寸至尺許不等，圩外埂脚亦已出水，惟取土不能過近，必得再退水三四尺，稍俟風曬方可挑取湖土。大約十月上旬可以剋期開工，先行填實塘衝，夯硪壩脚，以便次第興築。衝缺各口亦多涸出，塘不甚深，加工有限，惟溜工內之廣義圩缺口計長十三丈零，隄底水深三尺有餘，內外皆繫深塘，此處仍可就原處接築。

唯填塘底爲平地，必得裏外鑲寬，多用夯硪，工須加倍，方能堅固。其次溜工之孟公碑缺口計長二十一丈有奇，隄底水深一丈數尺至

二丈不等，口寬且深，若仍接築，不但工多，且難保固。惟缺口內衝塘更深於隄底七八尺，現擬讓過最深之處圈越施工，計添出月隄一百六十五丈，而圈越處所仍有穿溝二道，一深七八尺、寬二丈七八尺，一深一丈四五尺、寬四丈有奇，此兩溝身視缺口較淺較窄，且縮在圩內，風浪較減。但填河身爲平地，尤須格外鑲寬，夯碪結實，多用椿木、柴綑。此兩缺口約需用土一萬方有零，且月隄去湖尤遠，挑土之工須加三倍。淘工十里壩腳蕩然無存，全要重新興築，隄高一丈二尺，面寬二丈六七尺，腳寬六七丈，計用土九萬方。次淘工二十里，隄高一丈二尺，面寬一丈六尺至二丈不等，腳寬七八丈不等，除去壩腳稍存處所，仍需用土十二萬八千七百餘方。其稍工一百四十餘里，內有完好無須施工者約近百里，其殘缺單薄應須修整加高培厚者四十餘里，牽算約用土四萬二千二百餘方。

　　以上通共約用土三十萬三千五百餘方，應用夫六十萬七千餘工。現因民人來歸者甚少，圩修傳到者逾半，約略估計工程已屬浩大，而湖土潮濕，肩挑自下而上，人力喫重，每擔不能足數，與平地取土者土方同而夫工迥不相同。至按畝派工，本極公允，第貧窮小戶輕去其鄉，既未必其盡能歸里，其大戶業田至數百畝、數千畝者頻遭水災，室盡懸罄，既不能親身挑土，復又無力雇夫，其爲難處更甚於小戶。現在發令之始，總以按畝派夫爲准，而體察民隱，將來斷不能如數取齊，所以不得不思爲津貼，據實上告，併未敢公然先議津貼，致啟弊端，而親見民間困憊畏葸情形，又不能不略示其機宜，俾知事有可爲，庶幾或能踴躍。

　　查圩內二十九圩各分段落，而淘工十里則通圩攢築，又於十里之內各分段落，計畝出工。詢之紳耆，云官圩舊稱十字圩，分爲四岸，一岸失事，三岸可保無虞。淘工十里舊皆石工，外有搪浪埂長六十里。於以見先民之慮周藻密，而淘工之難保易潰，非一日之故也。又查西南兩岸現在殘缺處所多在埂內，而不在埂外，於以見東北風之爲力最猛，爲患甚大。前稟內土人"西南風軟、東北風硬"之説，誠不誣也。

　　現今十字埂杳然無存，且東西長四十餘里，南北長亦相等，爲工

甚鉅，經費無出，不敢議及搪浪埂。間有段落露出水面者，據紳耆云此埂舊不過高五尺，面寬二丈，腳寬五丈，頂圓而不平，上栽蘆葦，水小之時風浪不大，可保無虞，水大之時浪從頂過，圓則過而不留，再大則蘆葦當之，浪柔而不動。且就埂二面取土堆築甚便，較之圩工事半功倍。以土方計之，每長一丈用土十七方，半埂長十里，計長一千八百丈，共用土三萬一千五百方，而工易價省，用費並不及隄工之半。詢以石工始於何代，廢於何年，則皆茫然不知所對。現查石工尚存者不過數十丈，其餘間有亂石數處，不成分數，擬俟圩工畢後收拾擺好而已。

夫同一淘工，昔則甃之以石，既有搪浪埂以護之，於外復有十字埂以防之，於內今則三項無一存者，縱費盡心力，而以一綫長隄當數十里長風巨浪，何恃不恐。卑職等在工數日，輾轉思維，睹湖水之汪洋，保全無策，念民生之凋敝，寢饋難安，事處其難，却不能不於萬難之中極力圖全。工段派之圩修，監工責之紳董，工價則本官委員親身支放，不假手於他人，一切薪水費用皆由府縣捐給，不用公項一文。上思不孤負夫國恩，下思不得罪於百姓。擬於民間按畝派費之工認真照派，於口糧津貼之工力求撙節，總期工必核實，費不虛糜。倘有贏餘，再行勸諭圩民協力出工興築搪浪外埂，以爲一勞永逸之計。卑縣等怦然有動於中，紳士等亦翕然群以爲請，若能將此埂築成，淘全圩之保障，而萬姓之身命所繫也。

但通盤打算，必得經費稍寬，工程乃能兼顧。明知庫歁不足，而目擊情形關繫匪淺，陳請固恐涉冒昧，而民情不以上達，又恐非憲天痌瘝在抱之意。統計各工，斟酌遠近，配搭險夷，每土一方需銀八分，萬難再減，加以椿木、柴綑、夯硪、埂腳等費，核實估計共需銀二萬五千餘兩。冬春口糧懇共發一萬二千兩，其餘盡派民工，仍恐不敷，猶須設法籌理，若一核減，實難爲力，爲此縷述下懷，伏乞格外垂憐，從寬速給，則事出萬全，恩同再造，當邑億萬生靈胥荷高厚之恩德於無窮矣。

總之外埂築成，則爲功少而爲利溥，若此埂不築，則在在堪虞，難期安堵。再來年節令甚早，誠恐春水一發，即無礙於圩身，而湖灘

淹没，無從取土，必致有挑挖埂腳及取用田內拋鬆之土等弊，是以開工萬不容遲，而集夫務求其多。現已飭差提傳各圩圩修，一俟水再大退，有土可取，圩修到齊刻即飭令分工派段。卑縣等復行親勘確估，再將核實工銀確數、開工日期切實稟報。合先將勘估工程實在情形肅泐具稟，伏乞垂鑒。

復李方伯書

敬稟者：卑職於工次接奉鈞函，以當邑官圩民命所關，除將冬春兩賞一統給發外，復又籌欵津貼，併倡捐廉銀以濟工用。仰見憲恩高厚，洽浹靡涯，籌畫精詳，痌瘝彌切，當即集眾宣示，咸使聽聞，凋瘝餘生莫不歡如挾纊，感激涕零。併蒙格外體恤，不加核減，俾卑職得所藉手從容佈置，細民沐再生之德，卑職荷不次之恩，薰沐再三，冰淵益懍。因念向來工程之壞總緣糜費過重，圩修承領經費又繫一統給發，不加查察，以致層層剝削，節節欺矇，不免授人以柄，無可究詰，所領若干到工者不知幾何矣。經費虛糜，災黎困苦，其弊有不忍言者。

今年米價尚平，現已議定每夫日給大錢七十文。卑職稟商本府，將領銀若干，易錢若干，其一圩承領若干，椿木、蘆蓆、石灰動用若干，一一明晰示諭，俾之共見共聞。此外一切薪水、工食、夫馬各費俱由府縣捐給，不動公項一文。而圩修所領經費，每段立一經摺，各圩修帶同夫役由本官委員親身給算，按日零發，不准多領，即欲侵蝕，卻已無從下手。併又出示嚴禁，復傳集夫役人等當面詳切曉諭，凡有家丁、書役以及圩修人等或有暗中需索尅扣之弊，不論何項人色，一律盡法懲治，必得剔盡弊端，事事核實而後已。

伏讀憲諭，作自己田園廬舍觀，愈撙節乃愈見核實，竭蹷於事後者，由不知審計於事前，並以不在近功小補相期，具悉憲天明無不燭，而期望尤殷。卑職一介庸愚，荷蒙信任，愈覺知遇之厚，益思報稱之難。僅僅自己不肯糜費，而薑姦剔弊，思患豫防，有一做不到處，其為害斯民有以異耶。又獨非自作之孽耶。卑職有鑒於此，斷不敢稍形疏懈，自貽伊戚。惟念來年節令太早，春水一發即無計可施，

現已飭令修復搪浪埂，並堵築埂之兩頭，接連埂身以禦春水，而便於取土，似可有備無患。

又近來次溝工無異於溝工，擬擇其險要處所一概添築外埂，以爲防護。所有津貼力加撙節，如再不敷，本府暨卑縣捐廉濟用，總期完固周到，下紓民困，上慰憲懷，斷不肯爲山九仞功虧一簣。至民情拮据異常，流亡未復，按畝派夫實在爲難，萬不得已，是以呈請籌借育嬰堂存典生息銀兩暫貼工用，明年秋熟認利攤還。就本年災歉而論，堂內收養嬰孩需用，此項似未可擅動。惟查堂內存典本銀二萬數千餘兩，每月八釐生息，計每年得息銀二千餘兩，向來總能敷用有餘，仍可撥爲文廟、考棚修理之費。現議酌借本銀三千兩，誠恐顧此失彼，已於圩民承借銀內先行坐扣一年息銀存堂，來秋由圩民照領數清繳此欵。

上屆曾經行過，後來併無貽誤。今年照舊籌理，官圩田地廣多，按畝攤還，實非所難。而現在將息銀扣存堂用，似亦不相妨礙。至文廟、考棚兩項止共有千金之數，萬不能提。所有籌欵修復搪浪埂之處現已稟請本府據情轉稟，俟奉到憲批，再容遣丁赴省具領。至圩工已開工，除另文申報外，合併呈明，肅泐寸丹，伏惟慈鑒。

上李方伯現築官圩大概情形書

敬稟者：竊卑縣官圩於去冬某日開工先築搪浪外埂，及填築溝工衝缺各口深塘，並孟公碑月隄溝身，原擬尅期將搪浪埂限年內告竣，以便新正趕築正埂，緣人夫陸續而到，臘初甫全到工，望後又遭雨雪，以致搪浪埂年內止有七成工程。

今於新正初旬開工，旬外人夫始齊，又陰雨數次，所有溝工外搪浪埂十里工程望後始能次第告竣。因恐正工貽誤，飭令各段夫役趕築正埂，其次溝工外添之搪浪埂俟正工後再行興築。

現在人夫四千有餘，各圩工段實在俱用夯築，其孟公碑月隄壩腳以及各缺口深塘處所繫歷年衝潰之區，尤須格外加意，每挑土一層，和以石灰夯硪三徧，再挑二層，和灰加夯如前。趙令駐紮在此，督辦極爲認真，似此工程將來可保無虞。

再查舊埝腳內有沙土夾雜者，有堆積瓦礫螺壳者，最爲圩工之害，稍有含糊，爲害滋大，是以飭令一律起除盡净，然後挑填湖土，不准雜以浮沙。委員石從九、王經歷分段督率，民皆用力。惟東北岸圩修夫役向來誤事，竟有取巧違抗不遵號令，併敢倡挑田之議，卑縣親詣工次，周歷查察，分別申飭懲創，不敢稍事姑容，致貽後累。現在均已帖服，踴躍從事。

連日天色陰晴不定，湖水漸長，實深焦灼，倘能從此晴霽，約略估計二月總可藏事。謹將現築圩工大概情形肅泐再稟，伏維慈鑒。

上李方伯領到銀兩並天晴水退情形書

敬稟者：卑縣前將官圩興修情形具稟，諒邀慈鑒。茲於工次回署，接准憲飭發下津貼銀四千五百兩，又憲捐廉銀一千千文，並奉鈞函，慮周民瘼，真痌瘝之在身，體卹下情，如醍醐之灌頂。又許其已然，勉其未至，賢父兄之養子弟不是過也。

竊思當邑官圩上沐憲恩，下關民命，卑職身任地方，無論若何辛勤，若何撙節，皆分內應辦之事，何敢告瘁，更何敢見功。方以公事繁冗，深懼有不克周到之處，時用惴惴，廼蒙逾格之優容，復荷過情之獎勵，薰沐再三，益深悚仄。

現在天已晴朗，百堵皆興。湖水前長三尺，今已退去一半，可以放心。所有淘工一帶工程除各缺口格外加工外，其餘圩工俱比照上屆加高二尺、加寬二尺，又圩身內外多有深塘，難以施工。加寬之處，查繫歷年以來愚民無知挑挖成坑，以爲養魚之計，顧小利而忘大害。若責成民修，仍必有名無實。現已貼費飭令補修還原，一律加寬，併嚴爲禁止，嗣後不准再行挑挖養魚。

至埝面堆築土牛，豫備工料，栽種蘆葦，一切事宜俱當次第興理齊全，斷不肯稍留餘憾，自詒伊戚。現在估計工費不支約在千餘金之數，卑職願勉爲之，本府潘牧復分任之，縱將來再有短絀，亦必竭力圖全，期於工程完固而後止，何敢稍存吝惜瞻顧之情，上負鴻恩？謹將領到銀兩，並天晴水退情形肅泐寸丹，稍紓厪念，臨稟神馳，無任感激悚惶之至，伏維垂鑒。

上李方伯工竣情形並録呈圩務條約書

敬稟者：竊卑縣官圩圩工荷蒙憲臺恩施逾格，俾卑職得以竭力圖全，圩民感激實無既極。計此次圩工，較之道光二十八九年費少於舊，工多於前，而做工較實，收工較早者，緣向來圩務經費繫歸圩修統領，工竣官爲驗收，其中百弊叢生，難以究詰。

再開工遲至二月，夫役又復不齊，工未及半，湖水已長，是其先無求好之心，逮其後更無能好之勢，此圩工之所以不可恃，而民困之所以不克蘇也。

卑職奉委以來，慄慄危懼，仰體誠求之憲意，恩出萬全，俯念凋瘵之餘生，不堪再誤，是以力求撙節，剔盡弊端，庶幾一勞永逸，業於前各稟內具悉，不贅。第心力所可自盡，時勢難以逆料，每於朔望行香，默爲祈禱，幸而冬春晴霽，湖水不生，庶草蕃廡勝於往歲，圩民苟安難期振作者，今皆可與有爲，圩修侵蝕不歸實用者，今果奉行無弊。

土性既堅，夯砎亦固，人皆踴躍，費不虛糜，耆老扶杖來觀者，咸以爲數十年來所未有，於以見天心之慈，地運之轉，人性之善，而皆憲天痌瘝殷抱，惠澤旁流，感應之速，鼓舞之神。卑職日在忭幪之內，順流奉法，藉手告成，胥荷福廕於無窮也。查東北岸三十里要工，舊稱淘工，或作凶工，相沿數百年，音義俱不佳，今改稱要工，建牌坊於工所標示焉。

現在工程要工十里，瀕臨湖面，寬且深，高一丈二尺，底寬七丈，面寬一丈五六尺至二丈不等。次淘工二十里，湖邊多有柴灘埂，高一丈一二尺，底寬五六丈，面寬一丈四、五、六、七尺不等。東南、西南稍工湖面較窄，柴灘較高，埂高相等，底寬四五丈，面寬一丈三、四、五尺不等。西北稍工或近山脚，或瀕內河，地勢甚高，水繫順流，埂面寬一丈至一二尺不等。今年新工一律高於上屆，凡完好處所普行加高一尺五六寸至二尺不等方與新工相平，殘缺處所一概修築整齊。孟公碑新建月隄因繫歷年衝潰之區，格外加高，溝身填底寬十五六丈，平地硬脚寬十丈，面寬二丈五尺。因圩內田身稍高，埂脚

一丈已與他處相等。搪浪埂一律建高八尺，底寬五丈，面寬一丈五尺。各工均用夯硪，各缺口均用石灰。孟公碑月隄用灰尤多，夯工尤倍。

以上均繫動用公項，不敷者由民工按畝攤夫蕆事。其要工一帶堆築土牛一千堆，豫備樁木二千根，蘆蓆二千片。搪浪埂栽插蘆葦。一切經費業由府縣捐辦齊全。至委員、紳董薪水，書役工食，來往夫馬，一切麋費俱由府縣分捐給發，不用公項一文。查卑邑土瘠民貧，併無捐輸合例請獎之人。

所有在事人等，卑職與趙令皆分內應辦之事，不敢妄議。趙令辛苦最久，積勞成疾，今已平復。其餘委員王經歷、石從九，城內紳董優貢教習知縣王文炳，舉人唐瑩，歲貢朱汝桂，職員張國傑、杜開坊分段監修，或微員，或局外，均能矢公矢慎，任怨任勞，認真出力，始終一致，其勞勩似均不可没。卑職敦請紳董時，王文炳實為之倡，在工尤能運量全局。杜開坊於勘估工程、計算土方大為得力。在伊等並不敢妄生希冀，而卑職獲收指臂之效，不敢没人之長，理合稟明憲鑒。將來委員等或可酌予外獎，紳董等或可量加鼓勵之處，恩由憲施。又要工舊有天后宮道光二十九年被水衝塌，僅存瓦礫，神像漂至對岸，民人撈起供奉。

本府與卑職於去冬捐廉興修，今春落成，迎歸神像。像內藏版，開載"萬曆三十六年江湖異漲，廟宇飄淌無存，搪浪埂亦於是年廢棄，辛亥土人捐修，壬子告成"等語。上下二百四十年，歲次適符，亦異事也。

至鄉愚小民，慮始固難，善後亦不易。卑職廣為諮詢，詳加體察，稟商本府，謀及董者，業於去冬興工之時將圩務一切事宜詳悉示諭。茲於工成後，增易數語，刊刻刷印，裝訂成帙，以期徧行曉諭，永遠遵守。合行抄録，恭呈憲覽，為此肅泐具稟，伏維慈鑒。

李方伯復書

連接來啟，知懃懃懇懇，所以為百姓者既周且摯。覆案所論官圩形勢，及估計工料，推察民隱，直如畫沙聚米，瞭然在目。若非親身

167

體勘，悉意講求，何能親切如此耶。尋繹再三，良用忻喜以賑濟工最為良法。但核計本年應放當塗被災口糧銀數不及二千多，則恐遭駁飭，且恐為他邑效尤，轉致掣肘。然據情實核，斷不敷用，躊躇至再，就事酌增，擬共給口糧銀四千五百兩。然尚止請數三分之一，復另籌公項銀四千五百兩作為津貼。

至稟中所請酌借育嬰堂存款，弟意此項似未可動，已詳覆本府函中矣。

聞本處尚有民捐考棚修費一項，現無支動，要用可酌提一千兩以足萬金之數，希與本府商之。特念工程浩大，經費慮有不敷，乃詳稽庫籍，既無閒款可籌，而專責編民，又恐民力不逮，復念閣下櫛風沐雨，規畫焦勞，轉輾思維，何能袖視，茲特捐廉銀五百兩以為之倡，眾擎易舉，惟籌酌焉。至各屬請領賑賞，向必由司核減。

此次興修圩埝得良有司如閣下者事事從實，斷不肯循照舊章，中掣賢勞之肘，惟於關領支放之時愈撙節乃愈見核實，從來糜費冒濫之輩未有不竭蹶於事後者，由其不知決計於事前也。

今觀閣下肫誠剴切，必肯於經費出入加一倍料量，為百姓身家加無窮顧慮，紳董知官長認真，辦事似亦不致浪費侵蝕，下至胥役、圩修亦何敢萌乾沒中飽之意，撙節之大孰有踰於此者乎。一切興築事宜，閣下言之鑿鑿，且能窮就近取土之弊，將就粗略之患可無慮矣。

鄙意為政之要莫大於農功，田野蕪萊，長吏所愧。弟同任守土之責，目覩連歲荒歉，黔細嗷嗷，知沿江圩壩實通省民命所關，古稱一夫不獲，或受之飢，今棄百數十里之膏腴付之巨浸，則終歲受飢者尚可數計耶。

此弟所以早夜孳孳，首以圩隄為急圖，所望共事寅好善體區區之誠，不視為上官之事，並不視為百姓之事，直作自己田園廬舍觀。則痛癢相關，所以為之計慮者不能不慘淡經營矣。仁人之澤孔長，閣下所以自處，與弟之所以期望於閣下者，要不在近功小補耳。前已囑湞甫大兄先致大略，茲再手泐布覆，順頌升安不一。

按：是年修隄官紳書役上下一體，一切事宜確有把握，且各清勤自矢，為近年第一善舉。所刊條約，兵燹後無一存焉。以故同治己巳

及光緒乙酉無從則效，遂至物議沸騰。戊子修隄，史蓮叔太尊聞有是稿爲袁少君攜至滇南，郵函覓得，遂重刊之。

咸豐十年庚申

九月中旬，連日霪雨，秋汛大作，福定圩周家埠潰。至十九日天已晴明，時粵逆盤踞黃池，開濠於騰蛟寺北，水由濠灌，一晝夜間遂大崩塌，無敢搶救者。維時早稻已穫，遲豆在田，水不甚深，駕舟撈取，然浸漲多日，不甚濟事，饑饉、師旅因加交集。且流亡者多，圩務束之高閣，延至次年麥纔結實，未熟而又被淹矣。

咸豐十一年辛酉

四月十六日，水復由黃池賊濠灌入，緣上屆議堵福定圩外圍草率了事。余避亂於涫邑駝峰，有戚誼張在川、楊成孟、尚友先、徐梓鄉、丁錫源、戎宗淦諸公，乃相與謀曰：歷屆倡造，君與有勞，近聞桑梓多難，而超然遠引，忍乎？爰偕同志束裝歸里，幸天不棄予遺，得收漁息以濟工需。時慮不敷，適王師南下，賊聞風逃逸，棄穧二千擔，分給挑夫，匝月而竣事焉。計三百餘弓，土夫加倍出力，一切撙節，不滿三千緡，此殆大誘愚衷。抑且諸同人戮力，夫名用命，故得藉手以告成功也。首事東南岸王考中、霍際雲、楊芝山，西南岸丁玉聲、徐梓鄉，東北岸丁錫源、戎宗淦，西北岸夏朝玉、張在川。時余周花甲，囘憶壬子修隄，稱觴工次，不勝盛衰之感矣。

同治二年癸亥

五月十八日夏汛未❶氾烏溪東小牛灘，緣山洪下注，漫溢十五丈。時餘孽未靖，流亡未復，爰募團防。烏溪趙豫章、魏繼雲等堵護月

---

❶　未　據文義，疑爲“末”。

餘，口門未深，涓流不絕，秋成失望。趙邑侯光緝籌欵修之，並商河西董事邰學曾、吳樹仁酌借牛種。余奉諭分酌四岸領之，計六千餘金，此欵後繳本府修衙署。

按：以上歷敘修造潰缺情形，實止於此，以下三條乃做原體續之。

同治八年己巳

五月晦日，感義、福定兩圩同日告潰。六月初一日，老陡門連潰二缺，北廣濟圩工。繫感義圩崩入。北橫埂賈家壩同日又潰。官壩圩工。黃池鎮北白潭越日又潰。東北岸中心埂。此埂緣粵逆入境坑盜四五十名，呰竉中空，不能障水，圩衆集夫搶救，顧此失彼。邑侯春林徐正家力請撫卹籌欵修隄，蒙大府撥給庫欵。官圩總首西北岸李用昭，東北岸湯上林，東南岸王舟，西南岸徐兆瀛，承領庫銀二萬七千有奇。工需不敷，仍稟請接濟，蒙撫憲喬鶴儕松年續發庫銀二千兩，隨檄令得熟合邑攤徵六限歸還。得此鉅欵，圩衆未悉，後邑侯榜示，聚訟不休，一切文移，容異日補入。緣足蹟不入城市，不通胥吏，是以闕如。

光緒十一年乙酉

五月二十七日大雨如注，感義圩章公祠前漫溢。咸和圩工。其感義圩先潰之缺口在易盆橋內，水由獨甕入過潰口，迤至章公祠前，勢洄漩，圩衆下樁塌蓆，幾奏膚功。詎東南岸王村後埂漏魚潛，網利者放水得魚，該埂因之大潰。上新溝圩工。東岸夫名均赴北岸，猝不及防也。由是于王搆釁，徐李罰工。太守聯廉得其情，飭東北岸湯某繳銀三百兩賠修漫缺，諭戎承恩、汪景榮、王槐督之。華邑侯椿諭令西南岸朱萬滋、東南岸楊楨、西北岸陶英同辦新溝大缺，按欵起夫，空拳徒張者月餘。兼以埂脚未定，歌謠四起，教諭姚星榆有《官圩愁》一闋。華侯勒結分段承修，工將竣，始奉到大府給發撫卹銀四千兩以賑代工，其不敷者，示令按欵捐番銀二分。惟西南岸力行撙節，猶有繳不

如數者。

附錄呈制府曾沅圃官圩被淹請欸修隄稟。具稟文生戎金輅等爲工
鉅民困，請欸興修，以工賑賑，而全課命事。切生等官圩東界丹陽、
石臼、固城三湖，西接路西、萬春兩湖，南承徽甯山水，北擁皖省江
潮，周圍隄埂縣亘幾二百里，全賴堅固以衞田廬。今夏天雨連綿，洪
潮並漲，太平、新溝兩隄各卸缺口五六十丈，曾經搆料督夫晝夜防
護，無如人力難施，先後衝潰，農具飄淌，廬舍傾流，極目汪洋，水
天一色。

現今水涸，生等逐細勘察，有僅存埂脚者，有衝刷及半者，估計
工程較諸同治八年爲尤甚。災黎露宿風樓，已歸者情蹟悽涼，未歸者
流連觀望。當此水刧餘生，奄奄待斃，如蒙以工賑賑，乘時修築，俾
災黎食力有資，藉以播種，仰惟宮保憲天大人恢復江皖，拯民水火。
今幸福庇兩江，無微不照。卑當邑同府之蕪湖縣境本年圩潰，曾請借
欸委員興修，已沐憲恩飭司辦理。生等係屬接壤，被災已甚，擬合瀝
情匍叩爵前，伏乞電鑒下情，賞准飭司委員勘明估計工程，酌借欸
項，及早興工，仍責成受益田畝攤徵歸欸，俾圩隄藉資鞏固，而於國
課民生兩有依賴，公侯萬代頂祝上稟。

制軍批：安徽太平府當塗縣官圩文生戎金輅等借欸興修大官圩
隄，究竟是否實繫工大費鉅，該民人等力有未逮，仰安徽布政司即飭
當塗縣查勘明確，妥議詳奪，稟發仍繳。

又批：縣詳前據詳已悉。昨據當塗文生戎金輅等來轅具稟，當經
本爵部堂以據請借欸興修大官圩隄，究竟是否實繫工大費鉅，該民人
等力有未逮，批司飭縣查勘明確，妥議詳奪在案。茲據該縣具詳，各
圩決口隄身核得估計土方需銀四萬四千八百餘兩，災民無力承辦，請
照成案籌借庫欸，分給各圩董承領開工，分年攤征還欸。仰安徽布政
司迅即核明，妥籌議詳察辦，仍候撫部院批示摺存。

又奉太平府聯批示：據稟情形應先赴縣呈明，靜候查辦，毋得奢
望同治八年之鉅欸也。

華邑侯示：爲再行曉諭，速集圩費以濟工需事。照得大官圩隄埂
前因上年夏間被水冲潰，洗刷甚多，迭經諭飭籌修，並請親誼勘估，

開具土方清摺，通詳請欵。嗣奉府憲面諭，照章起夫，每畝先捐番銀二分以濟工料。又經先將稟存撫卹銀兩按照通境已潰各圩缺口土方勻攤給領，並諭飭照章集費，速開冬工在案。茲查該圩雖經開工，尚未及半，而諭捐圩費亟應上緊，隨催隨繳，以濟工需。一面廣集人夫，趕緊挑築完固，共保田廬。除諭董催捐外，合再出示曉諭，爲此示，仰業佃人等一體知悉。自示之後，爾等務要將應出圩費如數繳清，以濟工用。一面照章出夫，一律報竣，聽候親臨勘驗。此繫合圩保障，共保身家，各宜勉力盡心。倘有阻撓不遵，及抗夫霸費者，許即指名稟究。該業佃等務須上緊措繳，接濟工需。其各懍遵，特示。

按：是年圩潰，合邑免徵丁漕。且蒙大憲籌給撫卹銀兩。第因海防費鉅，撥欵無多，工程浩大，動多掣肘，不得已按畝捐費，亦百年來未有者，錄此以見經手之難也。古今局變誠難遙測。

光緒十三年丁亥

六月初二日水僅半，河東北岸太平圩低涵水漏魚潛，圩修戎文軒貪利忘害，致潰圩隄。華邑尊據實通詳上憲，用四百里牌單會營拏獲赴省確訊，後得從末減，僅予荷校河干警衆三年，期滿釋放。會撫憲陳大中丞六舟視師過境，親閱情形，酌撥庫欵，檄太守史蓮叔，並委前署縣嚴心田、知縣金蘭生同任專辦隄工。時有魷餘生呈《圩務瑣言》，蒙中丞首肯，採擇施行。初福定圩未潰，六月十九日東風大作，東南岸中心埂遂潰，議定南北分工，爲總首者南工張懋功、楊楨、趙連城、朱萬滋、王承槐、朱萬淦也，北工戎承恩、汪景榮、潘汝霖、何代華、徐玉成、徐慶芳、詹正達也。大工告成，周圍合造工賑兼需約銀三萬餘兩，官督民辦，官爲報銷，五限攤徵還欵銀二萬二千二百兩，零餘作津貼。駐南工者爲嚴心田明府，駐北工者爲二尹。朱逮九云史太尊辦理章程與壬子修隄同工異曲，茲錄曉諭。

照得當塗縣大官圩被水衝潰缺口，及四岸衝刷塌卸殘損隄埂，並擇要修整陡門、石涵等項工程，業已稟奉大憲軫念民艱，籌欵發縣，會委候補知縣嚴令督率興修，以工代賑。本府訪聞從前圩董承領銀兩

每多折扣，甚至門丁、書吏表裏爲姦，通同一氣，多方需索。府縣下鄉驗圩，書差、家丁亦有使費，圩董人等因以爲利，侵蝕浮冒諸弊叢生，實屬玩法。今該縣委等正己率屬，辦事實心。此次工程原議官督民辦，需用物料按工給價，仍須由董領辦散放，不經丁胥之手，實領實發，實用實銷，按欵榜示，共見共聞。本府現已再三誥誡，一洗積弊，剔除盡凈。所有府縣衙門胥吏承辦圩工事宜，以及造冊報銷辛工紙張等費，概由本官給發，不准丁書人等暗中需索，總期涓滴歸公，費不虛縻，事歸實際。除行縣委遵照外，誠恐爾民未能周知，合行曉諭，爲此示。

仰當邑官圩董保、料首、小甲、人夫等一體知悉，須知此次給發圩工銀欵並無絲毫尅扣需索，能省一分之縻費，即多一分之實工，該董等當潔己奉公，認真辦理，各項工程均須工堅料實，夯硪完固，不准稍有草率偷減。如有各衙門丁胥需索情弊，以及該董等從中侵蝕浮冒，一經查出，或被人告發，定即從嚴懲辦，決不姑寬。本府言出法隨，其各懍遵，慎毋嘗試。特示。

按：此次修隄，余奉太守專諭督辦南工，旬報榜示工需，其規畫一切皆太守自爲政也，上下一心，書差絕弊，爲董首者不過督夫搆料而已，較諸前年乙酉修隄，其難易不大相徑庭哉。

三 編 瑣 言

瑣言引

　　《虞書》曰：敷奏以言，明試以功，言與功其並傳乎？《戰國策》曰：貌言華也，至言實也，甘言疾也，苦言藥也，言曷爲以瑣名乎？然舜察邇言，邇言不異乎瑣言也，禹拜昌言，昌言安必非瑣言也。茲者虺餘生因圩務而著《瑣言》，言雖近俚，片言足錄，言或至激，讜言居多，爲苦言與？爲至言與？其不屑爲貌言、爲甘言也明矣。善知言者謂之爲邇言也，可謂之爲昌言也亦無不可。抑又聞之古人立肺石以招言，設謗木以納言，資芻蕘以詢言，蓋期其盡言無隱也，欲其明言不諱也。閱斯言者謂爲逆耳之言也，吾知其有利於行焉，謂爲仁人之言也，吾決其爲利最溥焉。或察之，或拜之，正無庸以瑣屑目之矣。作瑣言引。

湖陂逸叟箸

瑣言原敘

　　僕先世力農，饘於斯，粥於斯，聚族於斯，已閱數十傳矣。憶自道光癸未迄今，皇上御極之十三年，五十年中官圩潰凡十四次，疊荷大府立沛恩施有加無已。咸豐壬子修隄，前輩著《圩工條約》一書，俾圩眾咸知法守，生圩中者宜何如感激乎。詎老成凋謝，舊制就湮，兼以氛起紅羊，潮乘白馬，世事日歧，人心叵測，竟以田廬家室之區甘爲蠅蜋魚鱉之渚，圩隄重務略而不講焉，嗚呼！良可慨已！僕竊不

自揣，謂隄工一役始於能修，中於能保，終於能救，乃力懈於夫，計窮於董事，撓於吏。因是感時憤事，日深杞人之憂，握管抒詞，聊博大雅一哂，知我罪我，聽之公論而已。

時光緒丁亥七月
虺餘生自敘於華亭水樹

瑣言總冒

　　蓋聞天定者勝人，而人定者亦勝天。近年官圩連潰，雖曰天數，豈非人事哉？蓋天高難測，而人近可徵。同是江潮氾濫，彼能完隄，我連潰埂，此非別有天也，殆有人事在焉。官圩人事愈趨愈險，愈變愈詐，自然之利不興，顯然之害不除，而且見利爭趨，見害交避，恬不爲怪，莫可挽回。吾民蕩析離居，罔有定極，目擊心傷，是以不能嘿然耳。明知積重，實爲難返，然而千慮必有一得，謹將利弊兩途逐一推勘，倘蒙當路公鄉下車採訪，俯察芻言，用深藻鑑，或者有補於萬一云爾。至修造缺口事宜，是所望於有識君子，按切時勢，妥設章程，早興厥工，而葳厥事，俾吾民安土重遷，實私心所翹企焉。

　　按：上總冒乃作《瑣言》者不得已之苦心也，涵泳意語，活描出近今一幅官圩圖，中間民情困苦，與夫宵小行樂，可於言外得之，豈徒託諸空言者哉。

　　是秋《瑣言》編出，邑侯金公呈上，巡撫陳六舟中丞面許，採擇施行，後奉發帑鉅萬，大造官圩，未必非斯言之力也。時《圩工條約》一書兵燹後片紙隻字無存，得此言而情弊利害勃現紙上，加以史太尊力爲慫恿，而方鳩僝工，吾知立言爲不朽矣。

卷一　修築_{瑣言一}　湖陬逸叟編輯　徐建勳克明校

目次

　　官圩向屬民隄，前明萬曆年間劃段分工以後培厚增高殆無虛歲，人事既盡，天災其或可免乎。何以告潰者之難更僕數也。於以知天不可恃矣，述修築。

　　一、官圩隄埝上承山水，下接江潮，周圍一百七八十里。目下處處單薄，況既潰後又兼風衝浪激乎。道、咸之世屢潰屢修，似舉其大略而忘其遠慮。其歷屆歲修，浮堆鬆土，風雨剝蝕，年復一年，每下愈況，皆由輪修不力耳。今以數十年垂敝之埝大傷元氣，災祲之後責以一二人承修，程功於三兩月之內，有是理乎？即該修責無可辭，而無事倖免，有事潛逃，來年卸責於他人，此埝終形其凋敝，此一弊也。

　　若據管見，各段工程凡遇水刼，均以朋修爲上策。朋修者，通力

合作之謂也。邇年潰缺四岸朋築法固善已。四岸通計二十九圩工段，各有分責，其中人事不齊，地勢不一，埂即有肥瘦不等。諭令各圩朋修，察勘該埂情形，或暫朋一載，或朋修三五年以至七八年，庶幾費廣夫多，衆擎易舉。譬彼沈疴之後，常服補劑，自然日見起色。設或天災流行，不幸連潰，亦當援爲成例，如式築修，以期一律堅固，俾元氣大復然後已，則大利矣。

按：官圩四岸二十九圩中有遇圩潰之年，暫行朋修一載，得熟，仍歸歲修者，若西南岸之上廣濟圩、上興國圩、沛國圩，東南岸之王明圩，均立成議，以昭劃一。然僅爲值修費用不敷起見，並未籌及高厚如式爲工段大復元氣也。

按：壬子修隄工程條約中載有新舊朋修之議，因上溯（乾隨十五年）〔順治十五年〕東北岸湯天隆上巡案十六條中有二年一繳之議，皆有鑒於輪修之不力，不若朋修之爲愈耳。

"上承山水，下接江潮"註

官圩在邑之南鄉，地勢下，土性酥，其形亦平中見側，西北依山麓略高阜，東南近湖蕩，似卑窪建瓴之勢幾以丈計，仰承新安宛陵諸山，左瀕丹陽石臼三湖，迎溜頂衝，實與水爭地焉。考邑志載丹陽湖其源有三：一出徽之黟縣入甯之太平境，曰舒泉，合宣之白穰溪、藤溪、麻溪池之蓋山泉，復合宣之漠溪、涇溪，東北行匯於湖。一出廣德州之白石山，合宣之玉湖、綏溪、句溪、宛溪，西北行匯於湖。一出溧水之東廬山口吳漕水，合小茅山等水，西北行匯於湖。湖之上承諸山之水如是，其遠且多也。三湖者，一曰固城湖，屬高淳境；一曰丹陽湖，屬當塗境；一曰石臼湖，南屬高淳境，北屬溧水，西屬當塗。百川俯注，匯於其際，是謂三湖。而丹陽爲大，又總名也。

圩瀕湖傍，當未築銀淋堰時水性東趨吳下，西行者則由蕪湖入江焉，其東北一股湖盡而姑孰溪接，西過花津達青山之陰，經兩盤磯至白紵山之陽，逼新壩口，出南津橋，越西采虹橋四十里入江。逮東壩成，水遂無復東行，專恃西注，官圩之患作矣。宣歙山水下注，圩之

南畔當其衝，灑爲二股：西南一股源經宣之灣沚河、道宵河，蕪之清水河，夏令江潮上壅，匯成萬春、路西等湖，東注烏溪、黃池等處，經福定之九都圩，西迤魚膝塘張家拐，下至諿家灣，匯於青山湖，由梅塘嘴下逼旁出龍山港，經花亭渡過津溪，越采虹橋，八十里始入江。東南一股源由建平之畢家橋，高湻之獅子樹唐溝河，宣城之裘公渡，並水陽運河諸滐夾瀉，葛家所橫湖陡門及新溝一帶承之，兼以江潮上涌，湖水日增，圩之東岸百里受敵。此上承山水之情形也。

旁有溧水一股，入湖者四支，大溪港、新開港、武山港、花津渡河是也。自溧水至邑之橫望山有博望新市、長流嘴、陳子山、紹師橋、陶家橋諸流，紛投於湖，委蛇四十五里，至津溪始入江。復有雙虹鎖其下流，兼以江潮上溯，故瀰漫日甚，而隄岸堪虞也。是湖橫亙隄畔，計其廣闊東西七十五里，南北九十里。夏秋氾濫，水銜山岫，雁鶩叫天，一色瀰漫，渺焉無際。一遇霆雨霏霏，連月不開，陰風怒號，波濤山立，姑孰之巨浸，官圩之險境也。若夫江潮漸增，上有鵲岸之大蟂磯之阻，下臨犀江之隄牛渚之雄，逆流上擁，汩汩乎來扼津溪之口焉，水之難洩如是如是。

"周圍一百七八十里" 註

自郡城出廣安門，過南津橋，至花亭橋，越高岡舖，經太白祠之泉水灣，緣山行，計三十里，至青山舖始入官圩境，鎮舊設舖司。自鎮南行十里_{中有伏龍橋}。至雙溝舖，再南行十里_{中有亭頭鎮}。至中間舖，一作鍾家舖。又南行十里_{中有戚家橋}。至黃池鎮，鎮舊有舖，今設分汛，埂外有福定圩以界隔之，是名中心埂。道、咸之世屢屆潰缺，退挽月隄，約增七八里。自黃池鎮東行十里至烏溪鎮有總司駐防，由鎮東行五里至葛家渡舊有汛，自葛家所東行二十里_{中有橫湖}。陡門。至新溝市舊設汛，自新溝至大隴口十里，自大隴口至刑羊村十里舊有汛，自刑羊村至天后宮二十里，_{內有花津十里要工}。自此西行二十里至護駕墩，_{有章公祠}。由祠前南行至老陡門，西轉至邢家甸新陡門約十里，南行至千駒閘，經埂上曲折赴西南行，過薛家樓、印心庵、項家橋至青山鎮約十

餘里，圩凡一周，共百四十五里。中間歷屆挽月除中心埂屢圈外，仍有湯家灣、李家灣、新溝大灣、東畔陶吳謝夏諸潭，及稽村灣、牛力灣、筆架灣等處，大約一百七八十里，今以京弓丈量，該計五萬千百十号，實計一百十里分。

"道咸之世屢潰屢修" 註

乾隆三十四年圩潰後，歷六十餘載，至道光三年癸未始潰，嗣後十一年辛卯、十三年癸巳、十四年甲午、十九年己亥、二十一年庚子、二十八年戊申、二十九年己酉，咸豐元年辛亥、十年庚申、十一年辛酉，同治八年己巳，光緒十一年乙酉、十三年丁亥皆潰，詳見修造。

"輪修不力" 註

宋元之世百川東之，隄防無須修築，有明中葉始議崇修，緣東壩成而水無洩路也。萬曆十五年設四總長分工劃段，而輪修之議起至國朝康熙四十七年革四總長，此承彼卸，而輪修之弊滋。嗣後安瀾日久，官疲於督，民懈於修，强梁者橫推，懦弱者苟免，遂致甲分大小不齊，田畝牽混不一，甚有夫各分工，家各分段，自三五弓至十數丈者，且有修聽其便，築聽其時，剗草見新，將高就矮者。簡蝕碑殘，無從徵信，歷屆視爲傳舍寖久，漸致凋殘，一遇汜漲有不決裂也得乎？若泥古例，專責輪修，視重任如轉圜，倚支厦於獨木，若秦越之相視，漠不加喜戚焉，抑何計之左也。

"以朋修爲上策" 註

前人有善建不拔之規，世人斷無歷久不敝之事，圩隄輪修之法行於波平浪靜之年非不善也，一遇水刼，斷有不可行者。殘喘苟延，責令獨肩重任，諸人同處圩中置身事外，以性命攸關之事略而勿講。彼

值修者才力不逮，早已視爲畏途，苟且塞責矣。即稍可摒擋，又將尤而效之，不肯前進，此而責以輪修，年荒遇閏，是重困也。無事倖免，有事而不逃亡者，誰乎？匪直此也。設遇該埂滲漏坍卸，未能障水，不無礙事地段，若非朋築，不特力難勝任也。或隱匿不報，或希圖交卸，或回護多方了此一年輪修之役，殊不思田廬恃埂而存，身命賴埂而活，嚙膚之事莫切於此。惟通圩籌議朋費朋夫，或朋一年，或朋數年，相時而動，擇要而行，總以如式爲准，成法之中參以活法，果一圩修築堅固，推而至於圩圩皆然，則所費者少，所償者大，此群策群力也，是烏可以不行哉。

一、歷屆春冬修築，無論埂面寬窄、埂身高低、埂脚平險，概以加高培厚爲詞似也，乃習以爲常，不論何樣埂段，何圩歲修，聲稱業經培厚加高等語，糊塗報竣，竟有不應加而加之無益者，不必培而培之無濟者，蓋祇圖鋪排埂面，均於埂身、隄脚毫無利賴，此一弊也。若據管見，先議朋修，相其地勢，觀其河流，宜加則加，不使之高險而使之坦夷；宜培則培，不使之膨脹而使之平穩；或舍埂面而培埂脚，或依埂脚而培埂身，或排釘木樁而謹防內崩，或起造水箭而挑截回溜，或於險處層設土坮，或於要工礌砌石磡，或立品字墩以分浪，或挑搪浪埂以遮風，夯砒堅固，著實加功，毋專恃輪修，毋蹈常習故，則大利矣。

"埂面""埂身""埂脚"註

大凡築埂，須有一定程式。官圩工程大略有四，內外皆無風浪謂之標工，外臨大河謂之次洶工，外臨湖面謂之洶工，花津十里風浪險惡謂之要工，又謂之極洶工。惟酌定程式，如西北之埂上陽和埂、北峰埂諸處，及西畔之伏龍橋、雙溝、亭頭、清水潭、中心埂諸處標工，隄面應寬若干，埂身應寬若干，埂脚應闊若干；南岸之黃池、烏溪、葛家渡、橫湖陡門，北岸之陳公渡、賈家壩、邰家灣、長亭埂、青山鎮等處次洶工，埂面應寬若干，埂身應高若干，埂脚應闊若干；東面之邊湖、新溝、大隴口、刑羊村等處洶工，埂面應寬若干，埂身

應高若干，埂脚應闊若干；花津十里要工埂面應寬若干，埂身應高若干，埂脚應闊若干，務令修築如式，並勘其有無昂頭縮脚、躺腰窪心、穿靴戴帽諸弊。其高以水大之年爲定，寬以地勢之險爲衡，闊以二五收分爲妙，其法具詳見選能。

"排釘木樁" 註

官圩坐落湖壖，沙土酥融，浮泥輕薄，立脚不堅，即埂身不固，若非排釘木樁，終屬軟弱。遇有此等要處，正宜相機行事，尤有要者，或爲鱔所攻，或爲鼉所伏，或爲獺所藏，木樁之外仍宜多備石灰、煤炭以壓制之，使其不敢穿穴，自無浸漏之患矣。

"起造水箭" 註

水箭之法，原設以挑外水之溜者，河工例謂銳出河流以分水勢，名磯嘴壩是也。以鵝卵石爲上，碎磚次之，土又次之，先用木樁植其下，覆以土石，撐持日久，不特埂無傾倒坍卸之患，而銳立河干，挑溜遠行，浮泥壅結，積久自成大灘。

"層設土坮" 註

埂內單薄之處必需土坮，其法築土一層，收分一層，築高一層，隆起一層，層累而上，形如梯立。復有土隴一法，下重上銳，形如龍伏，用此撐持深溝大潭之畔，年復增添，積之不已，埂有不占大壯乎。

"砌礪石磡" 註

花津十里要工，潮汐風浪衝撼汕刷，前人慮其傾頹，埋石埂心以作骨，凡以防覆敗也。後來歲敷鬆土，屢爲風浪淘汰，岌岌可危。緣

該埂瀕臨湖口，東北風硬，遂有甃石外方，中襯裏石，實以米汁、石灰，謂之三和土層，砌丁石磈成高岸，雖狂風怒濤撼之不動，較用樁蓆遮護功相萬矣，且無觀望悙怯之形，又況風浪至此擊撞退步，斯真一勞永逸之計也。查西南岸之中廣濟圩、沛國圩、貴國圩、上興國圩，東南岸之南廣濟圩、下興國圩，皆後先建就，惟恃數十年一修耳。廣義圩僅磈十數丈，在稽村灣南諸圩均未建置，踵而行之，是所望於接武者。

"立品字墩以分浪" 註

官圩東畔自橫湖以至花津隄長百里，瀕近三湖，洪濤巨浸，前人曾倣河工成例沿灘栽柳，以防坍塌，且禦風浪也。宋楊萬里《過丹湖》有句云："夾岸垂楊一千里，風流國是太平州。"正詠此也。隄外多設土墩，寬闊數畝許，參伍錯綜如品字形，上植蘆葦，下濬魚池，雖有潏漲，至此歧分，縱遇駛流，不能衝突，一舉而三善咸備，自然之利無窮已。

"築搪浪埂以護隄" 註

花津十里要工扼三湖之口，當風浪之衝，至危至險之地，前人去隄百餘丈另建一隄，爲重關疊障之計，名曰搪浪埂，謂可抵搪風浪，即河工所謂遙隄是也。近年荒沒殆甚，自咸豐壬子邑侯袁瞻卿監造後閱二十餘年，至周小蓮宰吾邑方議興修，不築者今又二十年矣。四岸小修視爲傳舍，動謂瓜代有人，毋庸前席而借箸也，燕雀處堂，未知外侮，識者猶竊笑之，而況剝牀以膚，尤爲切近災者乎。

一、官圩向分四岸，爲圩二十有九，標工、淘工各分地段，創自前明，永無異議矣。向聞隄決某岸，即責某岸承修。昔也事無考證，今又力不能支。但所潰缺口必坐落一圩工段，該管業戶歲修不力，故罹此患。彼歲修時大都敷衍成功，保護又屬苟且塞責，所以一段失守，全圩被淹，此一弊也。若據管見，輪修數載誠恐夫玩工疲，習常

蹈故，中間朋修一次，整飭一番，合圩平費平夫，實修實用，不使草率偷減，務必抵隙尋瑕。如本段工程著實，而在前在後工段或有苟且偷率、鬆堆浮土、夯碬不實、折裂浸漏等弊，難與着實之工比較者，許起止接壤之圩修、甲長、地保、圩差人等聲明指築，倘抗玩不遵，聯名據實稟究；一圩不如式，許鄰圩以告發之；一岸不如式，許三岸以告發之。倘扶匿不報，共相袒護，隣圩與有責焉。諺云"一寸無功，萬丈無用"，正謂此也。執是以求，必無草率偷減之弊，則大利矣。

按：現今合圩各管各段，他圩工段似與己無與者，往往你不説我，我不説你，殊不知此弊大壞，吾不知潰彼之隄可淹我之田廬否，請問之。

"事無左證" 註

官圩向屬民隄，按田起工，按畝捐費，事過輒忘，非河工海塘比也。既無成例恪遵，亦無成書可證，惟傳聞道光癸未福定圩先潰，西北岸之中心埂、戚家橋驟經漲潰，西南岸之中心埂、賈家潭繼之，當時倡議合圩按畝派費公築，惟東北岸稍形枘鑿，經邑尊王公寅軒諭以同患相卹之義，勸令先潰之岸爲領袖，餘岸爲附從焉。是年工費西南岸微有偏累，然亦無從左證矣。嗣後同勸義舉，尚無膠柱鼓瑟之見焉。

"扶匿不報" 註

官圩近今數壞，正坐扶匿不報之病。自分工劃段以來，爾界此疆，各循部位，道途之隔離太遠，董修之巡綽難周，中間惟差役主持其事，即經上憲委員查勘，而人地生疏，耳目易蔽，廉明勤謹、留心民瘼者能有幾人。若夫惟賄之求，擇肥而噬，俾不肖者分潤，其餘上扶下匿，是又卑鄙齷齪人所不屑道者也。況有於水漲隄危之際，一經報明，非傾家即隕命也乎，吁！可畏哉。

一、沿隄外湖灘，如南畔之東西承天葛家所，西畔之谷家埠、新溝、大隴口、圩豐庵、刑羊村、薺母灘，西岸之喻家埠，北岸北橫埂之外灘，有土可取、足敷挑築之處，宜趁冬融水涸按段興修。惟中心埂及亭頭鎮、雙溝舖前後，並青山東南沿山一帶，標工苦無外灘取土，近年歲修強從對工編田取土，致令附埂有編之田廢業闕糧，誰其作俑，無後必矣。何也？該田既不可以遷移，而變賣又無人承受，加以愚夫逞頑，恃衆亂挑妄挖，歷屆習以爲常，值修視若無覩。嗟！彼業户既不能恃此資生，又未能代報除額，遭此狼藉不堪，兼之蠶食無已，飲恨吞聲，籲天無路，不得已歲懇值修圩夫諸人少挑些須，遮糊眼面，以致無土可挑，即挑亦不飽滿敷足，此一弊也。若據管見，凡對工取土之處，明立章程，務使兩有裨益，不得以一家課命兼資之田畝爲合圩歷屆修築之土方，召沿隄業户按田多寡照時給價，造册呈縣，准予立案，除額豁糧，或比年一報，或十年彙報，庶幾土足敷用，隄亦漸堅，合圩公享其利，一家不受其害，則大利矣。

"未能代報除額豁糧" 註

自章公祠至老陡門繫東北岸咸、太兩圩内水標工，自老陡門至新陡門，越過長亭埂至千舠閘，曲折迤邐西南行至青山鎮繫西北岸北廣濟、南子、永甯、義城等圩内水標工，自伏龍橋至雙溝鎮繫西北岸籍泰、新義兩圩内水標工，自雙溝至亭頭鎮及清水潭繫西南岸中廣濟、沛國諸圩内水標工，自清水潭至黃池中心埂四千弓爲四岸内水標工，均無外灘，無土可取。乾、嘉之世不輕見水災，不大加修築，每有剗草見新遂畢乃事者，如中心埂數十年廢墜不修是也。按史宗連老册云對工池内取土，道光初年仍照老議車戽取土，不能車洩動船裝運，父老猶有親見之者。

今則池港已成大溝，咸豐之際兵燹十年，田蕪人疫，省工圖便，始以暫借爲名，繼且相沿爲習，終乃對工亂挖，遂使有編業户含冤莫訴，受累無窮。官紳莫有過問者，不顧民嵒，獨不畏天譴乎？竊恐其永墮泥犁也。不見夫東岸居民鑿魚池而礙官埂，過蝦壩而索租錢乎？

何受制於彼而作虐於此也。

方今國家隆盛，提封萬里，擁薄海內外之大，財賦充盈，豈與此蚩蚩之氓爭毫忽之賦稅哉。爲民父母者如有不忍之心，備陳民間疾苦，據實上聞，其荷俞允也必矣。竊願有仁心者行仁政焉。

恭讀光緒十五年皇上親政詔曰：凡各州縣如有坍卸挑挖田畝，該州縣行詳咨部議，准蠲糧，毋任失業致累。

又光緒十六年三月詔曰：凡坍沒田及挖廢地仍舊追完錢糧者，該州縣官詳明督撫報部，一律開除。

按：隄埂對工之處，有無業之外灘，有有編之膴產，非可一概論也。若田既已被挑，猶令歲歲納稅，非世累乎？有天良者必不忍爲。聖天子留心民瘼，故屢屢詔諭如此。至舊例云對工池內取土，對工云者，百步外難挑方也，故必對工；池內云者，不可在有編之田取土也，故必車戽池內。茲專主對工之說，抹煞池內二字，未免執滯不通，不近人情者矣。王道不外人情，如果給價買田作爲土方，彙蠲編糧，庶幾兩得其平矣。

"遮糊眼面"註

中心埂之四千弓，雍、乾間失修者垂五十載，經西南岸士民史宗連、朱爾立等力圖恢復，四岸始勤修葺，其埂坐落西南岸，猶花津十里要工坐落東北岸，均四岸攢築也。乃內水諸處標工恃有感義圩及五小圩並韋饒、洪柘、福定諸圩爲之屏蔽，或剗草見新，或間段補綴，甚至腳蹟不到函託近地查閱即行了事，此皆遮糊眼面者，所以外藩一潰，莫可救藥也。自家門戶待鄰關鎖，天下有是事乎？且外埂水漲浸潤漸漬，爲日既久，土性堅凝，足資抵禦。至若內埂久不經水，一遇外潰，新漲驟乘，如以羸兵應敵，忽來萬馬奔騰，枯樹經霜，加以朔風震撼，其不摧拆敗裂也幾希矣。至青山東南之一帶沿山內埂，地幽境僻，絕少行蹤。官紳勘驗隄工，陸路由青山鎮起程，過亭頭，經黃池、烏溪、大隴口、花津到護駕墩即行回程。水路由護駕墩起椿，赴花津、大隴口、烏黃兩鎮，自三里埂、九都圩、周家埠、餘剩塘、張

家拐，沿洪柘、饒韋等圩順流而下。即或舍舟登岸，自黃池達中心埂，至青山鎮即止，從未有紆道巡察沿山埂及附官圩之十一小圩各工段者，風浪雖稱安堵，其如追蠡之欲絕，何哉？

按：新陡門南首有埂數百弓，臨山河，畏西風下逼。章公祠前首筆架灣工段二面深溝，難於取土，無從修築。感義圩有失，此埂難保。又感義圩西埂單薄，險要處最多，尤不可不加意勘驗，官圩失事多在彼處，良由人未習見，不介意也。

卷二　保護_{瑣言二}　湖堧逸叟編輯　尚樸在雍校

目次

夏汛將臨，如病之已發，如寇之欲乘，向非平時選方配劑、秣馬勵兵，病亟矣，寇深矣，若之何？故消導培補，在良醫以藥之；守陴布壘，在勁旅以制之，其功則在於平時，其機則在於當境也，述保護。

一、沿埂之溝池塘段撈泥取草雖經圩禁，並奉憲示，日久漸弛。彼撈泥取草者，竊謂我田既被圩挖，我料自應我取，於是有分者取之，寖久而無分者亦取之。取之無已，埂腳挖礩，埂身坍卸，一遇盛漲，難保無虞，此一弊也。若據管見，凡周圍之附埂溝塘池段，無論公產、私業以及有分、無分，一律永禁，不准撈泥取草，請示勒石豎立各圩工畔，咸使周知，不拘軍民董役如違禁示撈取，毋論何時何處，若被圩差、小甲、地保暨諸色人等拿獲，立將所用船隻器具據實送縣究治，仍議將該犯取具變價入公，並給重資以賞拏獲之人，該拿獲之人亦不得挾嫌栽誣，以及瞻徇賄放。果如是議，重賞重罰，遲之

又久，埂腳自寬，埂身自固，即附埂之内田亦不至妄挖亂挑，致被挑業户受累，則大利矣。

"撈泥取草" 註

官圩周圍隄埂無溝池處極少，良由圍築之際就近挑方，水浸草生，泥淤料厚，農佃貪取糞田，地面愈撈愈大，溝心愈撈愈深，埂腳愈撈愈陡，且所用鐵爬攫取鋭利，所用船隻裝運便捷，予取予求，不禁不竭，溝池有不寬且深，隄埂有不坍且剥耶？《國語》曰：狐埋之而狐搰之，是以無成功。於撈泥而益信矣。若能永遠禁止，做照鄰邑金保圩規條，不特永禁撈泥，即傍埂之菱藕、茭芡一概不准採取，遲之三五十年溝塘漸漸淤塞，百年外幾無溝塘矣。

"公産私業" 註

沿隄溝池均繫隨田産業，既有田産即有溝洫，古之制也，故業户據爲私業焉。然間有公産也。前代倒潰地段除清水潭載入郡志，湯家灣載入邑志，孟公碑月隄載入圩工條約中，餘俱無考。近來修造缺口均繫四岸公築，其挑廢坐壓田畝照時給價，俾該業户承領。所衝深潭應繫公産，如白潭、破潭、龍潭灣、趙大塘、賈家潭、中間舖潭、新溝大潭、老陡門潭，凡屬衝潰必有淵潭，既經給價買定，該潭應歸公執。且深潭之内藏魚必多，若逐一查驗計數登册呈縣立案，按年召販漁户網取，收其租利作爲夏汛設局工需，亦未必無小補也，非網利也，濟公用也。近地土著亦不得據爲囊中物矣。

一、隄埂向多樹木，埂畔亦多茭草，一經豬牛踐踏，是以若彼濯濯也。蓋牲畜踐踏，樹木就萎，柴草不生，土鬆雨淋，漸漸下墜，埂面日形卑矮矣。茭草芟刈，風浪必大，日衝夜撞，處處成礏，埂腳日見單薄矣。此一弊也。若據管見，不准六畜在埂踐踏，無論縱放、暫放及失防閑而逸出者，不拘何項人色，許其綑送該畜鳴公，協地變價，給予一半以充賞資。該管圩長、甲首人等斷不得徇私釋放，倘略存護庇，許鄰圩鳴公稟究。其過境之牛羊等畜豫着地保知會原主，不

得在埂游牧。至於茭草、蘆葦、柴薪一概不得採取，則大利矣。

"猪牛踐踏"註

猪牛踐踏本干禁例，是在平昔防閑，勿使寬縱耳。夫芻圈小事，何以必懲？誠恐積漸成風，爲階之厲。查圩內習俗，平時漫不加察，春冬修築，夫役常川在埂，瞥見牲畜乘興拿獲，彼非有心整頓圩務也，特挾此以婪酒食焉。比養牲者尋覓，圩修、甲長順人情，顧體面，轉爲撮合，僅以掛紅放炮彈壓一番，其事遂寢，工竣以後遂無有過問者矣。

"採取柴薪"註

斧斤以時，王者之政。此在山林則然耳，圩隄非所論也。沿隄栽插楊柳樹木，原爲抵禦之資，況柴薪長養，根可護隄，枝葉遮浪。且溝池塘畔間茭草愈滋愈蔓，雖有撈泥船隻，驟難進攫，是兩利之術也，何故而妄取哉。

一、各圩分工畫段起止自有碑記，然東西相望，南北相距，或十數里，或二三十里及五六十里者不等，夏水遮浪所釘椿木、所護蘆蓆費用維艱，每有不肖姦徒乘間竊取椿木，不特本年難備來年之用，即今日難保明日之風。彼圩修數十里辛苦遠來，拮据遮護，一刻偶離，乘間竊取，祇圖利己，不顧損人，及細思之，亦未嘗不自害耳，此一弊也。若據管見，各圩遮浪椿蓆各圩公備若干，責令值修小甲及地保居停人等承守，一俟水落，該值修率領小甲、夫民逐一起出繳公還原，着令接辦承領以待來年需用。若有損壞短數，事所難免，令該值修設法補償。至有竊取情事，一經查獲，定即送縣按法重懲，則大利矣。

"夏水遮浪"註

花津瀕臨三湖，伏秋汛漲，風浪堪虞，除石工外仍多土工，多方

保護乃可無恙。其餘王家潭、邊湖、谷家埠、新溝、大隴口、圩豐庵、潘家埠、刑羊村、孟公碑、薺母灘一帶均需保護，工需椿蓆，費頗不貲，諺云：日進斗金，不抵東風一浪。甚言風浪之可畏，且費工需也。圩修保護至再至三，艱難萬狀，乃狼子野心垂涎阿堵，乘間伺隙竊負而逃，言之能無痛心。

"繳公還原" 註

椿木繳公還原，誠善舉也。舊修所添補無幾，新修之獲益良多，縱使夏潮汜濫，大有所恃，不致臨時掣肘，且省費亦良多矣。

按：光緒丙戌，華邑尊條示有於秋收後按畝另籌善後保全費一次，作買辦椿蓆之用云云，亦未雨綢繆之意也，願圩衆共遵行之，見條陳。

一、近今年歲每形歉薄，世道專尚繁華，每遇議公，酒席殽品豐盈，靡費歁項殊不知。肉食者鄙，未能遠謀。古語昭然，堪爲殷鑒。第以豐腆爲尚，不過飽一刻之饕餮，實以耗有限之脂膏。蓋酒食多一虛糜，即隄工少一實用。又其甚者，西岸赴東岸修築，沿隄土著需索酒食，藉爲照拂之資。慾壑不飽，夏汛一漲，明則報復，暗則竊椿。闇弱圩修心多畏懼，不得已持束邀請，先爲夏水免禍之地，此一弊也。若據管見，凡籌議圩隄公事，勢固不能枵腹，需用酒食葷素兩殽適可而止。至土著索食多方，永宜禁革。若夫夫名廧舍，按牌酌給租錢百文，圩修酌增，亦不得肆行苛索；圩差小甲按工給與，亦不准格外勒取，庶幾不以有限之錢作爲無益之用，則大利矣。

"需索酒食" 註

歷任府縣兩憲暨各大府委員皆諄諄示諭，不准土著需索酒食，乃置若罔聞，且有沿門拜帖陋習。推厥由來，實闇弱者自召之耳。習以爲常，牢不可破，其將奈之何哉。

"按工給價"註

　　有事而食，常理也。見功行賞，定論也。前明圩例小甲、鑼夫圩內各提點一二名土夫充當聽用，作免夫論，並無工價。至牌冊卯簿圩修自行裝釘送縣鈐印，工房不得與事，並無圩差、白役、長隨、幫夥等名。志乘昭彰，猶堪查閱。後因水患頻仍，隄工孔亟，遂有因緣爲姦、希圖工食者。今且夜郎自大矣。甚且有張膽明目，賣卯賣夫，票飭簽提，勒財勒食，勿論事功，徒增陋例，以通圩四岸計之，所給工食規費有不可思議者矣。問其所司，不過持票走信而已，執杖敲夫而已。嗚呼！自忘卑賤，並無事功，竟敢朘削脂膏，抑且分庭抗禮，年規月例，若操券而得焉。若輩行爲殊堪髮指，有心圩政者雖不能因噎廢食，斷不容姑息養姦。

卷三　搶險瑣言三　湖陬逸叟編輯　尚佩嚴遇森校

目次

天時人事，有常有變。隄工一役，常則燕安無事，變則鯨浪堪憂。然常而不計其變，變而無以濟其變，是以人事之常而聽命於天時不可知之變也。東下挽既倒之瀾，庶西成得更生之慶乎，述搶險。

一、時交夏令，伏汛將生，董首散處圩中，非總匯焉能查悉。即有圩修肩其責，而各管各段，或道路相距，或言語傳譌，設非梭巡不得確實。逮至疏虞，然後設局集董，通信傳夫，業已晚矣。況又有幸災樂禍者，偃旗息鼓而匿蹟銷聲乎，此一弊也。若據管見，夏汛將臨，通圩四岸設一總局，岸總主之。岸各設一小局，圩董主之。各派划船二三隻，選派壯夫數十名，賚以口糧，督以甲首，挨堤內外梭巡。我巡彼岸，彼巡我岸，交勘互驗，不准夫名囉唣。再於緊要地段

搭棚看守，着令地保、小甲轍夜支更，逐日送籌，循環無已，一有疏虞，信息的確，速於置郵傳命，頃刻集夫搶救，各圩夫名立時雲集響應，則大利矣。

"幸災樂禍" 註

《孟子》曰：安其危而利其災，樂其所以亡者。甚言不仁者之不可與言也。同治己巳圩潰，徐春林明府力請上憲給發鉅欸，爲向來所無者。是役也，經手侵漁，胥吏中飽，潛行秘計，若暮夜無知焉。嗣後老饕慕嚼，饞口垂涎，誠有如馬逢皋廉訪修隄詳文所云以決隄爲尋常，以領欸作生計，官民之災異反爲若輩之禎祥者。史蓮叔觀察敘工程條約亦云其不願圩破而有害鮮利者，皆哀鴻中澤，椎魯無能董耳。二公之言切中圩弊，官斯土者勵紳禁蠹之法，當防其微而杜其漸也。又傳聞某年官圩垂危，某紳執田數頃，陽理圩務，陰實害隄。隣佑促令傳鑼搶護，其婦子遽阻之曰我家收花租幾何，何如領欸之多且便也。吁！人道滅矣。

"通圩設總局" 註

冬春鳩夫修築，倣照舊例有緒可尋。夏令變起倉卒，官圩地面廣闊，尾大莫掉，若非設局難匯其全。就地勢遠近適中之處，西南岸可於清水潭設一小局，兼顧中心埂及福定圩外障，或在烏溪東首保甯庵亦可。東南岸可於新溝設一小局，兼顧籍家陡門、邊湖及大隴口、刑羊村等處。東北岸可於花津天后宮設一小局，兼顧十里洶工並北橫埂一帶，或在史金閣章公祠亦可。西北岸可於新陡門設一小局，兼顧感義圩內水埂及外障，並青山東南一帶之沿山埂。芒種前後，伏汛將生，刻不容緩。若惜區區小費，即有迫不及待者，因小以失大也，可無慮哉。

"搭棚看守" 註

鄰邑金保圩與官圩僅界一河，其隄務最密，水路划船巡哨，旱路

搭棚看守，逐日送籌，徹夜支更，一切米鹽設局支應得古人守望相助之法，所以歷久不敝也。又倪豹岑制軍守荆州時，萬城大隄用擡棚法，簡便易行，可以奉爲程式，說見述餘器具。

一、歷屆搶救往往告潰時多，保全時少，何也？無頭緒也。以彼往來不齊，傳聞不一，即偶得確實，又恐無椿，無蓆，無篾纜、黃蔴及夫名、船隻、椿手等項，於是有畏縮不前者，有中途躲避者，束手待斃，無可如何，此一弊也。若據管見，豫先設局，並將急需應用等物備齊，設立顏旗，大書某岸某圩某甲，倣照軍法以部勒之。一船之夫督以甲首，各予顏旗一面，某船某處便可一覽而知，某船踴躍赴功，某船嘈嚄致事，均可查究。如東南岸用紅旗，東北岸用綠旗，西南岸用黃旗，西北岸用白旗，每船各將大旗高懸鷁首，再添設小旗與催夫船隻分別緩急，起夫三五成加小旗一面，七八成加小旗二面，挨門起夫則加小旗三面，眉目既清，緩急自辨，則大利矣。

附旗式：橫直以五尺爲准，小則難於識認。

東南岸　西南岸　東北岸　西北岸　王明圩　保城圩

太平圩　永甯圩　第一甲　第二甲　第三甲　第四甲

"告潰時多，保全時少"註

前代告潰年分無稽，自道光三年迄今光緒十三年圩潰凡十四次，均未救起，除道光十四年獲全半壁外，惟光緒四年五小圩之保興圩潰，在千觔閘右首，幸附山麓，又得黃冰臣太守率同邑侯嚴心田明府多籌椿蓆、口糧救護，凡五晝夜始獲安全。時七月七日天氣晴明，水勢漸落時也，其決半恃山阿港，深五七尺，闊僅二丈許，外有易盆橋以隔之，水由獨甕灌入，越三里許始入口門，乃依山越築得告成功，綜計費用按畝科銀二分，乃全是役。噫！水性如此，其迂決口如是，其隘人力如是，其懲費財如是，其多兼得天時如此，其晴明地勢如此，其阨要始得收功，搶險之事蓋綦難哉。

"畏縮不前，中途躲避"註

圩無經畫，費用無着，誰敢肩此重任乎？況良莠不分，勸懲無法，彼喜事者未有不債事者也，爲領袖者其不畏縮退避也幾希矣。又況夫名見事不濟，咸以換夫討糧等事乘間躲避，中途逃回者，蓋無從查點也。

一、近今連潰，苦無椿蓆，人咸畏縮不前，其中亦非無故也。人心不古，年歲不豐，措費維艱，諸弊雜出，或因苛索而乘間報復，或畏蹂躪而不敢聲傳，因譌傳譌，一誤再誤，此一弊也。若據管見，各岸豫籌畝費採辦苗木三五百竿，多多益善，做成椿式，上箍以鐵，中烙以印，計數登簿，一貯天后宮，一貯章公祠及孟公碑、大隴口、烏溪、黃池等處，就近取用，用後添補。倘有不肖董首，或因年深月久備而未用，覬覦該椿，變賣抵作別項，合圩鳴公，見一罰十。至若蓆片、蘇筋、篾纜、繩縴零星小物，隨時備用，則大利矣。

"苛索乘間報復"註

圩僉董首若世及，然往往藉仗官吏虐待農佃，凡日用薪水、胥役工食不無飛灑以及乾没等事，由未有定章也。近又不能撙節估計，不免生苛派妄索諸弊，爲所虐者當時無所控訴，隱忍不言，至是唆使頑愚乘間報復，圩固多此惡習也。出爾反爾，此曾子所爲戒之戒之焉。

"蹂躪不敢聲傳"註

圩務果有條理，即事變猝起，何敢肆行蹂躪。近無規畫，一遇崩塌，早知力難撐拄，不敢聲傳，比及他處偵知，糾集多夫烏合而來，豕突從事，方且誇大其詞，立需椿蓆若干、黃蘇纜縴若干，偶有拂慾，遂有折毀該處農具、莊屋者，且有擊碎屏門、槅扇者，肆行勒索，無所忌憚，該處丁男閃避如入無人之境焉。若遇董首或牽繫椿頭，或拖

塞浪坎，窮凶極惡，有因此而喪其生者。先事不爲籌劃，臨事必費周張，後事有不深爲懊悔也乎。

"採辦苗木" 註

搶救潰缺定需苗木大椿，窮鄉僻壤不近城市，呼吸垂危之際往郡及蕪，縱不嫌其價昂，未免虞其路遠，一往一返必措手不及矣。況經崩削之後，傳信者一時，集夫者一時，相機宜者一時，籌採辦者又一時，潰缺尚可問乎？故不如豫備之爲計得也。所以近來潰缺總無獲全之際。

"椿手船隻" 註

搶險下椿，非平時可比，必得熟手方可奏功。驚濤駭浪之下如徒恃夫多人衆，轉不足以濟事。惟平昔嫻熟，方能應手。如有爭先恐後，超越尋常者，宜破格犒勞。至大小船隻圩內不下數千，搶險之事在在需船，如下椿運土、裝夫巡埂、催夫搆料，皆不可無船，惟一圩派定幾隻，仍備幾隻頂換，按工給價，以免其推諉，並可以免其偏勞。

一、周圍陡門向有舊章，惟涵有公私，難於劃一。現今人事紛更，庸夫妄議將可用之陡門終年堵塞，不使宣通，既朽之涵洞擅自私開，猝難築塞。如乙酉年新溝圩之土洞，丁亥年太平圩之低涵，前車覆轍，此一弊也。若據管見，逐岸查驗朽壞陡門，責令具結，次第籌欵興修，做照舊章以時啟閉。至於公涵，與陡門同例。若夫私涵土洞，押令永遠閉塞，以絕涓流。至若攔河張網，射利取魚，築土培基，阻塞水道諸弊，尤干禁例，衆共擊之，使其永無礙事。倘有負固不服，鳴公稟憲究懲，則大利矣。

"前車覆轍" 註

圩設陡門，做《周官》稻人遺意，酌斟而善用之，啟閉因時，旱

潦可禦，此公事也。圩田少則公設石涵焉，啓閉與陡門同。若私涵，若土洞，則非所宜矣。以數萬家之公産爲一二人之私見，致淪胥以敗焉，可乎？乃涵洞放水，彼既曲爲掩護，衆復怠於巡查，惟利是圖，據爲壟斷，旱則放水灌田，澇則取魚肥己。乙酉新溝漏洞放魚，鄰近偵知，屬令堵塞，彼恃安流置之不理。時適感義圩先潰，章公祠前隄矮漫溢，咸赴該處救護，新溝虛無人焉，土洞猝然大崩，是時腹背受敵，搶救不及，此一失也。丁亥太平圩老鸛嘴之低涵未啓閉者近百載，董首戎某賄通姦胥，徑行開啓，夏汛驟發，堵塞未堅，魚潛其中，坐收其利已至月餘，後忽崩潰，又一失也。聞道光戊申孟公碑潰亦緣漏洞網魚，猝致失事。歷觀已事，有明證也。前車覆轍，後車不可鑒乎？

“霸佔水道”註

外水陡門均有支港出入水道，近有網利者每於啓放時攔張灌網，重重架隔，有礙灌溉，而內水陡門尤甚。如亭頭陡門水由細港出入曲折，兵燹後拋棄瓦礫填塞咽喉，該地居民藉培基址，水道幾塞。雙溝陡門水道亦屬不利。伏龍橋陡門水口高仰，間亦隔塞。清水潭陡門朽敗不堪用，自南壩築成，遂無有開啓時矣。

卷四　夫役<small>瑣言四</small>　湖陳逸叟編輯　于毓侯采蘩校

目次

　　深溝高壘，無兵卒以成之則失。嚴隉峻防，無夫役以守之則危。夫人而知之矣。然兵貴速，夫貴齊；兵貴嚴，夫貴壯；兵貴銳，夫貴公；兵貴以律，夫貴有章，是不可以不急講也，述夫役。

　　一、圩内土夫不明憲典，不服圩規，糊工了事，種種惡習責之既不能改，懲之又勿能勝，非盡屬夫名之咎也。蓋按畝徵夫，情理允協，乃有土豪劣董自己應出夫名不令赴工修築，祇以空函囑託圩修代收空卯，或有無恥之圩修受賄賣卯，致令衆夫不平，不肯上前出力，甚且有攔夫、鍬夫、夯夫、施夫等名一切取巧之法相沿成例，此一弊也。若據管見，各圩按甲分田，計田派夫，多寡適均，勞逸並舉。至鍬、夯等夫，即於挑夫中聽圩長相時抽點應用，圩修親手點卯，夫役親身應名，如有不法不公情事，無論何等董修、何項弊竇，准夫名查確，據實指稟，從重究罰。倘夫董等扶同作弊，經隣圩指破者加倍罰之，果如是法，自無漏夫閃差及賄賣取巧諸弊，則大利矣。

"函託賄賣"註

有田當差，分也。計田徵夫，理也。乃貴者以勢陵，富者以賄免，弱者畏其逼，貪者利其財，有此數端，弊實雜出，眾夫能甘心乎？取巧之人日益眾，完隄之計日益墮矣。前明紳衿免夫之弊業經奉憲革除，具載邑志，惟老冊中載圩長、小甲免夫，亦是彰明較著，並非私函賄託也。近來刁狡日生，百弊叢出，無非希圖避役耳。是在當事者熟察而細懲之。

"鍬夫""攔夫""夯夫""施夫"註

監於成憲，其永無愆，《書》言之矣。然而有難焉者，蓋百年無有不弊之俗，亦群生不皆好義之人，故一利興即一弊見也。如鍬夫、攔夫、夯夫，隄防之役必不可少，而鍬夫專攫鍬，攔夫專用攔，夯夫專打夯，當時未嘗不利也。日久則弊生矣。惟於挑土夫中擇能事者而善用之，當鍬便鍬，當攔便攔，當夯便夯，其數多寡相時點用，不必執定呆法，自無舍重就輕之弊也。施夫云者，未知託始何人，緣會議時承辦酒席，遂令免赴工役，懇憲施恩，或作屍，如尸位之意，有名無實也。又云死夫，施字之轉音也。此夫免赴工役，如已死然。查此陋習，惟保城圩有之。

一、夫名更換不時，臨差閃避者居多，雖有頂夫、換夫之説，究竟延挨時日，轉相倣效，名雖有卯，實則無功。且時屆搶救，多方呼喚，彼此交推，各衛室廬，聚訟不休，不聽圩長調用，圩隄將何恃乎，此一弊也。若據管見，按畝派夫，各予腰牌一面，編定甲乙，自冬徂夏一律到底，不設副牌，不更換，不頂替，不開閃避之門，其畸零田畝少以幫多，按照工程妥爲定議，大約以貼米爲是，行見踴躍赴工，無處推託，則大利矣。

"頂夫換夫"註

各府州縣隄工歲修有徵土核計者，有斂費召募者，有發欸津貼

者，官工、民工不一而足。官圩向例修隄照田派夫往往有頂夫換
（托）〔夫〕之法，殊不知此往彼來，中間閒曠，是以行路之閒工作修
隄之正卯矣。況零星散戶一牌數名，彼頂此換，是卯愈多而工愈少
矣。春工曠日持久，猶恐雨多水漲，修築不堅，設遇搶救變故不測，
爲刻無多，其能更番替代乎？故及瓜而代者，猶知奉公守法也，期逾
不至者，是尤罪之魁者也。籌善後之君子，尚其整頓之，更有畸零田
畝，費不貼，工不赴，尤爲可惡，故有以整飭之。田分戶散編偷巧之
至，罪不容誅。

“各衛室廬”註

官圩農佃僻處鄉隅，未經閱歷，罔識大體，當隄防告警，各衛身
家，不顧局面。修董催夫，雜亂無章，誰人應卯，祇圖搬家運物，移
置高阜地面，救眉睫之急，忘性命之憂。推原其故，一由路遠難知音
耗，一由茅屋易於飄淌，人人如是，推而至於圩圩皆然，狂瀾既倒，
誰其挽乎。

按畝派夫，編定牌籌，大都以老幼搪塞，其數雖具，其力實微，
彼此相覷，謂彼老而更有老於彼者，謂此幼而更有幼於此者，尤而效
之，如代他人作事者然，爲謀不忠猶且不可，況自謀乎，此一弊也。
若據管見，每圩各設卯簿，編定甲號田畝夫名，排定甲乙，註明年
紀，强壯有力方准入册，以二十歲至五十歲爲度，其餘老幼疲癃立時
刷斥，則大利矣。

“老幼疲癃”註

老者筋力已衰，少者血氣未定，聖人所爲安懷也，其能以努力
乎？以老幼赴工，不啻傀儡登場矣。況修築隄工乃效力之所，非養病
之區，若竟以疲癃之人使充是役，是先自棄也，奈何諉之於天哉。圩
潰而諉諸天，殊不可解。

一、夏漲搶救，集夫既難，呼喚多時，零星而至，此猶後也，乃

有猶豫未定，足趑趄而不前，抑或蜂擁而來，情騷擾而不已，大都藉以米糧不敷，樁蓆未備，勒令修董猝辦，其中因仇報復、挾怨生端，或竟扭辱毆傷，莫可救藥。推原其故，皆緣平昔辦理未善，臨時無從查考，此一弊也。若據管見，春冬工畢，着令值修邀同圩首、甲長通圩籌費，先辦樁蓆，豫派夫船，設立卯簿，按定成數，編定甲乙。一經傳喚，在於要路點名，齊赴險處救護。倘有持頑不聽徵調，仍復蹈常襲故者，指名稟究，庶幾指揮如意，有進無退，有成無敗，則大利矣。

“米糧不敷”註

春工照田出夫，自備米糧，夏令如之，圩之舊例也，行之已久矣。夏令防禦爲日無多，難以懸揣，每囑以持三日糧冀了此役，如未竣事，用替代以繼之，殊不知此最誤事，試問此三日中一往一來，夫名即能齊備乎？彼往此來，隄防遂能完固乎？歸覓口糧，不過藉端逃避耳。設能豫爲籌足，俾夫飽餐，一乃心力行見，易危爲安，轉禍爲福矣。至於划船巡埂，宜豫派定班次，多齎口糧，使彼一意巡綽。本日在何圩巡哨，明日在某岸會哨，持籌報局，刻即驗明，一面詳察各段情形，庶幾有所恃以無恐。《書》曰惟事事乃其備，有備無患，此之謂也。

“勒令猝辦”註

兵燹餘生，田畝累重，圩內土著未聞有千金之家者。值年修埂，按甲輪差，照田科費，取之盡錙銖，事端猝發，用之如泥沙，誰敢力肩重任乎？又況呼吸垂危，誰肯揮霍己囊，後來不能歸趙，遂致子虛。故有應辦之事，斷無承辦之人。曾聞同治丙寅花津要工風浪大作，需樁保護，該處地痞勒令某紳猝辦，於時大費周張，得二尹張子赤主持之，不致僨事，然亦乘危肆虐，納某紳於浪坎中矣。可畏哉。後仍賠墊多金，得驚悸病，逾時而卒。傷已。

"夏水籌費"註

　　大凡作事，勤於謀始而忽於圖終，春工已畢而忽於夏令，是有始而無終也，且舍難而就易也。安不忘危之謂何？惟邀同合圩籌議椿薪並一切工需，或貯欵，或派費，總不使臨時掣肘，匪特慎終於始之意，亦未雨綢繆，圩工之要着也。

卷五 董首_{瑣言五} 湖壖逸叟編輯 臧文銘成鼎校

目次

爲官難，爲董亦不易。爲官者爵以榮其身，祿以養其體，奉君之法，行己之權，中材之人有猷有爲有守，馴致於爲好官、爲清官，不難已。爲董者反是。述董首。

一、圩董畏事，一因措費無出，因共事非人。語云薰蕕不同器，冰炭不同爐。凡今之人寒素者多諭令辦公，無暇復理本業，內顧多憂。況不肖者流以諭紙爲護身符，以編氓爲食邑戶，乘便營私，利己損人，不特鴉片梟盧明耗公欵。一經錢穀，藉養身家、射利之計叢生，全公之處絕少，此一弊也。若據管見，遴選董事以田多而又廉能者爲首領，田少者次之。諺云：有田須當差。此語良可味也。其餘恃功名，恃口給，恃姦巧詭譎，及武斷鄉曲、貪緣當路者，逐細訪察，一概革除不用。至未經奉諭之人，必非良善。若自逞才能，妄生冀倖，因而攻訐陰私，捏誣架訟，飾詞聳聽，顛倒是非，一切強詞奪理之輩，皆宜深察而痛懲之，則大利矣。

“寒素者多”註

查同治庚午修隄，除正用外尚存餘欵，一無正用，圩衆沸騰，乃分潤寒素爲賓興資，議遂寢。光緒乙酉圩潰，好事者視爲利藪，串通房役，打探消息，豫圖官諭張本。當時有納粟捐董之謠，甚至賄求聽委微員在諭紙隙縫中添補者。況該董寥寥薄產，田本無多，碌碌庸夫，才又不大，不過藉以哄嚇鄉里小兒，因之獲利耳。以若輩爲領袖，能無階之屬乎？

“廉能”註

《周禮》“六計”，廉爲本，能次之，廉而不能誤工也，能而不廉累民也。專論田多，庸有裨乎？惟給資斧以養其廉，假魁柄以覘其能，糾察嚴而去取當，斯得之矣。

“功名”註

朝廷名器，原以彰有德，勵有能者，近因兩粵軍興，繼以河工海防，在在動帑，其有捐納正雜均減其成，文武歲科均增其額，非濫予

也，冀得人也。國家需才孔亟，殷實俊秀亦得厕身冠裳中，俾扶翼名教，化導顓蒙，遇有箝制鄉愚、串通衙蠹，一切蠅營狗苟無所不爲者，賴彼以匡植之也。彼恃之者，何心哉？噫！異已。

"口給"註

《傳》曰，子產有詞，家國賴之。詞之不可以已也。若談天，若説法，已卑之無甚高論矣。口給何爲者？禦人以口給，有不屢憎於人哉？奈何嘴似鐵鑄，鼻以粉敷者之猶有其人也。極而言之，爲流屍，爲草肚，人名而畜號者，安知不插脚於其際哉，金盤貯狗矢其所爲，致誚也夫。

"姦巧詭譎"註

姦巧詭譎，君子所不爲也。若夫宵小者流，異己者力肆傾排，附己者心相印照，此猶盡人而可知也。更有一種巨蠹，陽博寬厚之名，陰懷姦很之計，慣與若輩聯爲親戚，託以心腹，此而假以事權，彼即任意羅織，是猶啖虎狼以肉而欲止其吞噬也，得乎？爲董首諸君子有則改之，無則加勉焉，可。

"夤緣當路"註

夤緣者乞憐昏夜，驕人白日之態也，正直者豈肯哉。光緒乙酉之役，官圩多難之秋也。當事者以耳食，倡議者以計逃，暗與狡差、猾吏、健僕、刁奴結約要盟，一切文書欵項上下其手。太守廉得其情，面斥之，猶怙惡不悛。圩訓導姚心畲作《官圩愁》五古，有句云：胥史即官長，百唯無一謂。太守今龍圖，窮治非臆度。又云：謡唱聽忠姦，笑罵逾撈掠。竟有顏之厚，居然履之錯等語。言之誠確，詩見《述餘》藝文。

"自逞才能" 註

時際晚近，姦佞用事，以故狡焉思逞者實繁有徒。語曰慕羶者嗜味，戀錦者圖榮，無非利心中之也。自逞如是，其不至證父攘羊、紾兄奪食不止。觀於同治庚午修隄，以姪訟叔，以弟戕師，不一而足。《孟子》曰：不奪不饜。誠哉是言。

一、圩務日壞，雖曰值修者不力，實緣共事者不和。《孟子》曰：天時不如地利，地利不如人和。近今強者剛愎自用，弱者樸陋自安，固已。更有狡黠者流或倚強欺弱，變亂是非，或花面逢迎，獻諛貢媚，不特錢穀希圖染指，即簿書議約塗抹攘竊，直欲貽害於一人。彼一人者鶴立雞群，欲鳴官則胥吏把持，欲通衆而彼此唯諾，孤立無援，撫膺長歎，能無裹足不前乎？此一弊也。若據管見，爲董首者當知情同桑梓，誼切葭莩，懷利盡交疏之戒，法守望相助之風，如果和衷共濟，自能和氣致祥，不得聯姻戚而不辨和同，不得挾嫌疑而遂傷和好，人言勿恤，大局攸關，將見子孫之廬舍可安祖宗之邱隴無恙，則大利矣。

按：人和爲多助之本，君子與君子和，小人與小人亦和，君子不樂與小人共事，故不和。小人偏欲藉君子以成功，更不和。

"花面逢迎" 註

花花世界，面面玲瓏，此傀儡場中事也。人奈何操此術作逢迎事哉。圩有其人，我防其脅肩諂笑也。倘遇其人，我決其人面獸心矣，可不慎哉。

"塗抹攘竊" 註

竊比老彭，竊聞游夏，孔孟之心也。其竊尚已。竊鉤者誅，竊國者侯，賞罰之謬也，其竊顯已。降至竊位者蔽賢臧孫，見譏於泗水。

竊名者謂盜介子，矢怨於縣山。其竊之事已不雅馴矣。奈之何？而有攘竊議據者，殊不思背盟不祥，棄信不義，古人曾三致意焉。乃一朝失足，千古貽羞。圩人何層見疊出也？臨財苟得，臨難苟免，夫已氏其真齷齪哉。

"姻戚" 註

古人內舉不避親，外舉不避讎，今人阿己則為親，拂己則為仇，公私之界顯判矣。更有可嗤者攀藤附葛，出肝膽相示，謂生死可以不渝焉。一旦臨小害，反眼若不相識，更擠之落井而又下石焉者，此猶在人情意料中也。所不可測者，因利生嫌，因嫌結訟，似有不共天、不反兵、不同國之勢，不旋踵間因利辦公，因公投契，反為之結姻黨，聯世誼，前後若兩截人者。吁！人情至此，天理淪亡，真禽獸之不若也。

"廬舍可安，邱隴無恙" 註

官圩之築，創始於宋，大備於明，戶口日增，人烟日密，始由他郡遷徙而來，亦越數傳，村落以著，祖宗之塋兆祔焉，子孫之廬舍安焉，如星羅棋布然者。且平疇曠野無爽塏之可更，一遇圩潰，蓬戶飄搖，桐棺流蕩，時出沒於洪波巨浪中，有目不忍覩、耳不忍聞者，能無惻然。

一、官圩大局不特不和，亦且無主，忘身家之重，開泄沓之風，以數十萬之生命、億萬畝之膏腴、百餘里之隄障坐而待亡，付之洪濤而不顧。皆由各岸各意，一圩一心，秦越相視，彼此相推，各挾所私，茫無一是，此一弊也。若據管見，岸設一總，總一岸之成；圩設一董，董一圩之役；甲長理一甲之費，催首管一甲之夫，各司其責，各問此心，上下相聯，彼此相顧。並懇大府為民請命，詳奏國家分撥巡檢駐紮官圩，專司隄務，按時沿隄巡綽數四，並指示一切機宜，俾各岸總董有所稟承，徧傳圩甲，若身之使臂，臂之使指焉，則大

利矣。

"萬頃膏腴"註

官圩魚米之鄉，膏腴之產也。向分四岸二十九圩，西北岸六圩計田四萬八千零，西南岸七圩計田六萬五千零，東南岸七圩計田六萬九千零，東北岸九圩計田六萬五千零，四岸總其田二十四萬八千有零，此前明分工老冊數也。近因倒塌衝潰，圈挽挑壅，並歷屆歲修挖廢不下數千餘畝，未能適符上數。

"分撥巡檢"註

當邑官圩賦幾居邑之半，道光間水災屢告，闔邑田糧悉蒙大府軫念民瘼，奏請蠲免，至今沿以為例。邊徼小邑田不滿數萬，戶不足數千，國家慎重版圖，特設縣尉丞倅各職司以重守令而勤牧養，官圩版圖如許，額徵如許，設官統率一切應辦圩務，呼應較靈。查楚省萬城大隄責成於刺史、縣令，分勘於制府、中丞，凡以為鄭重圩隄耳。但設一官必任一職，此請專主圩務起見，思出其位，識者慮之。如有効忠盡職者躬蒞官圩春冬督築，秋夏宣防，三載安瀾，記功一次。至於戶昏田產諸案，絕不越俎而代庖焉。相彼小民，誰不額手稱慶乎？倘若鬭蛇起釁，猛虎貽苛，以吾圩為湯沐地，以吾民作魚肉觀，誠不如不設是職之為省事也。

"大局不和"註

天地和而品物亨，上下和而庶民阜。用禮以和為貴，作樂以和為先。推而至於夫婦和人道正，兄弟和家道興，君臣僚友之間穆穆棣棣，將見和親有象，和恒四方矣。和之時義大矣哉。官圩大局不和，良亦有故。蓋自分工劃段以來，設局辦公則散處四岸，進城會議則先後不齊，況稟見府縣情形亦復不同，議論又自各別，不和根源隱伏於

此。殊不知京師爲首善之區，郡城乃四鄉之望。若於城内覓一館垣，略備薪水，俾四岸總首咸集其中，公議一切隄務，四岸情形縱難劃一，而裒多益寡，分岸分圩不分畛域，則大局有光，圩政畢舉矣。救時政者宜於此處藥之。

一、圩工按畝科費，自前明已有成例，奈不肖姦徒希圖斂費藉肥身家，或持强自揩，專索愚懦；或設計脱空，化爲無有；或事外造言，妄稱浮派；或局中濫用，靡費脂膏。無事時旋收旋支，臨險候無着無措，此一弊也。若據管見，春工報竣按畝積費，封貯殷實妥貼圩首之家，臨時驗用，俟秋汛畢再行結算，榜示通衢，共聞共見，不得因胥吏之貪饕、經手之侵蝕，含糊不語。如果不敷，秋收積穀以補其缺。田少之家、寒素之衿均不得藉口公攤（私）〔散〕❶貯，致令易放難收，臨時掣肘，則大利矣。

“持强自揩” 註

圩繫民隄，一切修防搶救之用無役不照田公派使費，董首奉諭督辦圩務，終歲勤劬，既無優獎，又無薪資，誰無本業，誰無室家，顧忍令其舍己芸人，因公受累乎？官有禄，吏有規，役有工食，惟茲董首介乎其間。官責其成，吏索其賄，誰肯以羞澀之阮囊供雜沓之慾壑乎？暗裏開銷勢所不免，稍露破綻，局外者群伺其隙以攻之，此持强者藉詞揩費所由來也。當斯時也，縱之則效尤者衆，懲之則造意者多。負固不服，競爲喧呶謠諑之聲，安所得良法以馭之也？諺云：捉駮子，補乖子。圩習使然也。或曰倣前明免夫之例，明給工食以專責成，卯簿自行裝訂送縣鈐印，差房請官給與紙張飯食，不使擅權，其亦庶有豸乎？

“希圖斂費” 註

歷屆起費大率浮報，前日某事已墊用若干，現在某事又需用若

---

❶　散　原作“私”，據本卷目録及文義，應作“散”。

干，將來某事更約用若干，或倍蓰，或什伯，皆任意爲之。一圩之中有議首、有甲長等數十人，朝夕聚斂，甚至斂十而繳一焉。此所以有喫七用三之妄説也。故斂費者多而出費者少。

"設計脱空"註

心與口一，其人必端，即遇有糊塗等事，彼亦不屑染此骯髒物，何至東扯西曳，設詭計以脱空乎。嗚呼！廉恥道喪也久矣。凡今之人口夷齊而行盜跖，吾於圩費益信。

"事外造言"註

敏事慎言，聖人稱之爲君子。人果砥行立名，事不經手，落得安閒，幸也。豈有胥動浮言，恐沈於衆乎？揑造謠言，徧張揭帖，毀人廉恥，敗人聲名，斷不爲也。顓蒙罔識，藉口生端，誤聽刁唆，肆行措奢。且有剛愎不仁，擅用公欵，毫無忌憚者。彼肩任者恐其敗乃公事，不得不籠絡衙門，先存異日賈禍地步，設有不白，賴彼先容蒙蔽憲聰，圩務尚可問乎？

"榜示通衢"註

此實用實銷，共見其聞之舉也。其不能奉行者有二弊焉。賠費過度，輆輵多端，或暗地挪移，或私囊飽蝕，一切供人指摘者亦且隱諱之不暇，其何以能大書特書爲之榜示乎，此其一也。又有門丁尅扣，書吏侵擾，以及長隨白役百端吹求，一切犯違禁例者亦均不能榜示，又其一也。必欲清釐積弊，先除衙蠹，再飭紳鯨，涓滴歸公，毫無飛灑，其有措奢不出者，是亦妄人也已矣。

"公攤散貯"註

倡此説者其心必不甘，彼意謂先圖現錢到手，異日即歸公應用，

已有取巧之處，抑或遲之又久可消歸於無何有之鄉。復恐積貯之家亦有脫空事，故難於抵用其名。雖公攤散貯，其實則暗地瓜分，遇有要工，妄將前事支吾虛報盡淨，再爲設法或旁處挪移，或勒人暫墊，以爲後日科費張本。《傳》曰：貨悖而入者亦悖而出。天道好還，鑒觀良不爽也。

卷六　胥吏_{瑣言六}　湖堧逸叟編輯　俞麗生德儉校

目次

　　官需吏以成事，故有官即有吏也。吏假官以逞威，故民不畏官而畏吏也。諺云清官難逃猾吏手，又曰官去衙門在。可懼哉！可懼哉！述胥吏。

　　一、歷屆收驗圩工，官紳親臨履勘，沿隄環繞，遇有單薄埂段，責令具結復工，宜也。詎知官紳過境以後，文案空存，修復無日。書差吏役專講年規、節例、程儀、隨封等事，其夫馬等費雖經示諭自行給發，不准需索分文，乃陰奉陽違，多方苛派，視財賄之多寡爲隄工之優劣，肆行抑勒，甚且有錢到公事了之語，該工之修復與否概置不論，此一弊也。若據管見，驗收圩工先由該圩董首邀同四岸總董沿隄細勘，據實稟明，請官復驗。遇有草率單薄之處，立登號簿，頃傳該

修具限復工，屆期復驗，期與前後工埂一律堅固然後已。倘仍玩延及用賄免脫，查出，枷示河干，罰一警百，則大利矣。

"年規節例" 註

春冬工役有牌示，有卯簿，有諭紙，其事已成規例矣。若遇要件，票飭籤提亦時所或有焉。更有驗收之際，府縣事煩，無服親詣，旋委在城聽遣人員赴工查閱。乃竟視爲利藪，雖經勘驗，終覺顢頇，並不察隄之險夷，工之勤惰，往往藉事生風，沿途乞賄，遂所欲者襃揚萬狀，拂其意者鞭笞立行，問其該埂何處凶險、何地草率、某當修補、某應幫培，彼昏不知，朦覆長官，茫無確遽。即使有心民瘼，胥吏百計蔽其聰明，導其貪黷，然後施其伎倆按籍需索，設非潤澤即該工高厚寬闊且將吹毛求疵矣，衛民適以厲民也，可無慮乎？

"沿隄細勘" 註

光緒戊子四月大工告成。黃冰臣太守奉撫憲陳六舟中丞檄查勘驗收，輕騎減從，自備夫馬火食，躬率紳士沿隄相視，逐一指示方略。且云北岸新工圍牆雖閉，牕櫺洞開，恐貽後患。尋繹語意，洵爲吾圩謀遠慮也。其於陋規習弊一切掃除盡净，僕從不敢出聲，斯真一塵不染者。又嚴心田明府奉檄幫辦圩工，減膳勞夫，工竣回省，士民備蔬菓以餞之，明府一介不取，圩衆咸揮淚而不忍別焉。又史蓮叔大尊逐圩評定工程等第甲乙，犒以酒肉，絲毫不費民財。是三公者皆能造福吾圩，並設栗主祀於花津天妃宮之右偏。

一、府縣委員驗收隄工，水仗由護駕墩泊岸，沿隄繞至黃池，即由福定圩之三里埂順流而下以抵郡城。旱路由青山鎮至圩，繞圩至護駕墩選舟回郡。輒謂圩隄一周，可以報命矣。殊不知章公祠前數標埂段至危至險，長亭外埂西風下逼，亦屬要工，薛家樓、印心庵等隄十數里高不滿丈，細僅如絲，該管諸圩恃非孔道，人蹟罕到之區，風浪不生之地，無人指摘，又不經官勘驗，歷屆不修，此一弊也。若據管

見，官吏紳董臨工勘驗，雖此等無事工段萬不能漫不經心，縱無風浪之險惡，實慮蛟水之激衝，逐細查察，責令年年培築，段段堅牢，且可免勞逸不均，則大利矣。

"高不踰丈，細僅如絲"註

自千觔艑至項家橋，西北岸北廣濟、永甯、南子諸圩標工也，外附五小圩，中界一港，僻處山麓，盤回曲折十餘里，寬僅弓許，窄處半之，如襟帶然。雖無長風巨浪，夏秋霆雨蛟虬時作，往往山洪下注，間亦壞隄。光緒四年七月保興圩幾乎失守，波及官圩，得嚴心田明府力護之而圩岸護全，費用頗不貲矣。至戊子修隄，史蓮叔觀察曾紆道勘驗一次，惜未經指示措置一番。該管諸圩沿舊草率，致該埂日就低塌，不絕者僅一綫耳。以之禦水，則吾未之敢信。且人皆於耳目之地辛苦備嘗，彼獨安享一隅，偷閑無事，揆之於理，殊屬不妥。

"至危至險"註

章公祠前工段約五里許，繫東北岸咸太兩圩標工，外附感義圩，原設縷隄，俾馬練港陡門之水由觀音閘出入。今私隄已廢，而陡門亦閉塞不用矣。設感義圩有失，此埂不能障水，禍不旋踵，能無慮哉？道光年間屢潰，均在此埂，是其明證。

一、圩無存欵，遇搶險修潰時，一應工需無敢承辦，計無復之，懇官借欵，假手丁胥，領則尅扣減成，償則加倍稱息，圩民固受累匪淺，經董亦措辦維艱，此一弊也。若據管見，凡隄工告警之時，不及斂費，遇有請官借欵等事，稟明官長，酌給丁胥紙張飯食，不准從中尅減，以及格外需索，俾實用實銷，不苟不濫，則大利矣。

"借欵"註

請借官欵必經胥吏之手，誠以文牒待伊書寫，出入需伊傳遞，多

一人經手即多一番尅剥，借到之時祇得十之九，繳還之候率以二償一，爲民父母豈忍尅剥吾民者。況聖恩寬厚，若撫恤、若津貼、若賑濟從無徵還之例。茲緣借欵倍稱取息，謂董首能解囊賠補乎？不苟派以累民焉，其何事之能濟也。國家經制出入有火耗，有平餘，若輩貪婪，經手一次遞減一成，稍不遂慾，公事捍格不行矣。吁！可慮哉。

"實用實銷"註

　　光緒戊子修隄，陳大中丞撥欵三萬餘金，檄太守史、縣主金實發實用，旬日一報，絲毫不假丁胥之手，工竣之後榜示鄉城，有目共見。其委員薪水、胥吏紙張飯食概由官給，逐項詳登，無有不衢歌巷祝者。

　　一、官紳書吏呼吸原貴相通，蓋國家設官，原以勤求民隱，上下隔塞，公事不便施行，即行，亦未免延宕。近今衙門動索賄賂，其簽束茶號諸役必先講定規例，公事方可施行，如稍一窒礙，下情不能上達，貽誤良多。蓋侯門似海，慾壑難填。遇有緊要事件，若輩故作躊躇，不爲通報，董首猝難入告。此時姦吏舞文，狂奴挾勢，官長未之知也。爲董首者家無阿堵，俸無支度，因公受累，師出無名。一應陋規不能載之簿書，榜示圩衆。況又有乘間抵隙者，隨而媒孽其短，跋前疐後，欲進不能，欲退不得，其誰秉公矢正出而辦事乎？無怪乎貪鄙姦詐之徒始而玩事，繼而好事，終而誤事，且又居間滋事，此一弊也。若據管見，書差吏役酌與飯食紙張，亦須共見共聞，不准格外苛索，其門應簽押官爲給與。爲董首者亦不可自喪廉恥，自敗名節，動謂衙蠹需索多門，俾人受污名，己收實利也。況出入公門，結交聯黨，干求私室，固寵希榮，皆自愛者所不屑爲也。夫惟先自愛而後能愛民，亦惟擴大公始可以全公務。官紳吏民果如是焉，則大利矣。

"姦吏舞文"註

　　光緒乙酉建造新溝潰缺，相度地勢，應由朱公祠故址過峽，依大

埠填溝，順至王祠右首合龍，詢謀僉同，良以官圩數十萬生靈倚隄爲命，永宜立脚堅牢，善建不拔，即稍有溢用亦無不可。乃當事者誤聽青蠅以省工節用爲詞，彼處賄通姦吏，揑就諭紙，勒令沿潭建築險處小圈。於時衆議大譁，雖行路者亦非之。嗣經紳民請勘，謠諑鼎沸，退駐大隴口埂脚，凡五易乃定。由大旱圍築，仍勒諸紳遵結退繞王村，較原估工程增三之一焉。且挑沙垛埂，難免後來生患。一家哭何如一路哭。儼然爲民上者，何竟未聞斯語耶？

"狂奴挾勢" 註

勢者，利之見端也。勢行則利無不得，故求利者必先挾勢也。夫跟役長隨，官所必有，果能秋毫明察，何至魁柄下移。其有狂徒健僕倚勢作威，而舉趾高、意氣揚者，積漸使然也。新溝之役，彼處傾家賄吏，越築村基，若輩百端狡黠，誅求無厭。經聯仙蘅太守訪察其人而面斥之，其氣稍懾。及太守調陞，又漸漸鴟張矣。

儲方慶曰，今天下之患，獨在胥吏。吏之驕橫與官長同，搢紳士大夫俯首屈志以順從其所欲，小民之受其漁奪者無所控訴，而轉死於溝壑，蓋怨讟之入人深矣。凡人出身爲胥吏者，類皆鄉里桀黠者流，不肯自安於耕鑿，然後受役於官而爲吏。吏之所爲，橫行無忌憚，百姓之脂膏以自肥其家。而其所謂禍敗者，朝而革，暮而復，人革於此，復移於彼。至萬不得已，而又使其子弟爲之。爲之官長者特取捷給可供事左右而已，固不暇考其所由來也。胥吏之心，尚何所畏而不爲？小民惜身家、顧妻子，惟恐觸其放縱之怒，是以拱手聽命之不暇也。

張惟赤曰，從來剝啄小民，惡莫甚於衙蠹。然立法雖嚴，而蒙蔽之局愈不可破究之。殘民肥己，盈千累百，而未嘗發覺。即使發覺，又有巧術多端打點，彌縫終成漏網，故肆意虐民曾無顧忌。衙門串成一片，互相救援，雖有三年更替之令，而移姓改名，出此入彼，引接下手非其親族，即其子孫。盤踞日深，緣索日熟，内則伺本官之性情，窺打點之捷徑，外則聯唆訟之積棍，交不肖之紳衿，因而瞞官嚼

民，無所不至，盛服逍遥游行市上，愚民見之又孰敢犯其兇鋒者。

"自喪廉恥" 註

張氏望曰：鄉里不選擇而使，使之又不以禮，則夫自愛者固不肯爲，爲者類鄉里無賴之人耳。借以生事容姦，賈禍於民，而陰享其利。且彼亦窺上之以無恥待也，衆之所謂下流而居之不疑，雖欲潔清不污，不可得也。

"因公受累" 註

東北岸姚上舍善長家頗富有，督理圩工賠墊之多，動以千計，坐是中落。縣主□公以"善長一方"額贈之。若東南岸之楊明經訓昭，西北岸之陶主簿之鍾，經理圩政，均能慷慨濟急。西南岸州司馬朱位中督造潰缺凡十一次，經營隄務四十餘年，資斧喪盡，死而後已，良足悲也。之三人者生則未蒙獎敍，没焉未有報稱，九原有知，幽魂應難自慰也。《記》曰：以死勤事則祀之，能禦大災捍大患則祀之。蒞茲土者發微闡幽，彰往察來，或贈以聯額，或予以明禋，俾後人有所矜式，百世下猶能歆動也，有不聞風而興起乎？

右説六卷，總計二十四條，略分大概，先詳言修築保護搶救之利弊，再申言夫役董首胥吏之利弊，祇就目前覆轍者言之，詞不厭鄙，語不憚煩，即有觸犯忌諱、揭破隱情者亦在所勿恤，苦心孤詣，實欲除一弊即以興一利耳。當事公卿若能採及芻蕘，開厥彰癉如牧羊者，去其敗群治癩者，剔其腐肉，防其弊中生弊，推求利外之利，行見舊染污俗咸與維新，磐石金湯萬世永賴矣。伏願有心圩政者聊以一得之愚再效三隅之反，不以言之瑣屑而忽之，僕幸甚，圩衆亦幸甚。尢餘生謹識於草舍繩樞之水榭。

四　編　庶　議

庶議引

　　《堯典》曰庶績咸熙，《周官》曰議事以制。古帝王萬幾待理，百姓從風，未嘗不親庶務也，未嘗不詢眾議也。顧說者謂公事不私議，處士多橫議，議亦何可遽信乎？然而眾庶如熸，富庶何加，飽食煖衣且不可得，奚暇治禮義哉。故無論《周禮》有八議之條，《唐書》有四議之例，即巷議、曲議與夫末議、諷議未必無取焉。爰採聖賢成議，古今名議，爲吾圩以陳讜議。凡訓俗型方，勸農勵教，諸庶事在在議之，如曲議鄙瑣，如巷議沸騰，事雖私議，則引公家以證之，蹟似橫議，則援直道以明之，不敢嫌末議也，不必存諷議也。東萊博議謂胸中所存、所操、所識、所習，毫忽髮謬，隨筆呈露，舉無留藏焉。此議是也。徧致於諸公長者之側，或同心爲之會議，或異意爲之駁議，勿過而莫予輔也，勿跌而莫予挽也，勿因意念之差、聞見之誤而莫予正也。由是庶績咸熙。議事以制以蕲，合乎帝王之治不可思議則庶幾矣。《論語》云庶人不議言禮樂征伐之大，非庶民所得議也，不在此例。

湖㙎逸叟箸

卷一　醫俗上_{庶議一}　湖峴逸叟編輯　胡壽椿茂蕧校

目次

教導類
　　王政
　　祖制
　　師訓
　　家道
　　身範
生理類
　　士
　　農
　　工
　　商賈
　　婦女
　　童稺
　　耆老

〔**教導類**〕

《書》曰若藥勿瞑眩，厥疾勿瘳。子輿氏引以治滕，謂可爲善國也。官圩一待治之區也，果其遵教導，謀生理，崇正術，黜邪誣，爲之痛下鍼砭，而對證用藥焉，凡有血氣者得壽終，得遂長，得飽食而煖衣，亦誰不畢棄咎耶。然藥雖出於醫手，方多傳於古人。吾儕處爲遠志，出爲小草，當思所以藥之，毋謂勿藥有喜也，豈必家遇越人，

代生岐伯乎？述醫俗。

　　竊謂教導之法多方，誠不可不孶細詳密也。方今聖天子德備生成，仁兼胞與，建中和而立極，君臣佐使各就部位。經聖祖仁皇帝製爲聖諭約束軍民救弊扶衰，使之返本還原，具見伐毛洗髓、革面改心矣。復有欽定臥碑文栽培士類，俾令樴樸成材，已非小補之術焉。況又有師道以輔翼之，宗法以維調之，鄉約以薰陶之，可以修身，可以齊家，慎無競刀錐之末，失涵養之功也。謹議庶事如左：王政、祖制、師訓、家道、身範。

王政

　　王者本乎天，察乎地，順乎人，因性情而利導之，非逆心志而矯揉之，故無論剛柔燥濕，必使之化其疵焉。吾圩僻處湖蕩，昏墊堪虞，雖耳目未擴，心竅未開，亦未聞有惡阻梗化者，況仁心仁術，鉅細必周，爲持爲扶，顛危必慎。爰恭錄聖諭冠首，繼以賢宰執示諭，參以呂氏鄉約，俾優而柔之，以俟其至，浸淫漸漬，衽席同登矣。何慮養癰致潰乎？

聖諭十六條

　　敦孝弟以重人倫，篤宗族以昭雍睦。
　　和鄉黨以息爭訟，重農桑以足衣食。
　　尚節儉以惜財用，隆學校以端士習。
　　黜異端以崇正學，講法律以儆愚頑。
　　明禮讓以厚風俗，務本業以定民志。
　　訓子弟以禁非爲，息誣告以全善良。
　　誡逃匿以免株連，完錢糧以省催科。
　　聯保甲以弭盜賊，解仇怨以重身命。
　　恭讀聖諭，仰見王言綸綍，其中修身治心之道，祛邪保正之方，表裏融然，洞中肯綮。復經世宗憲皇帝逐條推闡，製爲萬言諭，小之日用飲食之微，大之身心性命之脈，與夫忠孝廉節之根，和親康樂之象，無不可體驗出來。功令定於朔望命師儒在鄉村莊落講解，召鄉三

老率其子弟一一祇聆遵是術也，感召天和，彼蒼默佑，疾疢去元氣同矣。由此灑沈澹災，圩隄安得致潰乎？

欽定臥碑文

朝廷設立學校，選取生員，免其丁糧，厚以廩膳，設學院、學道、學官以教之，各衙門官以禮相待，全要養成全材以供朝廷之用。諸生皆當上報國恩，下立人品，所有條教開列於後。

一、生員之家，父母賢知者，子當受教。父母愚魯，或有非為者，子既讀書明理，當再三懇告，使父母不陷於危亡。

一、生員立志當學為忠臣清官，書史所載清忠事蹟務須互相講究，凡利國愛民之事更宜留心。

一、生員居心忠厚正直，讀書方有實用，出仕必作良吏。若心術邪刻，讀書必無成就，為官必取禍患。行害人之事者往往自殺其身，當宜思省。

一、生員不可干求官長，結交勢要，希圖進身。若果心善德全，上天知之，必加以福。

一、生員當愛身忍性，凡有司官衙門不可輕入，即有切己之事，只許家人代告，不許干與他人詞訟，他人亦不許牽連生員作證。

一、為學當尊敬先生，若講究皆須誠心聽受，如有未明，從容再問，毋妄行辨難。為師者亦當盡心教訓，勿致怠惰。

一、軍民一切利病不許生員上書陳言，如有一言建白，以違制論，黜革治罪。

一、生員不許糾黨多人，立盟結社，把持官府，武斷鄉曲，所作文字不許妄行刊刻，違者聽提調官治罪。

御製訓飭士子文

國家建立學校，原以興行教化，作育人材，典至渥也。朕臨御以來，隆重師儒，加意庠序。近復慎簡學使，釐剔弊端，務期風教休明，賢才蔚起，庶幾棫樸作人之意。乃比年士習未端，儒效罕著，雖因內外臣工奉行，未能盡善，亦由爾諸生積錮已久，猝難改易之故

也。兹特親製訓言，再加警飭，爾諸生敬聽之。

從來學者先立品行，次及文學、學術、事功，原委有敘。爾諸生幼聞庭訓，長立宮牆，朝夕誦讀，甯無究心。必也躬修實踐，砥礪廉隅，敦孝順以事親，秉忠貞以立志。窮經考業，勿雜荒誕之談，取友親師，悉化驕盈之氣。文章歸於醇雅，毋事浮華，軌度式於准繩，最防蕩軼。子衿佻達，自昔所譏。苟行止有虧，雖讀書何益。若夫宅心弗正，行已多愆，或蜚語流言挾制官長，或隱糧包訟出入公門，或唆發姦猾欺陵孤弱，或招朋呼類結社要盟，乃如之人名教不容，鄉黨勿齒，縱幸逃襹扑濫，竊章縫返之於衷，能毋愧乎？况夫鄉會科各乃掄才大典，關繫尤鉅，士子果有真才實學，何患困不逢年。顧乃標榜虛名，暗通聲氣，夤緣詭遇，罔顧身家，又或改竄鄉貫，希圖進取，臝陵騰沸，網利營私，種種弊端深堪痛恨。且夫士子出身之始尤貴以正，若兹厥初拜獻便已作姦犯科，則異時敗檢踰閑何所不至，又安望其秉公持正，爲國家宣猷樹績，膺後先疏附之選哉。

朕用嘉惠爾等，故不禁反覆惓惓頒兹訓言，爾等務共體朕心，恪遵明訓，一切痛加改省，爭自濯磨，積行勤學，以圖上進。國家三年登造，束帛弓旌，不特爾身有榮，即爾祖父亦增光寵矣。逢時得志，甯俟他求哉。若乃視爲具文，玩愒勿儆，毀方躍冶，暴棄自甘，則是爾等冥頑無知，終不率教也。既負栽培，復干咎戾，王章具在，朕亦不能爲爾等寬矣。

自兹以往，内而國學，外而直省鄉校，凡學臣師長皆有司鐸之責者，並宜傳集諸生多方董勸，以副朕懷，否則職業勿修，咎亦難逭，勿謂朕言之不預也。爾多士尚敬聽之。

明高帝聖諭六條

孝順父母，教訓子孫。

尊敬長上，和睦鄉里。

各安生理，毋作非爲。

陸清獻曰：煌煌天語，凡衆庶所當念兹在兹，永矢勿諼者也。

按：公諱隴其，號稼書，浙江平湖人。康熙庚戌進士，官至御

史，贈內閣學士，從祀孔廟。有《三魚堂文集》。其治嘉定時以此六事訓誨鄉民。《當邑志》曰：舊制每月朔望府縣正官傳集軍民宣揚六諭。即謂此也。

按：吾官圩倚隄爲命，如聖諭中重農足食，《臥碑文》利國愛民，皆衛生濟世良方，士庶允宜佩服咀嚼不忘者也。即明諭所云各安生理一節，吾圩修防服田力穡非生理之上者耶。衆共體之，醞釀太和，庶無恙矣。

湯文正曰：余於朔望率爾百姓叩拜龍亭，講解鄉約，亦欲使爾百姓知君臣大義，朝廷恩德。自今以後願爾百姓孝親敬長，教子訓孫，忠信勤儉，公平謙讓，事要忍耐，勿得妄興詞訟，心要慈和，勿得輕起鬥爭，勿賭博，勿淫佚，勿聽邪誕師巫之説，勿興淫祠，早完國課，共享天和。其惓惓於爾百姓者，惟望爾士歸書舍，農歸田疇，商賈歸市肆，使吾心稍安，無復紛紛擾亂可也。

按：文正諱斌，號潛庵，河南睢州人。康熙己未博學鴻詞，改侍講官，至禮部尚書，從祀孔廟。有《湯子遺書》。其生平尤以毀吳中淫祠著，績與狄梁公埒。

王文成曰：風俗不美，亂所由興。窮苦已甚，而又競爲侈淫，豈不重自困乏。夫民習染已久，亦難一旦盡變，吾姑就其易改者漸次誨爾。吾民居喪不得用鼓樂爲佛事，竭貲分帛費財於無用之地，而儉於其親，投之水火，亦獨何心。病者宜求醫藥，不得聽信邪説，專工巫禱。嫁娶之家豐儉稱貲，不得計論聘財糚匲，不得大會賓客，酒食連朝。親戚隨時相問，惟貴誠心實禮，不得徒尚虛浮，爲送節等名目而奢靡相尚。街市村坊不得迎神賽會，百十成群。凡此皆糜費無益之事，不可不知。

按：陽明先生字守仁，明浙江餘姚人，官四省總制，封新建伯，崇祀孔廟。其學問功業炳著人寰。茲讀訓示，禁民爲誕妄虛浮等事，皆適中吾圩之病。而茲篇所選率多類此，蓋欲滌舊染之污俗云爾。

袁邑尊曰：當邑夙號衝繁，近尤凋敝，頻年以來水患洊至，民情困苦，實堪憫惻。然災祥聽其在天，而修省宜盡其在我。果能四民各安本業，三代直道而行，勤操作而懲游惰，尚節儉而戒奢華，敦孝弟

而泯鬭爭，息訟獄而杜刁詐，愚而懦者安分守己，無作非爲。秀而文者砥礪廉隅，無踰繩墨。將見豫順之氣，雍睦之風，未始不可以感召天和也。

然而天理雖難憑，而國典尤可畏。容有行險之小人，斷無不懷刑之君子。當邑猶是民也近今頗有難治之目，試問爾等是美名乎，是惡名乎？竊爲爾等惜之。且民風與士習相表裏，民風之不醇由士習之不端也。當邑純謹端正之士頗不乏人，總緣一二刁健者流不以讀書爲上進之路，直以科名爲作惡之符，淆亂是非，任情武斷，包攬詞訟，遇事把持，勾通胥役，煽惑鄉愚。士也如此，民更可知，無怪耳濡目染尤而效之也。究之，喪其廉恥而不知，淪於污衊而不恤，踰閑蕩檢，安危利災，如燕之在幕，如露之未晞，此等伎倆何恃不恐，尤爲爾等危之。

然父兄之教不先，子弟之率不謹，士習之不端，抑亦有司之恥也。躭安逸而不勤於民事，既予以口實之端；務優柔而不予以創懲，復授以倒持之柄，無怪積久玩生，肆無忌憚也。本署縣筮仕八載，情僞周知，事必躬親，從無假手，破除情面，審訊一稟大公，黽勉昕宵斷結以免拖累，所到之處總以去其太甚，與民休息爲兢兢。往往予一良善，身受者未必以爲榮，旁觀者群然喜形於色。懲一不肖，旁觀者莫不以爲宜，即身受者亦曉然於殃必及身矣。以故到官之日人憚其嚴，去任之日率皆有依戀不舍之意，於以見人心之同，而皆可爲善也。

今蒙憲委，權攝斯邦，士習民風皆有司責，本署縣不忍不教而誅，爾百姓慎毋以身試法，合行示諭，爲此示，仰合邑士民人等知悉。其有高年碩德、敦品力學之士，本署縣敬之重之，奉爲矜式。其忠懦循良、自安義命者，本署縣愛之護之，予以安全。即從前蹈於匪僻，今茲悔悟向善者，本署縣亦必寬之恕之，許以自新。各從此洗心革面，共游夫化日光天，閭閻於以富庶，學校於以振興，斯民幸甚，本官幸甚。

倘有怙惡不悛，仍前包漕包訟者，則是不率教訓，自外生成三尺具在，本署縣惟有盡法懲處，決不稍事姑容。夫明刑所以弼教，除莠

乃可安良，是非淑慝，爾等所共知也，賞罰勸懲，願與爾等共之。試問爾等大廷之質對，何如爾室嘯歌也；犴狴之羈囚，何如名教尊崇也；吏役之呵叱，道塗之唾罵，何如家人父子聚首言歡也。士各有志，民孰無良。與其後悔之莫追，曷若前非之痛改。

本署縣愛民如子，疾惡如讐。惟執法從嚴，斯諳誠不得不預。惟良民可愛，斯去惡不得不嚴。開誠布公，令行禁止，非徒託之空言也。

按：邑侯諱青雲，字瞻卿，見政績，而此示尤諳切不同泛常語也。

田文鏡曰：民間用財，大則納官糧免追呼之擾，次則留餘粟備終歲之需，此外或置產買牛，明年當倍而入，或娶婦嫁女，凡事循分而行，或布帛所必需，但求溫煖，或祭葬所不免，毋事奢侈。即報賽田功，而雞酒豚蹄須多誠意。當歲時伏臘而汙罇抔飲，饒有醇風。若因歲入之既豐，便爾用財之無度，或赴會厰而群相賭博，或進酒館而共快酣醄，或恃其有餘而與人爭訟，或祇圖適意不念將來，則日用不保其常充，青黃必至於不接。諺云：常將有日思無日，不可無時想有時。雖屬鄙語，可爲格言。合再勸諭爾民知悉，不得視爲具文。惟奉作父兄告誡，時時厲目，刻刻經心，而財有不常積，用有不常充者，無是理也。有父母斯民之責者，其諳諳之。有木鐸警世之心者，其提撕之。有好樂無荒之思者，其諦聽之毋忽。

按：公正黃旗漢軍人，由縣丞累官河東總督、兵部尚書，謚端肅，有《撫豫宣化錄》。此言尤切中吾圩病根。

呂氏鄉約曰：凡鄉約有四，一曰德業相勸，二曰過失相規，三曰禮俗相交，四曰患難相恤。推有齒德者一人爲約正，有學行者二人副之。置三籍，願入約者書名於籍，德業可勸者書一籍，過失可規者書一籍，值月掌之，月終告於約正，呈之官。

德業相勸條目

見善必行　聞過必改　導人爲善　自治其身
善治其家　規人過失　奉事父母　敬事長上
善待妻妾　教訓子弟　善御僮僕　多睦親故

慎擇交遊　自守廉介　爲人忠謀　廣施恩惠
能救患難　爲衆集事　能決是非　能受寄託
興利除害　解鬭息爭　居官舉職

至於讀書治田，持家濟物，畏法令，謹租賦，好禮樂射御書數之類皆可爲之，非此皆爲無益。

過失相規條目

酗博鬭訟　行止踰違　言不恭孫　言不忠信
造言毀謗　營私太甚　交非其人　游戲怠惰
動作無儀　臨事不恪　用度不節

右件過失，同約各自省察，互相規戒。小則密勸之，大則衆誠之。不聽值月告於約正，以義理諭之。謝過請改則書於籍，若爭辨不服與終不能改者出約。

禮俗相交條目

尊卑行輩　造請拜謁　請召迎送　慶弔贈遺

以上禮俗相交之事，有期者如其期，當集者戒其慢。凡不如約者，告於約正，且書於籍。

患難相卹條目

水火　盜賊　疾病　死喪　孤弱　誣枉　貧乏

右患難相卹之事，凡同約者財物有無相假，若不急之用及有所妨者則不必借，可借不借及踰期不還致損壞者，書於籍。隣里或有緩急，雖非同約，亦當救助，能如是者則亦書其善於籍，以告鄉人。

按：呂氏，宋時人，兄弟有四，曰大中、大防、大約、大臨，藍田人，皆從學於伊川、橫渠兩先生者也。德行道藝萃於一門，爲鄉人所敬信，故所約如是。

祖制

祖宗爲根本地命脈之所關也。近世祭掃墳塋松楸，勿永修理祠

譜，葛藟多傷，交相為瘄，年穀安得順成也。不有隄，何有歲，不有歲，何有先。宗廟之間蛇龍居之，邱墓之間蛙螟渚之，不祀忽諸鬼其餒而矣。當夫水漲隄危，設無起死回生之術，徒曰天災流行也，殆矣。故奉先以思孝，尤不得不集衆以修隄。

王士晉宗規十六則節句

鄉約當遵。孝順父母，尊敬長上，和睦鄉里，教訓子孫，各安生理，毋作非為，六句包盡做人之道。凡忠臣孝子順孫良民皆由此出，無論聖愚皆曉此義，祇是不肯遵行，故陷於惡。祖宗在上，豈忍子孫如此。今倣鄉約儀節，朔日族長率子弟赴祠聽講，各宜體認，共成美俗焉。

祠墓當展。祠乃靈爽所依，墓乃體魄所藏。思祖宗不可見，見所藏依即如見祖宗。時而祠祭，時而墓祭，必加敬謹。棟宇壞則葺之，漏則補之，垣碑損則整之，荊棘生則翦之，樹木祭器護之惜之，被人侵害盜賣盜葬同心合力復之，此事死如事生，事亡如事存之道也。

族類當辨。類族辨物，聖人不廢，世有門第相高。非族認為族者，或同姓雜居一里，或外邑移居本村，或同宗繼為子嗣，而祠不同入，墓不同祭，是非難淆，疑似當辨，倘妄從稱謂，後將若之何，故必嚴為之防，蓋神不歆非類也。

名分當正。非族者辨之易也，同宗者有兄弟、叔姪、祖孫名分，稱呼自有定序。晚近澆漓，狎於褻昵，狃於阿承，皆非禮也。其拜揖必恭，言語必遜，坐次必依先後，不論遠近俱照序列，情則相洽，心更相安，各門故家禮原如此。又有尊庶為嫡，躋妾為妻者，大乖綱常。若同族義男必有約束，不得陵犯長上，有失族誼。

宗族當睦。睦族有三要，尊尊、老老、賢賢是也。名分尊者，恭順退遜，不敢觸犯。分屬雖卑而齒邁衆者，老也，當扶持保護，事以高年之禮。有德行者乃本宗楨幹，則親炙之，景仰之，每事效法，忘分忘年以敬之。此之謂三要。又有四務，矜幼弱、恤孤寡、周窘急、解忿競是也。幼者無知，弱者鮮勢，人所易欺，一有矜憫之心，自隨處為之効力。鰥寡孤獨，王政所先，況同族為耳聞目見者乎。貧者卹

以言，富者邮以穀，皆陰德也。衣食窘急，生計無聊，量力周之，不必望其報，不必使人知，吾盡吾心焉耳。人有忿則爭，得一人勸之氣可平，遇一人助之氣愈激。然當局者迷，居間解之族人之責也，亦積善之事也。此之謂四務。若以富貴驕，以智力抗，以頑潑欺陵，雖爭勝一時，而孽由自作，循環不輟，人厭之，天惡之，未有不敗者。

譜牒當重。譜牒所載皆宗族祖考，名諱目可得睹，口不可得言。收藏貴密，保守貴久。每屆祭期各帶編發原本詣祠會勘，祭畢帶回收藏。如有鼠侵蠹蝕，黴爛油污字蹟，即在案前量加懲誡，另擇賢能收管，登簿稽查。倘有不肖鬻譜賣宗，瞞衆覓利，以贋亂真，不惟得罪族衆，抑且得罪祖宗。衆共黜之，不許入祠，仍呈官追譜治罪。

閨門當肅。君子正家首在閨門嚴肅，縱使貧富不齊，如饁耕採桑、提甕操井臼之類，清白家風自若也。或不幸寡居，則丹心鐵石，白首冰霜，如古史所載，相傳不朽，皆風化之助也。若徇利妄娶，門閥不稱，家教無聞，又或賦性凶悍，妬忌長舌，皆爲家之索，罪坐其夫。若本婦委實冥頑，化誨不改，夫無如之何者，據本夫告詞，詢訪的確，給以除名帖，或屏之外氏，亦少有所警矣。近時惡俗婦女群聚結社，講經不分曉夜，有跋涉數千里外，朝南海、走東岱者，有朔望入廟燒香者，有春節看春、燈節看燈者，有往來搬弄是非者，均失閑家之道也。

蒙養當豫。古有胎教，有能言之教，又有小學之教，大學之教，是以子弟易於成材。今俗上者教之作文，取科第而已，道德未教也。次者教之雜字柬牘，以便書計。下者教之狀詞活套，爲他日刁猾之地，是教之實害之矣。爲父兄者須知子弟之當教，又須知教法之當正，又須知養正之當豫。七歲入鄉塾學書字，隨其資質漸有知識，便擇端愨師友將經史嚴加訓廸，務使變化氣質，陶鎔德性。他日做秀才，做好官，爲良士，爲廉吏，就是爲農工商賈，亦不失爲醇謹。

姻里當厚。姻者，族之親。里者，族之隣。遠則情誼相問，近則出門相見，宇宙茫茫，幸而聚集，亦是良緣。況童蒙時或同塾，或嬉游，比路人迥別。凡事從厚，通有無，恤患難，當以誠心和氣遇之。即彼曾待我薄，我不可以薄待，久之且感而化矣。若以強陵弱，衆暴

寡，富欺貧，揑故占田地，謀風水，侵疆界，放債違例過三分取息，此皆薄惡凶習，天道好還，毋自害兒孫也。

職業當勤。士農工商皆是本職，勤則修，惰則墮，修則俯仰有賴，墮則無策資身。然所謂勤者，非徒盡力，尤要盡道，如士先德行次文藝，切勿舞文弄法，顛倒是非，造歌謠匿名帖；若生監出入公門有玷行止，仕宦以賄敗官，貽辱祖宗；農竊田水、縱牲畜、賴田租，工作淫巧、售敝偽器什；商賈紈袴冶游、酒色浪費，皆不可也。四民之外，爲僧道、爲胥隸、爲優伶、爲賭博、爲椎埋屠宰，皆非正業，犯者會族送官懲治。

賦役當供。以下事上，古今通義。賦稅力役之征，國家法度所係，若拖欠錢糧，躲避差徭，便是不良的百姓，連累里長，惱煩官府，追呼問罪，甚至枷號，虧破身家，玷辱父母，仍要完官，是何算計？苟將一年本等差糧先行辦納，討印票存證，不欠官錢，何等自在，亦良民職分所當盡者。

爭訟當止。太平百姓無爭訟事便是天堂。訟則有害無利，要盤纏，要奔走，若造機關，又壞心術。且無論官府廉明如何，到城市歇家搬弄，到衙門胥隸叱呵，伺候幾朝方能訊斷，理直猶可，理曲受笞杖、受罰責，甚至破家、忘身、辱親、害及子孫，總爲一念忿氣始。《易》曰君子以作事謀始能忍終無禍。即有萬不得已，關繫倫常，私下處不得，沒奈何鳴官，祇宜從直，切莫架虛揑空。又要早早回頭，不可終訟。聖人繫《訟》卦曰：惕，中吉，終凶。此是錦囊妙策，切不可聽訟棍刁唆，財被人得，禍自己當，省之省之。

節儉當崇。人生福分各有節制，衣食日用留其有餘以還造化，可以養福。儉約鮮過不遜，甯固可以養德。少費少取，隨分隨足，浩然自得，可以養氣。且以之示子孫，有益於家。以之挽風俗，有益於國。世顧莫之行者，弊在於好撐體面。爭訟好贏，則鬻產借債。禮節好厚，則典質挪移。嫁女厚賠，聘媳鋪張，發引開廚，燕賓設席，與夫搬戲許願，預修祈福，力實不支，設法應用，挖肉補瘡，所損益甚也。凡此惡俗可憫可悲。

守望當嚴。設立保甲祇爲安靖地方，而乃虛應故事，以致防盜無

術，小則竊，大則強，及至告官，得不償失。即能獲盜，牽累無時，拋棄本業，是百姓之自爲計疏也。鄉隣同井，相友相助，須依條約。平居互議，出入有事，遞爲聲援。若有不遵防範，蹤蹟可疑者，即時察之，果有實據，會呈送官究治，蓋思患豫防不可不爲之慮也。

邪巫當禁。禁止師巫邪術，律有明條。鬼道盛，人道衰，理之一定者。國將興聽於人，將亡聽於神，況百姓之家乎。故一切左道惑衆輩勿令入門，至於婦女識見庸下，更喜媚神徼福，其惑於邪巫也尤甚於男子。且僧道之外又有齋婆、賣婆、尼姑、跳神、卜婦、女相、女戲等項，穿門入戶，哄誘錢財，甚有犯姦盜者，須皆豫防。察其動靜，杜其往來，以免後悔，是齊家最要緊的事。

四禮當行。先王制冠昏喪祭之禮以範後世，民生日用常行四者最切，惟禮可成父道、子道、夫婦之道，無禮則禽彘耳。所以不由禮者，動謂禮節煩多，傷財廢事，不知師其意而用其精，至易至簡，何不可行。如冠則賓不用幣，歸俎祇果品酒殽。加冠醮酒讀祝詞。三加之禮初用小帽，再用折巾，三用方巾，皆從便。昏則禁同姓，禁服婦改嫁，恐犯離異之律。女未及笄無過門，夫亡無招贅、無招夫養子。受聘擇門第，辨良賤，無貪下賤貨財許配，作賤骨肉，玷辱祖宗。喪則惟竭力於衣衾棺槨，遵禮哀泣，棺內不得用金銀玉物，弔者止歠茶，遠途待以素飯，不設酒筵。服未除不嫁娶，不聽樂，不與燕賀，衰絰不入公門。葬必擇地，不得泥風水邀福，至終身不葬，累世不葬。不得盜葬、侵葬、水葬、火葬，犯律重罪。祭則聚精神，致孝享，內外一心，長幼有序，具物惟稱，不得爲非禮之禮。皆孝子慈孫所當盡者。

按：此宗規自家庭、鄉黨以至涉世應務之道，均和盤託出，節錄於此，亦加減之一助也。欲窺全璧，宜取原帙觀之。公字犀川，貴州人，康熙辛丑進士，官至總督。

師訓

夫人氣稟清濁有異，強弱各殊，古人立師道以明之，豈問道於盲哉。然而盲於目，不盲於心者，世有幾人乎？雖有美質，不教胡成？

即使頑鈍，鍼之砭之，父母之心期望甚切，安可不聞不問。以故中材之人得導引則從而上，失栽培則流而下。甚有明師益友藥石成仇，吾圩亦有所難免者。救死不贍，奚暇治禮義哉。是又資夫樂歲耳。修防隄岸，保身保家，非當務之急乎？張楊園曰：近世師道不立，爲子孫計者孰知尊師重傳之道。甚至生子不復延師。盍思爲人父母將以田宅金錢遺子之爲愛其子乎？抑以道德遺子之爲愛其子乎？此司馬溫公謂積陰德於冥冥之中，不若求賢師教之於昭昭之際也。古稱民生於三，事之如一。世人但知不可生而無父，豈知尤不可生而無師乎。

按：公諱履祥，字考夫，涮江桐鄉人，有《楊園文集》。

王陽明曰：各教讀務遵原定條教，盡心訓導，視童蒙如己子，以啟廸爲家事，不但訓飭其子弟，亦復化諭其父兄，不但勤勞於章句之間，尤在致力於心德之本，務使禮讓日新，風俗日美，庶不負有司興作之意與士民趨向之心，凡教授茲土者亦有光矣。

陳榕門曰：士能克端師範，實心訓課，該州縣優其禮貌，時加獎勵。如虛縻修脯，惰於督課，查明另延。倘不安本分，唆訟生事，照所犯查審詳究。

按：公諱宏謀，字汝咨，廣西臨桂人。雍正癸卯進士，官至東閣大學士，諡文恭，有《培遠堂文集》，且刻五種遺規，補益人心不少。

蔣省庵尊師説曰：人有三本，師居其一，乃所以傳道授業解惑者，成我之恩與生我等，惡可以不尊。《記》曰：大學之禮，雖詔於天子無北面，所以尊師也。又曰：師嚴然後道尊，道尊然後民知敬。學道不尊，則學鮮成器。惟在爲父兄者能敬師，子弟方知敬學。慨自師道久衰，弟子之儀不講，富貴之家以勢利自矜，寒素之家以吝嗇自喜，而敦《詩》説《禮》之儒竟等梓匠輪輿之輩，無怪碩師去而庸師來矣。父兄若此，子弟看作榜樣。遇師之寬者，則高心傲氣，不服訓誡。若遇師嚴，又多方詆毀。諸如此類，子弟安成？李笠翁曰人肯捐百萬錢嫁女，不肯捐十萬錢教子。不知凡人一生碌碌，無非爲子孫身家計。子孫不肖，縱祖父富貴，豈能長享。教得成人，富貴也好，貧賤也好，士也好，農商也好，受用無窮。劉夢震曰教子莫若擇師，而童子師尤切要，先入之言終身切記，非端人正士不可爲小學師表也。

及至成人，其學問又必有得力處。

師之尤貴有常，故未師不可不擇，既師不可不專。今或慕名高，或貪省費，厭故喜新，勢必至有名而無實，爲小而失大，不重可惜哉。凡人一器一物付工造製，猶必殷勤鄭重，況以子弟託師，關繫甚大。而養成德器爲孝子、爲忠臣、爲善士，次而造就學業，掇科名登仕版。胥在於是必隆其禮，厚其誼，誠心以待，折節以求，則學成名立，獲報無窮矣。

按：公字士銓，號心餘，江西鉛山人，乾隆丁丑進士，官至編修，有《忠雅堂集》。

陸清獻曰：處館先生多半是貧儒，先生訓子弟，賓主師生四拜之後，是以子弟一生學術付託先生，先生亦以子弟之才不才任爲訓教矣，豈不與父母一般心腸。爲主人者決不可欺先生是一個貧人，隨意簡慢，務要致敬盡禮。朱墨筆硯鋪陳，牀帳、梳篦、牙刷、鏡盒、鐙臺、手巾、腳桶、腳布、草紙、寒天腳鑪、暑天浴盆，陳列在房，鎖鑰俱備。日送面湯、茶水、果品、點心，不致苟且，粥飯必時，酒殽須檢點。淨衣裳，曬被席，督館僮傍待周到。冬夏巾服鞵襪亦須照顧。日間或偶有時新小物，不拘時進。所奉束修不必四季時節，破格從重，或一起或二起，一頓送足，使先生無內顧憂，並可做一件正經事，間或隨時隨意送折席一緘，出自先生意外，使之銘感，此亦請先生者皆所必有。但要留心撿察，不得始勤終怠。先生自然不肯輕率妄動，加意訓誨講解，百端啟發引導學生出息，亦如父母之教兒子一樣親切，雖終其身一位先生足矣。

父母在家庭間又以朝夕訓誡要聽先生教誨，如此內外夾攻，必定成器。僮不率教我偶然遷怒，或有不適意先生處，斷不可使廚竈人知覺，以致怠慢，便覺參商。師弟一不相得，雖誨爾諄諄，聽我藐藐矣，則何益哉。此請先生者不可不知。又不可逐日稽察功課，亦不可年常輕易易師，只要我尊師重傅爲主，一概教法心思俱不必參用。

又曰：天下不讀書之主人專責備先生，天下惟賴束修之主人專責備先生，又或家本貧窮自愧不能尊師重傅而反責備先生。噫！先生何可責備哉。蓋讀書一事要涵育薰陶，俟其自化，不可欲速，但可說子

弟之不率教，不可説先生之不善教，但自愧主人之不誠，不可云先生之不誠。子弟自然成器矣，切勿歸罪先生，使先生笑我午出頭也。

又曰：做先生第一要人品端正，第二要認真教訓，第三要有坐性，第四要勿求備供給，第五要弗濫交賓客干預外事。

又曰：子弟讀書，無論延師、附學、舉業、句讀，各要於修贄儀節之外意氣勤勤懇懇另加厚一兩五錢，先生自然有感動，耳提面命，觸景啟發，不寬不嚴，師愛其弟，弟愛其師，加工倍常無言不悦，其加工處便要知感知謝。先生曉得主人知感，愈覺有興。子弟受益處全在我待師從厚得力也，儻不知此而徒事稽功察課，抑末矣，未可也。

又曰：誓弗自膳就村館訓蒙童，東家要寬，西家要嚴，寬是真心，嚴是假語，費盡心思，淘盡閒氣。四時八節束修節儀不見面，延至年終歲畢，家家不清楚，一年硯田竟不收成，所當立定主意弗苟就焉可也。

夏燮甫曰：先君子六歲發蒙，性穎悟，汝梅公奇之。閱兩載，偶至塾試所讀，頗不如意，謂師愚可公曰：此子不可被吾弟教壞，愚可公即送入汝梅公塾中，老輩兄弟不存形蹟如此。

按：公諱炘，字心伯，邑之谷村隴人，道光辛巳舉人，授內閣中書、武英殿分校官，選婺源縣教諭，有《景紫堂集》，續著《一隅錄》，皆朝夕切用事，愈覺有味。

張楊園曰：師一入門，子弟志尚因之以變，術業因之以成，賢則數世賴之，否亦害匪朝夕，不可謂非家之所由存亡也。擇之又擇，慎之又慎，夫豈不宜而可隨人上下乎。

按：吾圩重農，師道輕褻，課子弟者正月杪始入學，未屆臘節遂有歸志，中間歇忙、過節、會友、赴試，與夫游戲、樗蒲諸事，雖云經七蒙八，逐一計之猶未也。仍有疾病不時，風雨不測等日，青氈耐守有幾時乎？庸師誤人與庸醫殺人等，昔年大將軍龔堯有聯云：輕慢先生天誅地滅，誤荒子弟男盜女娼。言雖粗鄙，讀之猶髮悚云。

家道

治家之道惟儉與勤，味此二字有益無損，乃補中益氣湯也。夫號

曰嚴君，有治理之責焉；稱曰家督，有約束之形焉，故克勤者卒瘏不厭，克儉者刀圭不遺。抑且制用有日計、月計、歲計，而又欲作子孫計，無在不津津有味也。吾圩生計大都業農，其制產為上，守成次之，事雖微末，亦重農首務也。農田先在水利，修之防之，其回元續命之善策與。

朱柏盧曰：黎明即起，灑掃庭除，要內外整潔。既昏便息，關鎖門戶，必親自撿點。一粥一飯當思來處不易，半絲半縷恒念物力維艱。宜未雨而綢繆，毋臨渴而掘井。自奉必須儉約，燕客切勿流連。器具質而潔，瓦缶勝金玉。飲食約而精，園蔬愈珍饈。勿營華屋，勿謀良田。三姑六婆實淫盜之媒，婢美妾嬌非閨房之福。奴僕勿用俊美，妻妾切忌豔糚。子孫雖愚，經書不可不讀；祖宗雖遠，祭祀不可不誠。居身務期質樸，教子要有義方。勿貪義外之財，勿飲過量之酒。與肩挑貿易勿佔便宜，見貧苦親隣須加溫卹。刻薄成家，理無久享；倫常乖舛，立見消亡。兄弟叔姪須分多潤寡，長幼內外宜法肅詞嚴。聽婦言乖骨肉豈是丈夫，重貲財薄父母不成人子。嫁女擇佳婿，毋索重聘；娶媳求淑女，勿計厚奩。見富貴而生諂容者，最可恥；遇貧窮而作驕態者，賤莫甚。居家戒爭訟，訟則終凶；處世莫多言，言多必失。毋恃勢力而陵逼孤寡，勿貪口腹而恣殺生禽。乖僻自是，悔誤必多，頹惰自甘，家園終替。狎昵惡少，久必受其累。屈志老成，急則可相依。輕聽發言，安知非人之譖愬，當忍耐三思。因事相爭，安知非我之不是，須平心暗想。施惠無念，受恩莫忘。凡事當留餘地，得意不宜再往。人有喜慶不可生妬嫉心，人有禍患不可生欣幸心。善欲人見，不是真善。惡恐人知，便是大惡。見色而起淫心，報在妻女；匿怨而用暗箭，禍延子孫。家門和順，雖饔飧不給，亦有餘歡。國課早完，即囊橐無餘，自得至樂。讀書志在聖賢，為官心存君國。守分安命，順時聽天，為人若此，庶乎近焉。

按：古人治家之訓頗多，茲獨取乎是者，其言質，愚智胥能通曉；其事邇，貴賤皆可遵行。先生名用純，字致一。尊甫節孝先生，明季以諸生殉節，先生哀痛自比廬墓攀柏之義，潛心聖學，躬行實踐，箸為此言。以之型家，家道日隆已。

張文端曰：三代而上田以井授，雖至富貴求數頃田貽子孫不可得也。後世給價書契而買之，國家版圖聽人畫界分疆，使後人善守而不輕棄，子孫百世斷不能爲他人所有，深念及此，可不思所以保之哉。<small>置田產。</small>

又曰：天下貨財所積，時有水火盜賊之憂，獨有田產强暴不能竟奪尺寸，即兵燹亂離，事定歸來，室廬蓄聚一無可問，惟茲片壤仍歸原主，芟夷墾闢，仍不失爲殷實之家。<small>守田產。</small>

又曰：兵燹水旱，佃逃田荒，此時賦稅差徭多而且急，有田之累困苦異常，因此輕鬻，圖免追呼，必至之勢也。然亂離日少，而太平日多，能有忍力咬定牙根，典衣賣器藉完糧役，百費從儉，招佃墾闢，保守先業，大約十餘年仍可殷實。譬隆冬熬過，春光一到，又是柳媚花明。<small>守產業。</small>

又曰：田產息微，較商賈不及三四。然月計不足，歲計有餘，歲計不足，世計有餘。嘗有厭田產之生息微而緩，羨貿易之生息速而饒，至鬻產以從事，斷未有不蕩廢者。無論愚弱者不能行，即聰明强幹者亦行之而必敗。<small>賣田產。</small>

又曰：田產不可賣，而世之賣產者其根源多在債負。債負之來由於用度不經，至舉息既多，計無所出，不得不鬻累世之產。故用度不經者，債負之由也，債負者鬻產之由也，鬻產者飢寒之由也。惟量入爲出，始無舉債之事。若一歲所入止給一歲之用，則產不可保矣。<small>賣田產。</small>

又曰：田不可鬻，設遇凶荒，養生之物變爲累身之具，由是有追怨祖父貽累子孫者。然則如何而可？欲不賣產，當思保產，欲常保產，當盡地利，其道有二，一在擇良佃，一在興水利。諺曰：良田不如良佃，肥田不如瘦水。此論最確。<small>良佃。</small>

按：公諱英，安徽桐城人，字敦復，康熙丁未進士，歷官至文華殿大學士，諡文端，有《存誠篤素堂集》。其守業之語誠千金不易方也。

陸梭山曰：古之爲國者，冢宰制國用，必於歲之杪，五穀皆入，然後制國用，用地大小視年之豐耗，三年耕必有一年之食，九年耕必有三年之食，以三十年之通制用，雖有凶旱水溢，民無菜色。國既若

是，家亦宜然。凡有田疇足贍給者，當量入以爲出。制用。

又曰：田疇所收除租稅種治之外，所存若干十分均之，留三分爲水旱之備，一分爲祭祀之用，六分分十二月之用。一月合用之數約爲三十分，日用其一，可餘而不可盡，七分爲得中，不及五分爲嗇。有餘則度伏臘，置裘葛，葺牆宇，燕賓客，勤弔問，時饋送。又有餘，周隣族之貧弱者、賢士之困苦者、佃人之饑寒者、過往之無聊者，切勿妄施僧道，此輩本是蠹民，頗多豐足，施之適以濟姦長惡，費農夫血汗之勞，未必不增我罪，果何福之有哉？制用。

按：公諱九韶，字子美，金谿人，象山先生兄也，有《居家正本制用篇》。

倪文節曰：儉爲美德，世俗以儉爲鄙，非遠識也。富家有富家計，貧家有貧家計。今以家之用分而爲二，其歲收計爲一，其月支計爲一，以家之薄產所入計之，歲終統核，有餘則來歲可以舉事，不足則一切可展向後，待可爲而爲之。歲計。

又曰：人若無家業，經營衣食不過三端，上焉者仕而仰祿，中焉者聚館就徒，下焉者干求假貸。但居官凡事掣肘，而就館尤衆，況娶後遠離，在己爲羈旅，在家則百事不可照應。至於干謁，其狀尤惡，趑趄囁嚅，奔走於道，見拒於閽，所得無幾，廉介化爲可厭。若假貸親故，至再至三，亦難啟齒。已作歲計簿，復作月計簿，蓋先有月計，積至歲計，可知若月之所用浮於其所入，至歲終則大闕用矣。月計。

又曰：人有子孫，爲子孫計，人之情也。余曰君子豈不爲子孫計者，然而有道矣。種德，一也；家傳清白，二也；使之從學知義，三也；授以資身之術，才高者命習舉業，卑者使營生理，四也；家法整齊、上下和睦，五也；爲擇良師友，六也；爲娶賢淑婦，七也；常存儉風，八也；如此八者豈非爲子孫計乎？孔子教伯魚以《詩》《禮》，漢儒教子一經，楊震使人謂其後爲清白子孫。鄧禹十子，各授一業。龐德公云：人皆遺之以危，我獨遺之以安。皆善爲子孫計者。子孫計。

按：公諱思，字正甫，歸安人，宋進士，仕至禮部尚書，有《經鋤堂雜志》。

曾文正曰：吾家代有世德明訓，惟星岡公之教尤應謹守。近將家訓編成八句，云：書蔬魚豬，考早掃寶，常說當行，八者都好。地命醫理，僧巫祈禱，留客久住，六者俱惱。蓋此五項進門，及親友遠客久住，皆可惱也。我家世世守之，永爲子孫範圍焉。

按：公字滌生，湖南湘鄉人，道光戊戌進士，官至兩江總督，封一等毅勇侯，世襲罔替。

身範

九經之政首在修身。如慎言語，節飲食，爲保身祛病之源，尚已。然時歲或有豐凶，而圩民不外耕讀，苟非從此洗濯，或迷於酒色，或逞乎財氣，以致陰騭不能修，淫慾不能遏，賭博不能戒，字穀不能惜，感應不能通，危若朝露，尚望延年益壽乎？區區圩規，尚何足以除其隱慝哉。如見肺肝，是猶欲進昌陽以引年，而妄用豨苓也。

王朗川曰：《酒誥》一書知古人垂慮之遠，一獻之禮，賓主交拜，終日不醉，防酒失也。世人嗜酒無厭，失禮喪心，罵座臥衢，凌上犯法，能使士敗名、官落職、農荒疇、商賈喪貨，甚至損肺腐腸，喪命亡國，皆酒誤之也。酒戒。

又曰：粒米皆從農夫血汗出來，狼藉酒漿，造物所忌，此折福也。治事極當，一至酒醉，迷離顛倒，此昏志也。流連盃酌，不顧正業，此誤事也。一人之費可供一家食用，此浪費也。使酒罵座，遇事生非，淺平生謀，種他日禍，此肆害也。寒暑貪戀，服侍煩勞，此招嫌也。嘔吐酸悶，損精傷脾，此致病也。更有不畏王法，不顧倫理，放肆惹禍，身亡家破，王法究不因醉而寬，此殺身也。酒戒。

又曰：夫婦正也，然貴有節。若云正慾非淫，豈家釀遂不醉乎。且生人終身疾病，恒從初昏時恣情無度，多成癆怯，甚至夭亡，累婦孺苦。當思百年姻眷終身相偶，何苦從數月內種却一生禍根。色戒。

又曰：淫念一萌，便思邪緣相湊，生幻妄心。設計引誘，生機械心。少有阻礙，生嗔恨心。奪人之愛，生殺害心。種種善願由此消，種種惡念由此起。故曰萬惡淫爲首也。色戒。

又曰：張甯晚年無子，多置姬妾，禱於家廟，曰：甯何陰禍，至

絕嗣續。傍一妾云：誤我輩即陰禍也。於是遣去數人，留者生子。蓋邁年身擁多妾，誤其終身。妾不敢言，人不忍言，故曰陰禍。留者生子，此亦寡慾多男之至理也。歷觀士夫多妾無子，遣諸妾而一妾獨生子者，往往有之。

按：公諱之鈇，湖南湘陰人，有《言行彙纂》。

呂純陽曰：人性惟淫難戒，人罪惟淫最重。世間淫孽不一，今細拈出。見好婦女，時刻注念，廢飲食而形夢寐，謂之想淫。言語輕挑，恣諧謔以動心性，謂之語淫。有心凝視，眼目射而神魂飛，謂之視淫。假託殷勤，飾禮節而圖媚悅，謂之意淫。凡此之類，雖衽席未交，而淫心已蕩，止無隙可乘耳，豈得謂無罪哉，茲猶爲未成者言也。幼少婦女心志未堅，狂且引誘，食物投其所嗜，衣食迎其所好，容止笑貌得其歡心，心非木石，孰能無情，苟合一成，於是玷門風、壞名節。夫恥其爲妻，子恥其爲母，翁姑恥其爲媳，父母恥其爲女，宗族恥其爲本姓婦，辱及三黨，污流數代，淫罪滔天，天地斷難寬縱者也。

鰲婦孀妻守節不易，或逢透引，捐彼紅顏，甘蹈白刃，能有幾人哉。較有夫之婦爲易誘也。不知數載冰心，片時掃地。新姦眠於黑夜，故夫哭於黃泉。祖宗髮豎，鬼神眥裂，淫罪滔天，天地尤難寬縱者也。閨姝處子情竇已通，或遇勾引，斷臂見貞，刳心示烈，能有幾人哉。較已嫁之女爲易動也。不知一旦失身，終身抱恥，有慚花燭之宵，殊愧奠雁之禮。琴瑟必乖，家門非吉，淫罪滔天，天地更難寬縱者也。至於青衣使婢，亦婦人也，勿謂圂養姦宿無妨。青樓紅粉，亦婦人也，勿謂得財淫慾無害。雖罪有差等，而淫則一焉。嗚呼！淫罪易犯，即平昔以正人君子自命者，猝遇邪緣，不能堅忍，鮮有不浮沈慾海中矣。何不思我之妻女被人思念，被人挑遛，被人偷覘，被人媚悅，甚而被人私狎，我必非常忿怒，手刃其人而未洩也。人之妻女被我如是如是，甚而私狎，人亦必非常忿怒，思磨刀以殺我，此心此理同也。不獨陰律有犯，實乃性命攸關。何苦以頃刻之歡，蹈不測之禍哉。而況報施不爽，我今夜淫人妻女，而妻女今夜未必不被人淫。即或不然，是天之積怒遲之愈久，報之愈刻。後世爲娼爲妓皆未可知。

吁！可畏哉。

不淫之人天地重之，鬼神敬之，不犯陽條，不遭陰譴，後世貞女烈婦必生其家。閨房肅，婦道正，子孫之興可立見矣。不幸邪緣相逼，學魯男子閉戶可也，學柳下惠坐懷可也，學謝端明臥不解衣可也，學狄仁傑題詩黏壁可也，遇此能堅忍不及亂，爲聖爲賢在是矣，人胡不勉而戒之。

按：公字洞濱，名巖唐，咸通進士，游廬山，遂號純陽子，繫河中府永樂人。

帝君曰：孽海茫茫，首惡無如色慾。塵寰擾擾，易犯惟有邪淫。拔山舉鼎之雄，坐此亡身喪國。錦心繡口之士，因茲敗節隳名。始爲一念偶差，遂致畢身莫贖。何乃淫風日熾，天理淪亡，以當羞當憾之行反爲得計，而衆怒衆賤之事毫不知羞，刊淫詞，談麗色，目注道左嬌姿，腸斷簾中窈窕，聞正論疾若仇讎，好邪言甘如酒醴。或貞節，或淑德，可敬可嘉，乃計誘而使無完行。若婢女，若僕婦，宜憐宜憫，何勢逼而致玷終身。既令親族含羞，又使子孫蒙垢。嗟嗟！總由心昏氣濁，賢遠佞親，豈知天地難容，神人共憤，或妻女酬償，或子孫受報。絕嗣之墳墓無非好色狂，且妓女之祖宗盡是貪花浪子。當富則玉樓削籍，應貴則金榜除名。笞杖流徒大辟生遭五等之誅，地獄餓鬼畜生沒受三途之苦。從前恩愛至此成空，昔日風流而今安在。與其後悔以無從，何不早思而勿犯。

謹勸青年佳士、黃卷名流發覺悟之心，破色魔之障。芙蓉白面，不過帶肉骷髏，美豔紅粧，乃是殺人利刃。縱對如花如玉之貌，常存若姊若妹之心。未犯者宜防，失足已行者急早回頭。更望轉輾流通，迭相化導，必使在在齊歸覺路，人人共出迷津，則首惡既除，萬邪自去，靈臺無滯，世有餘榮矣。

按：文昌六星在北斗魁前，其第三星主理文緒。道家所云化生，在周爲張善勳，又爲張仲。在秦爲仲弓子長。西漢爲趙王如意，又爲金色蛇。東漢時爲張勳，或名孝仲。西晉時名張惡，又名謝艾。唐爲張九齡，北宋名張浚，均雜出於稗說，惟《明史·禮志》云：文昌姓張名亞子，居蜀之梓潼縣七曲山，仕晉，戰歿，立廟。唐、宋封至英

顯王，元加封爲帝君，謂掌人間禄籍也。

按：戒淫詩文甚夥，如蕉牕十則，及戴湘圃三十韻，皆膾炙人口。然危言苦口，不過如是。且集隘不及備載，故皆從割愛焉。

王朗川曰：古今書籍開卷皆有益也，獨至淫詞豔曲無一句好話。偷香竊玉，機械不止千般，賣俏丢情，流毒直兼數世，庸夫俗子被其誑惑，學士文人遭其引誘。方謂風流俊彦才子思得佳人，豈知損德虧行衣冠等於禽獸。慾心方熾，不顧綱常，惡緣既成，罔惜身命，皆由邪説煽惑。故使穢蹟彰聞，若使留觀，必然喪檢，縱難毁板，曷先焚書。

又曰：人生終日營謀爲衣食計，不能一日不需財也，故聖人不禁人取利，唯教人思義。農桑者衣食之源，勤儉者治家之本，耕讀者分内之事，經營者生理之常，公平者積福之基，知足者不貪爲寶。盡在己之力，不敢好逸而惡勞，存撙節之心，務期量入以爲出，循自然之命，不得損人而利己。求之有道，得之有命。俗人不知此理，習巧用詐，刻薄循私，犯國典而不畏，干天怒而不懼，喪良心而不顧，害平人而不恤，敗倫紀而不問。當得利時，未嘗不喜其術之工也。一轉瞬間淫佚奢蕩化爲烏有，天災人禍害且莫測，亦何益之有哉。錢從金戈，利從禾刀，故君子戒乎苟取，所以安身立命也。

又曰：昔張九韶謂人幸生太平之世無兵禍，又骨肉團聚不至飢寒，牀榻無病人，獄無囚人，非清福乎？若好貨無厭，有盈笥之帛而憂寒，有充室之金而憂飢，即令富堪敵國，粟比太倉，田園徧鄉邑，猶不滿欲，日夜焦勞，算無遺策，衹緣一點貪心，造出無端罪惡。一旦臨終，田園萬頃徒供兒女之争，金寶千箱終作街坊之市，亦可哀已。

顔壯其曰：居官之業自《詩》《書》《禮》《樂》中來，亦知廉潔足尚。第習見夫營官、還債、饋遺、薦拔非財不行，初猶染指，繼遂喪心，性情遂爲芬羶所中。且人心何厭，至百思千，至千思萬，似有癖焉，大都爲子孫計耳。不知多少豪華子弟而滅門，多少清寒子弟而發蹟，得不義之財，留子孫之債，非計也。

按：公字茂猷，號光衷，福建平湖人，明崇禎進士，官禮部

主事。

張橫渠曰：姦利二字所指甚廣，凡非本分中事，如私鹽私鑄、傾人肥己、捉癥舞文，皆姦利也。瞞心昧己、欺天罔上，亦姦利也。

按：公諱載，著有《東西銘》行世，謚曰明。

王朗川曰：陳幾亭先生有言俗謂富人爲財主，言能主持財帛也。祖父傳業雖不可廢，然須約己周人，當舍處雖多弗吝焉，能守能散是名財主，曰慳曰吝謂之才奴。

唐翼修曰：利可共而不可獨，利專於己怨必集焉，禍患之來皆生於財，敗名喪節皆起於利，苟不貪利，名從何玷，禍從何生。

按：公諱彪，浙江蘭谿人，任會稽長，著有《人生必讀書》。

顧亭林曰：積財可以備患，患亦生於多財，與其患生於多財，孰若少財而無患。

按：公名炎武，江蘇崑山人，有《亭林文集》《日知錄》《菰中隨筆》《天下郡國利病書》。

袁君載曰：存心仁厚者，尺度權衡公平均一，不貪小利以虧人，此即善也。存心私刻者，買賣異其尺秤，出入異其斗斛，其間得財幾何，而喪心若此，幽暗之中鬼神伺焉，其不遭天譴者，蓋亦未之有也。以上財戒。公諱采，宋時衢州人，官至檢院，著有《袁氏世範》。

王朗川曰：氣准於理，《孟子》所謂浩然而塞乎天地者也。又必集義以生之，不參以懦弱，不假以矯激。古今來忠孝節義扶綱常、振頹靡者，全賴此一團正氣獨行其是也。所謂血氣者，量褊急而少容，性暴燥而難忍，平居既無涵養，臨事又無抑制，偶有拂意輒忿懟不平，必欲逞吾氣以求勝，一朝之忿忘其身以及其親，所謂太剛則折，未有不覆敗者也。又有平時以理自處返己，若無不是之處，而橫逆之來，直令人按捺不下，不得不拂然生氣者，此時當稍爲退步，且就其人與事而熟思之，權其輕重緩急，即萬不獲已亦必靜鎮從容而處置之，所謂退步自然寬也。倘恃血氣一直作到盡頭，不留餘地處人者，即不留餘地自處者也。

又曰：氣有一時浮氣，有生來稟氣，若祇制遏浮氣，不知變化稟氣，根本已錯，臨時縱能抑制，發動必不能中節。

吕東萊曰：二十年治一忍字，尚未消得融盡。人生於氣不可無根本功夫也。

按：公諱祖謙，宋人，崇祀文廟，箸有《博議》。

古箴曰：人之七情惟怒難制，制怒之藥，忍爲妙劑，醫之不早，厥躬斯戾。滔天之水生乎其滴，燎原之火起於其細。兩石相撞必有一碎，兩虎相鬭必有一斃。怒以動成，忍以靜濟。怒主於張，忍主乎閉。始怒之時祇須忍氣，忍之再三，漸無芥蒂，積之百回，有張公藝。

薛文清曰：辱之一字所最難忍，竊意挫辱之來，須察其人何如，彼爲小人，則直在我，何必怒。彼爲君子，則曲在我，何可怒。不審所自，一以怒應之，所以相仇相害也。

按：公諱瑄，號敬齋，河津人，明永樂間進士，仕至禮部侍郎，從祀孔廟。

又曰：吾鄉勞餘山有言處心雖正，或挾忿氣以陵之，則人不服，事必敗，豈得謂人盡非禮乎。

韓魏公曰：小人不必遠求，三家村裏便有一人。知其爲小人，以小人處之，與之相較則自己亦小人已。且不必三家也，兄弟四五人中便有一小人，安有許多閒氣與之相較，此最宜識得透。以上氣戒。

按：任氣最爲害事，睚眦小怨遂似病入膏肓，而不能和解以消導者，無足取也。古來忍人之所不能忍，方能爲人所不能爲。如留侯不以納履爲恥，淮陰不以胯下爲辱，卒成莫大功名。苟遇小挫而抑鬱夭折，何濟於事。故昔人稱句踐、范雎之量宏，譏屈原、賈誼之量隘也。

按：公諱琦，字稚圭，相州人，宋英宗朝年二十登進士第一，太史奏日下五色雲見，官至宰相，封魏國公。

太上曰：禍福無門，惟人自召；善惡之報，如影隨形，是以天地有司過之，神依所人犯輕重以奪人算，算減則貧耗。是道則進，非道則退，不履邪徑，不欺暗室，積德累功，慈心於物，忠孝友悌，正己化人，矜孤卹寡，敬老慈幼，昆蟲草木猶不可傷。宜憫人之凶，樂人之善，濟人之急，救人之危，見人之得如己之得，見人之失如己之

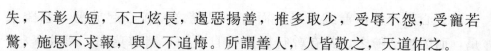

失，不彰人短，不己炫長，遏惡揚善，推多取少，受辱不怨，受寵若驚，施恩不求報，與人不追悔。所謂善人，人皆敬之，天道佑之。

　　苟或非義而動，背理而行，以惡爲能，忍作殘害，陰賊良善，暗侮君親，慢其先生，叛其所事，誑諸無識，謗諸同學，虛浮詐僞，攻訐宗親，剛強不仁，很戾自用，是非不當，向背乖宜，虐下取功，諂上希旨，受恩不感，念怨不休，輕蔑天民，擾亂國政，賞及非義，刑及無辜，殺人取財，傾人取位，誅降戮服，貶正排賢，陵孤逼寡，棄法受賂，以直爲曲，以曲爲直，入輕爲重，見殺加怒，知過不改，知善不爲，自罪引他，壅塞方術，訕謗聖賢，侵陵道德，願人有失，毀人成功，危人自安，減人自益，以惡易好，以私廢公，竊人之能，蔽人之善，形人之短，訐人之私，耗人貨財，離人骨肉，侵人所愛，助人爲非，逞志作威，辱人求勝，敗人苗稼，破人昏因，苟富而驕，苟免無恥，認恩推過，嫁禍賣惡，沽買虛譽，包藏險心，挫人所長，護己所短，乘威迫脅，縱暴殺傷，無故剪裁，非禮烹宰，散棄五穀，勞擾衆生，破人之家，取其財寶，決水放火，以害民生，紊亂規模以敗人功，損人器物以窮人用，見他榮貴願他流貶，見他富有願他破喪，見他色美起心私之，負他貨財願他身死，干求不遂，便生咒恨，見他失處，便說他過，見他體相不具而笑之，見人才能可稱而抑之，埋蠱厭人，用藥殺樹，恚怒師傅，抵觸父兄，強取強求，好侵好奪，虜掠致富，巧詐求遷，賞罰不平，逸樂過節，苛虐其下，恐嚇於他，怨天尤人，呵風罵雨，鬬很爭訟，妄逐朋黨，用妻妾語，違父母訓，得新忘故，口是心非，貪冒於財，欺罔其上，造作惡語，欺毀平人，毀人稱直，罵神稱正，棄順效逆，背親向疏，指天地以證鄙懷，引神明而鑑猥事，施予後悔，假借不還，分外求營，力上設施，淫慾過度，心毒貌慈，穢食餧人，左道惑衆，短尺狹度，輕秤小斗，以僞雜真，採取姦利，壓良爲賤，謾罵愚人，貪婪無厭，咒詛求直，嗜酒悖亂，骨肉忿爭，男不忠良，女不柔順，不和其室，不敬其夫，每好矜誇，常行妬忌，無行於妻子，失禮於舅姑，輕慢先靈，違逆上命，作爲無益，懷挾外心，晦臘歌舞，朔旦號怒，夜起裸露，八節行刑，如是等罪，司命隨其輕重奪其紀算，算盡則死，死有餘責乃殃及子孫。

244

夫心起於善，善雖未爲，而吉神已隨之。或心起於惡，惡雖未爲，而凶神已隨之。其有曾行惡事後自改悔，諸惡莫作，衆善奉行，久久必獲吉慶，所謂轉禍爲福也。胡不勉而行之。

按：是篇出於《道藏》，宋真宗賜錢命刻，自是流傳於世，不脛而走，明世宗作序頒行，至國朝順治十三年上諭刊刻，頒賜群臣，並舉貢生監。崇奉其寶貴可知矣。服是編者，蓋明知二豎，洞見五神，遂致膺華膴、聯科甲、綿福澤、起沈疴也。茲姑不論，而詳繹詞意，其欲挽人心、維世道，大要在良善二字着跟。爰節哟嘔等語餘與聖賢彰癉之道脗合，錄之以告圩人，果以此爲《肘後方》護心散，病無有不立愈者，誠有奇效可知矣。

帝君曰：吾一十七世爲士大夫，身未嘗虐民。酷吏救人之難，濟人之急，憫人之孤，容人之過，廣行陰騭，上格穹蒼。人能如我存心，天必錫汝以福。於是訓於人曰：昔于公治獄，大興駟馬之門。竇氏濟人，高折五枝之桂。救蟻中狀元之選，埋蛇享宰相之榮。欲廣福田，須憑心地行時時之方便，作種種之陰功，利物利人，修善修福，正直代天行化，慈祥爲國救民，忠主孝親，敬兄信友，濟急如濟涸轍之魚，救危如救密羅之雀，矜孤卹寡，敬老憐貧，措衣食周道路之饑寒，施棺槨免尸骸之暴露，家富提攜親戚，歲飢賑濟隣朋，斗秤須要公平，不可輕出重入，奴僕待之寬恕，豈宜備責苛求，捨藥材以拯疾苦，施茶湯以解渴煩，舉步常看蟲蟻，禁火莫燒山林，點夜燈以照人行，造河船以濟人渡，勿宰耕牛，勿棄字紙，勿謀人之財産，勿妬人之技能，勿淫人之妻女，勿唆人之爭訟，勿壞人之名節，勿破人之昏姻，勿爲私仇使人兄弟不和，勿以小利使人父子不睦，勿倚權勢而辱善良，勿恃富豪而欺窮困，善人則親近之，助德行於身心，惡人則遠避之，杜災殃於眉睫，常須隱惡揚善，不可口是心非，翦礙道之荊榛，除當塗之瓦礫，修數百年崎嶇之路，造千萬人來往之橋，垂訓以格人非，捐資以成人美，作事須循天理，出言要順人心，見先哲於羹牆，慎獨知於衾影，諸惡莫作，衆善奉行，永無惡曜加臨，常有吉神擁護，近報則在自己，遠報則在兒孫，百福駢臻，千祥雲集，豈不從陰騭中得來哉。

陰騭文。

按：《書·洪範》云：惟天陰騭下民，彝倫攸敘，推至雨暘無忒，惡弱潛消。人果恪遵帝訓，爲賢爲聖，薰蒸日上矣。世奉爲主，桂籍沾沾作弋取科名計，抑又淺視斯文，猶未得其精液也。

湯春生曰：三教推儒爲首，四民列士於先，既讀先聖之書，當敬古皇之字。況黃冠披籙，尚潔手以焚香，即緇衲誦經，亦整容而正几，豈可輕拋典籍，蔑視《詩》《書》，或攜作枕，聊圖假寐之安，或積如山，僅博外觀之富。膳文畢而稿吞口內，磕睡作而書擲頭邊。祖服開懷，膝置數行而諷誦，露胸跣足，手持一卷以吟哦。蓄斷卷以褙書，集舊文而賣市。淫詞敗俗，何好編歌曲之文；戲語嘲人，乃巧借經書之語。扯殘箋而揩桌面，尋廢紙而捲煤頭。蒙舘背書，書不熟而怒投於地；芸牕寫草，草未就而忿裂其箋。出游則記名於牆，赴考則寫詞於板。士人若此，安問愚夫。男子且然，遑言婦女。

由是補牕而貼壁，加之拭桌以開盤。捲入燭根，火滅則根埋瓦礫。糊成餅匡，紙殘而盒棄泥沙。佛旛爲茶肆之棚，旗號代船篷之布。傘頭扇面大標某館某齋，衣背裙腰暗號幾錢幾兩。各目印粉糕之上，賬單夾襪桶之中。當舖剷牌故蹟已成夫木屑，漆工修器舊痕盡掃於灰堆。包烟而瑤篇拌土，造爆而錦句飛花。靴底鞋底紙是還魂，壽幛祭幛綾都覆染。豬體翦毛而作字，馬身烙印以成文。揭帖鳴冤大張滿路，醫方招紙碎片盈街。兒童爲糖裹之包，婦女作絨花之樣。春糊鹽匦，用完竟擲於溝涂；夏點蚊烟，燒剩常丟於糞壤。病人則醫來診脈，臂擱書編；喜事則拜罷歸房，脚移米袋。甚至净桶之蓋木條則十字成形，他如挑孩褲之花綫脚亦卍紋不斷。無窮罪孽，莫罄形容。褻瀆千般，多自士人之創始；尊崇一體，須由男子以開先。試思坐書者全家瞽癲，竊見惜字者累代元魁。報施無爽，幸祈勿等於常談，因果非誣，所願共深夫猛省。惜字文。

按：湯係浙江人，履歷失考。

惜字十八戒

賣廢書與人　遺棄污穢中　糊牕槅　脚下踐踏　刀翦裁破　覆瓶罐　燃燈夜照　因怒扯碎　裱聯畫　點火喫烟　嚼爛吐地　包什物

燒灰棄地　以書作枕　拭几硯　塞牆壁孔内　擦垢穢物　與婦人夾鍼綫

惜字十二則

下筆有關人性命者，此字當惜。

下筆有關人名節者，此字當惜。

下筆關人功名者，此字當惜。

下筆屬人閨閫陰事及離昏字者，此字當惜。

下筆離間人骨肉者，此字當惜。

下筆謀人自肥傾人自活者，此字當惜。

下筆陵高年、欺幼弱者，此字當惜。

下筆挾私懷隙、故賣直道、毀人成謀，此字當惜。

下筆唆人搆怨、代人架詞者，此字當惜。

下筆恣意顛倒是非使人含冤者，此字當惜。

下筆喜作淫詞豔曲並訕笑他人者，此字當惜。

下筆刺人忌諱令人終身飲恨者，此字當惜。

舊説曰：世人不知敬字，因不惜字，欲勸人惜字，先勸人敬字。字何以當敬？其有功於世也偉矣。昔蒼頡造字，洩天地之機，開萬物之知，發聖賢之秘，續道德之傳，記古今之治亂，著人物之賢姦，若天下無字，終古如長夜，此一宜敬也。

天曹公案、皇朝律例、公門文移、冥府卷籍咸以字爲憑，是字能生人、殺人、榮人、辱人、予人、奪人者也，可不重與，此二宜敬。

天地神祇之號、日月星辰之紀、聖賢仙佛之名、祖宗父母之諱，皆散著於字，棄置踐污，於心何忍，此三宜敬。

養天下之人者字也，世之由科名而取青紫固賴乎字，即窮而爲師、爲吏、爲幕賓、爲記室、爲剖劂，以字而謀生者，天下不知其幾億兆也，此四宜敬。

成天下之務者字也。朝廷之典籍，官府之簿書，親朋之簡翰，釋道之文疏，商賈之帳目，無一人不用字，無一事一時不用字，此五宜敬。

夫字之宜敬如此，烏可以不惜哉。第人非不知字之當敬當惜，而實能敬之惜之者甚少。蓋見字實有一種尊重之意，斯之謂敬；實有一種珍愛之心，斯之謂惜。使徒泛泛視之，雖偶然檢拾，亦與不敬惜者等，固不必污巘棄褻而後爲不敬不惜也。若至污巘棄褻，則罪更不可逭矣。

　　先哲云：字乃天地間至寶，成人功名，佐人事業，開人見識，爲人憑據，不思而得，不言而喻，一紙之通，千里一室也，數編之紀，千載一堂也。下至記錙銖載瑣碎，上至銘鐘鼎垂竹帛，發號出令，經國安邦，字之成天下之務也至矣。胡乃聽傷於蟲鼠，遺棄於道途。屋角牆傍舉目即是殘編斷簡，作踐多端，罪過可勝言哉。況神明所鑒，禍福所繫，貴賤所關，壽夭所定，古來以惜字而得善報，以褻字而獲重譴者不可悉數，是不獨士林中宜加敬惜，農工商賈無不共宜敬惜者也。而士林尤貴恪盡。其所以敬惜之，實以爲四民法。以上惜字。

　　蔣省庵曰：天下之寶無逾五穀者也，嘉種誕降厥由帝命，而又發之以土膏，潤之以雨澤，水旱風雹不使害，螟蝗蟊蟘去其災。而後苗而秀，秀而實，登諸場圃，薦諸盤餐，故五穀者天所愛也。人情一日不再食則飢，乞兒貧婦窮途困頓，簞食豆羹得之則生，勿得則死。然而星霜野店，索貸何從，風雨荒村，呼號莫顧，當此之時，雖一粟一米亦不易得，故五穀者民之命也。況夫農家作苦更有什百於士商工賈者，冒暑而鋤，帶星而汲，終年勞瘁，常在泥塗糞土之中，盡室經營，竭其婦子家人之力。蓋自耕耘以迄斂穫，而舂之、揄之、簸之、蹂之，不知幾番愛護、幾許辛勤，故五穀者人力所萃，而以我之福消受之者也，可不惜哉。

　　其一在舖舘之中，就食之客來去不常，而奔走滌器者往往取便一時，不暇顧惜殘羹餘粒，捐而棄諸道旁矣，揮而沃諸溝中矣。其一在衙署之中，食指繁多，准量無數，官長簿書殷迫，不暇計及饔飧，僕隸魚肉腥羶，遂亦自忘其艱苦，釜底之飯、隔宿之餐竟視爲可棄之物，因而及於鵝栅雞栖矣，因而及於牛溲馬勃矣。其一在富家貴族，主中饋者經年不入庖廚，任使令者終日居然飽食。人浮於食，則請而益之矣；食浮於人，則餂而棄之矣。其一在棘闈號舍，爲士子者多取

則必多餘，司巡綽者計納不復計出。當步履之所及，則在踐踏中；步履之所不及，則在便溺中矣。其他隨地隨時不勝枚舉，或以爲無傷，或以爲難禁，或以爲瑣務不必經心，或以爲忙中不遑留意，然而咎已日積也，罪必有歸也。

惜之於無形，而豫防之可也，節用之可也，申諭之可也。惜之於有形，而時察之可也，曲全之可也，撿拾之可也。故《感應篇》有跳食之戒，《救刧訓》嚴棄穀之條。瞿某以稻田潤米怒觸雷神，沈婦以釜粥流污身嬰惡疾，袁大葵之家僮誤抛溷厠而遽犯天威，沈判官之厨婢委牆棄溝而頓遭冥譴，陳孟玉穢中拾取獲膺誥贈之榮，元參政器内無餘添註耆頤之算。揆之人情物理，所宜愛重寶貴者如此；考之禍福報應，所宜警惕勸勉者又如此，奈何以小善勿爲，小惡勿去也哉。《惜穀文》。

晁錯曰：夫寒之於衣不待輕煖，饑之於食不待甘旨，饑寒至身不顧廉恥。人情一日不再食則饑，終歲不製衣則寒。夫腹飢不得食，膚寒不得衣，雖慈母不能保其子，君安能以有其民哉。今農夫五口之家其服役者不下二人，其能耕者不過百畝，百畝之收不過百石。春耕夏耘，秋穫冬藏，伐薪樵，治官府，給徭役；春不得避風塵，夏不得避暑熱，秋不得避陰雨，冬不得避寒凍，四時之間，無日休息。又私自送往迎來，弔死問疾，養孤長幼在其中，勤苦如此，尚復被水旱之災，急政暴虐，賦斂不時，朝令而暮改。當其有者半賈而賣，無者取倍稱之息，於是有賣田宅、鬻子孫以償債者矣。而商賈大者積貯倍息，小者坐列販賣，操其奇贏，日遊都市，乘上之急，所賣必倍。故其男不耕耘，女不蠶織，衣必文采，食必粱肉，亡農夫之苦，有阡陌之得，以利相傾，千里游遨，冠蓋相望，乘堅策肥，履絲曳縞。此商人所以兼并農人，農人所以流亡者也。方今之務，莫若使民務農而已矣。欲民務農，在於貴粟。貴粟之道，在於使民以粟爲賞罰。

按：公，西漢潁川人也，號曰智囊。

《覺世經》曰：敬天地，禮神明，奉祖先，孝雙親，守王法，重師尊，愛兄弟，信友朋，睦宗族，和鄉隣，别夫婦，教子孫，時行方便，廣積陰功，救難濟急，卹孤憐貧，創修廟宇，印造經文，施捨藥

茶，戒殺放生，造橋修路，矜寡拔困，重粟惜福，排難解紛，捐貲成美，垂訓教人，冤仇解釋，斗秤公平，親近有德，遠避凶人，隱惡揚善，利物救民，同心向道，改過自新，滿腔仁恕，惡念不存，一切善事，信心奉行，人雖不見，神已早聞，加福增壽，添子益孫，災消病減，禍患不侵，人物咸若吉星照臨。

若存惡心，不行善事，淫人妻女，破人昏姻，壞人名節，妒人技能，謀人財產，唆人訟爭，損人利己，肥家潤身，恨天怨地，罵雨呵風，毀賢謗聖，滅像欺神，宰牛殺犬，褻字滅形，恃勢辱善，倚富壓貧，離人骨肉，間人弟昆，不信正直，姦盜邪淫，好尚奢詐，不重儉勤，輕棄五穀，不報有恩，瞞心昧己，大斗小秤，假立邪教，引誘愚人，託說昇天，斂物行淫，明瞞暗騙，語曲言橫，白日咒咀，背他謀人，不存天理，不順人心，引人作惡，不信報因，不修片善，惡事皆行，官司口舌，水火盜侵，惡毒瘟疫，生敗產蠢，殺身亡家，男盜女淫，近報在身，遠報子孫，神明鑒察，毫髮不紊。善惡兩途，禍福攸分，行善福報，作惡禍臨，我作斯語，願人奉行，言雖淺近，大益身心，戲侮吾言，斬首分形。有能持此，凶消吉臨，求子得子，求甯得甯，富貴功名，皆能有成。凡有祈禱，如意而行，萬禍雪消，百福駢臻，諸如此福，惟善可成。吾本無私，惟佑善人，毋怠厥志，衆善奉行。《覺世經》。

蔣省庵曰：聖朝移風易俗，禁賭綦嚴，以其爲害至大也。禁後風似稍息，然特不敢顯爲耳。其最甚者，富貴之家不第男子爲然，閨閣殆有甚焉，不特長上爲然，臧獲尤有效者，相習成風，又何怪乎間閻細民。今試言之，其害有三，曰鬥、曰盜、曰私。同桌共戲，儼然良友，既而勝者矜、負者怨，則不免口角矣。口角不已，至於鬥毆，甚而至於衣帽破、頭面裂者，其常也。乃不甘心於負，圖恢復，性急手癢，挾采不得，不免出於盜竊矣。一經敗露，當官枷責，尚可爲人乎。窩賭之家，惡少群聚，自守頭瓶，復有閒蕩數人，遞茶進食，出入無忌，夜深人靜假寐一室，婦女雜處，保其無私事乎。敗壞風俗，類多此三者。

自來賭博亦有二種，一則貪得性成，妄思滿載而歸，當其勝而貪

心益熾，不轉瞬而還於人，及其負而貪念未忘，不旋踵又多方而籌於己，由是家產傾蕩，父母怨恨，妻子分離者所在皆是也。一則游惰無藝，不習生理，以賭塲爲棲身之所。有錢入局，無錢旁觀，不顧家室，不計終身，卒至凍餓而死者比比然也。嗟乎！富貴之家以葉子爲消遣具，較勝負於錙銖，家長罔知羞鄙，子弟效尤，家教安在，閨閣群戲，淫穢成風，更雜以三姑六婆，外親同室，其弊尚可言哉。語云賭風即是淫風，良有以也。奴僕習見家風如是，心無所畏，拋職守，違使令，戲具出諸袖中，朋輩不招自至，盜貨物，藏姦宄，責之已遲，悔之已晚。吾願戒賭一法先自富貴家長始，家長不爲，子弟斷不敢爲，閨閣亦不得爲，奴僕有敢犯家法而不畏者乎？由是閭閻細民懍然國法，男勤耕讀，婦勤紡績，保家養親，不特三害俱無，抑且不暇游蕩矣，風俗之良何如哉。

陳成卿戒賭十則

一、壞心地。假博奕以攘財無異盜賊，此勝者壞心地也；因賭傾家，寡廉鮮恥之事亦忍爲之，此負者壞心地也。況賭生貪心、詐心、爭競心、逸樂心，有一事不壞一良心乎？

二、耗貲財。偶負即止，其害尚淺，若妄想完璧，其患轉深。始則賭餘資，繼則賭正項，末則賭急用，富人不破產不休，窮人不凍餒不止。

三、誤正業。士農工商各有一業，一受賭迷，廢時失業，身爲繫縛，正務轉託他人，因而覆敗。富貴者事務殷繁，致人守候，逾期失信，所誤更大。

四、傷人倫。子好賭，父未有不怒者。至貲已蕩盡，百計攘親之有，子道安在。不惟是也，更傷兄弟，強者侵奪，弱者借累，嫌隙一開，相戕無已。不惟是也，更傷夫婦，規勸反目，典鬻慟心，妻子愁苦莫訴，終身失所。

五、致疾病。沈迷酣戰，夜以繼日，飲食失節，寒暑失宜，囊空恚忿，元神耗散，皆致病之由。

六、結怨毒。賭局易啟爭端，雖至親密友往往反唇攘背，親情友

誼頃刻頓忘，一時懷恨，報復無窮。

七、生事變。賭博類少正人，出入門户疏虞，致生盜賊之變。夜深人倦，薪炭未熄，致生回禄之變。晝夜不歸，家門不謹，致生姦淫之變。爭忿告訐，或被查拿，即搢紳之裔，品望之儒，問罪受紲，則又受聲名之變矣。

八、損品望。凡迷賭局，即聰明俊秀人料其無成，輕而賤之，正士勿與交，貿易勿與夥，昏因勿與通，似一文不值也。

九、召侮辱。賭局無分貴賤，雖極下流皆爲平輩，信口稱呼，任情嘲笑，一言不合，欺侮相加，既與朋賭，莫可如何。

十、失家教。身率以正，然後可訓子孫、馭奴僕。好賭者不然，往還多淫朋，子孫日與狎褻，志氣乖，言行壞，不止傾家敗產已也。男女共席而不避嫌，親串雜處而無所忌，帷箔不修，勢所必有，卑下因賭致盜，又在所必然矣。

按：陳氏失考，見《全人矩矱》。

王懋思曰：賭之禁例綦嚴矣。今則有曰壓寶者處處爲之，市肆之中、廟會之際公然搭棚賃地，保役嚼其陋規，不但明知不問，抑且與爲朋夥。且有無賴首事，藉其地脚爲酬神費者。非禮之祀，神其吐之，姑不具論。雖使三尺童子有錢一二文，誘其入局視擲骰抹牌，其害尤甚。

按：公諱植，直隷深澤人，康熙辛丑進士，官知縣，有《崇雅堂藁》《嘗試語》等書。

程漢舒曰：今鄉村人家中堂之上貼“天地君親師”五字，不知起於何時。人若看得此五字重大持身涉世，不至大無忌憚。人每日將此五字顧名思義、觸目警心，一生所益不少。

按：公爲二至先生之尊人，有《讀書筆記》。

〔生理類〕

竊以生理爲養身之具，誠不可不急謀也。人生不可一日無衣食，即不可一日無生理。一失頤養，蹉跎歲月，凋瘵日形，理固然也。士

冠四民上品也，降至農佃，祈寒暑雨，即形容憔悴不敢告勞焉。其次爲工爲商賈，執技藝、操奇贏，青亭烏黃間居肆成事，未有不起於辛苦者。蓋家業本於積聚，而成德基於萌芽，勿謂孺婦可以養癰而不治，勿謂耆老仍使血氣之妄行。時有水旱，舍圩隄而勿修，將欲薅茶蓼、食藜藿不可得矣，以是知國無捐瘠者，蓄積多而生理裕也。謹議庶事如左：士、農、工、商賈、婦女、童稚、耆老。

士

吾人讀書明理，咸謂之士。子弟七八歲時，無論敏鈍，俱令就塾，去其浮躁，開其心竅，則主腦已得矣。至十五六再觀其氣質清濁、身體強弱，爲士爲農，始分其業。吾圩詩禮之家如趙東田之考據，汪非九之著作，王櫟園、胡燕喜之教授生徒，葛維嶽、潘章甫之潛心理學，詹用章、丁青麓之治行卓卓，湯天龍、史彝尊、劉朝望之經畫井井，載入志乘，均三伐毛、三洗髓，火候確到時也。天地生才何處蔑有，端賴吾儒潛移默運，勿以圩圉焉可。

呂新吾曰：子弟讀書大則名就功成，小則識字明理，世間第一好事。

按：公名坤，字叔簡，甯陵人，明嘉靖中進士，仕至少司寇，有《雜箸》。

張楊園曰：從師受學便有上達之路，非謂富貴也。人自愛身，惟有讀書；愛其子弟，惟有教之讀書。近代游庠序而至飢寒，側衣冠而多敗行，遂歸咎讀書，不知末世之攻習浮文以資進取，初未嘗學聖賢一節，是以失意斯濫，得意斯淫，爲里俗所羞稱。蓋不讀書則不知禮義，一再傳後，蚩蚩蠢蠢，親不知事，身不知修，子不知教。愚者安於固陋，慧者習爲黠詐，循是以往，雖違禽獸不遠矣。

陸九韶曰：古者民生八歲入小學，學禮樂射御書數，至十五歲，各因其材而歸之四民，故爲農工商賈者亦得入小學也。七年而後就其業，其秀異者入大學，而爲士教之德行。凡小學、大學之教俱不在語言文字，故民皆有實行而無詐僞。

程畏齋曰：竊聞之，朱子曰爲學之道莫先窮理，窮理之要必在讀

書，讀書之法貴乎循序而致精，致精之本則在乎居敬而持志，此不易之理也。其門人私淑之徒薈萃朱子平日之訓而節序其要，定爲讀書法六條：循序漸進、熟讀深思、虛心涵泳、切己體察、著緊用力、居敬持志。

按：公名端禮，四明人，有《讀書分年日程》。

熊勉庵曰：忠主孝親，敬兄信友，以名節立身，以忠孝訓俗，敬奉典籍，盡心啟發，敬惜字穀，謹備言行。誨人言行並重，無故不曠功課，不菲薄人爲不足教，耐心教訓貧家子弟。聰明人教以誠實，富貴子弟教以禮義。講鄉約例法勸戒愚頑。事涉閨閫者不輕言不落筆，事屬陰虛者不攻發不猜疑，不書誣揭，不寫呈稟，不作離昏分別紙。不昧心袒護親朋，不扛幫打降，不演邪淫謏說，不加人混號歌謠，不褻視利濟爲善者，不詆毀平人，不陵虐鄉愚，不妄圈文字欺哄無知，不自負才高輕漫同學，不譏笑人文字，不廢散人書籍，不恃衣頂呈人，不作昧心干證。遇上智講性理學，見愚人說因果事，勸止人不孝不睦諸事，引導愚人敬宗睦族，傳人保益身命事，此皆士人不費錢功德也。

賀陽亨曰：士人讀書欲作秀才，一作秀才便軒然里巷間，些小利必就，些微氣必爭，自待已輕，如何長進。有志之士必思量我既作秀才，如何混過一生，必不貪圖小利，即位極人臣，益當休休有容，坦坦無欺，俾鄉里可敬可愛，後世可法可則，纔充滿秀才分量。若自恃門第，爭些小，逞客氣，撐支門面，不知門面所以大者是有好人樣子。若倖博一衿，妄行武斷，刻削元氣，結怨鄉里，天理昭昭，何益之有。

按：公名時泰，字叔交，江夏人，甘貧樂道，教子義方。子逢聖，仕至宰相，諡文忠。

朱柏廬曰：讀書須先論人，次論法。所謂法者不但記章句，當求義理；所謂人者不但取科第，要做好人。取科第者未嘗不求義理，而其重在章句。做好人者未嘗不解章句，而其重在義理。先儒謂今人不會讀書，如讀《論語》，未讀時是此等人，讀了後只是此等人，便是不會讀。要知聖賢之書不爲後世科名而設，是教千萬世做好人，直至

於大聖大賢。讀一句書，反之於身，能如是否；行一件事，合之於書，比古人如何，此纔會讀書。徒習記誦，猶未善也。若擺列淫詞雜劇，誤自己並誤子弟，家有此書便爲不祥。即詩詞歌賦亦屬緩事。若能兼通六經及《性理綱目》《大學衍義》諸書固爲上等，不然亦將《孝經》、小學、四書本註置在案頭自讀，並教子弟讀，則必定爲好人。科第一事不在其身，必在其子孫。

又曰：積德之事，人皆謂惟富貴可爲，抑知富貴者積德之報，必待富貴而後積德，果何日富貴乎？又何日積德乎？惟於不富貴時行善爲尤難，其功爲尤倍，蓋德是天性中所備，無事外求。積德亦隨在可爲，不必有待。如蟻子入水，飛蟲投網，見而救之；又如乞人哀號，輒與錢飯，即此便是德，日漸做之便是積。今人但知積財積產，而於己所完備之德不思積之，且又喪之，不可解也。論積之序，首親戚，次族黨，次交游，次物類，不求知於世，不責報於天，若當面錯過，不富貴時不肯爲，即富貴時吾亦未知其果爲否也。

楊椒山曰：習舉業只要多記多作，四書五經之外，古文、論策、表判皆須熟讀多作，不可專讀時文，專作時文，尤不可一日無師傅。無師傅則無嚴憚、無考正，雖十分用功，終是疏散。又必須擇好師傅，如不愜意，辭之另請，不可惜費，遷延誤業。又必擇好朋友日日會講，舉業何患不成。

按：公名繼盛，直隸容城人，明嘉靖間進士，官兵部，諡忠愍。

史搢臣曰：開卷有益。獨今之謏說以淫奔無恥爲逸韻，以私情苟合爲風流，摹寫傳神，老成人閱之或爲搖撼，無識少年未有不神魂顛倒者，在作者本屬於虛，在看者竟認爲實，因而傷風敗俗，犯法滅倫矣。雖偶爲寓意之作，而因果報應略而不看，人生好德之心不勝其好色之念，既已挑引於其前，鮮能謹持於其後。吾願主持風化君子將此等淫書燒其本，毀其板，使民惟經史是讀，厚風俗，保元氣，是亦聖王之善政也。

按：公名典，江南揚州人，有《願體集》。

按：吾圩紳士前明有免役之習，邑志載之詳矣。近來士林率因董首致誤舉業，且有慕羶薌希充是役以圖染指，甚而爲之肆毒者。若考

据、若箸作，與夫天文曆數及輿圖訓詁之學，制度名物之爲，瞻望弗及，不聞不問，故未切理饜心焉，宜其終老牖下也，惜哉！

農

邑重農，圩業之者十有八九，胼手胝足，自幼而壯而衰而老幾無息肩日。水消渴時資以修築，水漲滿候用以宣防，終歲勞苦，不敢少休。除地丁南米外，又有橋梁土木諸役，苟非寒燠雨暘之協，解飢療渴之宜，五月間即有賣新穀者，剮肉補瘡，痛心疾首，不忍言矣，豈曰惰農自安乎？

張楊園曰：近世以耕爲恥，只緣制科以文藝取士，競趨浮末。若漢世孝弟力田爲科，人即以爲榮矣。實論之耕則無遊惰，無飢寒，無外慕失足，無黠詐驕奢思，無越畔土物愛，厥心臧保世承家之本也。

熊勉庵曰：耕作以時，照顧蟲蟻，糞田不戕物命，不阻塞道路，填坑塹以便行人，不謀買田主産業，不夥僕盜田主租穀，不藉主勢踐人禾苗，不諂奉主人侵佔鄰産，不挖人墓風水，不壞無主墳，不唆主故塞水利，不私動田主種糧，不忌隣田禾盛妄害，不誤荒人田畝，不愛他人農具，牲畜踐踏不刺戳，不抄近損人苗穀，戊己日不動土、不澆糞、污觸地祇。

按：公名宏備，江南淮安人，有《寶善堂不費錢功德例》。邑志曰：圩瀕湖畔，冬春築埂，夏取茭草於湖以壅田，稱沃壤焉，秋冬拾菱芡罩水族以爲利。然春夏之交黴雨不開，湖水溢，江潮注，一隄如綫，生靈寄命。

又曰：四時燥濕寒燠，與淮以南並蘇常諸郡大抵相同，麥秋在芒種前後，稻之成熟有早晏，晚稻有經霜猶棲畝者。

《耕讀十便》曰：以耕兼讀，習於勞苦，勞則善心生，一也。治家不期勤而勤，不期儉而儉，二也。一應柴蔬油米不向市買，三也。婦女不染城市繁華之習，四也。讀書餘暇種竹養魚，有一種生趣，五也。田夫野老話桑麻，事歷歷可聽，並無機械語，六也。官税早完，門無剝啄，歲晚務閒，室家團聚，七也。可造就者指點讀書行文之法，八也。鄉愚告以禮義廉恥，道以孝弟忠信，九也。日後做官，巡

野勞農，事皆閱歷，語皆切要，十也。

陸桴亭曰：種田唱歌最妙。田夫群聚，人多口雜，非閒談即互謔，嚴禁之不可止，惟歌聲一發，群囂寂然，應節赴工，力齊事速。但歌詞淫穢，殊壞風俗，擬效吳歈撰數十首，端本人情，發揮風雅，凡田家作苦，孝弟力行，及種植事宜，家常功課、較晴量雨、報賽祈年之類播之聲歌以教農民，似於風教有裨。

按：公諱世儀，江蘇太倉人，有《集思辨錄》等書。

按：築隄用夯夫，必唱歌而力乃齊，古例一曲三夯，勿使緩緩可也。余編夯夫曲三十韻，皆工次眼前光景，口頭語用，節疲勞未必無所補益也，見《述餘·文藝》。

張文端曰：上農有三益，一在耕種及時，一在培壅有力，一在蓄洩有方。農最重時，早犁一月有一月之益，冬最良，春次之，早種一日有一日之益。至培壅，即古所云糞其田也，一畝可得兩畝之入，而稅不加增，何快如之？蓄水用水最有緩急，在當其可，惟老於農者知之，劣者反是。樂於偏災，租額任其高下，此陋習也。包世臣曰：周公曰先知稼穡之艱難，乃逸，則知小人之依。孔子曰使民以時，既富矣，又何加焉。孟子曰民事不可緩也，易其田疇，薄其稅斂，民可使富。夫民歸農，則穀殖繁，姦邪息。上明農，則力作勸，侈靡衰。倉廩實而知禮節，先王之本政也。自士不興學校鄙夷田事，高者談性命，卑者矜詞章，洎乎通籍，兼并農民，田輸兩稅，而官吏征收，公私加派，甚有鬻獄賣法，分紳富之膏腴，折糧加漕，浚悍獨之膋血者。農民終歲勤動，幸不罹於天災，而父母妻子已迫飢寒，卒歲爲常，何以堪此！余家居瘠野，且以食貧，幼親園圃，裒集農說，務在易曉，非文獻之無徵無迂闊而遠事，其目有七：曰辨穀，曰任土，曰養種，曰作力，曰蠶桑，曰樹植，曰蓄牧。

按：原篇詞繁理緻，不及備載，謹將乘時者錄於後，非吾圩所宜者仍節之，略增數事。

立春：修農具，鋤二麥，織草鞋，爬麥壟。

雨水：編籬笆，出牛糞，搯菜薹，罱夏泥。

驚蟄：糞菜子，插楊柳，造醬，剗土糞。

春分：糞大麥，種薯蕷，打蓑草，挑泥。

清明：浸早稻，種瓜壺，合牛馬，下秧。

穀雨：浸遲稻，種苧麻，種棉花，種茄莧蘆稷。

立夏：刈大麥，刈菜子，種早荳，刈豌蠶荳。

小滿：刈小麥，栽早秧，種芝麻。

芒種：栽中稻，薅早稻，點中荳，刈苧。

夏至：栽晚稻，點菉荳，種麻，鋤一切荳。

小暑：耘晚稻，撿稗，納上忙。

大暑：靠田，鑽風，摘菉荳，斫早黃荳。

立秋：刈早稻，種蕎麥，撿棉花，下菜秧。

處暑：刈中稻，種蘿蔔，種泥黃荳。

白露：栽白菜，收苞稌，打草，起稻板田。

秋分：種早麥，收蘆稷，刈苧，收中黃荳。

寒露：刈遲稻，收芝麻，種油菜及豌蠶荳。

霜降：收遲荳，種麥，掘蕷，拔棉，栽蒜。

立冬：醃菜，刈蘆葦，摟麥壟，蓋屋。

小雪：芸麥，刈蒲，耕水田，完下忙漕米。

大雪：修橋道，釀酒，刈柴草，罱泥。

冬至：糞小麥，車池，伐木，掮藕。

小寒：接雪水，挑泥，搬糞，打泥塊。

大寒：鋤菜，糞菜，絢索，編草鞋蓑笠。

按：公字慎伯，涇縣人，嘉慶戊辰舉人，有《倦游閣文集》，並
《安吳四種》。

馮道曰：農家歲凶則死於流殍，歲豐則傷於穀賤，豐凶皆病者，
惟農家爲然耳。聶夷中詩：「二月賣新絲，五月賣新穀。醫得眼前瘡，
剜去心頭肉。」語雖鄙俚，曲盡農家情狀，四民之中最爲勤苦者。

按：公歷事五代，仕至宰相，封瀛王，自稱長樂老。

李殿圖曰：延訟之誤農也，戶昏田產細，故良民非萬不得已不敢
興訟，或誤聽刁唆，揑非爲是，全在有司明決，拘傳要證，開釋無
辜，民始得盡力於隴畝。但良吏絕少，逢富豪則冀其夥助，遇土棍則

畏其上控，遇劣衿則防其舌端，至貧窶則無可生發，獨務農小康之家偏受其累。

按：公字九符，號露桐，直隸高陽人，乾隆丙戌進士，官至福建巡撫，有年譜。

邑志曰：菖蒲有花，選種浸水七晝夜勾萌乃折，又三日附土，五日苗青，芒種前後分科而蒔之，其界如棋盤綫，以便耕耨，薙芟稂莠，疏其鬱滯，凡三致力而秋乃成。

工

吾圩樸陋自安，不尚彫斲，茅茨土階，猶有陶唐氏之遺風焉。惟桔槔之器尚備，其法骨節靈通，膝理拍合，業是工者即至白頭猶在熟地，遷而勿能爲良。至攻石之工如陡門、涵洞、硠礐諸役，皆雇之外府。若陶冶，若圬墁，間亦有之。奇技淫巧，腐朽化爲神奇，非所習也。其傭力者苦無恒心，幸僕御賤役所勿屑爲，故無有充當差役者，禮俗然也。

熊勉庵曰：雕畫不褻瀆聖像，造物必堅實，不因酒飯怠慢生壞念，不苟且草率，不行壓魅法，不哄人興造房具，不播東家隱微事，不造磽薄假物，不混延時日，不送禮物圖生意，不以破碎混完全貨，不輕毀成物，不妄作淫巧，不污損人衣服，不偷人材料，不輕費物料，不抄行奪市聽主延顧，不藉故中止，不臨事脫逃，不豫支工價。

畢二尹曰：查農民雇工幫作，往往豫圖辛俸到手，臨期託故逃工，嗣後如有坐此，許該主扭帶送廳懲治。《大清會典》曰：工程需用匠役，選樸實有身家者爲夫頭，召募匠夫，責令具結備案，人給腰牌，藉察出入，不奉法者懲逐，有竊匪隱藏工所，夫頭不舉者，論如例。

商賈

考邑志載民多土著，故安土重遷，商人無而賈人少，即有戀遷，惟以五穀出入是務，鹽鐵竹木皆取之外府。業是者徽甯客民居多，且有世賈。吾圩置產業者，水漲隄危計無復之間，亦向殷實仗義大賈挪

移錢穀，選材配料，以資保障，歲熟徵還。估人貪於暢消，又得昂值，亦樂爲之。乃挽回造化之一法也。

熊宏備曰：討價不欺哄鄉愚，不高攙柴米價。

貧人買米不虧升合，不賣假貨，不開藌帳，出入不用輕重戥秤大小升斗，病人所需不勒高價，不可欺人不見賣污穢物食，不設計謀奪生意，不忌人生意茂盛多方讒毀，交易公平童叟無二，深夜買急物不以寒冷不應，典舖輕減利息所當銀錢足其戥色，貧人錢數分釐尤加寬恤，贖當少虧諒情讓免勿使致恨，不齊行勒重價，貧人買衣帳哀憐讓價勿使不成。

史搢臣曰：凡商賈出外每帶器械防身，能帶未必能用，不特疑有重貲，而且防我害彼先下毒手，是防身適害身也。江湖老客衣囊蕭索，錢財祕藏，不貪路程，不冒風浪，擇旅店，慎舟車，禁嫖絕賭，節飲醒睡，而寬袍大袖，粗帽敝衣，未嘗見其失事也。

呂新吾曰：宋呂榮公母申國夫人性嚴有法教，公平居衣服惟謹，出入無得入茶酒肆。

按：今街坊鎮市茶館酒肆處處都有，人人競入，若嗜痂。然不特藌費資財，其嬉戲謔浪大都誤工失業，傳染此習者良多。近有鴉片烟館，費精耗神，害人終身，誤一家事業，且延禍於鄰里。所貴爲父兄者勿因疥癬之疾致心腹之憂，以身爲倡，先不入茶坊酒肆，終身不入烟舘，然後戒子弟以不入，久之而設舘者無生理，自閉門而改業矣。

包世臣曰：近日本末並耗，致民窮而不能禦災，其故有三，一曰烟耗穀於暗，二曰酒耗穀於明，三曰鴉片耗銀於外夷。請詳指其弊，而後陳其救弊之法。

烟出於淡巴菰國，前明中葉內地始有其種，前之食者十人而二三，今則男女小大莫不喫烟，人每日約費七八文，八口之家終歲之費不下數十金。膏腴種烟已占生穀之土，且須厚糞、下種、耕鋤、摘頭、捉蟲、採葉、曬簾，歙須五十工而後成，種穀歙不過十工，烟則加五倍矣。治田糞一徧，溢穀二斗，加一工亦溢穀二斗，種烟耗糞與耗工乘除之，其耗穀不可計算。

且驅農民爲做烟、紐烟、抱烟、包烟者數復不少。至開烟袋店，

烟袋頭尾大抵銷青黄銅錢爲之，制錢十文重一兩，好銅一兩值制錢二十文，雖嚴法不能禁，而錢法沮壞矣。

且做工者皆喫烟，耕耘未幾，開火閒談，十工止得八工力，耗工無算，減穀無算，所謂烟耗穀於暗如此。

古用酒有三，成禮、養老、養病，非此則荒湎焉。周公忠厚立國，群飲者執拘歸周，似乎過苛。今吴越齊豫之郊，荒村野巷莫非酒店，切倚悲歌，莫非醉民，乃知周法不爲過當。上農畝常收麥一擔二斗，收米三擔，何畏凶荒？而漕坊酤於市，士庶釀於家，本地所産耗於大半，中人飯米半升，黄酒一擔用米七斗，一人可飲黄酒五六觔，是酒增於飯七八倍也。燒酒成於膏粱及大小麥，膏粱一擔得酒二十五觔，大麥五十觔，小麥六十觔，常人飲燒酒亦可觔餘，是一人耗兩日之食也，所謂酒耗穀於明如此。

鴉片産於外夷，害人不異鴆毒，販賣者死，買食者刑，例禁綦嚴。近年轉盛，始惟閩粤，今則無處不有，鴉片之價較銀四倍，牽算每人日需銀一錢，每日所費每年所費不下萬萬。近習奢靡，所費散於貧苦工作，楚人亡弓，尚不過害。惟買食鴉片，銀歸外夷，國家正供并鹽關各課不過四千餘萬，而鴉片散於外夷者且倍差於正賦。近來銀價日高，市銀日少，究厥漏卮，實由於此。況夷以泥來，華以銀往，虛中實外，關已匪細。又況耗精神，誤本業，喪身命乎。所謂鴉片耗銀於外夷如此。

張南皮曰：悲哉！洋烟之害，乃今日洪水猛獸也，然而殆有甚焉。洪水之災不過九載，猛獸之噛不出殷都，此害流毒百年，蔓延廿省，以後浸淫尚未有艾。天禍中國，誰能除之。《記》曰：君子如欲化民成俗，其必由學乎。中國吸烟之始由於懶惰，懶惰由於無事，無事由於無所知，無所知由於無見聞。士之學取辦於講章墨卷，官之學取辦於例案，兵之學取辦於鈍器老陣，如是而已。農無厚利，地無異産，工無新器，商無遠志，行旅無捷途，大率以不勤動、不深思、不廣交、不遠行而得之，陋生拙，拙生緩，緩生暇，暇生廢，於是嗜好中之，皆不學之故也。海内志士傷時念亂，怵然有人類絶滅之憂，設戒烟會，大都治愚賤之人，而智能之人恃有逃墨歸楊之藪，

猶不戒也。吾謂先以學治知能少壯之人，彼愚賤者聽其衰老，三十年而絕蹟矣。家訓訓此，鄉約約此，學規規此，剝窮則反，此其時乎？

按：公名之洞，字香濤，同治癸亥探花，現任湖廣總督，有《勸學篇》。

陸清獻曰：作家切勿賒欠店帳，寫票支取非不便易，未免過取濫用，日久算帳，不覺驟積多金，豈不悶心？何如發錢現買，畢竟惜費，或亦少省些須，未必非作家一助云。

按：賈人以偽貨用紙盒包裹，甚以牛溲馬勃假爲玉札丹砂，金玉其外，敗絮其中，賒放民間，歲時伏臘尤甚。窮戶貪須臾之弛緩，朝賒夕欠，一屆收割價賤之期，挈帳駕舟沿門坐索，此困農之事也。嗟乎！謀生理者將本求息，誰願以零星細帳再三謄算，雇夥駕船屢次催索，任將潮雜穀麥抵付，且又昂價，此而不多算者，吾決未之敢信也。彼賒欠者，何其憒憒。

童稺

天下有真教術，斯有真人才。教術之行，不以鄉曲棄也。官圩固鄉曲也，導引可無重乎？人才之成原以童蒙基也，官圩多童蒙也，保赤能無急乎？乃修防之役羸老疲癃外率以幼稺赴工，俱收並用，是力未足而使之，並行事不成，而人將尤效，庸有濟乎？少而習焉，長而安焉，我知其難與言矣。

朱子曰：童蒙之教始於衣服冠履，次及言語步趨，次及灑掃應對，次及讀書寫字。

真西山曰：凡爲人子弟，在家庭事父母，入書塾事先生，並要恭敬順從，遵依教誨，與之言則應，教之事則行，毋得怠慢，自任己意，此學禮也。定身端坐，齊脚斂手，毋得伏盤靠背、偃仰傾側，此學坐也。籠袖徐行，垂手慢步，毋得掉背跳足，此學行也。拱手正身，毋得跛倚欹邪，此學立也。樸實語事，毋得妄誕，低細出聲，毋得叫囂，此學言也。低頭鞠躬，斂容收手，毋得輕躁漫易，此學揖也。專心看字斷句，朗讀字字分明，毋得目視他所，手弄別物，此學

誦也。定志把筆，字要齊整圓静，毋得輕易糊塗，此學書也。

按：公諱德秀，宋蒲城人，參知政事，諡文恭，崇祀孔廟。

陸象山曰：古者教子弟，自能言能食即有教，以至灑掃應對進退皆有所習，今人自小即教做對，稍大即做虛誕之文，皆壞其質性。

按：公諱九淵，字子静，宋乾道中進士，知荆門軍，居象山，教授生徒，有《語録》。

陸清獻曰：小學不止是教童蒙之書，人生自少至老不可須臾離，故許魯齋敬之如神明，《近思録》乃朱子聚周張二程先生之要語爲學者指南，時玩味此二書，人品學問自然不凡。

張儀封曰：余纂刊《養正編》，著要言於卷首，欲子弟自書嘉言懿行貼壁觀覽，不但長益其記誦，兼可觸發其性情。

按：公字孝先，河南儀封人，康熙乙丑進士，官至禮部尚書，有《正誼堂集》，諡清恪，崇祀孔廟。

按：人當童稚之年，其忠厚樸實天性未漓，惟嚴防風俗，人心乃正，是必使君子教之，然後可以益智，不至終爲牽牛老死牖下也。朱子有《童蒙須知》一册，始於衣服冠履，次及言語步趨，次及灑掃涓潔，次及讀書寫字，此外瑣碎事宜均去其浮躁病根，而歸於中正部位，謹按熟摩，未必無小補也云爾。

其首章曰：大抵爲人，先要身體端整。自冠巾、衣服、鞋襪，皆須收拾愛護，常令潔净整理。蓋男子有三緊，謂頭緊、腰緊、脚緊。頭謂頭角，未冠者總髻。腰謂以條帶束腰。脚謂鞋襪。此三者不可寬慢，身體放肆，爲人所輕賤矣。凡著衣服，先整領結，兩衽紐帶不可闕落。飲食照管，勿令污壞。行路看顧，勿令泥漬。凡脱衣，須齊整摺疊，勿散亂放，則不爲塵埃所污。仍易尋取。既久則不免垢膩，須要勤洗，破綻則補綴之，儘補無害，只要完潔。凡盥面，束兩袖，勿令有濕。凡就勞役，必去上衣，只著短便，勿使損污。日中所著，夜臥必更，不藏蚤蝨。如此不但威儀可法，又可不費錢文。晏子一狐裘三十年，雖意在以儉化俗，亦其愛惜有道也。

其次章曰：子弟須是低聲下氣，語言詳緩，不可高言諠鬨、浮言戲笑。父兄有所教督，當低首聽受，不可妄議。檢責或有過誤，不可

便自分解，姑且隱默，久方徐徐細云此事恐是如此，向者偶爾遺忘，思省未至，如是則無傷忤而理自明。至於朋友，亦當如此。凡聞人所爲不善，下至婢僕，有過宜且包藏，不便聲言，當詰語使其知改。凡行步須是端正，不可跳躑。若父母長上喚召，又當疾走，不可舒緩。

其三章曰：凡爲人子弟，當灑掃居處之地，拂拭几案，當令潔净。文字筆硯，凡百器用，皆當嚴肅整齊，頓放有常處。取用既畢，復置原所。父兄長上坐起處，文字紙劄之屬，或有散亂，當加意整齊，不可輒自取用。凡借人文字，皆置簿鈔録主名，及時取還。牕壁、几案不可書字。前輩云壞筆污墨，瘝子弟職。書几書硯，自黥其面。此爲最不雅潔，切宜深戒。

其四章曰：凡讀書，整頓几案，令潔净端正。將書册整齊，然後正身體對書册，詳看字分明。讀之，須要字字響亮，不可誤一字，不可少一字，不可多一字，不可倒一字，不可牽强暗記。只要多誦徧數，自然久遠不忘。古人云讀書千遍，其義自見。余嘗謂讀書有三到，謂心到、眼到、口到。心不在此，則眼不到，孟浪誦讀，決不能記，記亦不能久也。三到之法，心到最急，心既到矣，眼口豈不到乎。凡書册，須要愛護，不可損污縐摺。凡寫文字，須高執墨錠，端正擎摩，勿使墨汁污手。高執筆管，雙鉤端楷，不得令手揩著毫頭。未問工拙如何，且要一筆一畫，嚴正分明，不可潦草。

其五章曰：凡子弟，須要早起晏眠。誼鬧爭鬬之處不可近，無益之事不可爲。如賭博、籠養、打毬、踢毬、放風箏皆是。飲食，有則食之，無則不可思想。但粥飯充饑不可闕。向火勿迫，火旁不惟舉止不佳，且防焚爇衣服。相揖必折腰，對父母長上朋友必稱名，凡稱呼長上，不可以字，必云某丈。如第行者，則云某姓某丈。凡出外及歸，必於長上前作揖。雖暫出亦然。凡食飲於長上之前，必輕嚼緩嚥，不可聞飲食之聲。飲食之物，勿爭較多少美惡。侍長者之側，必正立拱手。有所問，則必以實對。開門揭簾，須徐徐輕手，不可令震驚聲響。衆坐必斂身，勿廣占坐席。侍長上出行，必居路之右，住必居左。飲酒，不可令至醉。如厠，必去外衣。夜行以燭，無燭則止。待僕婢勿與嬉笑。執器皿惟恐有失。危險不可近。道路遇長者，必正

立拱手，疾趨而揖。夜臥必用枕，勿以寢衣覆首。飲食，舉匙必置箸，舉箸必置匙。食已，則置於案上。以上雜細事宜，品目甚多，姑舉大概。吾篇若能遵守，自不失爲謹愿士，必又能讀聖賢之書，恢大此心，進德修業，入於大賢君子之域，無不可者。童穉其勉之。

婦女

男正位乎外，女正位乎內，言無瘝曠也。凡主中饋、習女紅、蓄蠶桑、勤紡織，皆分內事也，豈專習膏沐乎？圩因兵後居民鮮少，婦女薅荼蓼於田間，采樵薪於湖蕩，伊其相謔，如賓之敬杳不可追，此蔓草之詩、桑中之什，聖人存之，所以防淫。近來寺院燒香，朔望間男女膜拜，街坊買物授受者言語詼諧，不肯淡糳，賣米私圖脂澤，懶於負襁，臨蓐忍溺嬰孩，甚有咒咀，鄉鄰唆母家以速訟，不安家室，背夫主以潛逃者，婦道至此天理滅矣，還言貞節乎！過隄畔而夫名鼓譟，誠何謂哉。勿謂癬疥之疾毋庸洗滌，將來釀成心腹之患悔莫及矣。芝草無根，醴泉無源，凡爲丈夫者先爲調攝可也。

陶元醇曰：陰陽之氣不相陵，內外之職不相紊，故男耕女織，人倫之制，王化之基也。今爾民晝居於內，而使其婦霑體塗足力作於外，易陰陽之位，亂男女之別，傷化薄俗莫甚於此。且非所以勸勤也，夫一夫不耕則受其飢，況皆棄職業乎？今與爾民約，男子治外，婦人治內，不得復循陋習。

按：公字子師，江蘇常熟人，康熙戊辰進士，官昌化縣，有《南崖集》。

曹大家曰：女有四行，一曰德，二曰言，三曰容，四曰功。夫曰婦德不必才能絕異也，婦言不必口辯利辭也，婦容不必顏色美麗也，婦功不必技巧過人也。幽閒貞靜，舉止整齊，行已有恥，動靜有法，是謂婦德。擇詞而說，不道惡語，時然後言，不厭於人，是謂婦言。盥洗塵穢，服食鮮潔，沐浴以時，身無垢辱，是謂婦容。專心紡績，破衣縫補，潔齊酒食，以供賓客，是謂婦功。此皆婦女大節，而不可無者。

按：大家姓班氏，名昭，後漢平陽曹世权妻，扶風班彪之女，青

年守志教子穀成人，兄固作《前漢書》未畢，昭續成之。

宋尚宮《女論語》十二章目：立身、學作、學禮、早起、事父母、事舅姑、事夫、訓男女、營家、待客、和柔、守節。

按：宋若昭，貝州人，父棻，好學，生五女，昭居二，不願適人，著《女論語》，奉詔入禁教諸公主，號曰宮師。

呂新吾曰：婦有七去：不順父母去，無子去，淫去，妬去，有惡疾去，多言去，竊盜去。有三不去：有所取無所歸不去，與三年喪不去，先貧賤後富貴不去。

王朗川曰：婦禁有十三：一干預外政，二入寺廟燒香，三無故聚飲，四會諸姻黨、同席熟談，五痛撻奴婢、惡聲詈罵，六優厚三姑六婆，七侈蓄珠翠，八看龍舟、觀燈、看戲、做會諸外塲雜遝事，九與妯娌們鬪勝，十分理是非，十一不親中饋，十二厭夫交友賓客，十三貪嗜肥甘、懶於工作。

張楊園曰：男子服用固宜儉素，婦人尤戒奢侈，祇宜勤紡績，供饋食，簪珥衣服簡質而已。若金珠綺繡，求全責備，慢藏誨盜，冶容誨淫，一事兩害，莫過於此。況婦德無極，閑家之道當以此為先。

又曰：男子婦人不可與僧尼往來，敗壞家風也。宗支雖有貧賤，不可令子女為僧尼。若寡婦與尼通欵接及佞佛燒香，又不如更嫁之，猶為乾净也。

魏叔子曰：古今以婦人釀成父子、兄弟、姻友、鄉隣之禍者不一而足，總緣婦人之性專一自是非人，其言偏屬有情有理。為夫者每是己婦而非人婦，賢知者亦陰移而不覺，故不聽婦言自是難事。然試一平心推勘，婦人與人爭訴百十次中祇有怨人責人，曾有一次肯説自己不是，向人謝過否。然則世上婦人盡是聖人也乎。平勘到此，其言自有不可聽處。

按：公諱禧，字冰叔，康熙己未博學鴻詞，不赴，有《叔子文集》。

《左傳》曰：晉冀邑人郤缺夫婦相敬如賓客，一日缺耨，其妻饁持殽奉夫甚謹，缺亦斂容受之。晉大夫臼季過而見之，載以歸，言諸文公曰：敬，德之聚也，能敬必有德，德能治民，君請用之。遂為下

軍大夫。

《魯語》曰：公父文伯退朝，朝其母，敬姜方績，文伯曰：以歜之家而主猶績，懼干季孫之怒也。其以歜爲不能事主乎？其母歎曰：魯其亡乎？使童子備官而未之聞耶？居，吾語女。昔聖王之處民也，擇瘠土而處之，勞其民而用之，故長王天下。夫民勞則思，思則善心生，逸則淫，淫則忘善，忘善則惡心生。沃土之民不材，淫也。瘠土之民莫不向義，勞也。是故天子、諸侯、大夫、士皆日夜盡心，而後即安。王后、夫人、內子、命婦各修職業，今我寡也，爾又在下位，朝夕處事，猶恐忘先人之業。況有怠惰，其何以避辟？仲尼聞之曰：弟子志之，季氏之婦不淫矣。

史搢臣曰：男女之別，惟爭一見。《禮》云外言不入於梱，內言不出於梱。聲音不通，況授受乎。此聖賢防微杜漸也。今婦女竟不避人，燒香、游玩，丈夫明知之，而故縱之，反笑避人者爲不大方。及至牝雞司晨，服食器用、脂粉鍼綫聽其自攜，閨媛寡婦竟與街市貨郎掂兩論斤、奪來搶去，男女混雜，言語詼諧，大爲不雅。又曰：有等驕悍婦人不知禮法，翁姑丈夫開口便罵，及至事生，丈夫顧恤體面，不肯露醜，彼反輕生恐嚇，否則背夫逃走，即不然唆母家婦女前來蹂躪，此最惡習。

郭子儀曰：諺有云不癡不聾，不作阿家翁。兒女子閨房之言何足聽也。

按：公，唐華州鄭人，平冠有功，卒贈太子太傅。

陸清獻曰：人當極盛氣時，妻孥於中委曲勸解，切勿高聲助氣，故曰：家有賢妻，夫不遭橫事。又曰：家有賢妻，猶國有良相。

又曰：世上婦人但知備辦衣飾，一件未壞又做一件，未可稱之爲賢。冬年時節淡糙自適者方爲賢婦。

又曰：做人家切不可輕賤使米，當思青黃不接時，往店自糴，店家升斗淺小、米色潮碎，有無數氣悶。若米賤，尤不可使用，雜用難免，甯可蘦糶，切不可零星賤賣。況婦人私下使米乎，宜切戒之。

葉某曰：溺女不但傷風害理，凡姦拐、賣休、買休及窮民終身不得一婦，盡根於此。女少男多流惡種種，能立法禁革，所關世道人心

不少。

　　史揖臣曰：世有愚人生育舉女投之水中，嬰兒何罪，遭此毒手？嗚呼！鳥戀巢雛，甘心受弋。鱔憐腹子，鞠體重傷。物類如斯，人何異焉？緣吝日後之財，遂肆臨時之毒。殊不知天生一人，自有一人衣祿，且骨肉天性，投生反死，不但於心不忍，自是天地鬼神之所共憤。仁人君子亟宜勸戒，如能設育嬰堂，亦是體天地好生之意也。

　　黃乙藜曰：溺嬰之事雖很毒，婦人所爲亦出於丈夫之意，或欲轉產爲男，或因家貧致累，殊不知嗣續有定，即云遣嫁殊難，糠匭有累，而忍耐須臾，彌月寄養於人，亦可保全性命。丈夫決志不溺，彼時悍婦亦無奈何矣。是在處置得妥也。如謂貧不能養，彼豈向父母終身求活者耶。

　　按：黃未知何人，履歷待考，見《全人矩矱》。

　　無名氏《溺女論》曰：孔子曰始作俑者，其無後乎。夫作俑不過象人而已，聖人猶惡之，況殺親生之女乎？如曰我之女，人之妻也，幼而養，養人之妻，長而嫁，嫁與人爲妻，何所利而爲之？嗚呼！爾之母獨非人之女乎？爾之妻獨非人之女乎？曩者爾母之父若母設心如爾，爾且無母，爾將孕於浮水、產於空桑乎？爾妻之父若母設心如爾，爾已無妻，爾將以猿爲妻、以虎爲偶乎？今爾所殺者女，雖未嘗殺爾母、與爾妻，充爾殺女之心，不啻殺爾母與妻也，人倫之禍烈矣，尚忍言哉？夫虎，戾蟲也，饢麋鹿而饍狐兔，凶暴之性仁不能服，義不能馴，諺云：虎毒不食兒，凶暴如虎，猶知愛其所生。虎愛其子，而人殺其女，殘害天理，滅絕人類，真虎狼之不若矣。例云：故殺子孫者，依例擬徒。是溺女者王法所不容矣。即閨房曖昧之中，司牧者見聞所不及，肆意而爲，罔知顧忌，不知天地好生、鬼神惡殺，幸不罹於法網，豈能逃彼冥誅。

　　自來溺女之家或產蛇而死，或孕怪而亡，或惡病牽纏而沒，種種慘報猶其小焉。即幸而生子，因子而破家者有之，覆宗者有之，非子之咎也，爾自殺其所生之女，傷天地之和，干鬼神之怒，若更全爾家，延爾宗，則是天地鬼神助人爲虐矣，有是理乎？《孟子》曰今人乍見孺子將入於井，皆有怵惕惻隱之心。夫孺子非我之孺子也，入井

非我推而内之也，君子不忍焉。況我所生之女，竟忍溺而殺之乎？我生之，我殺之，曾不稍動其心，尚得謂之人乎哉。吾願世之列於人類者懼王法、畏冥誅，懷不若虎狼之恥，存惻隱孺子之仁，則人倫之禍或幾乎熄矣。

夏焚甫曰：鄉土惡俗，生女恒不舉。先君子每與炘言之而有戚容，在徽任貽書宗老，願捐銀爲育嬰費，并勸捐，權子母貧苦之家力不能舉給以銀，村中遂無溺女者。先君子論救溺女之法曰：當塗爲濱江窮邑，恃農爲生，類儉嗇褊急，不明大義，所以遣嫁慮耗其生產，乳哺恐遲其弄璋，忍心悖義，皆緣利之一字起。見欲變其俗，仍莫若以利誘之。其所貪之利不必大，即數金微利，亦終歲勤劬，所不易得。彼不能不取於此，則必能稍緩於彼。緩至數刻而不溺，則終無溺女之事矣。

耆老

養國老於上庠，養庶老於下庠，王者之政也。當夫筋力衰頹，含飴可樂，世情飽閱，遺製當留，乃藉老農以抵工役，且諭老饕以集歙捐，不亦謬哉。更有坐茶坊，列酒肆，街談巷議，亦復成何體統乎。肆其老姦，武斷鄉曲，裝作老朽，袒護兒孫，甚至有故加年齒，妄冀恩榮者，其人安足數耶。

左史倚相曰：昔衛武公年數九十五矣，猶箴儆於國，曰：自卿以下至於師長士，苟在朝者，無謂我老耄而舍我，必恭恪於朝，〔朝〕夕以交戒我。在輿有旅賁之規，立寧有官師之典，倚几有誦訓之諫，居寢有贅御之箴，臨事有瞽史之道，燕居有師工之誦。史不失書，矇不失誦，以訓御之，於是作抑戒以自儆。及其沒也，謂之睿聖武公。

按：倚相事見《左傳》。

《後漢書·馬援傳》曰：方今匈奴、烏桓尚擾北邊，男兒要當死於邊野，以馬革裹屍還葬耳，何能臥牀上在兒女子手中邪？因復請行，時年六十二。帝愍其老，未許之。援自請曰：臣尚能被甲上馬。帝令試之，乃據鞍顧眄，以示可用。帝笑曰：矍鑠哉，是翁也！

疏廣曰：吾豈老誖不念子孫哉？顧自有舊田廬令子孫勤力其中，

足以供衣食，與凡人齊。今復增益之以爲贏餘，但教子孫怠惰耳。賢而多財則損其志，愚而多財則益其過。且夫富者衆之怨也。吾既亡以教化子孫，不欲益其過而生怨。又此金者，聖主所以惠養老臣也，故樂與鄉黨宗族共饗其賜，以盡吾餘日，不亦可乎。

按：公字仲翁，東海蘭陵人，仕至太傅，謂兄子受曰：知足不辱，知止不殆，功成身退，天之道也。遂乞骸骨歸。

《論語》曰：原壤夷俟。子曰：幼而不孫弟，長而無述焉，老而不死是爲賊。以杖叩其脛。

按：朱註云：原壤，孔子之故人，母死而歌，蓋老氏之流，自放於禮法之外者。夷，蹲踞也。俟，待也。言見孔子來而蹲踞以待之也。述，猶稱也。賊者，害人之名。以其自幼至長無一善狀，而久生於世，徒足以敗常亂俗，則是賊而已矣。脛，足骨也。孔子既責之，而因以所曳之杖微擊其脛，若使勿蹲踞然。

卷二　醫俗下_{庶議二}　湖唻逸叟編輯　魏晉璋奉之校

目次

〔正術類〕

　　竊議正術爲衛生濟世良方，吾圩不可不尊崇也。天生蒸民，含和吐氣，履陰負陽，靡不在日用倫常中。經史所載，教孝教弟教忠信並禮義廉恥，莫不苦口危言，切中時病。茲揀擇一二，爲圩傅會，令渣滓盡净，表裏胥融，其品節氣概良可味也。第以剛柔異性，燥濕異

宜，苟無以薰陶之則悖，無以制治之則狂。用是細掔熟摩，俾父詔其子、兄勉其弟，飲之食之、教之誨之，如靈壽扶瞽得踏實地，鞠通引聾得聆宿響，行見韓康價重，仁傑籠深，正術是崇，咸奉爲枕中丹秘也。於圩務也何有？謹議《庶事》如左：孝、弟、忠、信、禮、義、廉、恥。

孝

夫孝道不一，痾癢抑搔、疾痛扶持，細事也，而著其儀。脂膏滲灕、棗栗叚修，微物也，而備其禮。即世俗所傳《勸孝訣》《警孝歌》，爲父母者憂其有疾，畏其不壽也。可以人而無孝乎？孝之大者曰生養，則親嘗湯藥。曰死葬，則厚用棺衾。若鰥父病父、若寡母後母，尤不可忽，奈何以附贅懸疣目之乎？然又不得似孝非孝也。近有於大漸後用鼓樂、彌留際完昏姻，豈孝子忍出此哉！至妄受賄錠、多散巾帕，以及停塋葬求風水，尤不孝之大者。吾鄉圩隄固守，耕大舜之田、采曾參之薪、負子路之米，一或不慎，或行傭，或尋母，及衣蘆臥冰諸苦均在意中。以是知隄防一役，孝之資也。何忍失修理而抱疚終身乎！

王中書曰：孝爲百行首，詩書不勝録。富貴與貧賤，俱可追芳躅。若不盡孝道，何以分人畜？我今述俚言，爲汝效忠告。百骸未成人，十月懷母腹。渴飲母之血，飢食母之肉。兒身將欲生，母身如在獄。惟恐臨蓐時，身爲鬼眷屬。一旦兒見面，母命喜再續。一種誠求心，日夜勤撫育。母臥濕簟席，兒睡乾牀褥。及安至穩時，不敢一伸縮。有穢不嫌臭，有病甘身贖。橫簪與倒冠，不暇思沐浴。若能步履時，舉步慮顛覆。若能自飲食，省口恣所欲。乳哺經三年，汗血耗千斛。劬勞辛苦盡，養至十五六。性氣漸剛強，行止難拘束。衣食父經營，禮義父教育。專望子成人，延師課誦讀。慧敏恐疲勞，愚怠憂碌碌。有過常掩護，有善先表暴。子出未歸來，倚門繼以燭。兒行十里程，親心千里逐。兒長欲成昏，爲訪閨中淑。媒妁費金錢，釵釧捐布粟。一日媳入門，孝思遂衰薄。父母面如土，妻子顏如玉。親責反睅睅眈眈，妻詈不知辱。母披舊裙衫，妻著新羅縠。父母或鰥寡，爲兒守孤

獨。父慮後母虐，鸞膠不再續。母慮兒孤苦，孀幬忍寂寞。身長不知恩，饞糕先兒屬。健不祝哽噎，病不奉湯藥。衣裳或單寒，衾裯失溫燠。風燭忽垂危，兄弟分財穀。不思創業艱，惟說遺資薄。忘却本與源，不念風與木。烝嘗亦虛文，宅兆何時卜。人不孝其親，不若禽與畜。慈烏尚反哺，羔羊猶跪足。人不孝其親，不如草與木。孝竹體寒暑，慈芝顧本末。勸爾爲人子，《孝經》須勤讀。王祥臥寒冰，孟宗哭枯竹。蔡順拾桑葚，賊爲母奉粟。楊香救父危，虎不敢肆毒。伯俞嘗泣杖，平仲身自鬻。江革甘行傭，丁蘭悲刻木。如何今世人，不效古風俗。何不思此身，形體誰養育。何不思此身，德性誰式穀。何不思此身，家業誰給足。父母即天地，罔極難報復。親恩説不盡，略舉粗與俗。聞歌憬然悟，省得悲我蓼。勿以不孝首，枉戴人間屋。勿以不孝身，枉着人間服。勿以不孝口，枉食人間穀。天地雖廣大，難容忤逆賊。及早悔前非，莫待天誅戮。萬善孝爲先，信奉臻福祿。

按：王中書，未詳履歷。陳文恭公列入《四種遺規》。

《勸孝文》曰：世人之善莫大於孝，不善莫大於不孝。試思人子墮地時，手足難動，無知無識，爲之含哺懷抱，體察飢寒，萬惜千憐，非親而誰也？則親之耳聾眼昏，齒落筋衰，步履艱難之日，回想從前當孝乎不當孝乎？再思褓褓時，患瘡患病、遺矢遺溲，與死爲隣，爲之撫摩調治，推乾就濕，萬病千疼，非親而誰也？則親之疾病，龍鍾淹然，牀第宛轉，沈吟之日，回想從前當孝乎不當孝乎？又思長成時，爲之求衣食、完昏娶、立財產，萬計千籌，非親而誰也？則親之形骸憔悴，精神耗消，非帛不溫，非肉不飽，回想從前當孝乎不當孝乎？夫在富貴者父有家業之豐饒，母有婢媼之使令，而生我鞠我、顧我復我，教誨貽謀，我罔極深恩，猶難酬報，而況貧賤者猶忍飢以食之，忍寒以衣之，劬勞辛苦以養之，哀哀父母，生我勞瘁，欲報之恩，甯有涯涘耶？至於嫠母存孤，煢煢矢志，一絲血胤，養育成人，天地爲之改色，鬼神爲之含悽。設有不孝，罪大尋常十倍。或有媵妾生子，遭嫡婦之妬虐，母命陷在深淵，子女危如累卵，僥倖成立，艱苦備嘗。設有不孝，惡加忤逆三重。是故不孝之愆，陽律所不赦，陰譴所難容。吾觀人子自幼而長，長而壯，親之養子，其日頗

長。父母自衰而髦，髦而死，子之養親，其日甚短。崦嵫暮矣，桑榆迫矣。盡心盡孝，曾幾何時乎？思念及此，有不悲且懼者。天理已滅，人性已絕，不死則殃，自然之理也。吾勸世人我能孝自無逆子，子能孝自無逆孫。繩繩克繼，葉葉永昌，善孰大焉，利孰大焉！《詩》曰：孝子不匱，永錫爾類。洵不誣也。勉哉！

顏茂猷曰：有似孝而非孝者，父母有過當幾諫，有愆當克，蓋但知順親於情，而不知順親於理。或任其偏僻而致戾於家，或眦睚而取憎鄉里，或護其陰私而致干王法，得罪天地，縱親之慾成親之過。《孝經》以父有諍子爲安親揚名，不然即膺貴顯，愈揚親不義名，親得安乎？可謂孝乎？似孝非孝。

又曰：世有四種父母待孝尤切，一曰老，二曰病，三曰鰥寡，四曰貧乏。父母壯盛，食息起居猶能自理。至龍鍾時，寒夜苦楚，徧體不適。子所難奉者惟此時，親所賴子者亦惟此時。又有老境失偶，形影相弔，心話莫提。或有昏嫁力竭，窮而且老，搔首躊躇，爲子孫者益當行孝。

又曰：世有前後之間，嫡庶之際，父母偏向，子生嫌怨。

韓魏公云：父慈而子孝乃常事，獨父母不慈而子不失孝，古今所以推大舜也。親生兒女，雖有時呵讓，過則忘矣，而異生者執以求備，展轉不化，氣色時形，縱百般調停，不能如無事時也。人子當委心付之，期得歡心然後已。後母、庶母。

王朗川曰：初終，疾病遷居正寢，既絕，乃哭。夫正寢，即家之正廳也。惟家主爲然，餘各遷於所居之室。病勢度不可起，始設牀。子弟扶出居牀上東首，受生氣也。既遷，戒內外安靜，令人坐其旁，視手足。男子不死於婦人之手，婦人不死於男子之手，恐其褻也。問病者有何言，書於紙，無則否。撤舊時褻衣，加新衣，貴者朝服，庶人深衣，手足各一人持之。屬纊以俟氣絕。鋪褥於地，扶居其上，以衾覆之，冀其生氣復反也。始死遷尸於牀，以箸楔齒，恐口閉，開以受含也。至是，舉哀哭擗踊無數。

又曰：人子送親，最要在棺木。預備者少，匆忙昏瞶，諸務託之戚誼，倘不如式，一錯弗能再補。棺以四川花板爲上，婺源紫硜次

之，皆結鍊入土不朽。湖廣福建水杉，輕鬆黏脆，造作擇吉期選能手，兩牆不宜太灣，恐不能載土。其糊縫攤裹封口，全要生漆，釘以蘇木爲上，柘次之，熟鐵又次之。

又曰：入殮之時，舉家哭踊。棺內憑之僕奴，遺誤匪小，須親手鋪墊。手足要安，勿扟曲。衣履要正，勿捲摺。空處用石灰紙包塞滿，久而肉化灰鎔，相成一塊。枕宜平兩耳襯緊，庶不搖動掛綫。蓋棺要中正，山向始可朝對。入土爲先，攢厝乃一時權宜，久則潮濕內蒸，風日外鑠，數年棺朽矣。坐向年庚姓氏，內宜墓誌，外宜勒石，使日後子孫修葺。而界址弓丈，勒於碑陰，庶免墳丁侵竊盜賣之患。

又曰：卜宅兆葬之事也，乘生氣葬之理也。世有溺於風水可致富貴，百計營求，甚至暴露其親以求善地，至終身不葬焉。殊不知人固有得地而發者，苟非天與善人，或亦地遇其主耳。若心慕富貴，專思謀以致之，是欲以智力而奪造化之權也，豈理也哉！俗有詩曰：風水先生慣説空，指南指北指西東。山中定有王侯地，何不搜尋葬乃翁？風水。

張楊園曰：墳墓不宜侈大，宜傚族葬法，父子祖孫，生同居死同穴，子孫祭掃畢萃於斯，仁義之道也。深埋實築，不易之理也。以地狹不足載棺，更闢他所。惑葬師邪説，違前人遺訓，真自蹈於不孝也。

唐浩儒曰：不孝之罪莫大乎不葬其親，而以貧自解。加以陰陽拘忌，既俟卜地，又俟卜年月日利，又俟有餘資，有此三者遷延歲月而不可濟也，時愈久勢愈重罪愈深矣。

按：公諱達，浙江德清人，隱居不仕。

魏環溪曰：程子曰，擇地有五患，不可不謹。須使他日不爲道路、不爲城郭、不爲溝池、不爲貴勢所奪、不爲耕牛所及。此擇地實理，非風水形勢之言也。至陽宅亦有五患，愚亦竊取程子之意以補之，曰：不近寺廟、不近城垣、不近卑濕、不近屠沽之所、不近奢淫之家，即吉宅也。若以禍福論之，祇在修德與否。人不修德而求地，山川有靈，其許之乎！

按：公諱象樞，蔚州人。順治丙戌進士，官至刑部尚書。諡敏

果，有《寒松堂集》。

又曰：風水吾不敢知，知其理而已。祖父在堂，朝夕督責，猶且不服，況已死枯骨，安葬未妥，子孫既不興隆，而在生之身，奉養未周，子孫豈無災禍？欲於葬後享福利，當於生前致歡心。此吾所謂風水之理也。

蔡文勤曰：葬必擇地，自古有之，故程子有草木茂盛土色光潤之言。故爲其說者，審其氣所流貫、勢所凝聚，山則拱衞，水則環抱，無風逼無蟻聚，何嘗不宜祖宗、安子孫與？安，理固然也。乃不修人事，專恃吉地以爲獲福之資，遲之多年而不葬者。夫停匶，不孝也。世有不孝之人，能獲福乎？且天地人，一理也。地理無憑，飭行於身，行善於家，天必報之以福。幾見有檢身樂善而家不興者乎？幾見有存心險刻而能得福者乎？舍昭昭之可憑，索冥冥之莫據，獨何心也。其至愚者陰謀橫據，相爭相奪，以爲福在是矣。不知其爲禍基也。又有惑於房分之說。果何所見？謂左爲長房，中爲二房，右爲三房，不及生三子者又何以稱乎？生子至十以上者何以位置乎？謂八卦謂震爲東方，爲長子所葬之處，未必盡南向也。度之五行，細求其法，卒無有合。即郭璞《葬經》亦無所謂房分也。術家藉此使人尊信而延請之，陰以誘其利，陽以博其歡，貽害之深，至使死者不得歸土，生者不得相和，皆此術誤之也。又如時日之說，古所不廢，用剛用柔，經有明文，但不過爲拘忌，如襲襝入棺，有造爲的呼重喪等祟，自謂至親不避，必有大凶。俗竟有不察，而信之者抑情壞性，莫此爲甚。但棺物具備，不必另尋時日，最爲合禮。術家乘此逐利，皆所當斥逐者。讀書明理之士，或無此患。其有心實不信，不能自拔於流俗者曰：「甯可信其有」。夫信無稽之談，至啟爭端而不葬，徇拘忌之失。入棺襝而不臨，斯何事也？而可信乎？惑之至已。

按：公名世遠，字梁村，福建潭淵人。康熙己丑進士，官至禮部尚書。

《存耕錄》：詩曰：踏破鐵鞋無覓處，得來全不用工夫。牛眠鶴舉雖奇遇，只在方圓寸地圖。

宋謙父曰：世人盡知穴在山，豈知近在方寸間。好山好水世不

欠，苟非其人尋不見。我見富貴人家墳，往往葬時皆貧賤。逮至富貴力可求，人事盡時天事變。仁人孝子，可以知所自處矣。考朱新安知崇安有貪大姓吉地，豫以石埋之，後數年突以強佔爲訟，兩造爭執不決。公至其地，見山明水秀，鳳舞鸞飛，意大姓侵占之情真矣。及驗其碑記，皆小民之祖先名諱，公遂斷歸之。後罷官，居武夷，閒步往觀，問其居民，備言埋石誣告一事。公悔之，乃曰："此地不發，是無地理。此地若發，是無天理。"祝罷而去。是夕風雨大作，次日視之，屍棺俱不見矣。

按：公諱自遜，南昌人。著有《漁樵笛譜》。

顧亭林曰：黃震爲吳縣尉，《乞免再起化人亭狀》曰，城外有通濟寺，爲焚人空亭，約十餘間。親死舉而付之烈焰，餘骸不〔化〕❶，舉而投之深淵。父母何辜，遭此身後之戮？震所久痛心欲言者也。

按：圩俗幸無此事，錄之以備一格。

吳榮光曰：《喪禮》云，百日卒哭後，護喪者代喪主爲書，使人徧謝親友弔賻者，此亦士禮之所宜。近日民家於出葬後百日未滿，孝子衰杖步行，詣親友門外一叩，而士紳亦往往效之。蓋不親往則議其簡也，不知百日之內衰絰在身，無出門酬謝之理。俟卒哭後，易素服，於鄰里則親至其家，稍遠者爲書致謝，庶於情禮兼盡。

按：公係廣東南海人，官至總督。著有《吾學錄》。

《通禮》曰：歲寒食節，或霜降節日，主人夙興，率子弟素服，具酒饌詣墓拜掃。既至，芟除荊草，設饌於墓前。主人以下序立，焚香、再拜、興，別陳饌於墓左，祀土神，行禮如儀。

吳榮光曰：按《左傳》有虞殯，《莊子》有紼謳，田橫之客有挽歌，皆匪出於途勞者助力之辭，未可施於喪次。今田野之俗，於出殯前一夕招集隣里，擊鼓敲鉦，長歌達旦，謂之唱晚歌。有違春相巷歌之戒矣。

毛奇齡曰：《周禮》以喪禮哀死亡，即今弔喪之禮也。竊謂生相親者，死相恤，凡弔者賻者必實盡其情，不徒飾往來之虛文，逐飲食

---

❶ 化　據顧炎武《日知錄》卷十五《火葬》，增補一"化"字。

之末節，始於哀死亡之禮，庶幾不失。

按：公字大可，浙江蕭山人，康熙己未鴻博，授撿討。有《西河文集》。

徐乾學曰：後世有謝孝之禮。考之古經，有拜君命及衆賓之文，註謂尊者加惠，必往拜謝，則所謝者曾來賻賵之人，非盡弔客而謝之也。孝子處苫凷之次，當奉朝夕之奠，乃以惡車苴絰奔走道途，甚非守禮者所當爲。況吾誠能守禮，即不往謝，人亦安得而責之？慎毋錯會經言，以貽知禮之誚。

按：公字原一，號健庵，江蘇崑山人。康熙庚戌進士，官刑部尚書。有《憺園文集》。

劉氏榛曰：陰陽家言有所謂避殃者，父母而忍加以殃名？不孝之罪通天矣。夫殃何物也？由俗所云，猶之乎其魂也。魂與氣非二也，氣散而魂獨留，魂去而殃獨在乎？殃之爲義禍也，罰也。死者又何惡於其家，而降之禍罰邪！

按：劉，履歷俟考。吳榮光引入《吾學錄》。

吳榮光曰：回煞之説，始見於唐初博士李才書有喪煞損害法，故世俗相戒，雖孝子亦避之。夫人子之於親也，始死充充如有窮，既殯瞿瞿如有求而弗得，既葬皇皇如有望而弗至。其祭也，優然見乎其位，肅然聞其容聲，愾然聞其歎息。是欲求其一見而不可得矣，豈有惡之倍之，視爲異類，舉家避害，扃靈匶於空室者哉？

黃梨（州）〔洲〕曰：古之筮日，非生尅衝合之謂也。風和日出便於將事，謂之吉日，風雨即是凶日。筮者，筮此也。時則皆以質明，惟昏禮用夜有定期也。今之葬不以雨止，擇日之害也。宵中而下窆，擇時之害也。

按：公諱宗羲，字太冲，浙江餘姚人。舉鴻博未赴。有《南雷文定》《明夷待訪錄》。

吳榮光曰：今之爲地師者，甫識一丁字，即取世俗謬悠之書，意爲揣摩，挾大羅經步田塍山角，譁然號於衆曰某地富、某地貴、某地旺丁，主者利其地之可以速售而得善價也，則傳述而詫耀之。又恐其說之無徵而不足取信也，則抵首下心而詢究之，彼即證以謬悠之書。

主者入市，果得是書，從而意為揣摩，遞相傳受，則又一地師出且百地師出矣。此謬悠之書之害人也。其文人墨客稍知俗説之失，剽竊楊曾緒餘，以逞雄辨，而足蹟不踰百里，終日講求，皆紙上之巒頭、畫中之沙水，而不知形勢理氣之妙，差以毫釐，失以千里也。此楊曾之書亦足以害人也。由是各是其是，各非其非，甚則己之非而強以為是，人之是而強以為非。求地者，徇道旁之謀，溺禍福之説，紛然無所措其手足，竟有遷延至數十百年而不葬者。於戲！仁人孝子之掩其親，亦必有道，而不料其流弊至於斯極也。

徐乾學曰：古者葬不擇地。《周官・墓大夫職》曰：凡邦墓之地域為之圖，令國民族葬而掌其禁令。蓋萬民墓地同處，墓大夫為分其界，亦如家人以昭穆定位次而預為之圖。新死者則授之兆，而無所容其擇也。自《孝經》有卜宅安厝之文，雖程朱大儒亦以為地不可不慎。昔晉有九原、漢有北邙，凡國家之冢墓萃焉。今則高陵平原盈至數頃，而葬師謂所乘者止一綫之氣，僅容一人之棺，餘皆為彼法所棄而不用。如此則舊棺未没，新棺日多，安所得千百億兆之美地而給之耶？

張爾岐曰：易服而弔，禮自賓出。何煩主人之裂帛食於喪側？或非得已，何至置酒而高會？

按：公字稷若，山東濟陽人。有《蒿庵閒話》。

朱高安曰：近世士大夫有累世數棺不葬者，詢其所以，則有三焉。一曰家貧不能葬。喪之需斂殯矣，未聞有因貧而委其親不斂不殯者。亦既安其親矣，何有於葬！一曰不得其地。古者按圖族葬，其地皆在國都之北。夫何擇焉！一曰時日不利。禮三月而葬，是不擇月也。《春秋》九月丁巳葬定公，雨，不克。戊午日昃，乃克葬，是不拘日也。鄭葬簡公，毀當路之室則朝而窆不毀，則日中而窆，是不拘時也。

楊暉吉曰：近世泥陽陰之術，恣富貴之求，而不計先靈之安妥與否者，以遷移窀穸為最。夫人不忍其親體之未安也，於是乎慎其地，避隰從原、就燥防濕。又恐朝市變遷，泉石交侵，不可前知，此古人用卜所以謀之龜筮也。其後惑於堪輿之説，尋龍指穴、選日諏時，不

顧停閣歲年，惟慮身之不富貴，後之不昌熾者。既窆之後，或少不適，意輒歸咎於墓地使然，一遷不已至於再三。夫親體不安，而子心獨能安乎？然則皆不可遷與？曰：不然。寄客歸里則宜遷，防備崩潰則宜遷，知有水蟻則宜遷。是皆爲親而非爲己也。

按：公係滇南人，見賀長齡《皇朝經世文編》。

夏鶴甫曰：君子居喪，朝夕哭奠哀甚。俗例，凡來弔者必給帕布腰巾，名曰散孝。先君子於有服者給之，無服者不給，曰吾非省費也。無服而爲有服，於心安乎？出殯，俗用鼓樂。先君子曰：鼓樂陳於前而哭泣隨之，吾不忍爲也。鄉人奉爲矜式。

無名氏《燒衣紙論》曰：自古庸夫俗子，意見多歧，以人事之固然擬冥間之舉動，謂死後無衣蔽體，故燒衣；無錢適用而真錢難化，故燒紙錢。此倡彼和，自王公以至士庶，率循此例。考《儀禮》與《喪大記》皆曰陳衣，不曰焚化。三代時未有是舉也。《五代史》載晉天福八年，祭顯陵，焚化御衣，是殆燒衣之始。《元典章》載至元七年，尚書奏民間喪葬多無益費，如紙糊房子、金錢、人馬、綵帛、帳幕等物，欽依聖旨，盡行禁斷。據是則燒衣之俗盛行於元矣，而紙錢之始更遠於此。封演《見聞記》謂魏晉始有其事，唐王嶼傳謂漢喪葬皆有瘞錢，李濟翁《資暇録》以紙廁錢起於殷。長史洪慶《辨證》云：南齊東昏侯好事鬼神，剪紙以代束帛。綜此數説，紙錢箔錠，習俗相沿。杭城錘箔之家不下千户，商販各處幼女寡婦糊鏹度日，又不知幾千萬人。度節祀祖，家家化之。加以解天餉、作佛事、行喪致祭，往往以數金數十金楮錠頃刻變爲灰塵。惑衆傷財，可謂極矣。殊不知人死形腐，所存者魂而已矣。夫魂無形與聲，無形聲即無衣冠，財帛之用，何以言之？衣冠章身，而無身不可以章；財帛養身，無身何需乎養？古者日中爲市，冥間並無此市也。金作贖刑，冥中不尚苞苴也。藉令細葛輕裘禦寒没世，青蚨白撰見重陰曹，而靈捷如魂，當亦自能措辦，何假手於生人？即不然供以真物尚可取攜，乃楚人一炬，空際飛揚，雖至愚者亦知無用，謂死者反爲美材，有是理乎？且紙之灰無異草木之灰，果變五銖，何不種火山林，燒盡萬頃，孤魂將取用不竭矣。堯舜禹湯之世並無此俗，豈古鬼皆露體，新鬼則軒昂

乎？豈古鬼盡空囊，新鬼獨多使用乎？世人逐浪隨風，真不可解矣。

陸桴亭曰：錢蕃侯有妹，未嫁喪其翁。夫家欲乘凶而娶，錢不允而勢不可已。因與共議其事，且曰，律有明禁，世俗習而不察，亦有善處法乎？世儀曰：此處決不可通融。然庶民之家儘有勢不能不娶者，將何如？曰：不用鼓樂，一也。娶後不同寢，二也。嫁之夕，以奔喪之禮往。交拜哭踊成禮，喪畢而就昏，禮之正也。

弟

張子西銘曰：民吾同胞，物吾同與。況兄弟乎！人果恪遵弟道，必思手足一體，持必均持，行必均行，適必均適，痛必均痛，偏墜則勿安，駢枝則兩害，形分而氣同也。故服勞有事，無嗜好之偏墜，少臭味之差池，則家無分析，何有私財。外守溫和，不爲眚亂。況圩隄工段臨以董長，道在救弊扶衰，督以官紳，力袪吮癰舐痔。上下交治，俾之十全，尚有交相爲瘝，迫人於險者乎！彼合歡捐忿、護草忘憂、葛藟庇根、棠棣急難，草木無情尚知護蔭，其有失天顯。黨私親爲之含沙射影者，真禽獸不若矣。

呂洞濱曰：人生最親切，莫如兄弟。同此父母，同此血氣，同此胞胎，安可不同此性情乎！幼時總角斑衣，糕菓共食，竹馬共騎，出入嬉游，不離跬步，何其相愛相樂也。及至長成，分居授室，或因妻妾枕言蠱惑，或因朋友簧語動搖，或因財產利心攘奪。有此三者，遂使友愛頓成嫌隙，手足化爲干矛，仇心切齒，鬩牆之釁由是來矣。不知朋友勢衰則去，利盡則疏，一有患難，畏避不暇。誰肯赴湯蹈火爲之拯救？兄弟雖大怨大恨者，義難坐視，情難恝然，理上説不去，亦當挺身而出，爲之百方營解而後已。故吾見朋友援溺者少，而兄弟救難者實多也。是朋友不如兄弟者如此。妻妾情意相孚，恩愛交篤，或有不幸中道死亡，或改嫁或繼姐，遺孤在室，屬之何人？兄弟情關骨肉，義難捐棄，理上行不去，自當爲之撫養教誨，使之成人而後已。故吾見妻妾棄子者儘多，兄弟存孤者不少也。是妻妾不如兄弟者如此。嗚呼！世人亦何苦溺妻妾仇兄弟、信朋友疏手足哉！至於財產乃祖父所遺，爭之奪之，或鬪或訟，兩不甘休。祖父在堂者，豈不痛

心，歿世者焉能瞑目？謂一生辛苦勤劬，本作兒孫之久計，反爲豚犬之爭端，安耶？否耶！況兄弟同氣同根，譬如一榦兩枝，一枯一榮，一身兩足，一行一跛。彼枯而跛者則亦已矣，彼榮而能行者勢能久乎？何不思之甚也！孰若互推互讓，不奪不爭，上以安祖父之心，下以敦同氣之好，使根本敷榮，手足扶助，其爲計不亦大而可久哉！吾願有兄弟者當同想幼年總角時，糕菓共食，竹馬共騎，曾幾何時，離離白首，霜染鬢眉，正宜相友相愛，培田氏之花、溫姜家之被、書張公之忍字，猶恐不及矣。思之思之，其毋忽！

張楊園曰：兄弟手足之誼，人人所聞。其實未嘗身體力求，盍思手足二體持必均持、行必均行、適必皆適、痛必皆痛，偏廢必勿甯、駢枝必兩礙，是爲分形連氣也。方其幼時無不相好，及其長也漸至乖離。古人謂孝衰於妻，子孝衰弟，因以俱失，人能保幼時之心，勿令外人得以傷吾肢體，庶可永好矣。世人嘗言，一人不能獨好，意將歸惡於兄弟也。即此一言，不好之情形盡見。果然一人獨好，其同父母之人，豈有不好之理乎！

又曰：骨肉搆難，同室操戈，天必兩棄，從無獨全之理。蓋天之生物，使之一本。未有根本既傷，而枝葉如故者。其有獲全，必其弱勿克競而深受侮虐者。

史搢臣曰：分析之事，不宜太早，亦不宜太遲。早則恐少年不知物力艱難、浮蕩輕廢，以速其敗。太遲則變幻多端，如子孫蕃衍、眷屬衆多，家資統於祖父一人掌管。一切食用衣服事事取盈、人人要足，全無體貼之心。或有取而私蓄不用，稍有低昂，即比例陳詞。甚有明知家道漸衰，而取用如常，目擊婢僕暗竊，視爲公中之物，夷然不顧。且衣服什物取索不已，稍不遂意，即懷不滿之心。莫若酌量各房人口多寡，每年給以衣食，令其自置自炊。俗云：親生子，着已財。使知物力之艱，不獨惜財，亦且惜福。

又曰：兄弟同居固妙，然有勢不得不分者，如食指多寡不同，人事厚薄不一，各有親戚交游，各有好尚不齊，難稱衆心，易生水火。各行其志，則事無條理。況姒娌和睦者少，米鹽口語，易啟爭端，分爨而不分居者爲上。語云：兄弟同居忍便安，莫因毫末啟爭端。眼前

生子又兄弟，莫把兒孫作樣看。念之哉！

張楊園曰：古者父母在不有私財，蓋財之有無，所繫孝弟之道不小。無則不欺於親、不欺兄弟，大段已是和順。若好貨財、私妻子，便將不順父母而況兄弟？不孝每從此始。近世人子，多有父母在而蓄私財，及父母在而借己債，均是不肖所爲，甚或父母以偏愛之心，陰厚以財，與不卹其苦，啟手足之釁，其害尤大。

袁君載曰：骨肉之失歡，有本於至微而終至於不可解者。只由失歡之後，各自負氣，不肯相下耳。朝夕群居，不能無失，相失之後？有一人先下氣，與之話言，則彼此酬復，遂如平時。

忠

蓋聞燮理陰陽，宰相之忠也。此國老焉，士民何敢望乎！攻堅破積，將軍之忠也。此猛將焉，圩役能無效乎！況夫交友當忠告、爲人當忠謀。吾儕小民慎隄防、重身命、出租稅、供君上，滿腔熱血，皆忠之屬也。近有喪心病狂者，違限延期，做災捏欠。事事皆骨節靈通，語語非肺腑流出。不仁之術，若有異功散也。降至僕不忠於主、佃不忠於業，失其分之所當然，心地污濁，世態炎涼，元神其真耗散哉。

高繼成曰：余有田百畝，入必先輸賦。蓋草莽中惟此有君臣之義。

賀陽亨曰：世人惟知父子、兄弟、夫婦、朋友四者爲切於人，君臣之義，獨搢紳家爲急。嗚呼！何其日用不知也。古人有言曰：食我者君，治我者君之法。試觀天下之人，強不得以凌弱，衆不得以暴寡，富不得以欺貧，貧不得以擾富。居處之安、阡陌之連、有無之遷，無適不可，皆賴有君也。是於人尤切也。惟人不知其切，故不知效忠。即宦遊士人，惟以爵位之及稱爲感恩圖報，殊不知克盡厥職忠也，各勤厥職亦忠也，輸納賦稅亦忠也，效順朝廷亦忠也，即不犯有司亦忠也。君恩與親恩並重，忠孝兩字，自三公至齊民皆不可後。特顯晦之蹟不同，大小之分有異耳。此君臣之倫所以冠乎四者，可謂不切哉。

史揩臣曰：錢糧差徭，輸納自有定期，供應自有定例。惟預先措辦，依期完公，免滋差擾，自然快活。若遷延時日，使催者受比較之苦，而我亦終不免反多出一番糾纏，使用有何益哉！況國賦原繫正供，避重就輕，閃差跳甲，恐一敗露，爲罪尤大。縱然隱祕，從來欺公不富，冥冥中必不放過也。

王鳳生曰：按《荒政輯要》開載，莊書地保每逢災歉，或向業佃計畝索錢，將成熟田畝代爲虛報，業户貪圖蠲免錢漕，佃户藉可減交租米，給與使費，囑其入册，名曰做荒。或業主佃户俱不知會，徑自揑報，准後賣於別人，名曰賣災。應由地方官先行出示嚴禁，蓋水旱花災易於影射，惟挨莊親勘，可除前弊。其圩保隨同查勘，有飯食船錢，户書造册詳報，有辛工油燭，即院房之核轉，部吏之核銷，不無需費，一切取給如此況多，礙難開銷，是致冒之由。所以下情格於上達、上澤靳於下達者，此也。惟另行籌欵，不徒繩以法，庶幾可行。

按：公字振軒，安徽婺源人。由通判至轉運，有《從政録》。

趙申喬曰：小民田糧，自應及時完納。非至頑梗，誰敢抗欠正供？押拘聽比，不得已而用之。此等差役，不耕而食、不織而衣，沿鄉督催索取，飯食盤費，借名包攬。收正項，復收私派，飽在役而欠在民，害在官而病在國。甚至結連衿棍，見事生風，串合衙賓，扶同作弊，虎狼擇食，魑魅現形。有司任其欺朦，窮民莫可控訴。

按：公字松五，江蘇武進人。康熙庚戌進士，官至吏部尚書，謚恭毅。有《自治官書》。

《朱氏家譜》曰：恭讀聖諭第十四條載，完錢糧以省催科，經世宗憲皇帝詳繹，凡食毛踐土，無不具有天良矣。況賦税有常經，朝廷有正用，豈好爲聚斂哉！有郊天祀祖之禮，有修城鑿池之用，有百官廩餼之頒，有直省軍糈之備，且有科舉之制、封建之典、獎賞之儀、賑卹之惠，取之於民，仍爲吾民用之。聚斂云乎哉！乃有刁劣莠民，或包攬花户，或延宕限期，甚且甘心編入流亡，竟欲儕同死籍，冀僥倖而苟免焉。吁！免則免矣，果自居何等耶？稍自愛者，必不爲此。更有假以苞苴，賄通猾吏，偶因雨暘之愆候，瀆呈水旱之無收，冀倖緩徵，扶同作弊。應蠲之户，彼因谿壑未遂，編入應完可賦之田。彼

見貨利一投，即爲邀免。甚至誘財入槖，仍不免於追呼。納櫃經年，並不與以印票。推原其故，李有代而桃僵。默揣其由，民完官而吏蝕。藉此飽中，實爲罔上。諸如此類，切宜痛懲。家柏廬先生有言：國課早完，即囊槖無餘，自得至樂。願我族人，三復是言。他如圩隄，公事也，當急於保衞焉。祠譜，公務也，當急於修葺焉。即至春祈秋報，允宜公奉明禋，抑或濟急解囊，不可違公執拗。如果奉公守法，急公仗義，子孫賢族，將大有必然者。

按：今時勢誣良欺善，往往熟田匿糧，良民坐法。鄙意謂清糧一法，挈串歸農，尚已。然猶須不准分戶，着將印票裁貼保甲門牌之上，庶可一望而知。又減訟一法，如有含冤呈控者，飭其先赴族中及圩甲調處。若被告者負，固不服衆，書花押以作證據，方准呈控。

賀陽亨曰：蚩蚩小民，耕田鑿井，忘帝力於何有。此特形容王民皥皥，順帝則於不知耳。論民之於君，實有一日不能忘者。傳曰："小人樂其樂而利其利"。《易》曰：君子以教思無窮，容保民無疆。孟子曰：大人勞心，小人勞力。勞心者治人。又曰：教稼明倫，勞來匡植。聖人之憂民如此，則君不能一日忘民，民可一日忘君哉！天地生萬物，天子養萬民。天地有憾之處，如雨暘失時，則爲之修省祈禱。年不順成，則爲之發帑賑卹。無事則籌積貯備，荒歉有警則緝姦靖地方，民所不必得於天地者，皆可望救於君。且農桑畜物，井井區畫，孝友睦婣，諄諄勸勉，民所望於父母之訓誨而不能盡者，皆可以得之於君。且戶禁私派，永豁窮丁，蠲租減賦，驅除匪類，保全善良，胥役不擾，鼠竊潛消，蠹豪斂蹟，勢宦不行，凡官司之興利除弊，無非君之令行禁止。田夫野老，雖日載天而不知天之高，日履地而不知地之厚。舉其大概，無日不在昊天罔極中也，可參以僞心哉！

又曰：農工商賈，不見九重宮闕，而四海之廣，萬民之衆，得以相安相樂，以恬以熙，群享太平無事之福者何一非大君之賜哉！勞農勸相之舉，水利河渠之修，魚鹽山海之公，其利時使薄斂之著爲經，爲民開衣食之源，節衣食之流，等威上下之有制，食時用禮之有常，爲之條教而興孝立弟，爲之誥令而節慾防淫，俾親親長長之各安其性，鼠牙雀角之各釋其爭，患至而爲之禦，害生而爲之防，鋤強暴以

安善良，修武備以固疆圉。擔夫牧豎、鰥寡孤獨、疲癃殘疾，毋令失所，事事皆帝力，即人人沐君恩也。惟願芸芸而生者，咸知君恩而油然生愛戴之心，肅然起忠敬之意。農工商賈各安其業，早完國課，守公奉法，不作姦匿以干刑憲，不逞私智以亂王章。敬官長所以報君恩，懷國法所以酬帝德。君之養民如天，則民之事君如事天。錫福者君王，受福者萬民也。

張文端曰：諺云，良田不如良佃。人家僕童管莊務，每喜劣佃而不喜良佃。良佃則家必殷實體面，不肯諂媚人，且性必梗直樸野，飲食必儉節，又不聽童稺之指使。惡佃則必惰而且窮，事事聽其指使，以任其饕餮。情狀不同，此所以惡佃而不如良佃也。至主人之田疇美惡，彼皆不顧，且又甚樂於水旱，則租不能足額而可以任其高下，此積弊陋習，不可不知。良佃所居，則屋宇整齊，場圃茂盛，樹木蔥鬱，此皆主人童僕力之所不能及，而彼自爲之。惡者則件件反是。此擇莊佃第一要務也。

司馬溫公曰：凡男僕有忠信可任者，重其禄。能幹家事者次之。其專務欺詐、背公徇私、屢爲盜竊、弄權犯上者逐之。凡女僕年滿不願留者縱之，勤業少過者資而嫁之。其兩面二舌、飾虛造讒、離間骨肉者逐之，屢爲盜竊者逐之，放蕩不謹者逐之，有離叛之志者逐之。

按：公諱光，字君實，宋時宰相，諡文正。

信

四時行，百物生，天之信也。觀夫五行司運，二氣相調，故疾疢不作而無妖祥焉。人果知病之所發，相見以心，信在一家妻妾之讒不作，信在一世唆訟之語不聞，不謀佔產業而相示以肺肝，不增找田價而傾如葵藿，萬不至如修隄集費蘦消，甚而薏苡謗生，防堵興工，草率多。而豚魚性蠢，甚至時屆天冬，承充而互相狡賴；節交半夏，搶險而故作顛狂，再造難期。人而無信，一至如此，能無汗流浹背也哉！宜其上干和氣，疫癘爲災也。

《勸信文》曰：夫信者天地之經，人心之本也。月暈而風、日暈而雨、熱極則雷、冷極則雪，四時節候，寒暑溫涼，未嘗或爽，否則

災眚生焉。此天之信也。土濕則風、礎潤則雨、朝而有潮、暮而有汐，四時草木敷榮零落，未嘗或失，否則怪異見焉。此地之信也。天不信於地，地不信於天，則陰陽失調而萬物為殃，旱澇疫癘、山崩水決之變出矣。是天地不可無信，故曰天地之經也。人稟天地陰陽而生，安可無信？君信於臣則聖，臣信於君則忠，父信於子則慈，子信於父則孝，夫信於妻必賢，妻信於夫必淑，兄弟相信必友恭，朋友相信必直諒，自然姦詐不興，邪偽不作，人道正而世風醇，君子多而小人寡。是人不可無信，故曰人心之本也。吾見世人語不由衷，言不踐行，既面是而背非，復朝許而夕改，或愛則諾之，憎則否焉，喜則諾之，怒則忘焉，醉則諾之，醒則悔焉。或因其老而詐之，或因其幼而欺之，或因其愚而侮弄之。二三其心，反覆其行。遇利則不約而趨，見害雖有期必避。嗚呼！人道不立，大本已失，安望其能忠能義能孝能弟哉！乃人復自解曰：吾不足信者，不過一言耳，不言言如是也。不過一事耳，不事事如是也。殊不知一言不信，人將言言疑之。一事不信，人將事事疑之。信其可失耶？又自解曰：吾不足信者，言之小者耳，大者不如是也。事之小者耳，大者不如是也。殊不知言小不信，人并其言大者疑之。事小不信，人並其事大者疑之。信其可失耶？是故天不失信，雨暘時若而四時順。地不失信，水土滋膏而萬物生。人不失信，忠、義、孝、弟、五倫由此而立。何也？信也者，誠也，實也。苟不誠實，五倫之（問）〔間〕惟相詐而已矣。信之一字，豈非參天經、贊地紀、正人心之大綱與！先師孔子有言曰：人而無信，不知其可也。吾故作信言，廣為世人勸。

袁君載曰：人之不信，多因婦女。以言激怒其夫，反覆無常，由其所見不廣不遠、不公不平。所謂舅姑伯叔姒娌皆為假合，強為之稱呼，非自然天屬，故輕於割恩，易於修怨。

又曰：貧富無定局，田宅無定主。有錢則買，無錢則賣，理也。買產之家，當知此理，不可苦害賣產之人。蓋賣產者或闕食用，或負債累，或因疾病死亡、昏嫁爭訟。有百千之費，始鬻百千之產。置產之家，既成契後，立清其值，宜也。乃為富不仁者，知其用之急，則陽距而陰鈎之，姑付一二約以數日而償。至數日而問之，則辭以未辦

齊，請展限。或僅以數緡，或雜以米穀及零星貨物，高估而補償之。賣產者大窘，所得隨收隨耗，向擬應辦某事不能辦矣。彼買產者，方自詡得計，不知天道好還，有及其身而獲報者，有不在其身而在其子孫者。富者多不之悟，豈不迷哉！

李塨曰：楊侯慎修涖富平邑，俗有鬻賣田產嘗於十數年後找價追贖，歲底滋擾買主。侯一概斥退，刁俗遂革。

按：公字剛主，直隸人，康熙庚午舉人。有《田賦考辨》。

裕魯山曰：訟則終凶，害多不測，小而結怨耗財、廢時失業，大且傾家蕩產、招禍忘身，何不自愛之甚也！每思鄉里愚民，生平不見官長，出作入息，何等安閒。至一入公門，便難自主。歇家保戶，詐偽多端，累月經年，資斧莫繼。兼之胥吏把持，差役勒索，逮得質訊，已費多少藞消。有理者恃氣陵人，也要向公堂屈膝。無理者將曲作直，更不堪清夜捫心。即贏得官司，積下子孫讎怨。倘招來刑辱，益增臉面羞慚。甚至坐獄沈牢、囚徒斃命、披枷帶鎖、桎梏戕生，無一不緣爭訟來也。更有一種好訟之人，以簸弄是非為得計，以顛倒黑白而迷人。每當兩造紛爭，從中搆釁。及兩造懊悔之後，猶復肆行挑唆，不肯聽其速結。何則？訟師之谿壑未滿，則訟事之枝節迭生。訟息而刁猾者無所逞其譸張，積久而醇厚者亦將變為澆薄。人心風俗之患，可勝言哉！茲為爾民好訟者計，與其伺候公庭，受隸卒之呵（斤）〔斥〕，何若優游井里，樂婦子之團圓，能平得一分心，便積得滿家福，能忍得一分氣，便省得幾多財。特將《戒訟十條》錄示於後：

一曰壞心術。大抵好訟者，不論理之曲直，徒欲以氣壓人，以智勝人，不勝則忿愈熾，投訟師造機關，顛倒是非，以求必勝。甚或挾嫌圖詐，牽砌多方，以致無辜受累。此壞心地也。

二曰耗貨財。無論大小事，一經官府，茶坊酒肆離他不得，親友顧問慢他不得，胥役肆卒少他不得。以數年之蓄積，不彀一案之藞消。官司未完，家貲已了。此耗貨財也。

三曰誤正事。士農工商，各有正務。苟涉於訟，身不自由，拋失家業，即有不容已之事，亦因以停擱。此誤正事也。

四曰傷天倫。父子、兄弟、夫妻，天性至愛。或意見不合而相責備，或錢財多費而相怨尤，或事涉牽纏而株連坐累。此傷天倫也。

按：骨肉爭訟，情理乖違。其子孫不日見消亡、家道不日見零落者幾希。

五曰致疾病。思慮傷心，忿怒傷肝，飢渴傷脾，驚恐傷腎，憂鬱傷肺。走傷血，立傷骨，多言傷氣。以至朝行露宿，冒暑衝寒，種種受病，一時叢集。此致疾病也。

六曰結怨毒。諺云：冤家宜解不宜結。不訟則怨猶可解，訟則親情友誼頃刻頓忘。彼此報復，無有窮期。告人一狀，七世冤讎，令我毛骨悚然也。此結怨毒也。

七曰生事變。公門出入之人，大都好生事端。幸我有事可以漁利，或暗中搬唆，或乘機挑撥，往往事外生事。此生事變也。

八曰損品望。人無品望者，更歷訟事，彌增狡猾，所不待言。即平時方言矩行，一至訐訟，非以為是，曲以為直，投胥吏，覓證佐。所不屑與言者，與之言。所不屑與交者，與之交。此損品望也。

按：生監為四民首，尤宜立品。讀書勉圖上進，若涉訟事，即不守臥碑也，例應懲治。士宜自愛，即有干己者，調其虛實、和其順逆可也。山藪藏垢、川澤納污，宜懍此言。身有瘍則浴之，此外勿得干預。

九曰召侮辱。官府廉明，自無枉斷，而終訟必凶。嘗見好訟人受呵叱、受笞杖、受罰贖，甚而受胥吏輩惡言相加，意氣陵逼，至極不堪。試設身處地，知“氣死不告狀”真名言也。此召侮辱也。

按：訟雖理直，勝負難必。與其終訟，骨立形癯，甚或瘐死獄中，何如息事全身，逍遙局外。若得親友調和，自宜猛省。

十曰失家教。善教家者必曰仁、義、禮、知、信，好訟則居心刻薄，非仁也。事理失宜，非義也。挾怨忿爭，非禮也。傾貲破產，非知也。欺詐百出，非信也。家人婦子之見聞，無非惡習，而欲其內外和順，不至悖常亂德，決無是理。此失家教也。

按：公諱謙，滿州鑲黃旗人，嘉慶丁丑進士，官至兩淮總督。有《勉益齋偶存稿》。

按：世俗有婦女出頭，是最爲惡習，大干例禁，有玷家風。里黨相嘲，宗族不齒，更宜切戒。

又按：世間破家結怨，莫甚於訟，何則？有司未必盡清廉也，衙門未必能修行也，干證未必皆因激發也。若果有理無錢，詞本直也而予以曲，案可結也而挨以時，致令口不能言如瘖者。又況訟師居間愚弄，佯爲勸止，陰以刁唆，明似竭忠，暗以輸敵，幸而獲勝而家已破矣，而怨已深矣。彼懷恨者，不怨官長，不怨胥吏，不怨訟師，獨怨對爭對訟之人，至於子孫而不能忘。觀其所失倍於所爭，所得不償所失，抑何不思之甚也。更有誣告一流，謂吾之訟成，固可以直尋，敗亦止於枉尺，何所憚而不幸其偶中乎？惟嚴以反坐之條，加以三等之法，庶幾姦民無所施其伎倆，善良得免傾陷之憂矣。若夫誣命一事，直是父子兄弟間以死爲利，暴屍滅法。揣其情蹟，與手刃無異。是必嚴繩以法，懲一儆百可也。豈真有覆盆之冤乎！

禮

安上治民，莫善於禮。冠昏喪祭，無地無之，苟非有適中之禮，使之淪肌浹髓，非失之暴躁，即流於卑弱。一切虛誕浮滑、狂言譫語，久之病入膏肓，不可救藥矣。如嫁娶，舖門面、好尚攀、援時節、尚饋遺，致蠹財用。與夫弔唁祝嘏等事，在在耗其精液，竭其脂膏。按切情理，一若樂此不疲者，遂將保身衞命之圩隄，忘其所事，故水災薦至而途有餓殍，國多捐瘠也。然好禮之民易使焉。有不赴工者，子來之，效可覩焉。禮達分定故也。

《禮》曰：凡人之所以爲人者，禮義也。禮義之始，在於正容體、齊顏色、順辭令，此禮之始也。是故古者聖王重冠，筮日筮賓，所以敬冠事，即所以重禮也。故冠於阼以著代也。醮於客位，三加彌尊，加有成也。已冠而字之，成人之道也。見於母，母拜之。見於兄弟，兄弟拜之，成人而與爲禮也。玄冠玄端，奠摯於君，遂以贊見於卿大夫、鄉先生，以成人禮也。

吳榮光曰：庶人以力田爲本業。秋收豐稔，出其蓋藏之餘，辦理昏嫁，雞黍延賓，荆布飾婦，正田家極樂之事，何必竭終歲之勤劬，

以供一朝之靡費！與其稱貸而用，致令舉室饑寒，何如循分而行，長使合家溫飽！至於商賈之流，以逐末爲務。囊雖偶贏，不能保其無絀。乃至僭用官紳輿服，競尚奢華，不獨違制無等，亦將立見困窮。又如有餘之家，必欲厚贈其女匲田糚資，尚無不可，一切外飾繁文，概可從省。貧者量力，所重冠昏禮成，更無需於多費也。

《文公家禮》曰：冠禮，先期告祠堂，請賓擯。厥明，陳設冠服，主迎賓入，擯者布席。將冠者出房，贊者奠櫛。賓揖，將冠者即席爲理其髮，合紒行始加禮。賓字冠者，上行禮，復禮賓，事畢遂出，見鄉先生及父之執友。

按：冠禮三加，近世不行，冠禮即於昏娶時行之。蓋男子自十五至二十無喪服，皆可冠。必年相若者三五人，以便行禮。三日前，備酒果詣祠，擇親友之賢而知禮者，更擇司儀一人、擯一人，三揖升階，主人迎賓即位，贊以盤盛冠進，至階，賓降一等，受執之，詣冠者前，祝曰：吉月今日，始加元服。棄爾幼志，順爾成德。壽考維祺，介爾景福。以冠加首，贊者代簪之。又祝曰：禮儀既備，昭告爾字。爰字某某，永保受之。主人再拜，賓荅拜。主人獻酒進饌奉幣，賓再拜，謝主人。冠者出見諸戚友。茲舉大略，俾知率由云爾。

王吉曰：夫婦，人倫大綱，夭壽之萌也。世俗嫁娶太蚤，未知爲人父母之道而有子。是以教化不明，而民多夭札。

按：公字子陽，漢人，爲昌邑王中尉。

文中子曰：昏娶而論財，夷虜之道也，君子不入其鄉。古者男女之族，各擇德焉，不以財爲禮。

按：公諱通，隋開皇時人。著有《禮論》諸書。

司馬溫公曰：凡議昏姻，當先察其壻與婦之性行及家法如何，勿苟慕其富貴。壻苟賢矣，今雖貧賤，安知異時不富貴乎！苟爲不肖，今雖富盛，安知異日不貧賤乎！婦者，家之所由盛衰也。苟慕一時之富貴而娶之，彼挾其富貴，鮮有不輕其夫而傲其舅姑，養成驕妬之性，異日爲患，庸有極乎！借使因婦財以致富，依婦勢以取貴，苟有丈夫之志氣者，能無愧乎！

胡安定曰：嫁女必須勝吾家者。勝吾家，則女之事人必欽必戒。

娶婦必須不若吾家者。不若吾家，則婦之事翁姑必執婦道。

《顏氏家訓》曰：婦主中饋，唯事酒食衣服之禮耳。固不可使預家政，不可使幹蠱，如有聰明才智、識達古今，正當佐輔君子，勸其不足，必無牝雞晨鳴，以致禍也。

按：公諱瑗，字翼之，以白衣對崇政殿，封校書郎，改湖州教授。

張楊園曰：古者男子三十而娶，女子二十而嫁。其昏姻之訂，不在臨時。近世昏娶已早，不能不通變從時。男女訂昏，大約在十歲上下，便須留意，遲則難於選擇。選擇當自舊親始，以及通家故舊與里中名德世舊之門，切不可有所貪慕，攀附非偶。

吳榮光曰：納幣、請期，必以儀物將事，非重其物也。所以敬夫婦之始，而勿容苟也。力不足者，雖一禽一果，豈得議其過儉哉！至於擇婦，必問資裝之厚薄。苟厚矣，女雖不淑，亦姑就之。嫁女必計聘資之豐儉，苟豐矣，壻雖不佳，亦利其所有而不恤其他。此又市井駔儈之所爲，豈士大夫所當效之哉！

又曰：古之言昏期者不一端，要以季秋至仲春爲得理之正。群生閉藏乎陰，而爲化育之始，無在霜降以前者。冰泮而農桑起，昏禮殺於此，無在仲春以後者。今之昏期必決之於陰陽家，不論日月之早晚矣。昏者，昏也。納采至請期，皆用昕，日出時也，所謂旭日始旦是也。惟親迎則必以昏爲期。今則迎娶，恒以日中。惟儀仗用鐙，尚存遺制。至於昏不及時，徒尚奢侈，自行聘以迄匲贈綵帛金珠，兩家羅列內外器物。既期華美，又務精工。迎娶之綵輿鐙仗，會親之酒筵犒賞，富家爭勝，貧者效尤，一有不備，深以爲恥，不顧舉債變產，止圖一時美觀，以致兩家推諉，期屢卜而屢更，相習成風，貴賤一轍。不但男女怨曠，甚至釀成強娶賴昏之獄。至戚反成仇讎，過門立見貧窘，富者不爲子女惜福，貧者不以入口自計。推求其故，皆搢紳之族不以節儉爲先，故無以爲編氓之率也。

又曰：親友慶弔，稱情量力，以誠爲主。世俗浮奢，非禮也，不足循也。稱情者親親有殺，尊賢有等，厚其所宜薄，薄其所宜厚，逆情倒施也。量力則稱家有無，富而悋財，非禮也。貧而借貸，糚體面

以求備，亦非禮也。

史攄臣曰：饋送儀文，人情不免，貴於所送之物令人得用。世人動輒雞魚蹄鴨糕餅包匜之類，喜慶塞滿庭廚，焉能一時盡用？在隆冬尚可區處，炎夏頃刻餒敗，常有物未出匜已有臭氣。在送者必費數千，在受者有何濟益！余意可贈之物多，何必盡在包裹，拘於口腹。夏則手巾涼鞋砂壺紙扇枕簟松茗筆墨磁器，以至紗羅葛苧；冬則紅燭烏薪羢襪暖帽爐香坐褥書畫醯醪，以至綢緞靴裘，均可適用。且免糜費暴殄之過，否則或竟用儀函，豐儉隨宜。受者欵之，不受者璧之，彼此兩便，亦交可久之道耳。

按：圩俗，朝年拜節，不論泛交平輩、長親厚戚，概以刀圭餅餌貼紙䋲籤，拔來報往。及至腐爛，又重包之，至再至三，既費財又無用。且導以虛僞，誠可鄙也。

魏環溪曰：子孫爲祖父慶生辰，膝下稱觴，情也，禮也。至於我之生日，乃母難日。若受親戚隣里門徒故交之祝，開筵扮戲、饋遺殺生，於心安忍。然斟酌情理，我之生日當齋心以報親，令我之子孫次年稱觴以盡孝，庶幾兩全矣。

按：老年慶壽，事不能廢，猶必子孫無故，方爲近理。若少年慶祝，斷斷不可。

夏心伯曰：先君子喜賓客，酒食聚會常有之。然延客不過五品，使子婦治庖，酒惟家釀，不強人令醉。皖城吳春麓先生主講紫陽書院，與先君子有同志刻五簋約，以爲俗勸。

王士俊曰：《王制》：司徒修六禮，以節民性。冠昏喪祭鄉相見也。今貴賤踰制，貧富相耀，莫如昏喪二事。考古昏禮，《周官·媒氏》云，入幣純帛，無過五兩。《儀禮·昏禮》云，皮帛必以制。《禮記·昏義》云：婦執笲，棗栗腶修以見。如是而已。今則女索男以厚聘，男期女以盛匳，筐篚之費動逾中人之產，猶云未愜。又昏禮不賀，今則賀者喧闐。昏禮不用樂，今則樂連數部，殊可怪已。至喪爲大事，子路曰：不若禮不足而哀有餘。即夫子與其易也，甯戚之意。古者桐棺以殮，今則絲綢着體矣。奠用素器，今則酒肉燕賓矣。喪必廢樂，今則金鼓雜沓矣。邱隴緊小，今則故存局勢矣。既糜費夫金

錢，又顯背夫古禮。風俗囂陵，俱由士夫家權輿。奢僭裝飾、外觀，富厚之家效之，空乏之家亦效之，竭膏疲力，悅耳玩心，竟忘著代之思、怛化之感，謂不如是不足以避姍笑也。豈不愚哉！

按：今世娶親，俗有小登科之說。竭財耀世，往往有賣去產田以圖體面者。竊謂無千金之家，品官之分，一概不許花轎鳴鑼，省却多少費用。

陸清獻曰：後生不幸遭鼓盆，此極不堪事，安得不再娶！若再醮婦不可娶，尤不可用婢女填房，須擇閨女娶之，一心一路，且無陵虐前子之事，亦無漏巵之虞。若女幼稺，不可鹵莽娶之，恐少不更事，未能持家也。

又曰：不孝有三，無後為大。正妻無子，有家私者，安得不娶妾！但婦女性多疑多險多詐多刻多忍，口從心違，不相容者十有八九。然夫為妻綱，處之有道，勿溺愛、勿聽讒。共桌而食，同室而居。我無詐、爾無虞。妻道宜寬，妾道宜遜。妾或有子，妻宜撫畜，緜延祖宗，一脈血食，非孝子之事乎！若以賤妨貴，新間舊、小加大、淫破義，是先開其罪也，於妻乎何尤！

或問：娶婦於理似不可取，如何？伊川先生曰：然。凡取以配身也。若取失節者以配身，是己失節也。又問：或有孤孀貧窮無託者，可再嫁否？曰：只是後世怕寒餓死，故有是說。然餓死事極小，失節事極大。

按：上略言昏禮，無非循分從儉兩途。至喪祭大禮，有成書在，不敢輕議。然前於孝道，略見已一斑矣。

義

《前漢・薛宣傳》：遇人不以義而見疻者，與痏人之罪鈞，惡不直也。吾圩義舉，無有愈於保衛圩隄者。水漲隄傾，苟一旦易危為安，如起死人而肉白骨焉。若義塾義倉義塚義渡，雖有百益，猶後也。乃有負義者流，無故殺羊宰牛屠犬，隔膜而視，種種不情，難更僕數。如有義不容辭之舉，為義所宜正之事，不特靳其與，又從而餂其餘。沐猴而冠，無怪乎兄弟鬩牆、夫妻反目、朋友下石者之多行不義也。

294

危若朝露，尚望延年益壽乎！

《聖祖仁皇帝御製牛戒序》曰：人賴穀以生，穀賴農以成，農賴牛以耕。是牛之爲物，天特產之，爲稼穡之資用，佐農養人者也。牛既竭力以養人，反殺牛以自養，戕物命而違天意，是誠何心！故禮重特殺、律嚴私宰。齊宣王不忍一牛，孟子輿許其足王，誠以凡殺皆忍也，而殺牛更慘。凡戒殺皆不忍也，而全牛更大。惟全其大不忍者，而舉斯加彼，治天下運於掌上矣。朕嘗巡行畿甸，目覩耕牛之辛苦，遂一臠不嘗。憫茲愚民，多恣饕餮，豈以人靈物蠢，可悍然不卹乎！《左傳》載介葛廬來朝，聞牛鳴，曰：是生三犧皆用之矣。問之，信然。則仰刀就死之頃，其觳觫涕泣、哀鳴乞命，何異於人？殺牛之人蠢然罔覺，而謬以牛爲無知，深可歎也。朕繙閱諸書，見有切戒食牛者，嘉其合理。因鈔以授梓，用廣流傳而示勸導。若云報應杳冥，獨不觀諸《書》《易》乎？《書》曰：作善降之百祥，作不善降之百殃。《易》曰：積善之家必有餘慶，積不善之家必有餘殃。可謂彰明較著矣。人殺牛則妨農，農妨則乏穀，穀乏則民飢，殃孰甚焉！不殺牛，則蓄牧蕃而田疇治，倉廩實而禮義興。縱偶值水旱災荒，而耕有餘蓄，民無死徙。陶唐之雍熙，成周之太和，皆可馴致。所謂吉祥善事，孰有踰於此！朕誠欲以自全其不忍者，期天下共全其不忍而推廣此心，正不止於愛牛也。因序之，以冠其端。

按：是編宣付史館刊刻流傳，內大臣金之俊、傅以漸各序其後。恭讀宸翰，仰見皇上如天，好生之心，何其摯也！烝民粒食，惟牛是賴。既藉其力以資耕，反戕其生以恣欲，忍心害理，莫大乎是。編中經史格言、福壽徵應，與夫刑獄昭彰，所以勸導而警悚者，歷歷不爽，集隘僅載數條備覽。

《律例文》曰：凡私宰自己馬牛者，杖一百。故殺他人牛馬者，杖七十、徒一年半。又宰殺耕牛，私開圈店，及知情販賣牛隻與宰殺者，俱問罪枷號一個月，照前發遣。

聞啟祥曰：人生罪孽甚多，而殺牛爲最。食者之罪，亦與殺等。蕭東白云：我勸世人，勿食牛肉。服耕效勞，返遭殺戮。爾食何來，忍爲烹鬻。又云：肢解體分，猶張兩目。目豈徒張？看爾反覆。能保

他年，不變爲畜。讀之令人心惻骨驚，食不下咽，況殺嗽？報應鑿鑿不爽，奈何貪此寸臠，而自貽伊戚哉！

嚴調御曰：萬物皆畏死，牛更人相似。夜聞鼓刀聲，雙跪淚如雨。哽絕不得言，知死猶向賈。賈怒奮搥擊，刺礎信刀斧。皮血委地鮮，生剝遭萬苦。赤瀝已肉身，蠕然動肺腑。頭角雖搶地，中情未肯俯。魄大命難絕，心恨兩睛努。筋臠餘跳戰，爨薪已成脯。饞口涎筯邊，冤魂泣中釜。宰犢母念兒，割母兒痛楚。離離原上田，猶是犁下土。何況食牛報，昭昭盈萬古。如何恣殺唼，饞魘同飢虎。腥羶穢天地，慘毒真莫訴。營生有千端，胡忍作屠估。充腸不過飽，豈必饕死牯。稽首嗜牛人，三思莫終怙。

盛肇，秀州人，好牛肉。一夕有叩門者，啟視之，見蒼頭送一簡書，曰：六畜皆全業，惟牛最苦辛。君看橫死者，盡是食牛人。讀畢，人與簡俱失，大驚悔。自此戒食牛肉，壽至八十。

徐拭，慈心不殺，尤惡殺牛。居恒謂太牢最鉅，而最有功於世，天子無故不殺人，以爲礎盍之恒物，何也？故所涖官必嚴禁之，後仕至尚書。

金陵朱之蕃未第時，夢神語曰：今科狀元當是鎮江徐某，因私奔女黜之。汝家陰德與彼相等，當及汝。因父子未能戒食牛肉，倘能早戒，狀元屬女無疑矣。覺語其父，父曰："夢境渺茫，府前牛肉遠近馳名，可自誤耶。"次日，父夢如之。父子焚香告天，誓不食牛肉。是年，果狀元及第。

翟節，京師人，五十無子，徧禱於神，夢神以盤送一兒，妻欲抱之，一牛橫隔其中，既而生子。彌月不育，又禱如初。聞者告曰："子酷嗜牛肉，豈謂是與！"節悚然誓，合家不復食，乃生子成人。

管樞密師仁，緡雲人。爲士時，正旦夙興，出門遇大鬼數輩，形像獰惡，叱問之，對曰："我瘟鬼也，行疫人間。"仁曰："吾家有之乎？"曰："無也。"曰："何故得免？"曰："不食牛犬。"徽郡程某，屠牛爲業，日擇肥而宰，命弟進圈牽取，有肥牛長跪下淚，弟不忍，別取之。一日，兄進圈曰："何不殺此茁壯者？"弟以長跪下淚告之，且欲賣與農家。兄不信。明早試之，果然。持刀殺之而煮，未熟鍋火

爇出，店房盡焚，仍不改業。忽一日，索舊帳，因爭斃命，訟之官，抵死。其子胸生一毒，五臟皆見。每號泣曰：“吾父殺牛造孽，貽累於我。”至此懺也，其弟善終。

滁州某，屠牛爲生。每令其子視其用刀，欲世其業。一日，父酣寢，子以爲牛，持刀斷其首，衆駭，問曰：“我見是牛，不見是父。父嘗殺牛，今見其睡，試手法耳。”

潞安某父陷獄，子搜餘蓄，得百金。詣郡關説，所養黑犬從之，呵逐便退。既走，又從之。某以石投之，始奔去。某既去，犬獓然復來，鳴吠不已，似阻去路。乃以爲不祥，益怒逐之。疾馳抵府，捫橐，金亡其半。輾轉中夜，頓念犬噬有因。候關出城，又念衝衢遺金，豈有存理？忽見犬斃草間，提耳起，視封金儼然。感其義，買棺葬之。

按：上聞啟祥與嚴調御及盛管等，並下李信純，均見《牛戒彙鈔》。

按：牛應元武之精，太牢之物，非郊祀不敢用，有功於世，無害於民。殺之者，國有刑。食之者，幽有禍。犬能守夜，故牢從牛、獄從犬，不食牛犬，牢獄可免，此之謂也。又羊爲少牢禮，大夫無故不殺羊。圩中庶民之家家殺一羊，以度歲，藉名享神。夫士庶所奉者，中霤戶竈耳，焉有聰明正直而一者，歟此非祀乎？曾謂泰山不如林放，夫子早已念之矣。國初李信純家蓄一犬，甚愛之。一日，純飲城南，醉臥荒草中。太守出獵，見草深茂，縱火。犬拖純衣，搖之不醒。旁有溪，犬乃入水濕身，近純數步，草盡爲浸，火遇濕而止。犬數入水，病甚，死於旁。覺而義之，具棺以葬，名曰“義犬墳”。

王士俊曰：埋胔掩骼，仁政所先。死者不歸土，猶生者不庇椽也。漢周暢葬洛城棄骸而澍雨降，孔融埋四方遺骨而歌頌興，皆明驗也。余宦轍所經，捐俸錢、置義塚、立界址、繚土垣，凡寄槽遺棺別男女，鱗次深埋，編列字號、姓氏、籍貫，標籤立界，另給一冊勘對，以便承領。毋許牧放牛羊、種植蔬菓。歷年培補窟穴淋蝕，其貧民無力營葬，俱許赴阡。

凡立義倉，如遇花災，糧食昂貴，照市價每石減數百文，俗稱平

耀是也。歲若大歉，盡數賑之。章程務要得宜，用人更要得當，以功歸實際。各鎮各村，各設一倉爲妙。此下數條，與四卷《儲備》類參看。

凡立義學，首宜擇師。人師經師，品學兼優者爲上，次亦必篤行功課，方可任事，否則轉誤後生，過莫大焉，切不可徇情受薦。《大清會典》曰：直省府州縣大鄉巨堡，各置社學。擇學優行端之生員爲師，免其差役，由地方官量給廩餼，仍報學政查覆。

凡設義渡，船必平穩，方能禦風駕浪，如馳平地。又須按年設法修葺之。《大清會典》曰：水陸通衢，額設渡船浮橋，隨時補艌，或分別年限修造，各視其地之衝僻以爲差。

按：此外又有濟弱會、養孤會、卹寡會、放生會，與夫施粥、施藥、施棺、惜字、惜穀諸會，不拘士農工商，均可行之。或行一條，或行數條，有錢者助錢，無錢者助力，事勿難爲，惟在量力舉行耳。夫人誕降宇宙間，不思圖立功立德，亦何足爲鬚眉丈夫！況天道恢恢，報應不爽，古來壽考富貴、子孫榮昌者，無一不從行善中得來。衆善奉行，自求多福之密訣也。望之勉之。

廉

豺狼之很，無不貪焉。國狗之瘈，無不噬焉。寡廉者，無以異此。（願）〔顧〕亭林《日知錄》有曰：今日所以變化人心、滌蕩污俗者，莫如獎廉一事，以六計廉爲本也。奈何諱疾忌醫乎？圩役修防，有工需即有科派，有科派即有藨消。惟儉可以養廉，惟清足以化貪。上好是物，下必有甚焉者。官吏一筆硃，農民一點血。痌瘝乃身，能無毛髮悚然！

何士祁曰：惟儉足以養廉，蓋費廣則用窘，盻盻然每懷不足，則所守必不固。雖未至有非義之舉，苟念慮紛擾，已不克以廉靜自居矣。

又曰：三代盛時，民德歸一，農祥祈報而已。今也，率斂征醵急於官府。是以豐年常苦不給，一遇饑饉，則流亡矣。上教之不明，下由之而莫悔也。如之何而使斯民之富庶也！

按：公字仲京，號竹嶼，浙江山陰人。道光壬午進士，官江蘇川沙廳。有《學治補說》。

汪輝祖曰：用財須儉，爲一己言之也。若以財用人，處處須留餘地。人之聽用於我，無不爲財起見，不使之稍有所利，其心思材力豈肯實爲我用？且不惟不爲用，將轉爲我害矣。

又曰：清，特治術之一端也。嘗有潔己者，事務嚴、法務峻，雌黃在口，人人側目，一事偶失，環聚而攻。不原禍所由起，輒曰廉吏不可爲，豈廉之禍哉！廉近於刻耳。清以律己可也，刻以繩人，豈可哉！

按：公字煥曾，蕭山人。乾隆乙未進士，官道州知州。有《佐治藥言》《學治臆說》。

陳慶門曰：士子讀書博一第，居四民之上。自謂朝廷倚重，生民利賴，孰知日日行害人事，件件行折福事，時時做違心違理事，反在人前揚揚得意，略無愧色，豈復有廉恥哉！

按：公陝西人。雍正癸卯進士，官綏定府。

袁守定曰：錢字之義，金旁加戈。賤字之義，以戈爭貝。戈，非吉祥物也。《傳》曰：匹夫無罪，懷璧其罪。又曰：象有齒以焚其身，賄也。人奈何貪此物哉！

按：公字易齋，江西豐城人。雍正庚戌進士，官至禮部祠祭司主事。有《圖民錄》。

張楊園曰：處貧困，惟有勤勞刻苦，以營本業。布衣蔬食，終歲所需無幾，何憂弗給！喪祭大事，稱財而行，於心而安，於義爲得，當以窮乃益堅，自勉自勵，勿萌妄想，勿作妄求。妄想壞心術，妄求喪廉恥。貧窮，命也，奚足爲憂？所憂者，不克自立，辱其身以及其親耳。

蔡文勤曰：家中須節用爲先。每日食用須有限制，輕用不節，其害百端。又切不可鄙吝爲心。凡義所應用，不可有一毫吝心也。自家用度，即紙筆油鹽以至微物，皆宜愛惜。宜用處則不然。若只以求田問舍爲心，人品最下，恥惡衣惡食，志趣卑陋之甚者。推之凡事皆要虛體面以誇流俗，此最壞品。立心行事、讀書作文不如人，實可

恥也。

恥

道德齊禮，有恥且格，聖人預知其性，使民如意做去也。一切客感，從此洗滌焉，特汩沒者不自知耳。人不可以無恥，無恥之恥無恥矣。近世嫁女索聘、招夫養子，與夫搶親找價諸弊，皆無恥之尤者。下至飢寒交迫，或沿門求乞，或鑿壁潛偷，終且爲窩爲盜，爲所害者如芒刺在肉，如毒蛇囓指，有靦面目，令人恨入骨髓矣。恥顧可忽乎哉！

魏叔子曰：人極重一恥字，即盜賊娼優，若有些恥意在，便可教化。若其人雖未大惡，或遇羞惡之事，恬然可安，肆然不畏，則終身無向善之日。推至極不善事，亦所肯爲。恥字是爲人喉關，聖人教人與小人轉爲，皆從恥上引過去。無恥則如病者閉喉，雖有神丹，格不入矣。

許魯齋曰：教人必先使有恥，又須養護其知恥之心。督責之，使有所畏。君子榮耀之，使有所慕，皆所以爲教也。至無所畏、不知慕時，却行不去。

程漢舒曰：人壞念將起時，只覺得可恥，便有轉機。人看得自己貴重，方能有恥。人平日講得義理明白，纔得有恥。人世得意事，我看得可恥，亦非易事。

又曰：學者平日在家中，一言一動，輕率苟且慣了。一入於衣冠禮樂之場，便覺耳目無所加、手足無所措，豈不可恥！

按：公名衡，字平仲，河南人。元國子祭酒，諡文正，崇祀孔廟。

謝金鑾曰：民間有先年賣過田地之人，貧難度歲，竟往買業之家痞賴，或支使病叟潑婦前往薑索。該約長應立即驅回，將支使夫男綑獲送案，毋稍姑息。

按：公字退谷，福建侯官人。乾隆乙卯舉人。有《漳泉治法》。

謝邑侯曰：凡有杜賣絕賣田產，務須隨時納稅，黏尾給執。嗣後，不准出產之人索找分文。倘有不法賣主不遵告示，仍前任意圖

找，准該買主憑同該管圩保圩修村首，據實指名，赴案具稟以憑，從嚴懲辦。

按：公印維喈，字鳳岡，四川拔貢生，前任當邑知縣。

潘灼燦曰：民間貧苦疾病，不願名列丐流，私自求乞，尚有居址可考。別有一種流丐，來歷無稽，糚號萬狀，假乞爲名，相熟路徑，旋爲竊盜。更有塗穢詐死，不捨不休，亦盜類也。急宜驅逐，以清盜源。至丐頭坐分，遇有紅白事，呼夥索食，叫罵污橫，事主因其無賴，忍氣吞聲，是宜痛懲，革去坐分、包攬名色。

謝邑侯曰：民間有貧難度日，緣事帶刀帶索及磁片痞賴者。該約首勸解使去，如其不然，立絪即獲送案。

高存之曰：盜賊，地方大害。必有窩家，必與捕快交通。當密訪置之法，有則嚴拿，務必擒住。此等風聞，盜自屏息。倘不肖者護盜如子，既欲邀盜息民安之譽，又欲避上司之責深怒失主呈告，反責捕快詐誣，甚而與之通欵納賄，便於行刧，縱橫無忌。失主不敢告，捕快不敢擒，釀成大亂。

按：公履歷待考。

陸清獻曰：遠來不根之人，非姦盜破敗，即叛主逃奴，切勿貪其做工，留其居住，受其禍害。

姚明經曰：婦出，於義已絕。黜而不書，禮之大防也。世譜於婦改適，概書氏出，體裁殊嚴，特未原本婦之心耳。《檀弓》有孔氏三世出妻之文，鄉先正夏弢甫先生力辨其誣。由此觀之，後賢不敢誣先聖，子孫又焉敢譁其祖乎！蓋出婦之道有無子出、多言出、惡疾出、不孝翁姑出，皆干犯出例者。出歸母家，觀其改否，非改適他姓也。婦人之義，從一而終。其因夫家窮困，下堂求去者，固不屑齒，至爲夫所鬻。亦有不得已而去者，與夫故，年少無嗣而改適者，常情類然。至招夫養子，情似可原。究之臥榻之下，他人鼾睡，亦未可以言善也。所可憫者，柏舟自矢，遭逢多難，留血脈而改適者，則在可矜可嘆中也。母以子貴，古訓昭然。如范文正公，爲宋名臣，幼隨母改適朱氏，登第後始改朱歸范。其謝恩表文，至今尤彪炳史册云。

按：公爲圩東南岸人，歲進士，官訓導。前有蓋序。

竊議邪説誣民，充塞仁義，而袪除尤不可不急也。近世男婦大小不明大體，往往群聚會集，入廟燒香，佞佛茹齋，求乩擲筶，召師巫而治病，演諢白而酬神，藉里儺而判是論非，假競渡而偷船竊料，舉國若狂，幾成痼疾。是猶棄蘇合之丸而取蛞蝓之轉，作爲無益者也。吳王好劍，百姓多瘢，信然。謹議庶事如左：僧道、觋蠱、星命、游戲。

〔邪誣類〕

僧道

自二氏流入中國，毒痛四海。闢之者，欲人其人、火其書、廬其居。佞之者，謂可薦亡、可免罪、可拔獄。鄙意謂闢之者激，佞之者愚。井田之制不行，無業游民募建寺宇，一若樂此不疲者。吾圩燕閒祈報，藉奉土穀明禋，鳩衆修防。假爲董夫邸廡，奚不可者。若謂辟穀導引、煉鼎燒丹，乃赤松黃石諸人聊爲蟬脱者，豈真有再造散、續命丹乎？

唐武宗曰：朕聞三代以前未嘗言佛，漢魏之後，象教寖興，勞人力於土木之功，奮人利於金寶之飾，壞法害人，無踰此道。且一夫不作，有受其飢寒者。今天下僧尼皆待農而食、待蠶而衣，寺宇招提，率雲搆藻飾，僭擬宮居。晉宋齊梁，凋瘵澆漓，莫不由是而致也。我高祖太宗以武定禍亂，以文理華夏，執此二柄，用以經邦，豈區區西方之教與我抗衡哉！貞觀開元，亦嘗釐革，剗除不盡，流衍轉滋。朕博覽前言，旁求輿議，弊之可革，斷在不疑，而中外臣民，協予至意，條律至當，宜在必行，懲千古之蠹源，成百王之法典，濟人利物，予何讓焉。其天下所拆寺四千六百餘所，還俗僧尼二十六萬五千人，招提蘭若四萬餘所，所收膏腴土田數千萬頃。於戲！前古未行，以將有俟。及今盡去，豈謂無時？將使六合黔黎，同歸皇化。倘以除弊之始，日用不知，下制明庭，宜體至意。

韓昌黎曰：佛者，夷狄之一法耳。自黃帝以至禹湯文武，皆享壽

考，百姓安樂，當是時未有佛也。漢明帝時，始有佛法。其後亂亡相繼，運祚不長。宋齊梁陳元魏以下，事佛漸謹，年代尤促，惟梁武帝在位四十八年，前後三度捨身施佛，宗廟之祭，不用牲牢，日食蔬菓，竟爲侯景所逼，餓死臺城，國亦尋滅。事佛求福，乃更得禍。由此觀之，佛不足信，亦可知矣。高祖始受隋禪，則議除之。當時群臣識見不遠，不能深究先王之道，古今之宜，推闡聖明，以救斯弊，其事遂止。臣常恨焉。伏惟陛下即位之初，即不許度人爲僧尼道士，又不許別立寺觀。臣以爲高祖之志，必行於今。縱未能即行，豈可恣之轉盛也？今令諸僧迎佛骨於鳳翔，臣雖至愚，必知陛下不惑於佛，直以年豐人樂，徇人之心爲戲玩之具耳，安有聖明肯信此等事乎！然百姓愚冥，見陛下事佛，豈合更惜身命焚頂燒指百十爲群解衣散錢，自朝至暮，惟恐後時老少奔波棄其業次，不加禁遏，必有斷臂臠身者，傷風敗俗，傳笑四方，非細事也。夫佛本夷狄之俗，言語不通，衣服殊制，不知君臣之義、父子之情。假如其身尚在，來朝京師，容而接之，不過宣政一見衛而出之於境，不令惑衆也。況其身死已久，枯朽之骨，凶穢之餘，豈宜令入宮禁！孔子曰："敬鬼神而遠之。"乞付之水火，永絕根本，斷天下之疑，絕前代之惑。佛如有靈，能作禍祟，凡有殃咎，宜加臣身。上天鑒臨，臣不怨悔。

　　按：公諱愈，字退之，南陽人，拜國子祭酒，人仰之爲泰山北斗云。

　　袁子才曰：佛之非佛，自知之，不待人攻也。惟其自知，故所以備攻者無所不至，而所以自衛與誘人者，亦無所不周。天下有非其力而可以美食者乎？佛知之，故茹素。有非其財而可以厚葬者乎？佛知之，故火化。有僇民而可以留種者乎？佛知之，故不娶。此佛之本意也。然其說則託之於慈悲矣、示寂矣、不淫矣。且慮其坐而食則病，乃禮拜以勞之。死而焚則熄，乃塔廟以神之。無子孫則絕，招徒衆以續之。取於人而自利則術破，乃爲祈爲禱以利益之。城市居則褻，乃踞名山勝境以崇耀之。曼衍其書，一波既窮，一波又起，故聰明者悦焉。含宏其教，元惡大憝立可懺免，故下愚者悦焉。彼九流者誕與佛同，而不自知其非，故肉食昏娶取人以自奉，宜其教之行於世者，不

如佛也。夫吉凶禍福，無人而不動心也。因人心所易動者動之，而謂常人能免之乎！

按：公名枚，號簡齋，浙江錢塘人，乾隆己未進士，官江甯知縣。有《隨園文集》三十種。

《大清會典》曰：僧道不得於市肆誦經托鉢，陳說因果，斂錢聚會，違者懲責。游手頑民托名方外，或指稱仙佛，謬許前知，以惑民聽者，從重治之。若創立無爲白蓮焚香聞香混元龍元濱陽元通大乘等教，誘致愚民男女擾雜、擊鼓鳴金、迎神賽會者，論如律。

翁遂庵曰：乾隆時，有以沙汰僧道爲請者，高宗曰：沙汰何難？即盡去之，不過一紙之頒，天下有不奉行者乎？但今之僧道不比昔之橫恣，有賴儒氏辭而闢之。蓋彼教已式微矣。且藉以養流民、分田授井之制，既不可行，將此數千百萬無衣無食遊手好閒之人，置之何處？故爲詩以見意云：頹波日下豈能回，二氏於今亦可哀。何必闢邪猶泥古，留資畫景與詩材。大哉王言！足以遏邪說而息迂談矣。是僧道俱繫游手好閒之人，既無材藝可資溫飽，於是臆造妄誕，誘人施捨。而被其惑者，今古同揆，雖賢者猶不免焉，良可慨已。

按：公名心存，字二銘，江蘇常熟人。道光壬午進士，仕至吏部尚書。有《兩般秋雨庵》。

邑志曰：近俗溺於浮屠，爲盲僧所惑騙，多至破產。作佛事者，而祭禮廢置不行。士夫倡之，愚昧效之，可哂也已。

又曰：七月間，變薦新之祭爲盂蘭會，純用蔬食，俾其祖宗不血食。然愚夫不足責也，詩禮搢紳之家，當亟改耳。

魏環溪曰：喪祭之禮不行，請僧設醮，輒謂超度地獄，安知親必在地獄中乎？此惡俗也。有志維風化者，其勿忽焉耳。

《刑部律》曰：居喪之家，修齋設醮，若男女混雜，飲酒食肉者，家長杖八十。僧道同罪，還俗民間。喪葬之事，凡有聚集演戲及扮演雜劇等，或用絲竹管絃演唱佛戲者，照違制律治罪。

魏環溪曰：幼年讀書，以至於長且老，聞孔孟之教久矣。及其死也，兒孫用浮屠追薦之，令地下之魂屏諸孔孟宮牆之外，是可忍也孰不可忍也。世俗迷謬一至於此，幸而浮屠幻事也，若其果真，則不孝

之罪安可贖哉！

王朗川曰：俗用僧道作齋，或作水陸會，寫經造像，謂爲死者減罪惡、生天堂、受種種快樂，否則入地獄，日則沿街隨僧迎懺，夜則破獄跑橋照星。或人物戲具講經説法，或男女夜出迎靈，法禁不能，理諭不曉。士人家亦復爲此，曰："未能免俗，姑妄聽之。"嗟夫！人死則形神離，豈復有入地獄受苦痛之理？温公引唐李舟《與妹書》曰：天堂無則已，有則君子登。地獄無則已，有則小人入。世人親死而禱浮屠，是不以其親爲君子，而爲積惡有罪之小人也。何待其親之薄哉！就使積惡有罪，豈略浮屠所能免哉！

陳定宇曰：程子曰，吾家不用浮屠，洛中亦有一二家化之。近年同邑范君求邇、歙邑吳公古梅之家皆然。然程子大賢，范吳富者，人無敢非之。吾家三世皆貧，人咸曰以貧故耳，安得家肥更酌古禮行之，一洗流俗之見乎？

又曰：平夙不知佛事，一旦至於大故，姻族交以不孝責我。嗟乎！佛入中原祭禮荒，胡僧奏樂孤子忙。劉後村嘆之久矣。孝也者，豈作佛事之謂與？世俗所謂不孝，乃我之所謂孝也。世俗之所謂孝，乃我之所謂不孝也。兒輩其聽之。

按：公名櫟，字壽公，元時休甯人。有《先世事略》。

劉誠意曰：世之所謂浮屠者，果何道而能使人信奉之若是哉？人情莫不好安樂而惡憂患，故拑之必於其所恒懼，誘之必於其所恒願，然後不待趨而自赴。浮屠氏設爲禍福之説，其亦巧於致人與！夫四海之衆林林也，而無不爲所致者，何哉？彼固非止於惑，愚昧已也。人情無不愛其親，親没矣，哀痛之情未置而謂冥冥之中欲加以罪，孰不惕然而動於心？間有疑焉，則群咻之。若目見其死者拘於囹圄，受笞楚而望救，故中材之人莫不波馳蟻附。雖有篤行守道之親，則亦文致其罪，以告哀於土偶木俑之前。彼固自以爲孝，而不知其大不孝也。豈不哀哉！且彼謂戕物者必償其死，故有牛馬羊豕蛇虺之獄。是天下之蠢動者，舉不可殺也。今夫虎豹鷹鸇搏擊飛走以食，日不知其何幾而獨無罪乎？人之殺物有獄矣，虎豹食人而無獄，何其重禽獸而輕人也？彼又謂婦人之育子者，必有大罪，故兒女子尤篤信其説以致恩於

其母。吾不知司是獄者爲誰？人必有母，將舍其母而獄人之母與，將併其母而獄之與，獄其母，不孝；捨其母而獄人之母，不公。不孝不公，不可以令二者必居一焉。將見群疑而攻之，雖有獄，誰與治之？宰天地者，帝也，彼則謂有佛焉。至論佛所爲，呴嘔咻煦若老婦然。有呼而求救，不論是非，雖窮凶極惡，卒無不引手援之。使有罪者勿恒刑，是以情破法也。夫法出於帝而佛破之，是自獲罪於天也。吾知其必無是事也，昭昭矣。

按：公諱基，青田人。輔明祖成帝業，封誠意伯。有《青田文集》。

按：世俗親死，延僧薦拔，鋪陳水陸，幾費中人之產。且有至再至三，仍稱超渡者，是不能超渡之明證也。何憒憒者徒知愛親而不知道乎？涑水伊南而外，餘皆不免，焉得文成大聲疾呼，喚醒多少癡迷者！

東方朔曰：夫仙者得之自然，不必躁求。若其有道，不憂不得。若其無道，雖至蓬萊見仙人，亦無益也。上乃還宮。

按：公字曼倩，漢人。三冬文史足用。

谷永曰：吾聞明於天地之性者，不可惑以神怪。知萬物之情者，不可罔以非類。凡背仁義之正道，不遵五經之法言，而盛稱奇怪鬼神，及有仙人服食不死之藥，遙興輕舉黃冶變化之術者，皆姦人惑衆，挾左道懷詐僞，以欺罔世主，聽其言洋洋盈耳，若將可遇求之，蕩蕩如繫風捕影之終不可得。是以明王拒而不聽，聖人絕而不語。

按：公字子雲，漢建始初舉直言對賢良策，擢上第，仕至大司農。

辛替否曰：太宗撥亂反正，開基立極，官不虛受，財不枉廢，不多造寺觀而有福，不多度僧尼而無災。享國長久，名高萬古。陛下何不取而法之？中宗棄祖宗之業，徇中宮之意，無能而祿者數千人，無功而封者百餘家，造寺不止，度人無窮，奪民之食以養貪殘，剝民之衣以塗土木。人怨神怒，衆叛親離，享國不永，禍及其身，陛下何不懲而改之？

按：公，唐睿宗時爲補闕，與桓彥範同諫。

李藩曰：秦始皇、漢武帝學仙之效，具載前史。太宗服天竺僧長年藥致疾，此古今之明戒也。陛下春秋鼎盛，勵志太平，宜拒絕方士之說。苟道德盛充，人安國理，何憂無堯舜之壽乎？

又曰：除天下之害者，受天下之利。同天下之樂者，享天下之福。自黃帝以及文武，享國壽考，皆用此道也。去歲以來，所在多薦方士，設令果有神仙，彼必深潛巖壑，惟恐人知。凡伺候權貴之門，以大言自衒、奇伎驚衆者，皆不軌徇利之人，豈可信其說而餌其藥耶？夫藥以愈疾，非朝夕常食之品，況金石酷烈有毒，又益以火氣，非五臟所能勝也。古者君飲藥臣先嘗之，乞令獻藥者先餌一年，則真贋可辨矣。

按：公字遠翰，唐趙州人，累官給事中。

黃伯祿曰：羽士黃冠之流，符籙丹黃、雷聲禹步，僉曰：老子，我教之祖也。一爲探其根原，知道教並非創自老子。《文獻通考》曰：老子初未嘗欲以道德五千言設教也，羽人方士借其名以自重耳。且道家之術雜而多端，如清淨一說也，煉養一說也，服食又一說也，符籙又一說，經典科教又一說也。黃帝、老子、列禦寇、莊周之書所言者，清淨無爲而已，略及煉養之事，服食以下所不道也。至赤松子、魏伯陽之徒，則言煉養而不言清靜。盧生、李少君、欒大之徒，則言服食而不言煉養。張道陵、寇謙之之輩，則言符籙而俱不言煉養服食。至杜光庭而下，以及近世黃冠緇流，則專言經典科教。所謂符籙者，特其教中一事。於是不惟清靜無爲之教，不能知其旨，雖所謂煉養服食之書，亦未嘗過而問焉。偏俱欲冒老氏以爲宗主而行其教，然則柱史五千言曷嘗有是乎？蓋愈遠而愈失其真矣。由是言之，今之所謂道教，並非創自老子，乃方士之流任臆翻新，恣行妄誕者也。其教之紕繆，尚待問乎？

按：公字斐默，官上海教諭，有《輯說（真詮）〔詮真〕》。

按：道教出於老子，其著《道德經》，未嘗以之設教也。周秦以來，但有方士爲神仙之術，無所謂道家者。北魏寇謙之以老聃爲道教祖，以張道陵爲大宗。至唐信州龍虎山世襲封號，歷傳至張永緒，荒淫吞噬，明穆宗革之。歷代如秦始求不死藥，崩於沙丘。漢武求長生

藥止自曼倩。成帝時谷永諫之，哀帝時高嵩諫之。嗣是郝處俊、辛替否、梁鎮、李藩、范雍、王曙、宋濂、海瑞諸公，詞昭史册，皆以明其誕妄不經也。特無如迷惑已深，膠固不解，雖侃侃陳詞，類皆空言無補，競相傳説，執迷不悟，習俗移人，賢者不免。吾圩小民幾何，而不胥爲漬染也？豈不可慨也夫！

巫蠱

酣歌恒舞，時謂巫風。謂其與淫風亂風皆取喪亡也。古者五辰失布，四序未調，則祛除癘疫。春招冬贈，不過設桃苅以除不祥。近有藉以婪財者，或刻木石埋於地，或書符咒壓其門，披髮佯狂，説靈隱約，皆巫蠱類也。圩藉此術以愚人者，雖屬寥寥，而爲所騙者殊多。夢夢如召神治病、延道順星與夫叫魂挪嚇、朝凡忌綫等類，一局不售，又設一局，以神其術。賺錢到手，卒墮其術中，至垂危而不悟。其病札瘥夭昏，終歸不治也。可怪也夫。

李剛主曰：至誠之道，可格幽明。此仁術亦正術也。若詭譎衹可用於兵旅，家人父子朋友僕從，一毫參不得其異。孔子曰中庸不可能也。仁心仁政，至平至易。平地成天，皆在其內。若假鬼神好元虛説夢幻，不惟無益且啟人疑致人輕，甚不必也。至於講六壬奇門、南宮劍客，皆殺身禍世、塗炭生民也，萬勿信而近之。

王慧思曰：師巫治病，是由"子路請禱"一語開之，人特知有疾而禱，豈知獲罪於天，無所禱乎？故夫子云：某之禱久矣。自不得妄聽師巫。

夏發甫曰：新安汪致中性剛直，平生不信神異之説。試歸過鄱陽湖，友皆向元將軍廟進香。汪不肯，適大風舟幾覆，咸叩求救。汪頓足詈之，卒無恙。母命齊雲進香，長揖不跪，且高聲曰：吾奉母命不得不來，願神聰明正直，毋以禍福恐嚇愚民，致男女奔走雜沓，誨盜致淫。且寺中羽流多不法，非所以表率一山也。同人代爲縮頸，汪終不顧，竟以壽終。

《禮部律例》曰：凡師巫假降邪神、書符咒水、扶鸞祈聖，自號端公、太保、師婆名色，及妄稱彌勒佛、白蓮社、明尊教、白雲宗等

會，一應左道異端之術。或隱藏圖像、燒香集衆、夜聚曉散、佯修善事、煽惑人民，爲首者絞監候，爲從者杖一百流三千里，里長知而不首者笞四十。

又曰：凡軍民之家縱令妻女於寺觀神廟燒香者，笞四十，罪坐夫男。無者，罪坐本婦。其住持及守門，不爲禁止者，與同罪。

石天基曰：有鄉愚擔糞灌園，忽無賴數人誘之，曰：汝終歲勞苦，有一術可以致富，汝肯從乎？應曰：唯。引至僻處，盡受訣。明日，方灌，忽狂呼跳踴，自稱都天神下降。大言：不立廟祀我，此方無噍類。人因其愚咸信之。先搆蓆殿奉以居，稱之曰“活菩薩”。遠近相傳，男女雜沓，不可以數計。鄉愚默坐，有所禱，卜笞而已。廣爲募化，願免災者，爭輸之。太守金公按之擒出，一鞫便伏，立斃杖下，餘黨盡散，殿宇燬焉。

按：公字成金，揚州人，著有《傳家寶書》六集。

湯文正曰：竊以吳中之俗尚氣節而重文章，閭閻詩書，以著述相高，固天下所未有也。但其風涉淫靡，黠者藉以爲利，而愚者墮其術中，爭相倣效，無所底止。婦女好爲冶游，豔糚倩服，連袂僧院，群聚寺觀，裹身燃背，虧體誨淫，目以爲孝。且聚會斂錢，迎神賽社，刻造傀儡，編作淫詞，流傳天下，壞人心術。昏喪不遵家禮，戲樂參靈，綵服送喪，仁孝之意衰，任卹之風微。而無賴少年習拳勇，身刺文繡，輕生好鬭，如此之類不可枚舉。臣皆嚴加禁飭，委曲告戒。今寺院無婦女之蹟，河下無管絃之聲，迎神罷會，穢曲絕編，三年之後庶幾返樸還淳。且浮費減則賦稅足，禮教明則爭訟息，固吳中之急務也。惟有淫祠一事，挾禍福之說，年代久遠，入人膏肓，非奉天語申飭，不能永絕根株。其荒誕不經，民間家祀戶祝，飲食必祭妖邪巫覡，創爲怪誕之說。愚夫愚婦，爲其所惑，牢不可破，奔走如鶩。牲牢酒醴之享，歌舞笙簧之聲，晝夜喧鬧，男女雜遝，歲費金錢何止鉅萬？蕩民志，耗民財，此爲最甚。更可恨者，女有姿色，偶因寒熱必曰五通將娶爲婦。婦亦恍惚夢與神交，羸瘵而死。不以爲哀，反豔稱之。歲常數十家，視河伯娶婦而更甚。皇上治教如日中天，豈容此淫昏之鬼肆行於光天化日之下？臣多方禁之，其風稍息。遂取妖像木偶

付之烈炬，土偶投之深淵。檄行有司，凡如此類盡數查毀，撤其材木，備修學宮，並葺城垣之用。民皆爲臣危之後竟無異，始悟往日之非。然吳中師巫最黠而悍，誠恐臣去之後必有造怪誕之說，箕斂民財，更議興復。愚民無知，舉國若狂，不可禁遏。請賜特旨嚴禁，泐石山巔，令地方官加意巡察，有敢興復淫祠者作何治罪，其師巫人等責令改業，勿使邪說誑惑民聽。天威所震，重寐當醒，人心既正，風俗可醇矣。

按：先生撫吳時，聞上方山神最靈，祭禱最盛。問："起於何時？"門人范景對曰："相傳是南宋時沿流至今，靈異之說皆出鄉里所傳耳。"先生曰："鬼神福善禍淫治幽，贊化若來，祭享者方免其禍。其不來，祭享者即降以災。直與世間貪夫行事一般，決非正神。吾衹是不信。"語出陳榕門《四種遺規》。

邑志曰：有疾稍一服藥，即延僧道巫覡，禮金仙北斗、燒香楮膜拜以禱。若庸醫誤殺，恬不怪也。又重小兒痘，謂有娘娘神司之，雖凶戾暴慢者，亦加虔敬。以雜色紙糊輿馬祀中堂，痘已，則競演戲、刲羊以酬之。爲醫藥誤殺不校，亦歸之神勿歜焉。

又曰：歲將暮，則有黃冠書符罡咒，以除一歲之眚，曰發檄，曰謝土，通行之。

熊勉庵曰：凡俗好鬼神之事，以其能禍福人，驟禁之，民恐召災而譌言起矣。西門豹治鄴處，置河伯婦，大是快人。偶閱《後漢書》，宋均爲九江守，所屬浚遒縣祠唐后二山，眾巫取民女爲公嫗，有妨嫁娶，前後守令莫敢禁。均令今後爲山娶婦，皆娶巫家女，勿擾良民，其害遂絕。較之西門豹投巫，不惡而嚴。變移惡俗，若行所無事，真善術也。

吳榮光曰：當出會時，鑪亭旗纛，備極鮮妍。擡閣雜劇，巧爲裝演。或陳古玩以炫富，或飾冶容以導淫，清歌十番，輪班疊進，不惜百家之產以供一日之觀，其於居民生計實爲大蠹。更有燃肉鐙以解罪，裝冥判以自豪，足縛喬竿、面施五采，喪神屬鬼，伯什成群，絕不知愧恥爲何事。此非敬神，實慢神也。又復裝飾小兒，目爲神犯，輕則械其手，重則檻其軀，謂可以保壽命之延，而獲神靈之佑。不知

養蒙之道，當教以正示以恭謹，尚恐其頑，乃以赭衣加於髫稚既爲不祥，自其少日已使之縲絏通衢，及至長成，尚何羞恥？即可因此而免夭傷，彼爲父母者，亦何貴有此不肖之子？抑或赤日羸肌，因而致疾，是生之而適殺之也。

又曰：子產爲伯，有立後使鬼有所歸，遂不爲厲。朝廷之設厲祭，正以無主孤魂，或能依草附木求食殃民，故於季春、仲秋、孟冬，歲祭者三迎。城隍以爲之主，即國僑治鄭之遺法也。然無主之鬼既有此祭，自不敢復爲民害。即間有搏膺之晉厲，披髮之良夫，彼其以冤孽相尋，又豈祈禱可免？惟有省愆修德，以正勝邪，自能郤路鬼之揶揄而爲神明所默佑。晉人不禱桑林，楚子不修河禜，而鬼神究不得而祟也。昧者不察，值陰陽偶戾，寒燠違和，不推其致疾之由，輒以爲群魔所祟。雖有和緩，不取驗於參苓，乃召巫師立爲收魂祛鬼之計，遂使病者僵臥在牀，聽其日就沈錮，一家男婦徒營營於飯巫化楮，渺茫無益之爲，而覡師遂得憑其符箚造作誣詞，謂某日某方鬼神作祟，遂使其家愈增惶惑，乞靈茶於野廟，舁木偶於通衢，爲門外之祛除，舍室中之湯藥。及至病成綿愒，即使和緩重來，亦將望而郤走。是疾原可治，一經引邪入室，乃真爲鬼所祟矣。豈不謬哉！又有一種不法僧徒，刱立藥方，乘危射利。遇有因病求神者，不問人之男女老少，不討病之寒熱陰陽，不論藥之溫涼平燥，方之君臣佐使，香貲到手，憑签付方。幸而自愈，貪爲神功。彩帳鐙油，酬資踵至。即令誤投，不以爲誠求未至，則以爲命實使然。而爲之父兄妻子者，甘受其愚弄而不知醒，是誠何心也哉！

陸次雲曰：苗人能爲蠱毒，其法五月五日聚毒蟲於一器之中，使相吞噬併而爲之，乃諸毒之尤也。以之爲蠱，中者立斃。然造蠱之法多端，如有所謂金蠶蜈蚣諸名者，其術不可思議。大約其用法，恒在冷茶冷酒中，及菜蔬肉食中第一塊上，行其地者，慮爲所害，宜帶甘草三兩生薑四兩水六升，煮二升，日三服。或用都淋黃籐煮酒溫服，常服則毒隨大便出。若含甘草而不吐者，非也。又三七末、薺苧，皆可解。又白礬細辛爲末，各五錢，新汲水調下，得吐即止。又蠻人解蠱藥，有名三百頭牛者，土常山也。有言三百兩銀者，馬兜鈴也。皆

宜佩帶。有中之而臥病者，燒病人所臥之蕢，則病者皆自言下毒者爲何人也。其祟有神夜出攝死者之魂，光如曳彗，流入人家，當知防禦。蓋下蠱之家，其居必潔，鬼死爲之拂拭，故牕牗之上塵絲不染也。覺之者爲女字坐，則其法不靈。又聞蓄蠱之家，雞輒飛去。彼或害我，方食時竊其少許，密埋十字街心，則其神反爲彼祟。又該神畏蜎，取人其家，其祟立擒。數説皆有徵驗。

按：公字雲士，錢塘人。著有《洞溪纖志》。

星命

悔吝吉凶，《大易》明其理，孤虚旺相，《陰符》載其文。❶ 似星術家推測選擇，若有足憑者，故輕躁狂險之人輻輳其門，爭問吉凶。然夫子罕言命，大饗不問卜，與其誑語以惑人，不若行法以俟命。乃今之推測者，察言色伺音聲，不揣順逆而第投其所好焉。寒暑失調，寢興不節，一旦事窮勢蹙，禍生不測，不能療飢，又難糊口，皆委之於命，豈不誤甚？即如圩隄致潰，亦束手待斃焉。天工人代之語，幾爲誕妄不經矣。

王朗川曰：世人立宅、營墓、交易、昏嫁，以至動一椽一瓦、出行數百里，無不占方向擇日辰，急急焉以趨吉避凶爲事，不知自己一個元吉，主人却不料理。《慈湖先訓》云：心吉則百事俱吉。古人於爲善者命曰吉人，此人通體是善，世間凶神惡煞，何處干礙得他？

又曰：同一甲子也，周以甲子興，紂以甲子亡，觀此可以恍然悟矣。

高深甫曰：命由心造。今人將妻財子禄、流年月建，預推一册以爲左券。如命該顯達者，自謂必得功名，詩書不必苦讀也。命該富饒者，自謂必致豐豫，食用不必經營也。一生無禍者，竟放心行險，恃以無恐也。終身少病者，遂恣意荒淫，可保無虞也。是命章令人隳志失業不加修省，何其拘泥不通也。是猶炊飯待火而不知其有燈也。故

❶ 《大易》 即《周易》。《陰符》，古代兵書，即《太公陰符》，亦稱《陰符經》，相傳爲西周時姜尚（太公）所著。

命之一字，夫子罕言之。

按：公名濂，浙江杭州人。有《尊生箋》，見《訓俗·遺規》。

史搢臣曰：合昏一事，古所無也。今惑於星家，動稱命犯鐵帚狼藉退財等煞，因而破昏者甚多，不知古來雀屏中選、坦復擇壻，未聞有合昏之説。止宜男擇女德，女擇男行，門户相當，年齒相等，勿攀援、勿苟就，即合昏之道也。

魏環溪曰：居官何嘗不擇日任事？而陞者陞，降者降，黜者黜，死者死，未嘗皆吉也。娶婦何嘗不擇日成昏？而壽者壽，夭者夭，孕者孕，絕者絕，未嘗皆吉也。類而推之，諸事皆然。其義何居？蓋君子則吉，小人則凶，理固然也。

袁子才曰：堯之時，皋夔隆貴，人不言其命達。共驩流放，人不言其命窮。及西伯勘黎，紂無以自解，乃嘆曰：我生不有命在天？非唐虞時無命，桀紂時有命也。理不足而後求諸數也。古之神於命者，首推李虛中，然餌金丹，疽發背死，其於知命何如也？大撓作甲子，毫無義意，猶之一二三四紀數云爾。一二三四無可測，則甲子乙丑亦無可測。晁補之曰：一時生一人，一歲只四千三百二十人。一甲子只二十五萬九千二百人，一郡户口不下百萬，則命同者多矣。又何富貴貧賤之紛紛乎？宋景濂稱命只五十一萬八千，而四柱盡矣，餘皆雷同。陰陽雜家愈神奇則愈受禍，如郭璞、郭麞輩是也。天下多無業之民，托九流雜技以謀其生。先王勿禁，仁人君子妄言妄聽，亦無所爲苦。若奉之如神，此輩無識，藉此吆喝鄉間，靦然與士大夫抗禮，正《王制》所謂假鬼神時日以惑衆者，殺之可也。

游戲

閒暇時，般樂怠敖，孟子謂是自求禍也。何爲去順就逆，自荒於嬉戲乎？圩工喫緊，農事將興，不此之務而以戲事神，里許一搭戲臺，家各數邀神會，動曰演戲酬神。下里巴人，不可勝數。間有謂淫祀無福者，則群戒以勿妄言。耗財誤工，此爲最鉅。沿村婦女，齲笑慵粧，非誨淫乎？逐會棍徒，攘往熙來，非誨盜乎？雖古禮有大儺，變爲扛神惑衆，而韻事傳競渡，甚至打降報仇，到處麕來，竟安煬

毒，不僅妨農誤隄，亦且傷風敗俗也。可不戒哉！

湯文正曰：吳地風俗，每事浮誇粉飾，動多無益之費。外觀富庶，內鮮蓋藏。偶遇災祲，救死不贍，如迎神賽會、搭臺演戲一節，耗費尤甚，釀禍更深，此皆無賴棍徒，藉祈年報賽爲名，貪圖飽腹。每至春時，出頭斂財，挨門科派，高搭戲臺，閧動遠近，男婦群聚往觀，舉國若狂，廢時失業，田疇菜麥蹂躪無遺。甚至拳勇惡少，尋釁鬪很，攘竊荒淫，迷失子女。種種禍端，難以悉數。竊爲爾民計，以此無益之費，而周卹鄉黨窮乏，刊布嘉言懿行，則人稱善。士已積陰功，何苦以終歲勤劬所獲，輕擲於一旦，曾何益之有哉！宜細思之毋忽。

陳文恭曰：黎園唱劇，至今日濫觴極矣。然而敬神燕客，世俗不廢。但所演傳奇，有邪正不同，主持世道者，正宜從此設法立教。雖無益之事，未必非轉移風俗之一機也。先輩陶石梁曰：今之院本，古之樂章也。每演戲時見有孝子悌弟、忠臣義士激烈悲苦，流離患難，雖婦人牧豎，往往涕泗交流，不能自已。旁觀左右，莫不皆然。此其動人最懇切、最神速，較之老生坐皋比講經義，老衲登上座說佛法，功效百倍。至《渡蟻》《還帶》等劇，更能使人知因果報應，秋毫不爽。殺盜淫妄，不覺自化。而好生樂善之心，油然生已。此雖戲而有益者也。近來所撰院本，多是男女私媟之事，深可痛恨。世人喜爲搬演，聚父子兄弟並闥其婦女而觀之，見此淫謔褻穢，倍極醜態，恬不知愧，不思男女之慾如水浸灌，即日事防閑，猶恐有瀆倫犯紀之事，而況宣淫以導之。試思此時觀者之心作何形狀？不獨少年不檢之人情意飛揚，即生平禮義自持者，看到此時，亦不覺怦怦欲動，稍不自持便入禽獸一路矣。可不戒與！

田文鏡曰：異端邪教，最易煽惑人心。鄉愚男婦，聚處混雜，不但敗壞風俗，亦且陰作非爲。若不嚴加戢禁，日久釀成禍患，誠非細故。然聚衆必有其由，而入教必有其漸。揆厥根源，皆自迎神賽會始。蓋小民每於秋收無事之時，以及春二三月共爲神會，挨戶斂錢。或搭紮高臺，演戲鑼唱。或裝扮故事，鼓樂迎神，引誘附近男女，招集遠方匪類。初則假借祈年報賽等名，鼓惑愚民，經旬浹月，聚而不

散，遂成黨羽。因而焚香設誓，布散謠言，此即邪教之所由起也。故欲遏邪教，先嚴神會。嗣後男耕女織，各安本業。毋得聽信姦棍騙誘，佯修善事，甘入邪教。除秋冬祈報及凡在應祭神祇，赴地方官具稟批准，止許日間祭告，不繼以夜，亦不得過三日。如敢裝扮神像，鳴鑼擊鼓，迎神賽會者，不時嚴查，犯則立拿，照師巫邪術例，分別首從治罪。若婦女有犯罪，坐夫男。鄉保地隣，知而不舉，一並連坐。

按：祈報一節，古禮也。邇來藉此演戲，婦女冶容，農佃玩日，此猶後也。其間聚賭窩竊，招盜藏姦，事所必有，正風俗者，宜於此着意也。

王懿思曰：循舊，會期焚香拜神，禮亦可行。行商坐賈，各攜貨物，人所必用，聚於一所，亦可勿問。若婦女擁擠，糾人進駕，紛紛若狂，恬不知恥，一廟所耗，費數月衣食之資。前余在新會，見擡城隍神像沿門募化，嘗有施至十餘金者。金鼓導從，名曰出巡。示諭之曰：聰明正直之謂神。幽明一理，神何樂乎？托缽求乞，有倡首者罪之，乃不敢動。

又曰：地保棍徒，動輒斂錢演戲，喧聒時聞，不願者強派惡取，不知財帛竭於倡優，子弟流於浮蕩，賭博竊竊，乘機而起。余出示拏禁，有謂不順民情者，勿之卹也。久之，有以戲錢修橋道者，此風遂絕。

按：戲爲無益。以此錢修圩隄，保身家，較修橋道尤勝。吾圩冬春修隄，無知之徒乘此斂錢演戲，聚衆開塲，農佃曠工卯，婦女競衣飾，子弟荒本業，童穉索糕菓，加以烟酒賭博，一事而數害俱備，禍生肘腋，焉有正直，而壹之神歆，此非禮之祀乎！

邑志曰：所費過中人之產，即貧乏之家都惑於禍福，無難色。設有睦婣任卹之舉，以及存亡繼絕之誼，鰥寡孤獨之賑，雖素封不無悋也。

又曰：賽神有祠山、文昌、關帝、五顯、都天諸社，皆醵錢米，斂會酒食，金鐃攢鼓，列幨張幟神於中，呼哨竟日，老少雜遝以將事，枕藉而醉，戟手而罵，膠轕不可解，扶掖各歸，夙昔而不仇。

又曰：昔方相氏蒙熊皮，黃金四目以逐疫。當塗之臉神，自初春至春暮，競爲神會。一人以天神像作面具擐甲，錦袍金帶爲神狀，數百十人擊鉦而張之，緣坊帥巷，跳舞旬餘。更可笑者，俗尚鬼而不擇醫，病者卒，許鑼酬願，故神像出，鑼聲數百，前後圍繞，觀者堵砌，以致廢穡行路，實可厭惡。況其狼藉飲食，糜費金錢，更復無算。有明哲正直者非誚之，則以不狂者爲狂。惡習幾徧里巷。康熙三十四年，知縣祝元敏爲屬禁禁之。識者稱快，愚昧之夫，猶大惑不解。

《戶部例律》曰：凡寺觀庵院，除見在處所先年額設外，不許私自刱建增置，違者杖一百，僧道還俗，發邊遠充軍，尼僧女冠入官爲奴。地基材料入官。

吳榮光曰：堯湯之世，不能無水旱之災。暘雨愆期，爲民請命，亦聖世之所不廢也。惟有恪遵國制，地方官設壇致禱。力田之民，亦惟有分禱於社神田祖，蓋祀神之道不外一誠。誠之所孚，求無不應。其在《月令》曰：仲夏之月乃命百縣雩祀，百辟卿士之有益於民者以祈穀實。而《周禮》荒政十有二，一曰索鬼神，註家謂搜索鬼神而祭之。《雲漢》之詩亦曰"靡神不舉，觀於月令"之文，則知所謂索而舉之者，皆有益於民者也。乃鄉民無知，不諳禁例，每值旱澇奔禱於山魈野魅之祠，自棄其庤水築防之力，甚至舁土木之偶，敲鉦戴枷，伯什成群，抑思彼淫昏之鬼，何能爲一方禑福哉！

又曰：俗傳東嶽注生，南嶽主壽，故進香之期，東嶽以三月，南嶽以八月。各處之爲父母爲翁姑祈年者、求福求子者，男女混雜，奔走若狂，最爲惡習。其酬神之資，備極豐腆，獻采畫之神幔，僅於禮拜時一張。上竟月之油鐙，而神座仍無一夕之照。或募修鐵瓦，則鎔蠟爲字以售姦，或捐建廟祠，則僞拓碑條以斂費。僧道以此牟利，平民因而匱財。乃有迷而不悟，甘受其欺者，何哉？

又曰：端陽競渡，始於楚人。其俗遂浸淫於各省，原不過年豐人和，藉以稍紓力作，非爲祀神而設也。何至綵飾龍舟，千橈鬬捷，旗幢鉦鼓，喧譟中流，兩岸閒人觀者如螘，而倩粧婦女，亦復攙雜其中，墮珥遺簪，深爲風俗之玷。彼操舟者，或以巧拙相形，因而兇顏

自逞，叢毆辱詈，落水受傷，皆嬉游無節之所由起也。

按：圩俗亦有此習，如九華進香、三元做會，往往藉以求福。殊不知家有生佛，即蓬頭倒屣者是也，奚待遠求哉？至如施捨寺僧，即謂爲功德，何不轉移此項修隄固圍、除道成梁、卹寡矜孤、扶危救急，作現在功德乎？蓋濟急非以濟姦，多事不如無事。競渡本繫韻事，邑志載采石以文巧勝，黃池以勇捷勝，皆謂作爲無益，且有因此致溺者。

附《攝生格言》

慎風寒、節飲食，是從吾身上郤病法。寡嗜慾、戒煩惱，是從吾心上郤病法。少思慮，以養心氣。寡色慾，以養腎氣。勿妄動，以養骨氣。戒嗔怒，以養肝氣。薄滋味，以養胃氣。省言語，以養神氣。多讀書，以養膽氣。順時令，以養元氣。憂愁則氣結，忿怒則氣逆，恐懼則氣陷，拘迫則氣鬱，急遽則氣耗。行欲徐而穩，立欲定而恭，坐欲端而正，聲欲低而和。心神欲靜，骨力欲動。胸懷欲開，筋骸欲硬。脊梁欲直，腸胃欲净。舌端欲捲，脚跟欲定。耳目欲清，精魂欲正。多静坐以收心，寡酒色以清心。去嗜慾以養心，玩古訓以警心，悟至理以明心。寵辱不驚，肝木自甯。動靜以敬，心火自定。飲食有節，脾土不洩。調息寡言，肺金自全。恬淡寡欲，腎水自足。道生於安静，德生於卑退。福生於清儉，命生於和暢。天地不可一日無和氣，人心不可一日無喜神。拙字可以寡過，緩字可以免悔，退字可以遠禍，苟字可以養福，静字可以益壽。毋以妄心戕真心，勿以客氣傷元氣。拂意處要遣得過，清苦日要守得過，非理來要受得過，忿怒時要耐得過，嗜慾生要忍得過。言語知節則愆尤少，舉動知節則悔吝少。愛慕知節則營求少，歡樂知節則禍敗少，飲食知節則疾病少。人知言語足以彰吾德，而不知慎言語乃所以養吾德。人知飲食足以益吾身，而不知節飲食乃所以養吾身。鬧時鍊心，静時養心，坐時守心，行時驗心，言時省心，動時制心。榮枯倚伏，寸田自開。惠逆何須歷問，塞翁修短參差。四體自造彭殤，似難專咎司命。節慾以驅二豎，修身以屈三彭。安貧以聽五鬼，息機以弭六賊。衰後罪孽，都是盛時

作的。老來疾病，都是壯年招的。敗德之事非一，而酗酒者德必敗。傷生之事非一，而好色者生必傷。木有根則榮，根壞則枯。魚有水則活，水涸則死。燈有膏則明，膏盡則滅。人有真精，保之則壽，戕之則妖。

卷三　選能 _{庶議三}　湖陂逸叟編輯　汪文聚鋭耕校

圩隄重務，首在選能。《書》曰"舉惟其能"，《孟子》曰"能者

在職”，言能足以任事也。

　　國家量能授職，內而翰詹科道，外而府縣州廳，下至丞倅汛委，靡不聯指臂而效腹心者。有他道哉？選其能耳。圩務雖不敢上擬，揆之於理，亦不外是。果僉舉得其材，輪修得其當，建造得其法，勘驗得其詳，隄焉有不固者乎！爰逐事以梳櫛之，述《選能》。

〔僉舉類〕

　　竊議圩務需人辦理，而僉舉察訪尤不可不慎重也。圩例向設岸總、圩董、甲長諸名色，無異銓曹之階級、軍伍之部勒焉。岸總總一岸之成，圩董董一圩之事，甲長長一甲之夫。苟非其人，圩民累圩務壞矣。惟鄉里爲之舉選而報以名，官長爲之察訪而諭以事，肩斯役者毋推諉、毋欺凌、毋執成心而懷私見，量而後入，斷不使書差爲政，意爲僉選，以致黏紅舞弊焉。於圩務也何有？謹議庶事如左：官守、岸總、圩董、甲長、鑼夫、工書、圩差。

官守

　　農田水利，冬春工竣，官爲勘驗。凡守土者，皆如是也。況州縣爲親民之官乎？官圩向屬民隄，工竣驗收，近今奉爲故事。或委員赴工，夫馬芻糧，不勝其擾。或差役持票，烟酒飯食，慾壑難填。光緒九年，士民跼詣道轅，稟請禁止委員勘隄，有“苛如虎猛”“利等蠅營”之語，其弊遂革。至十四年，郡伯史公深鑒利弊，既恐貽害閭里，又虞廢弛圩隄，酌請大府以邑之糧廳移駐官圩，專司圩務兼撥釐金，以酬勞貲，此外毋許斂用圩費，亦不得擅理民詞。其爲善後計者，至周且密矣。

　　倪豹岑曰：志官守者，知其人考其事也。天下有治人無治法，事窮則變，勢所必然。惟列敘有隄務之責者，標其姓氏，別其功過可也。

　　按：公印文蔚，望江人，仕至兩廣總督。有《萬城隄志》。

　　李九我曰：宋范延貴爲殿直，押兵過金陵，張忠定公時爲守，因

問曰：天使沿路來，曾見好官否？延貴曰：昨夜過袁州萍鄉縣，邑宰張希賢雖不識之，知其好官也。忠定曰：何以見之？延貴曰：自入其境，驛傳橋道皆完葺。田萊墾辟，野無惰農。村市無賭博，交易不諠爭。夜宿邸中，聞更鼓分明。是以知其善政也。有善政，非好官乎？

按：公諱廷機，明榜眼，仕至尚書。

《大清會典》曰：吏部糾以八法，曰貪，曰酷，曰罷軟無為，曰不謹，曰年老，曰有疾，曰浮躁，曰才力不足。

按：貪之為害，法所必懲。駐工者，既有廉俸又得酬資，越位理詞，沿隄索餉，有仁心仁聞者，不肯為也。

岸總

前明謂之總料者，又謂之總圩長，言總理各圩長也。萬曆三十六年，西南岸朱孔暘、西北岸鄭文化、東南岸趙栻、東北岸稽廷相創為四總長，倡分工段，會同四岸業户稟請邑尊朱汝龜逐段分標立碑，至今遵守勿替，事見老册。國朝順治十五年，東北岸湯天隆、東南岸孫啟芝等條陳十六事上之，巡案衞公貞元、邑尊王國勳勒石花津天后宮傍。國朝康熙四十九年，西南岸劉焕鑑總首之失，瀝陳弊竇，禁革總修。又條陳四事，載入邑志，均詳《條陳》。國朝道光十一年，東南岸楊訓昭、西北岸陶之鎧、東北岸姚善長、西南岸朱位中解囊倡首建造中心埂潰缺，又並造十里要工，暨週圍加高培厚，均邀議敘。詳《修造》。國朝咸豐二年，東北岸姚體仁、戎金輅、徐方疇，東南岸周樹滋、汪永成、姚信中，西北岸詹蓬望、夏朝玉、徐達九，西南岸尚曙庵、丁玉聲、朱位中十二總首，敦請郡紳王文炳、朱汝桂、杜開坊、唐金波、張國傑五人，奉方伯李中丞檄建造孟公碑月隄，並修搪浪埂，及各隄漫缺，推朱位中總其成。時年剛服政，工次稱觴，歌詩贈之。詳《藝文》。

按：上數則均岸總之卓卓者。岸總親肩斯役，為全圩領袖，當顧大局以全厥功，億萬生靈託命，可不慎與！

圩董

國朝乾隆十九年，沛國圩史宗連、朱爾立，貴國圩尚士椿等興復

中心古堰，重清界限，稟府憲朱邑尊，歷李秦孫三公，委典史鈕押修五載，始終其事。復請府教授朱將四岸工段起止，載入郡志，詳舊制。

按：官圩向分四隅爲四岸。岸有六七八圩不等，大者田以萬計，小亦不下數千畝。岸總不暇兼顧，推圩中殷實老成者董之，如丞尉然。圩有要舉赴局商權，勿上干勿下虐，圩務可全也。

馬逢臯曰：圩董、圩甲，選有中人之產、年力精且壯者爲之，亦免本身徭役。

按：公順天人。順治中貢生，官至廣東按察司副使。

甲長

官圩四岸二十九圩，圩各四五甲及七八九十甲不等。甲各舉一人爲之長，但事非艱鉅，其承行者不過催夫集費耳。爲岸總者，擇該圩內力堪任事之人，呈之府縣，諭以事宜，妥爲供役，切不可任胥吏黏紅，意爲簽點，強人以所難，使老實忠厚之人視爲畏途也。

倪豹岑曰：僉點田多大戶承充，夫頭沿鄉催令業佃。赴工修築，仍聽民間公舉諳練誠實紳耆，司理出入。

按：隄工需人，僉選不易。有其田非其人，不近於黠也，即鄰於愚也。有其人無其田，非肆其貪也，即挾其勢也。得人其難哉！彼刁劣者，隨地插脚，固無論已。至客民所置產業，其注意者本不在此，又不可以圩務重託之。

王陽明曰：薦人與用人不同。用人權度在我，雖小人而有才者亦堪器使。薦人於朝，品評一定，黑白遂分。砒磺芒硝，有攻毒破壅之功，但混於參苓者术，用之不精，鮮有不誤者矣。

鑼夫一名小甲

圩例集夫，鳴鑼申警，必僉一人爲之，名曰夫頭，又曰小甲。如催趨不力及誤公行私，賣夫賣卯等事，查出立時斥革。

按：小甲既領工食，一切索取過鄉規費，概宜革除。或議在該圩公置田數畝，令小甲收租抵其工食。或在該圩抽點土夫充當，免其挑

築，亦是。

工書

即府縣工房書吏也。差役之狡黠，書吏之貪饕，前編《瑣言》中已詳論之矣。第若輩雖屬可惡，而枵腹究難從公。惟稟明官長，量事大小，酌予工食紙張若干，此外無許越分苛索。非特有以饜其心，亦庶幾可以用其力。

栗毓美曰：隄工敗壞，皆由於工書。向例雖屬官督民修，官盡委其權於書吏，於是僉首事有費，造估冊有費，承領有費，驗收有費，甚至串通董事，浮派浸吞，無弊不作。公項盡飽私囊，應行嚴禁。至於申文報冊，應捐給紙筆之費。

按：公字樸園，山西渾源州人。嘉慶辛酉拔貢，官河道總督。諡恭勤，有《實政遺編》。

史郡伯曰：此次工程實用實銷，府縣衙門書吏承辦圩工事宜，以及造冊報銷辛工紙張等費，概由本官給發，不准丁書人等暗中需索。

按：史公履歷，見《述餘·宦績》。

唐鶴九曰：書吏幾同世業，洋烟喫着，交友肥家，取諸宮中享用，已極慣矣。若逆違其意，則設法以害之。所求不遂，則多方以恐之。恐嚇不濟，則又遲延以誤之也。其害可勝道哉！

按：公名景皋，湖南人。前任太平府知府，有善政。

圩差

官圩向有圩差四名，未知始於何時，所司者不過傳信票、遞牌卯而已。年規季費，索取鉅數。且自名缺額，父歿子承、兄終弟及，仍用白役幫夥索賄曰小季規。值修者甘心俯首，如其欲以付之。噫，甚矣僗！

〔輪修類〕

竊議圩例歲修，輪流充役，而修築尤不可不有法律也。蓋自承充

以迄繳報，舉有所事焉。一歲之中，關繫闔圩生命，可勿慎與！若任胥吏黏紅，意爲舉報，弊端由此生矣。於是畏事者巧爲規避，好事者樂於包攬，農佃之人不識不知，工急則廝卯，工怠則隱夫。當役者恒懼斂費不清，而修築不克乘時，此而欲責其成，吾未見其有當也。謹議庶事如左：承充、繳報、包攬、規避、廝卯、隱夫、斂費、乘時、責成。

承充

充當圩役，挨甲輪修，例也。田多者列名於首，田少者以次佐之，俗所謂"田多者當，田少者幫"是也。大約亦需十餘人乃堪集事，宜開具的名承充，具名縣案，庶無臨期閃避者。

俞昌烈曰：承充修隄，宜開具的名並有次序，否則宜當者反諉，宜幫者反充，宜前者反後，宜後者反前，隄工所由誤也。

按：公係直隸監生，仕荊州府通判，有《土工利弊說》。

繳報

自發土開工，中間守汛保險以至繳差，一屆之任畢矣。若安瀾無事，須在秋汛已落、冬令初交即行繳報，遲亦恐誤下屆之事。蓋接辦冬工日期過促，殊多掣肘也。

某侍御奏曰：工房書吏，改換另簽有費，給發牌卯有費，具認承充有費。正費罄盡，不得已破產傾家，苟求訖事。至是訖事，而又索費，故簽充之時，田少者視爲畏途，其狡黠者則又鑽充頂替，與工書表裏爲姦，甚至工書亦自包攬。庸懦者深知修隄之害，情願以重貲倩辦，所收畝費盡供慾壑，並不加培，祇剗草見新，藉掩耳目，水愈長而愈高，隄愈修而愈薄，數十萬生命盡爲所害矣。

包攬　規避

圩有狡黠游民，戲定圩務，按畝派費，藉名備工得值，其實包攬弄權，客民散處，彼乃代爲分勞，一俟春費到手，夏令匿蹟，此先包攬而旋規避也。又有等庸劣深怕差役纏身，倩人包庇，及事難措手，

代者逃而倩者匿，此規避實由包攬也。是有包攬即有規避，有規避即有包攬，二者迭起循生，理必然者。

倪豹岑曰：修隄之弊甚多，其有冒名包攬漁利，及至水漲閃避無蹤，擬照河工包攬之例，二名以上發附近充軍，一名者枷號一月，仍杖一百發落。庶人各知儆畏。

按：修防重務，近皆奉行故事，視若無關考成，始則畏難苟安，坐荒時日，比及興工並不認真趕修，大都草率偷減。且於防護保險事宜，又復漫不經心，敷衍塞責。一經漲潰，潛匿無蹤矣。甚復已潰，猶或掩飾，使人不及知，延緩時日爲自己脫身計。噫，罪不容誅矣！

隱夫　屪卯

照田出夫，事不容隱。貪鄙之流，先隱田以圖隱費，既隱費亦並隱夫，人皆力役，彼獨安居。該圩甲長尚未查明，夫伴早已偵知，嘖有煩言，不肯前進。又有屪卯陋俗，一牌之中豫來兩三夫，先行點卯，或數日不到，雇工補之，參差不齊，行止不一，俗謂之屪卯。爲值修者稽延時日，費用多靡，不可以爲法。若修潰則以多爲貴，人衆則收工早，不可不知。

按：屪卯云者，不依開工時日後先，補工多寡不齊，謂之屪卯。

汪制府曰：圩隄工程，夫數多寡允宜劃一，强者不親身赴隄，捐微賫以付佃民，佃疲無能爲役，黠者藉以自肥。有混領雙籌而點空卯者，有出錢一工而算雙卯者，皆誤工也。

按：公名志伊，號稼門，安徽舉人，仕至湖廣總督。有《工程紀略》《近腐齋集》。

斂費

民隄興修，按畝科費，例所不禁。近因水勢大小，計一歲需用多寡，豫爲履畝重輕，遂使大戶欺隱，小戶受累。遇搶險，需用尤繁。有紳士設局公收者，有各圩自收自用者，欲使涓滴歸公，實收實用，則吾未之敢信。撙節者少，染指者多，習俗然也。此清白者所以賠累。

謝振定曰：隄事初興，按畝派費，多至千餘，少亦不下四五百。大戶難收，取償小戶，故尺寸之土無所隱逃，阡陌之產絲毫不破，以小戶可以魚肉也。

又曰：出費小戶，間有繳不如期，則首事稟官催索。差役一出，如虎瞷羊，不遂所欲，肆行拘帶，誣以抗繳毆差。官不之察而枷號，比追至畝費繳清，所出已至倍蓰矣。

按：公字蕷泉，湖南湘鄉人。乾隆庚子進士，官御史。有《知恥齋集》。

乘時

水有桃、伏、秋、凌四汛。四汛惟凌汛最緩，此修隄貴在冬工也。冬令水涸，農務又閒，乘此力作，有不及完工之處，交春補修。隄有不堅固者乎？至清明前後，農務興桃汛發矣。若不乘時修築，外灘湮沒，無處取土，不便處居多。

梁觀察曰：歲修工程，霜降後例估應辦籌欵。農事既畢，傭工多閒，冬水常乾，取土甚便。層土層硪，夯打認真，工程可期堅固。春雨連緜，集夫難而施工不易，尅期完竣，斷未有不草率者，正不僅多費錢財也。

按：公諱章鉅，福建進士，官至荊宜道。

袁邑尊曰：開工延至二月，夫役又復不齊，湖水已漲，是其先已無求好之心，逮其後更無能好之勢。此圩工之所以不可恃也。

又曰：工程浩大，本縣籌欵津貼並捐廉濟工，爾民宜踴躍從事。本縣尅期開工，近者某日，遠者某日，本縣駐工以待。如有遲延，定干重究。

責成

輪修之法，一歲一更。隄防倒潰，事無責成，始也狎而玩之，終且幸而免焉。此圩董甲長所爲輕於撒手也。若委員管理，隄工移駐要地，以資防守，而專責成，且呼應較靈，一切工需均有着落，並可以隨時指授方略，即有呈控圩務事件，亦可以隨在受理。

周太守曰：地處低窪，均須隄障，全賴歲修如法，防護得宜。近來圩民心存觀望，應修隄段並不趕修，逮至再三查催，始據開報州縣。俟報齊履勘，轉輾稽遲，且有工未興而水已至，欲無潰也得乎？且各隄距城遠，州縣鞭長莫及，未便責令隨時往查，勢不得不藉資佐雜分管。惟嚴訂章程，明定功過，做照《部例》，九月興工，次年二月完竣，節候較遲年分，亦不得逾三月底。如有雨淋殘損，貛洞蟻穴、汛水滲漏，一歲計大過三次。三次不實力經營，歸入大計案內糾參。修防得宜，一歲記大功三次。三載安瀾，請予大計或俟俸滿予以保薦。

按：公名樂。見《萬城隄志》。

〔建造類〕

竊謂建造生工，事件重大，而規畫尤不可不如式也。考建造之法，惟官督民修爲最善。若聽民自修，非廢弛即違抗，甚至包攬漁利，百弊叢生，是以重其責於官。若祇交官修，非書侵即役蠹，甚至勾串分肥，毫無實濟。是以分其事於民。凡建造之法，先宜相度地勢，或對岸平鋪，或退後挽月，定埂腳量埂身，隨同估計價值，核算土方。有泓者先填泓，有沙者即掀沙，並撿去螺蛤壳，定土塘之界限，准土坯之厚薄，層土層硪，以飽錐試注水不漏爲上。然後驗收，工無有不固者矣。第工由費舉，或倡捐、或挪借、或請津貼、或借庫欵，如期承領，趕興厥工，費或不敷，工或續補，再請接濟。需用必榜示，工竣則報銷。准定保固，限期分年攤徵還欵，此大略也。若平日應辦之工，修搪浪埂、立品字墩、硪石磯、造水箭、設土坮土壠，大約不外撙節估計照式興修者近是。謹議庶事如左：相度地勢、對岸補築、退挽月隄、估計價值、核算土方、填泓、掀沙、撿螺蛤壳、定土塘、土坯、夯硪、錐試、驗收、倡捐、挪移、津貼、借欵、承領、不敷請接濟、旬月報、榜示、報銷、保固期限、攤徵還欵、搪浪埂、品字墩、水箭、土坮、土壠、石磯。

相度地勢

凡塞口門，必須相度地勢，不可過長，長則費工勞民。不可過

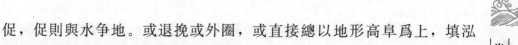

促，促則與水爭地。或退挽或外圈，或直接總以地形高阜爲上，填泓次之，一切溝塍古塚壞埝，皆宜留意。

裕魯山曰：查築隄用二五收分，頂底相配，鋪底時照原估丈尺間段標籤，寬闊一律。未鋪底前，重硪排實，免致跟腳浮鬆，謂之盤底。然後加坯鋪埰平勻，不使結峟成團。每坯一尺二寸，打實八寸，逐層夯硪，連環套打以硪花爲驗，再行錐試可也。

對岸補築

凡遇漫缺，旁無深泓及衝刷處，皆可就原埂對工補築。先除去爛柴腐草、浪渣螺蛤壳及一切礙隄者，兩頭塌崖用鍬卸放，使新舊之土兩相膠黏，然後進占。

《荆隄志》曰：凡隄段衝刷，自應估修，一例高厚。而老隄底面未將原本高厚註出，僅開載自某工至某工，幫寬加高若干，儱侗一筆，則新修土方，必剗草以舊爲新矣。

袁邑尊曰：原處接築，必內外鑲寬加培，方能堅固。修葺殘敝，估計用牽算法。

月隄

倒缺漫缺，原有兩途。漫缺不壞埂腳，可照原地鋪築。若係倒潰，必有口門。門外必有深潭，宜用退挽之法，如月半規形也。

汪制軍曰：挽月之法，地勢太遠，隄長工大，有失撙節估計之意，太近則泓深地險。又恐浪洗風淘，面背受敵，總以適中爲是。毋急鈎，由漸而灣，形如半月，接頭處尤宜加寬厚。

按：漫缺勢緩，水由漸入，旁無深泓可以補築，原地衝潰勢猛，猝然大崩，衝刷成潭，故宜退後挽月。光緒乙酉，新溝潰缺，測量口門長約六十餘丈，內外衝成深潭，約五六丈，內泓尤不見底。挽月不宜急鈎，當從朱公祠址起工，經大埠由巽方接縫。有惜田產坐壓者，輾轉互議，當路誤以爲然，諭董首以從減之法，輿論大譁。旬日間，埂腳五易。後從大圈紆迴包裹，工費浮三之一。然此役雖未適中，較臨潭急鈎，似勝一籌矣。因附記之。

又挽月無外圈法，緣湖畔風浪險惡也。若中心堰繫內隄，不拘內外，可相地形高下爲之，能高尺許即省土若干方。

估計

凡有建造大而夫工木值小，而薪水工需一一撙節估計，毋冒毋遺。冒則蠹費脂膏，遺則累及經手。蠹則上蝕國帑，下耗民生；累則公廉正直不肯出而應事，二者均未爲得焉。

袁邑尊曰：本屆缺口及殘薄單缺處，通共約用土三十萬三千五百方，應用六十萬七千工有零，核實估計必需此數。

按：建造新工，均照《部例》用土方法估算，添補修茸則用牽算法。大約估土一方需民二工，如袁邑尊所論是也。木值工需，另當估計，尤宜按時價爲之。

核算土方

量定堰脚長若干丈尺，寬若干丈尺，高若干丈尺，底面用若干丈尺，非計算土方不能符例。若遇溝潭，又須先將該溝潭丈量若干深闊，加三倍計之，方出水面。又倍計之，方平堰脚。如是測量，百不失一。

《荊隄志》曰：做照《工部則例》，每土長一丈，寬一丈，深一尺爲一方，長寬均一丈，深五寸爲一箇。每方例價銀一錢二分。法曰：假如挽修隄工一百一十七丈，陡高二丈，面寬三弓，脚寬二十三弓，問該土若干？荅曰：一萬五千二百一十方。法將面寬三弓、底寬二十三弓合爲二十六弓，以五因乘之，得十三弓。再以五因乘之，得六方五分。又將陡高二丈，以二因乘之，得一百三十方。又將隄長一百一十七丈，以一因一七乘之，得一萬五千二百一十方。一法以二十六弓爲五因乘之，得十三方，以四歸歸之，得三方二分五釐，接以隄長若干弓乘之。此爲弓與弓乘。一法以二十六弓用五因乘之，得十三丈。以二因乘之，得二十六方。以四歸歸之，得六方五分，接以隄長若干丈。此爲丈與丈乘。一法以面寬三弓作一丈五尺，脚寬二十三弓作十一丈五尺，合爲十三丈，以五因乘之，得六方五分。更有不用五因，

直以二十六弓，用四歸歸之，得六方五分，更捷。至填溝潭，丈尺法相同，大約加三倍過之。蓋溝深則底大，且土入水易淤，淤則立脚愈難堅固。此又宜細心估計也。

《荆隄志》曰：土方價值，不失於濫，不失於刻，爲最難也。《部例》原有定價，辦公尚須變通。刻則傷夫，濫則糜費。兼之天時有晴雨，地勢有陡夷，食貨有貴賤，夫工有暇否，價值亦難確定，惟以公平之法爲程可耳。

按：挑方之法，百步以外遂難如例。况有排船過姚、雇船裝運各價，又宜化裁通變。神明於法，斯不爲法所窘爾。

木碼

價值因時長落，不能豫定。碼則劃一遵行，略存其説，以備參考。

《荆隄志》曰：照《工部例》，苗木用灘尺除鼻眼五尺起圍，不登木自七八寸至九寸七分止，不上尺故曰不登。價碼銀：二分一尺至一尺四寸，每寸加銀一分。一尺四寸至一尺五寸，每寸加銀二分，應長三丈五六尺。一尺五寸至一尺八寸，每寸加銀三分，應長四（尺）〔丈〕❶外。一尺九寸至二尺五寸，每寸加銀五分，應長五丈有餘。二尺六寸至三尺，每寸加銀一錢，應長六七丈。三尺以外之圍，其材中選隄工用之。未免糜費。

凡杉木徑五寸，每根銀三錢三分。鋸椿斫尖，每工做八十枝。

按：木植猶有八壞，不可不知。凡空、苞、捲、漏、灣、短、尖、枯是也。

定例列後

一尺三分	尺零半三分半
一尺一寸四分	尺一半四分半
一尺二寸五分	尺二半五分半
一尺三寸六分	尺三半六分半

---

❶　四丈　原作"四尺"，據文義，當爲"四丈"。

一尺四寸七分	尺四半八分
一尺五寸九分	尺五半一錢零半分
一尺六寸一錢二分	尺六半一錢三分半
一尺七寸一錢五分	尺七半一錢六分半
一尺八寸一錢八分	尺八半二錢零半分
一尺九寸二錢三分	尺九半二錢五分半
二尺二錢八分	二尺零半三錢零半分
二尺一寸三錢三分	二尺一寸半三錢五分半
二尺二寸三錢八分	二尺二寸半四錢零半分
二尺三寸四錢三分	二尺三寸半四錢五分半
二尺四寸四錢八分	二尺四寸半五錢零半分
二尺五寸五錢三分	二尺五寸半五錢八分
二尺六寸六錢三分	二尺六寸半六錢八分
二尺七寸七錢三分	二尺七寸半七錢八分
二尺八寸八錢三分	二尺八寸半八錢八分
二尺九寸九錢三分	二尺九寸半九錢八分
三尺一兩零三分	

每逢四分算半寸，八分算一尺，三七分不入算。

石價

條石以寬厚起算，有運脚鏨鑿上位諸費。裹石一云伴石，即毛石，以斤起算。板石照方起算。有冰紋石、街沿石，厚薄各有不同。

俞明府昌烈曰：工部營造，木尺例加七分，石尺例加一寸五分。每石六面琢平見方，每丈例用丁頭石三塊，每丁頭石例長三尺六寸，每石上下四方各見一寸爲一磧，例重三兩，每磧例用價銀一毫，外有運脚、鏨鑿、安砌諸費。

凡石八寸見方，積五百一十二磧，合漕砝一千五百三十六兩，計重一百觔。

凡石一尺見方，積一千磧，計重一百八十七觔半。一尺二寸見方，積一千七百二十八磧見尺，積一千二百磧。一尺六寸見方，積四

千零九十六磧見尺。積二千五百六十磧，其重照前類推。

凡石運脚，每十擔例價銀一分。日行百里，其在五百里內者，按程以次酌增二釐。陸運倍之。

凡石鏨鑿，見尺按丈，例價工食銀三錢，八寸照減，尺二照增。此外照算。

凡石安砌，見尺按丈，例價工食銀二分，增減照上。

凡石見尺每丈按照《部例》牽算，合銀一兩五錢。

凡石有黃尖啞碎四弊。起片多筋色瘻者爲黃，兩頭瘦削內鱗外欹者爲尖，有傷而敲聲不中和者爲啞，長不滿二尺者爲碎。碎石祇宜伴裏，不中正用。

凡尺二沿石厚須三寸，每尺積三百六十磧。尺四沿石厚須四寸，每尺積五百六十磧。尺六沿石厚須五寸，每尺積八百磧。其尺八以至二尺外者，相其厚薄，由此類推。

凡丁頭石面照正石，餘照裏石。

填泓

深潭大溝，最難填實。水深不測，土覆易淤。待其自撑，工須三四倍。

汪制府《工程記》曰：有口必有泓，固也。但泓有淤未淤，水有流不流之別。泓脚宜聽自撑，若用餞障逼立成脚，意在土不坍卸。及至土重難勝，中途崩裂，水浸夾縫，枉費誤工。

掀沙

湖埧沙土，一經潰決，飛沙迴聚。先將厚薄不一之沙掀翻盡净，然後鋪埰埧脚，再行起築，庶免面實底虛。或曰將沙堆似山形，參伍錯綜，埋壓底脚，亦無礙隄。然不如去之爲是。

邁制府曰：凡隄衝潰之處，自必積有浮沙，若不掀除盡净，驟加土填築，則跟脚虛鬆，遇水又將復潰。須刨盡至底乃可。或曰沙可填泓，一舉而兩便也。出水則不堪用矣。

按：公名柱，姓喜臘塔，滿洲鑲藍旗人。官至武英殿大學士、湖

廣總督。諡文恭。

撿螺蛤殼

盛漲之年，螺蛤尤多。水族逐臭，隨渦聚處，有至數十百斛者。水落後肉腐殼空，散布隄畔，若不揀盡，遽爾築土，亦足妨隄。

袁邑尊曰：舊埂腳内，有沙土夾雜者，有堆積瓦礫螺殼者，最爲圩工之害。稍有含糊，爲害滋大。飭令一一起除盡净，然後挑填。

土塘

挑方必有土塘，離隄十丈方可取用。圩夫性多逐靡，豫宜排齊編號，量限丈尺，留定土路，令其挨序挑取。非此則無頭緒矣。

俞昌烈曰：土塘稍不經心，不留土路，一雨之後，積水汪洋，無土可取。惟先定遠近，應計該隄用土若干，如頂寬三丈、底寬十三丈、高二丈，每丈需土一百六十方，土塘以挑深五尺爲度，每丈可出土五方，必得三十二丈之土，方可敷用。連原十丈禁止，應於隄腳四十二丈挖起，逐漸進步，方得符十丈之例。

土坯

挑夫上土，不可過厚，厚則難以行夯。大約一尺爲度，夯成八寸，謂之一坯。

俞昌烈曰：上土坯頭，原有限制。每坯以一尺三寸打成一尺爲式，如估高一丈五尺之埂，須用十五坯。倘若不敷，一墁足矣。如坯頭過厚，雖至重硪，無能爲力。交互處，尤宜認真。

夯硪

築隄堅固，全在夯硪。如能照坯夯打著實，自無滲漏，儘可飽錐。又舊隄滲漏，宜内外兩旁剗平，逐序重花套打，然後加以新土，方能堅實，以期不漏。

林文忠曰：查築隄用二五收分，頂底相配。先行量進丈尺，間段插樁，灰綫誌定，照原估寬長重硪套打，免致跟腳浮鬆，謂之盤底。

然後加上底坯，鋪垛均平，不得結由成團。一坯祇許一尺二寸，打成八寸，不准過厚。連環套打三遍，以碌花爲驗。夯夫須選能手，起得高落得平，便無鬆勁。庸手反是。隨時錐試。頂底如是坦坡，尤宜肥滿，不許躺腰。以丈桿平放坡上下，中無隙縫，即是飽滿。

按：公名則徐，字少穆。福建進士，仕至兩廣總督。

按：圩夫行夯，用唱歌法，口手相應，方能起落，故倪豹岑中丞在萬城隄中製爲《夯夫曲》，使夯夫歌之。某師其意，亦作俚詞三十首，載入《述餘·藝文》。歌之者亦須一句三夯，否則不免遲慢矣。

錐試

逐坯夯打，逐層錐試，實水孔中，不漏乃堅。然須防絞轉之弊。若待工已告竣，再行籤錐，則誤矣。匪特無此長錐，亦復深錐不下。

汪制府《工程記》曰：欲驗堅實之工，以錐試不漏爲度。今用數尺長錐，飭役於隄頂隄腰，釘下拔起成孔，以壺水灌之，土鬆者水不能久注。又釘須一直拔起，不任緩緩絞輾，將四面磨光，無從浸漏，並防水中和藥。

按：錐以三稜爲上，不能絞轉。

驗隄

堤工竣事，經手可卸責矣？未也。須請府縣逐段勘驗，丈量寬長高厚，各若干弓尺，有無昂頭、躺腰、聳肩、窪心、縮腳、穿靴、帶帽等弊。即歲修告竣，勿謂無關緊要，亦當逐段如法驗之，俾下屆有所考驗，庶無貽誤。

《圩工程記》曰：各圩承修工程，是否一律堅固，有無浮冒，立即查明，造具丈尺土方、工價報銷細冊。取具各圩董姓名及承修段落，各清摺出具。承修保固，印甘各結加具無扶驗收切結，刻即送司以憑接轉，毋任違延。

陳文恭曰：州縣因公下鄉巡歷勘驗，原以爲民，非以病民也。倘或候迎送，或事鋪陳，或備供應，或供馬草，或平道路，均屬擾累。即或不須伺候，不肯苛求，亦宜不時檢點，以防里中指派。或

自己絲毫不擾，而隨帶丁胥，亦須防其暗地需索騎馬乘轎等費。有一於此，決不姑容。蓋州縣乃親民之官，下鄉乃親民之時，勘驗乃親民之事，非立威地也。祇宜拜跪坐立之有禮，不在儀從供帳之可觀。雖無有擾累之事，須存惟恐擾累之心。周歷一鄉，可使鄉民群聚樂觀，毋使鄉民怨聲載道。必使吾民幸其復來，不可使吾民憂其再至。斯為得之。

倡捐　挪借　畝費

道光年間，圩隄屢潰。董首倡捐，如癸未、辛卯等年，陶之鎬、姚體仁等是也。挪借公欵，得熟照畝加息徵還，如癸巳、甲午等年，籌借育嬰堂公欵是也。至如畝捐，惟光緒丙戌郡伯聯示，以按畝捐番蚨二分是也。是年工需不敷，董夫交困，刁劣者故為留灘，分見歷屆修潰。

《戶部則例》曰：搢紳士民，有敦任卹之風者。遇歲不登，或輸粟或輸銀糴穀，或助官賑饑，或依官價減糶，或利及姻族，或施及鄉里，由州縣而府而司道而督撫，為表其閭，視其所輸之多寡，以為差等。過二三百石者，以聞於朝，官予紀錄，民予品銜，以旌獎之。

晏斯盛曰：民間自行修築，計其功之多寡，報明查核，請獎如例。

按：公字一齋，江西新喻人。康熙辛丑進士，官湖北巡撫。有《楚蒙山房集》。

《荊隄志》曰：徵收畝費，公正紳耆，孰肯與書吏共事？同里之人非親即友，彼此援引，倚勢招搖，有治人無治法，亦有治法無治人也。

倪豹岑曰：借用之累，領解有費，報銷有費，申平補色有費。私貸公收，半為胥吏中飽。有工程之責者，非萬不得已，與其借帑，不若募貲。

請欵　津貼

工大民窮，倡捐無力，募資無應，挪借無門，而工程又勢不能

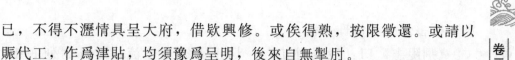

已，不得不瀝情具呈大府，借欵興修。或俟得熟，按限徵還。或請以賑代工，作爲津貼，均須豫爲呈明，後來自無掣肘。

晏斯盛曰：時遇偏災，工程歸入賑賑，於工條內動用賑銀辦理。至最要鉅工，工大費多，民力不能舉，均請旨動項興修，以惠民生。

屠之申曰：邇年每逢盛漲，輒遭水患，幾無虛歲。一經上請，仰蒙聖恩蠲緩撫卹，無不立沛恩膏。惟思田廬常被淹漫，糧賦屢致虛懸，即於國計民生殊有關繫，且民無恒業，難保其有恒心，積患不除，難圖生聚，所慮者大。

按：公字可如，湖北孝感人，仕直隸布政司。

承領

上有所發，按工酌給，而承領者宜何如鄭重焉！且關繫甚大，一切尅減冒濫諸弊，宜淨剔之。上不在國，下不在民，此之謂中飽。

袁邑尊曰：工程浩大，民力不堪。本縣邀准冬春兩賞，憲恩高厚，各宜激發天良，不准稍有草率。承領經費，俱照土方給算。且繫按日計工，零星給發，如果實心實力，斷無不敷。設有贏餘，照數賞給人夫。倘有偷惰，致欵完而工未竣，定將棚頭懲處，責令圩修罰賠。

倪豹岑曰：起工時，夫頭紛紛認領，意在多求。須查夫名若干，每日挑土若干，祇給二三分，俟告竣後方許全給。驗明並無草率偷減，另當酌賞花紅酒食。

接濟

工需不敷斷難中止，或因續添工程，或緣物價昂貴，或遇陰雨阻礙，原估難符而捐募之法莫能措手，自不得不請接濟。

《工部都水司例》曰：凡有修築河道隄埝掃壩，務於原估工程長深高厚丈尺銀數，詳細開具清單奏報，續有應增應減之工，亦應於具奏清單內，將更改之處據實聲明。抑或清單奏報在先，復有增減之工段，丈尺亦應另行具奏。

旬報

逐日工需細底，設立循環帳簿二冊，逐件列入簿中，請縣鈐印登

號，循去環來，旬日一報。

《荊隄志》曰：設局駐工，一切工需須用印流，逐日開列底細，按旬日一報縣，按月分一總結，庶無歧舛。其薪水火食，逐件總登。

榜示

工次需用，椿木灰炭，工價食貨，事件紛繁，務須逐項列入循環簿，呈明府縣，轉飭工書，逐項照底抄登張掛，俾實支實用，共見共聞。旬日一結，匝月一總，竣事報銷。

袁邑尊曰：經費若干，共見共聞。俟工竣後即將領銀若干、各圩承領若干、外埂動用若干、椿木蓆片若干、石灰行用運腳夯硪木石若干，一一分別明白出示通衢，有目共覩，總期明可以對衆庶，幽可以質鬼神。

史郡伯曰：此次工程，原議官督民辦，需用物料按工給價，仍須由董支放，不經丁胥之手，實領實發，實用實銷，按欵榜示，共見共聞。總期涓滴歸公，費不虛糜，事歸實際。

報銷

承領欵項若干，該挑土方若干，築成隄工若干，高厚丈尺需用椿蓆灰炭薪水物料，價值若干，逐項聲明造冊，彙報立案。至民捐民辦，毋庸造報。

《工部則例》曰：些小工程，民間自行辦理。如繫緊要工程，處所在五百兩以上者，俱著一體報部查核，予以保固限期，著爲令。

又曰：銀數在五百兩以下、工程無關緊要者，免其造報。即在五百兩以上、繫士民捐修之工、並不邀請議敘、亦未借動官項者，但令造冊備查，免其報銷。其餘各工有士民出貲捐修、奏請獎敘者，有該地方官勸捐興辦，工竣奏請議敘、並請實任官階者，均無異動用正欵。至例在民修之河道隄岸橋牐等工，有關田廬保障而工程緊要、民力未逮，奏請借動官欵，仍由民間攤徵還欵者，自應遵照定例，一體造冊報部核銷，予以保固限期。

保固限期

借欵築隄，例有保固條。期或酌以三年、五年至十年不等，予以定期，如在限內有崩塌坍卸之處，惟該保固人是問。石工亦例應保固。民捐民辦，無保固例。

《大清會典》曰：凡保固，險工限一年，平易工限三年，均以報竣之日起限。限內衝決，責令承修暨督修賠修。不修，治以罪。限外衝決，守汛並該管官分別議處。

攤徵

興修水利隄塍，民力不勝，往往動借帑金，分年於受益田畝業户名下，限年攤還。查同治八年借欵，闔邑六年攤還，外有火耗解費。光緒十三年借欵，合圩並附圩之十一小圩五年攤還。革除火耗浮收等弊，紙張飯食，由縣捐廉。

《工部則例》曰：建造生工，需借銀兩，應先於司庫借支給發。俟下年於業户名下，按畝攤徵還欵。其動用何欵之處，應令該督撫豫爲籌酌，先行報部，仍將按畝攤徵細數造册，送部查核。

搪浪埂

圩之東北隅，名花津。有要工十里，俗傳東北風勁，其浪最惡。隄當其衝，前人離隄數十丈作外埂，以拒風浪，故謂之搪浪埂，或謂之套埂。河工所謂遙隄是也。

袁邑尊曰：此埂舊高不過五尺，面寬二丈，脚寬五丈，頂圓而不平，上栽蘆葦。水小之時，風浪不大，可保無虞。水大則浪從頂過，圓則過而不留，再大則蘆葦當之。浪柔而不動，且就埂二面取土，堆築甚便，較之隄工，事半功倍。

按：此埂不必過高，須没在半水，浪不起勢，上栽蘆葦，虛與委蛇，誠良法也。

品字墩

離隄築土成堆，參伍錯綜，用以分浪，上栽蘆葦，下潴魚池，一

舉而三善兼備也。説見《瑣言》。

　　按：此爲吾圩創制也。徧查他處未見，或亦遥隄之變通與。

土坿　土壟

　　依隄層遞鑲幫，謂之土坿。間段直撐，謂之土壟。皆有裨於隄岸者。説見《瑣言》。

　　倪豹岑曰：河逼隄畔，流水直瀉，難作外幫。每届歲修，頗費籌畫。令先在内做土坿數座，遞年加增，可免矬溜之患。

水箭　土磯

　　用以挑泂溜者，即河工所謂磯嘴壩也。圩俗謂之水箭。説見《瑣言》。

　　《工部例》曰：土磯石磯，挑溜保隄，最關緊要。竭力進占，挑溜遠行，無壞埂脚。其法以碎石抛砌爲上，石縫玲瓏，河泥膠黏日久，融成堅固，逼水遠行，功效甚著。

石砌　陡門　涵洞　牐

　　十里要工，風浪險惡。惟石工大有裨益。説見《修築》。至陡門涵閘，皆放水出入者，石工居多。説見《陡門》。

　　稽相國《石工説》曰：石工之要，先審水勢。除山陵岡麓，土性堅凝，量爲建築石工，以資捍禦，其餘概行纍砌之法。又有清水頂衝之處建閘，若遇山水大發，全力衝動，必至潰裂難支。惟熟察夫來源之清濁，爲頂衝爲拖溜，擇地建造，方能堅久。是水勢之貴於斟酌者一也。一在先據根基，如根基不能堅實，雖密釘長椿、層纍鉅石、平墊下坐，必至塌陷。務須選擇土性堅凝之處，然後施工，則久而不敝。即至歷年既遠，間有損傷，基址永固，易於修理。是根基之貴於堅實者一也。至於纍砌之法，首重底椿，毋論馬牙梅瓣，務必株株實在，方能着力。一有虛鬆，力難勝重，上實下虛，通身受病，即全體俱堅。間有一二椿不能到底，偶遇石縫接筍之處，立致攲斜偏側。是以按照漕規估計，有二截三截之分。而其測量地勢簽釘，務以著實到

地爲要。是底樁之貴於實在者一也。一重石塊。不拘丁砌順砌，務須六面琢平，方能穩固。倘一面不平，即一處不穩。每有任聽匠作，草率了事，鑿鑿不平，用碎石襯墊，逮纍砌既高，其力愈重，所墊碎石難支。工完未幾，旋有墊裂。是石塊之貴於平整者一也。一重對縫。石縫不密，則罅隙可虞，易於滲漏，即使灌以濃漿，而灰縫粗疏不能鎔成一片，串水之患勢不能免。凡鬪筍接縫之處，務必琢磨細緻，參差壓縫，勾抿合勢，方資鞏固。是接縫之貴於密緻者一也。一重灰漿。灰有真贗之別，汁有濃薄之分，少不留心察看，動擾虛假。苟至計及錙銖，希圖節省，即有匠工牙儈乘機舞弊，灰則擾和泥沙，汁則半和清水，豈易融洽膠黏，充盈飽滿，徒飾外觀，其弊不可勝言。是灰汁之貴乎察核者一也。一重丁石。不拘大小，石工如得層層丁砌，自當格外堅固，否則層丁層順，間砌皆能垂久。如非喫緊，大工則估計順砌居多。每層順砌一丈，例用丁頭石三塊。每塊長三尺六寸，庶與襯裏磚石內外牽扯，方資鞏固。如謂纍砌在中，無可考究。所用丁頭石，長不如式，則牆裏二石兩不相蒙，倒卸之虞，半多由此。是丁頭之貴於照估者一也。一重襯砌。牆石之後，接襯裏石。裏石之後，復襯河甎。蓋土石性殊，難於聯屬。以甎貼土，誠有妙理。如或聰明自用，更改成規，動謂磚性不堅，不如省去。不知土石性難融洽，分而不屬，大有疏虞。是磚襯石之貴乎如式者一也。一重尾土。石工背後，用土填築。土石相接，最難聯屬。夯杵不密，每致成患。務須砌石一層，即填土一層。用雜木夯杵，百鍊千錘，方能堅凝貼合。如纍砌既高，方始填土，以及任意堆積，先後失宜，雨淋水灌，非虛鬆塌卸，即脹裂傾欹，均爲石工大患。是尾土之貴乎堅密者一也。一重月壩。攔水法用兩面排樁，襯以笆蓆，中心填土擋溜，不使少有滲漏，以便施工。此不易之則也。然於洪波巨浪中，一壩孤懸，勢難屹立。如徒固執舊章，不知變通，萬一工程將半，壩有疏虞，前功盡棄，所損實多。又在因地制宜，如水淺則用月壩，水深則稍留存舊工一二層，以爲外障。進退一二丈，挖槽釘樁纍砌。是月壩之貴於相機者一也。他如清槽戽水、扣錠安局、集料庀材，毋臨期而滋誤。若夫金門雁翅之須詳，磯心裹頭之有別，迎水跌水在長短之合宜，減壩滾壩實

同工而異用。牐洞無分乎大小，隄堰總貴乎高堅。形制雖殊，施工則一。須要熟習於平時，方不周章於臨事也已。

按：公字松友，江蘇長洲人。由進士爲河道總督，諡文敏。著有《河防奏議》。

尹相國《石工用簫笱疏略》曰：查勘石工之堅固，非僅由於灰漿充足。而工內俱用鐵簫鐵笱，水力甚大，一石移動欹斜，則全身搖動。惟於兩層石纍之處，各於頭尾鑿空，用鐵簫關住，左右貫穿，通身聯絡一片。雖風衝浪激，不能撼動。較用鐵錠釘搭浮面易脫，相去懸殊。每丈需用鐵笋三十二枚，枚重二觔，所費無多，於石工大爲得力焉。

按：公姓章佳氏，字元長，滿洲正黃旗人。雍正癸卯進士，官文華殿大學士。諡文端。

按：石工用笱，有陰陽配合、牝牡相交之法，並不用鐵簫者，其制更密且堅固，特工料稍多耳。

俞昌烈《石工六則》曰：

一、估計宜細酌也。估計石工，舊有定例。石量尺寸、木較圍長、生鐵鑄錠、熟鐵爲鋦，一切物料，准定價值，多則冒費，少則貽累，經手俱關部駁，礙難報銷。建工之地形水勢，機宜不可不察。地之高窪、水之深淺，易於測量。惟土之堅鬆、溜之緩急，及截木爲椿，宜斟酌耳。地窪水深，椿宜長。地高水淺，椿宜短。固屬定矩，不知土堅溜緩，短椿亦可濟事。土鬆溜急，短椿斷難持久。覺察未盡，貽誤匪輕。

一、石料宜首理也。趲運宜速，鑿鑿宜平。石料早齊，方得從容細緻，安砌斯穩。面石六面見方，丁石三尺以外，順石務長二尺四五寸，寬厚均要一尺二寸。裏石寬厚如之，亦須鑿鑿平正，不得多用薄窄湊數，以致修砌不一。

一、椿木宜圍收也。石工之根生於椿，椿視乎木，木植大小關繫錢之多寡。細軟椿木便難耐久，大頭短稍、斜灣腐朽，多不適用，不能不逐根圍收也。生挑之工用木多，拆修之工用木少，必按原估，或一木一截、或二截裁算定准。計算圍搆，自足敷用，不致糜費。而辦

木到工，查收照估圍量。至一切米汁、石灰、鍋錠等項，務符原估，不得尅減。觔重亦須逐一查點秤收，方得實料實工之益。

一、釘椿宜勤察也。石工堅否，全恃底椿之力。其中弊端百出，截椿短少、籤釘稀疏，此承辦之弊。或釘纔過半，私截椿頭。或先截椿尾，以圖省力，此匠工之弊。務於截椿時量定尺寸，兩頭各用鈐記，用鐵箍打，以免披頭。用撐掀扶，以免歪側。佈置疏密，務照原估，一律齊平，然後舖底。

一、砌石宜平正也。收分宜酌定明收暗收，不妨略寬分數，寬則坦而着實，窄則陡而易敧。面石務要綫縫，裹石最忌墊山。一層曰單山，兩層曰雙山。此匠工牢不可破之積弊也。面石砌平，鐵綫籤試，不入則縫細堅牢。一不如式，難免水浸汕刷之累。至灌汁宜滿，熬汁宜濃，安置錠鍋，宜照原估。此皆石工第一喫緊處。至襯砌磚石，更宜灌汁飽滿，修建如式，自必至金湯鞏固焉。

一、尾土宜鄭重也。石工填墊尾土，有用净土者，有用石灰黃土二八、三七攪和者，有用煤炭石灰並土三和者。但三和過費，净土不牢，適中之道，惟灰土攪搭為宜。部議每石一層填土，務要兩次分填。每次六寸加土攪和，使土與石共融一片，浸以汁水，細力緩夯，籤試不漏再填土六寸，層加細夯，飽籤為要。用力忌猛，猛則震動石縫，不得不為之細細加工也。

按：稽相國曾筠及尹文端公繼善所論石工，均有至理。惟俞明府三和土過費之言，不可為訓。不特大工不惜小費，且非灰炭結實，亦不足驅水族，一旦浸淫成窟，蛇黿居之，能無慮乎？

三和土

用石灰、煤炭與土三物和用，謂之三和土。

灰漿

用糯米熬成稀粥，多澆石縫罅隙之中，使之融洽膠黏，以成一片。

按：熬漿時，當防石工私和藥水，致漿不成。

採辦

凡有興造，必有工需。如椿、石灰、炭等物，均非土產，取之外府，乃足敷用。第長途跋涉，逢關納稅，過卡抽釐，部議在所必遵，籌費究將何出，且恐風雨稽遲，遷延日久，不無遺誤工程。查光緒戊子，史蓮叔太尊給予信憑，移知關卡，懇免釐稅，刻到刻行。但必如數，萬不可稍存夾帶及中途加載偷漏，以致稽延要工，且干例禁。

鎮壓

鐵牛可以制服水怪，緣土尅水也。咸豐九年，荊州太守唐際盛修萬城隄成，鑄角端，鎮水於幫內，而繫以銘曰：嶙嶙岣岣，其德貞純。吐和孕寶，守捍江濱。駭浪不作，怪族胥馴。千秋萬世兮，福我下民。

〔勘驗類〕

竊議隄工勘驗，原防罅隙。隨事相視，尤不可不認真也。工段綿長，難以遙度，非丈量不可。夫工紛沓，必有微瑕，非詳察不可。中於疏忽，亦足以敗乃事也。必也，驗其高厚與否，勘其平險與否，照例核准，二五收分，並袪其昂首、窪心、聳肩、躺腰、縮腳、穿靴、帶帽諸弊。其兩工交界接縫之處，尤宜留神，庶圩隄可永固焉。謹議庶事如左：丈量高厚尺寸、二五收分、昂首、窪心、聳肩、縮腳、躺腰、穿靴、帶帽、接縫起止、方向。

丈量高厚

工段有險夷，即隄有寬窄。地勢有高下，即埂有低昂。宜查東北要工高厚若干，正東泖工高厚若干，東南泖工高厚若干，西畔稍工高厚若干，西北傍山麓處高厚若干，北橫埂次泖工高厚若干，中心埂高厚若干。底若干闊，面若干闊。雖非一例，當相其地之險夷，以爲高厚。總以道光己酉大水之年爲定衡，祇宜逐段肥培，慎毋流爲瘦矮

也。與《界石》條參看。

《荊隄志》曰：人畜往來之地，加高一尺五寸，增寬如之。無人行走之處，不宜偷減。

又曰：修隄照部尺式，如敢偷少改短，即行嚴究，並另作十丈籤繩，每丈以紅絨爲隔。工長之處，便可扯量。加高之法，以至大之水年爲准。隄如高出水三五尺，自不礙事。培厚之法，風浪險要處，尤宜幫補。

栗毓美曰：隄塍高下，必審機宜。地處低窪，雖隄身高聳，必須加培。地處高阜，即隄身稍形低矮，足資捍禦。總以水衡爲度，盛漲之年，量定水痕所至之處，加高三五尺方妥。

二五收分

隄岸尚平坦，人人所知也。但不如例，亦屬無憑。得二五收分，則合式矣。三收更妙。如未至二分者，其隄必陡。陡則難經風浪。

《工部則例》曰：收分之法，如隄面寬三尺，高三尺，底寬一丈八尺，始符二五收分之數。

按：收分之法，當由此推之。如隄面寬五尺、高一丈，底寬則須五丈五尺矣。

昂頭

兩工交接之處，彼此故意加高，謂之昂頭。且虛土鬆浮，配搭尤易滲漏。

《荊隄志》曰：凡兩頭上土，故意加高以顯己隄肥實，乍看未始不壯觀，及至中間，漸形低塌矣。此之謂昂頭。

窪心　聳肩

隄頭隄面，中間微凹，行潦之水漸漬浸下，使兩沿高聳，中間低窪，水不能洩，是謂窪心。又謂之聳肩，以形名也。

《荊隄志》曰：隄面兩邊微高，中間凹蕩，是謂窪心。一經雨後，心中存水。此滲漏所由生也。又謂之聳肩。

344

躺腰

收分不如法，隄坡隄脚陡然脫卸，一經水漲，腰畔空虛，隄頭必險，此可危之勢也。

《荆隄志》曰：隄坡坦闊，陡然起高，腰間必躺。用木竿橫架之中間，即有空虛尺寸。

縮脚

隄之內外，如臨深溝大河，無地伸脚，其隄必陡，不符收分之例，謂之縮脚。

《荆隄志》曰：隄面貪寬，不合收分之例。陡然直下，謂之縮脚。

穿靴　戴帽

脚寬而隄頂小，似穿靴形。脚縮而隄頭大，如戴帽形。二者皆未合修隄之式。

《荆隄志》曰：撐幫痤墊皆以土從上淋下，或面窄加面、脚縮加脚，並不用硪。身腰空虛謂之穿靴戴帽，而躺腰即從此生矣。

按：以上諸弊，總未符二五收分之例。異名同弊，勘驗時宜細酌之。又隄成後，兩旁如花鼓、如魚背纔妙。如此則諸弊去矣。

接縫起止

兩工交界，彼此互縮，易涉鬆浮。此滲漏所由出也。舊工宜令其夯平，再加新工。用牡牝配搭之法，交互以成，方見實功。

裕魯山曰：隄工浸漏，固由土性鬆浮，其蟻穴貛洞所致，往往在接頭處所。蓋各分段落硪築，每空留槽溝，彼此交相推諉，以爲隨後補築，遂致兩不膠黏。今後務使犬牙相錯，實力埰築，倍加夯硪，毋忽略焉。

方向

埝有四圍，即有方向。要知風起何方，某埝受敵，某處湖面寬

闊，尤宜着意。官圩當日分工，原派有西北、正西、西南、正南、東南、正東及東北之部位，而東北尤喫緊焉。故土人云：東北風硬，最易囓隄。

《荆隄志》曰：修隄重在丈尺，固已。然防汛非熟習方向，不知何處最受風浪，特定以南鍼，俾知某風防某處，開卷瞭然。

蝦壩

外灘取土，向設蝦壩。中開口門支姚，便於行舟瀉水。挑夫往來絡繹不絶，法須先挑高厚，歷届加幫，方不低塌。且夏水浸没，尤易洗濯，不可不知。

斜口

斜口者，挑夫上埂之斜行處也。無礙於隄，而工程既竣，亦須挑土鋪平，庶幾壯觀。

評定甲乙

官圩分工劃段，均匀抑配，彼時似無優劣也。第滄桑更變，不無險夷。世路崎嶇，必分勤惰。兼以東西相望，南北攸殊，非有勘驗之功，固不能明知緩急。且非有品評之當，亦不能考課功修而又不可因此索賄也。設或關節稍通，本堅固加以虚浮，本低塌稱爲肥壯，吮民膏血，昧己天良，不卹人言，專求己賄，率以保固了事。及至事失，又爲末減。曷貴有此長民者哉？

345

官圩修防彙述

卷四　均役 _{庶議四}　湖畈逸叟編輯　汪興基殿榮校

目次

　　役之不均，作偽之弊興，怨咨之聲沸矣。《詩》云：普天之下，莫非王土。率土之濱，莫非王臣。爲不均而作也。子曰：不患寡而患不均。鑒不均之失也。故均平而天下治，矧在圩隄。如各圩分甲，按畝派夫，照夫築埂，輪流歲修，置塘取土，諸務悉以均爲本，而又立界石以驗功，刊印簿以防偽，則圩政畢舉矣。述《均役》。

〔甲分類〕

竊議圩中分甲，其中田畝多寡不一，甚不可不清釐也。官圩舊分四岸，四岸又因地勢分爲二十九圩。圩岸雖大小不齊，而照田出夫，照夫分工，迄今三百餘年，沿爲成例，不爲不均矣。惟一甲無疆界，往往牽混，遂致田畝多寡不均、夫工多有偏累者，良由埠無定名，田無定數。於是狡黠者應修不修，闇弱者修亦不力，計惟逐圩定甲，逐甲查埠，逐埠清田，均匀抑配，不多不寡。設有挑挖廢壓田畝，仍當裒多以益寡焉。故定埠名、計畝數、派牌夫，此當務也。爰次第籌之，謹議庶事如左：埠名、畝數、牌夫。

埠名

凡圩皆埠積成，或數十埠、數百埠不等。惟查明某埠田若干畝數，應派入第幾甲，起定土名，或編字號，雖遷延日久，業主更換，而埠名永無改移，隱田閃差之弊無由生矣。

《康熙字典》曰：埠，小隄也。古者田有溝洫，溝水縱橫相交接，故有溝，有溝則有埠。

按：《周禮》，溝洫之法，先王所爲，用人之力，盡地之利，任土之宜而補救天時之偏者也。稻人掌水田之法，原佐遂人所不及。秦漢以還，阡陌興，井田廢，五溝、五涂之法亦廢，所謂蓄水之利、止水之防、蕩水之澮、舍水之列、瀉水之溝，則未之廢也。揆厥本意，欲使水多之年，行溝洫而不氾。水少之歲，灌田畝而不勞。故有埠即有溝，溝乃埠之界限也。今並資其泥草，糞田尤善。

畝數

今制：縱橫二百四十弓爲畝。埠有數十畝、數百畝、數千畝不等。第某埠田若干畝數，派入第幾甲，修築某處，隄工俾無貽誤，以專責成。若該埠田畝或緣隄倒衝，或挑挖廢壓，或賣爲歲修土方，該甲田少，他甲應撥補之。

按：官圩歲修圩隄，照畝徵夫，照田捐費，事頗平允。特無如含

糊牽混，田數不能劃一，所以閃差隱費者之多多也。

牌夫

圩例：徵夫用木牌標明某某田若干畝數，應出長夫一名，赴某處隄工修築。法以田多者爲牌頭，畸零小戶，按本屆工程難易，照畝酌貼錢米若干。似也乃有竟不貼者，往往在附近標工頂替。工成，平卯每開閃避之端，牌頭受累。殊不思春工零星之戶，藉口頂換，一經夏漲，牌頭推諉，究何人赴工乎？

按：隄工歲修，照田徵夫，設立牌首，尚已。然不若簽定一人爲之。其零星小戶，照工程之難易，一概酌貼。一屆春工以及夏漲搶險保護各事宜，惟牌頭是問，庶可免臨時推諉之弊。但一甲之長，決不可顢頇過去。

王懋思曰：夫編腰牌，十人作一棚；給蓆十張，自帶鍋碗；歇宿造飯，皆常住工所，早起晚宿，不許一人潛回及私有更換。夫頭在工，掌管號鑼，一次造飯，二次喫飯，三次下土塘挑土，聽鑼放夫，不時查點。

〔夫名類〕

竊議派夫修隄，工段有定，而程章尤不可不豫設也。蓋修隄成例，照田派夫，理也，亦分也。第詭詐之徒，豫隱田以圖隱費，既隱費亦並隱夫，抑或拘牽舊例，罔識變通，恃有夯夫、鍬夫、攔夫諸名色，衆皆效命，彼獨存私，無事則袖手旁觀，有事則苟且塞責，不均之役，孰有甚於此者？冬春偷漏，夏秋其誰保乎？平時閃避險地，其可期乎？惟按田派夫，多寡一例，宜修則修，宜守則守，宜救則救，宜免則免，夯碪鍬攔，諸役一聽圩長挑選，預編卯冊，註明強壯年貌，以憑點卯時核對。庶無老幼搪塞之弊，亦可免措手不及之虞。謹議庶事如左：冬春修築、夏秋守護、按地分派、首事免夫、夯夫、鍬夫、攔夫、夫不替換。

冬春修築　夏秋守護

歲修隄工，時在農隙。飭遵圩規，事雖應爲，心似多勉强矣。夏秋守護，時際農忙，調度無方，事保無廢墜乎？惟春工竣後，旋將夏秋守汛夫名，逐一編排班次，造册備核，重申圩令，屆期鑼傳，備時聽用，自不致臨事張皇，在在掣肘矣。抑或先存本甲值差夫若干名，免做春工，專防夏汛亦可。

衍方伯慶曰：有隄而無夫防守，與無隄等。有夫而無錢養贍，與無夫等。又曰：夫名每見官長巡查，應名充數，逮官過後，即便回家，或往他處遊蕩。惟在汛員到處，留心查看。如有日間割草及填補水溝，夜間在工巡鑼者，即分別給賞，否則責懲。

按：公，滿洲生員，有《防汛章程》，見《萬城隄志》。

按：夫名無知，真難調度。古云：甯督千兵，不督一夫。無法處治，則難馴已。

按照地段

《徵夫章程》已按田均派矣。然時有閒忙，事有緩急，夫有衆寡，路有遠近，工有險夷。彼此均匀抑配，調度惟我，其何工之不濟乎？

馬逢皋曰：受害之處宜多派，不受害處宜少派。相事爲之。

首事免夫

首事出身爲夫領袖，心已勞矣。設家無次丁，又需勞力，於心忍乎？況以一身而兼營兩務，非特勢有所不暇顧，抑亦禮有所不能通者。惟明訂《免夫章程》，倣前明舊制，化裁而通變之。其岸總圩董甲首，酌免夫名，以示優勵。餘雖衾者，一概不准邀免。第免役而再徇私，則難以自問已。

按：前明紳衿免役，其弊良深。禁革條陳，刊入縣志，前並采入。蓋圩役，役田畝也，非役紳衿也。紳衿有田而免役，設圩多紳衿，亦盡皆免役乎？傳曰：或勞心或勞力。勞心者治人，勞力者治於人。若紳衿概從優免，彼從旁袖手，既不勞心，又不勞力，隄工伊誰

卷四　均役

349

修乎？世間有是理哉！

夯夫　鍬夫　攔夫船夫、桃夫、椿夫同

春工修築，不常用夯，雖用亦偶然事也。惟工有殘損，抑或滲漏，均須用之。或硪舊埂，或硪新坯，夯埂無定時，夯夫應無定局也，呆設夯夫則謬矣。夫有定數，夯無定工。平時歲修，勞逸不均。其患猶小，若大加幫培，以有限之夯夫，夯無定之鉅埂，將使眾挑夫歇而俟其夯乎？抑使爲夯夫者，以一人而出數人之力乎？決未有不草率偷減者。

《荆隄志》曰：鍬掀攔拍之夫，均未可拘泥，相事而行，臨事僉點可也。使鍬夫少而挑夫多，則土未能細碎均平。挑夫少而鍬夫多，適足以見延宕。夯夫、攔夫亦然，斷不可拘爲一例也。

按：圩有鍬夯等呆定之夫，未知何時沿以爲例。特取巧者，泥守而不肯更正耳。至排船、搭桃等夫，亦當臨事僉點，不得妄牽舊例。至於椿夫，尤要選能手。

夫不頂替

夫一更代，便開推諉之門。今日頂換偶少一名，明日詿稱即到，遂少三五名。狃而玩之，尤而效之，此來彼往，隄將何日竣乎？惟一牌之田，雖有數十畝、三五戶不等，中有願充長夫者，出名註册，充當赴工。春冬修築，夏秋守護，一年承認到底，不准私自更換。其畸零散戶，照以圩規，概貼錢米，不得藉口換脱。

按：各圩內亦有行是法者，最爲穩當。搶險之際，易於徵夫。

〔歲修類〕

竊議歲修一事，率多苟且，其規矩不可不振興也。圩隄按甲輪修，向有成例。近因甲分大小不均，夫名牽混不一，且有分甲、分夫、分段陋習。其糚門面者假築高寬，習偷減者意爲遲速，甚有同屬一圩，四五卯聊以藏役。同是修埂，數十卯不能成功者。此分夫、分

甲及分段之不均也。近來歲修疲玩，工段不能起色，迭出殘損，此不必專泥輪修，責之一人程功且夕也。或新舊朋築，或加倍出夫，或次第興舉，或幫工費以協濟，或因荒歉以朋修，則隄工庶幾永賴焉。謹議庶事如左：新舊朋築、加倍出夫、二年一次、十年一朋、歲歉朋修、次第修舉、幫費協濟。

新舊朋築　加倍出夫

新舊朋築者，交接兩班合作也。加倍出夫者，工大而一牌兩夫也。舊修似可息肩，新修應當接手，奈上屆修隄草率，舊修未見出力，新修不肯承肩。工程既大，官示又嚴，復恐來年春漲早發，故勿使舊修卸責，屬令新修上前。且用一牌雙夫，加倍出力，期於早竣。

袁邑尊曰：衝決各口，皆由搶險不力所致。該各舊修均着一體協辦，不得置身事外。又各缺口業主逼近圩隄，保固尤爲切己。若果及時搶救，何至如是？著新舊圩修，協同查取姓名，每派夫二名，以爲玩視圩工者戒。所有新舊協辦，每畝二夫。《章程》嗣後，永以爲例。

又曰：多集夫役。譬如兩段工程，一段五十人爲之，百日方可竣事。一段百人爲之，五十日即可告成。工多早完，不但湖水未長，可以放心，風日之中，亦可少喫許多辛苦。若遷延時日，坐失機宜，豈不可惜！

二年一次

一甲之人，輪修一年有等。不肖愚民，希圖了役，安瀾無事，恃爲己福。設遇氾濫，彼乃延挨時刻，僥倖苟免，貽害全圩，大局爲其所誤矣。故有二年一次之議。

湯天隆曰：圩工多偷減，擬以二年一次，以終前蹟。說見《條陳》。

按：公，圩東北岸人，歲進士。見《述餘·人物》。

按：圩舊例有正差、副差，如頭甲承差，二甲副之是也。竊謂春工獨辦，夏水協濟，則人多無畏葸，費廣則敷用，最爲善法。

十年一朋

近來歲修草率，人愈趨愈巧，埂愈修愈壞。誰肯以有限之經費，興無窮之土工？如能十年朋修，周圍大造一次，亦屬振興之舉。或五七年，亦可。按：此說乃係創解，當與《瑣言·修築》條參看之。

歲歉朋修

荒歉之年，圩民外出糊口，流離轉徙，田畝無人承佃，隄工遂無着落。若俟回歸，迫不及待矣。且一甲獨充，人少力微，通圩合辦，衆擎易舉。

按：朋修之役，當以輪修之甲爲主，餘甲附從。選出公正紳耆，按段督率，司理出入。若概以合圩朋修論之，恐無人承辦，或有推諉貽誤之處。

是法處荒歉之歲第一善策也。圩間有遵行之者。說見參《修築》。

金邑尊曰：據西南岸稟稱，下廣濟等圩請倣上廣沛國《朋修章程》辦理，事屬可行。且工程可無取巧、偷減諸弊，着即會商妥議，定章辦理。

按：公印耀奎，見《述餘·政績》。

次第修舉

諺曰：土工無盡日。刻期難以修復，當先擇要興舉，餘再次第挨修。本屆修築此段，下屆修築彼段，歲歲興修，段段培築，何憂單薄，何虞險工之突出乎？

按：此爲屢豐之後，節次興修，安不忘危之意。近則燕巢幕下，得過且過，誰爲此多事乎？

幫費協濟

春工歲修，按畝派費。一甲之差役，田多者主之，田少者副之。畸零田畝，酌貼差費，於理亦當。但夏令水漲，工需浩繁，既無頭緒，亦無底止。設事出非常，需銀在二三十兩以內者，力尚可支，多

則不能勝任矣。惟議定幫費，工需在五六十兩以外者，一圩任之。百金外者，合岸任之。多至五百金者，四岸通籌辦理。經手者自不受累，然亦當無濫無私。如有虛浮，一經查出，照贓議罰，亦不得恃有幫費，任意揮霍而不撙節。

陳桂生曰：土費設局徵收，各花戶名下應繳畝費，迅速赴局完繳，以濟要工。即截券票，上載某姓名、畝費若干、繳訖字樣。該業戶將此紙裁貼門首，以便一望而知。

按：公繫浙江優貢生，官至湖北荊宜施道。

〔土塘類〕

竊議興修隄岸，需土必多，而土方更不可不籌備也。蓋修隄必需取土。諺曰：水來土壅。緣土可制水也。然挑土取用，有內外之分、緩急之別，非一律論也。外灘無糧，宜離外隄二十弓取之，日久自免縮腳之弊。若隄以內深溝大洫，無有土方，勢不得不在業戶有糧之田買土取用。惟立契予價，買定對隄之田若干畝數，隨時報縣立案，豁免編糧，土自源源濟用，尚有單薄之慮哉？若夫夏秋之交，山潮並漲，內外瀰漫，搶險築決，取土尤難。是又須設土牛以備之。謹議庶事如左：內田、外灘、搶險土、土牛❶、蝦壩。

內田

宜給予價值，請豁編糧。圩之東岸，盡屬外灘，坐落稍低，稍一舒延，湖水没灘，無從取土，不得已買取圩內田土。該處業主故昂其值，計工索價，不無倍蓰十百之慮。工畢，仍歸原主執業完編。下屆修隄，乘機再賣，甚至歲以爲常。用土不多，得值不貲，以故歲修者，一失外灘，焦灼萬狀，計無復之，惟命是聽，總以省工減價爲塞責。其西面之中心埂及北面山河埂，各內水稍工，歲修取土，均在有糧之田。對工取用，蠶食無已，業戶無從控訴，哀懇圩修，乞少減

---

❶ 土牛　次序原在“搶險土”之前，據正文調整。

焉。隄何從而高厚哉？説見《修築》。

外灘

宜嚴立界限。隄外取土，湖灘寬闊，亦須離隄十丈，方可取用。若貪圖近便，年復一年，近隄卑窪，一經雨水淹没，或雇船遠運，或搭挑支挑，皆敷衍了事矣。況沿隄地痞，百計叢生，有執庇廠之説以相阻撓者，有竊據爲業前來索鬧者，是皆貪婪小利，罔顧大害。

搶險〔土〕❶

近來圩政隳頹，搶險無土。或掘埂脚以敷埂頭，或挖平處以救險地。剜肉補瘡，非計也。又於附近所在，或挖溝埂，或掘墳塋，管業之家，不敢聲張。緣事大而夫衆也。忍心害理，莫此爲甚。且途路紛歧，豈能救急？特爲土夫躲懶張本耳。古云：遠水難救近火。洵然。

但明倫曰：天雨連綿，内隄均係積水。土牛業已用盡，萬不得已，揭取上下堅穩隄内裹身之土，暫救目前，先搶外幫，用盡心力，幸得塞築。此僥倖於萬一之事，必不可爲也。

按：公字雲湖，廣東順德人，官至揚州都轉。有《新評聊齋志異》。

土牛

險工多設土牛，當將險未潰之時，即行堵築，需土無多。此機若失，必大崩削。雖有土牛，終憂告罄。

林文忠曰：汛漲猝至，臨時無土，每致束手。須冬春挑土，積起土牛，每座高四尺，長二丈，面寬二尺，底寬一丈。若歷年增添，可當加高培厚。豈第於防汛有益哉？

〔界石類〕

竊議前明分工，界石就湮，而嗣後不可不重立也。官圩四岸二十

---

❶ 搶險土 原作“搶險”，據前文及正文内容增“土”字。

九圩，各圩工段，彼此穿插，均勻配搭，非明定界石，莫能備查。應於隄面確立豐高界碑，大書某圩應管某段某工若干丈尺，自某工起、至某工止，原寬若干弓、原高若干丈。挨次標記，臨勘時便於識認。所有高厚之制、起止之清、接縫之緊，雖行路者亦識焉。況由此細勘，利弊自見，勤惰自分，又誰敢指鹿爲馬乎？蓋官長勘隄，乘輿馳驟，縱逐段查察，亦記憶勿勝爾。謹議庶事如左：高厚定式、起止、界縫。

高厚定式

加高培厚，盡人所知。然必符收分之式，揆平險之宜，乃爲至當。四圍有險有夷，夷則不妨於狹小，險則愈宜高厚。雖非概以例論，亦當准以定衡。若任爲增減，諸弊雜出矣。且官圩隄埂，大都外河內溝，無地伸腳。加以逐處罱泥，隨生陡礓，高則必險，厚又將崩。惟內外永禁罱泥，是爲上策。

袁邑尊曰：本屆壬子修隄，以道光己酉水痕爲准。要工十里，湖面寬且深，埂高一丈五尺，底寬七丈，面寬一丈五六尺至二丈不等。次要工二十里，湖邊多有柴灘，埂高一丈一二尺，底寬五六丈，面寬一丈四五尺不等。東南正南稍工，湖面較窄，柴灘較高，埂高相等，底寬四五丈，面寬一丈三四尺不等。西北稍工，或近山腳，或濱內溝，地勢甚高，水繫順流，埂寬一丈至三五尺不等。

按：官圩四圍，臨溝處多撈泥。雖干禁例，愚民無知，往往偷取，埂腳逐漸收縮，即袁邑尊所議，正西與中心埂未曾議及。細核之，亦於收分之例不符合矣。

起止

起自某工，止自某工。計長若干丈尺，面寬若干丈尺，頂高若干丈尺，均宜刊入碑中。碑式見《述餘·器具》。

倪豹岑曰：工段起止分明，匪特推諉不生，亦工之勤惰立見。

接縫

既分工段，各築各隄，其興工有早遲，程工有勤怠，則收工自有

接縫。此處正不可忽。須知牝牡配搭，方可膠黏。

林文忠曰：分段處所，夫工性多懶惰。每於兩段分工交界地段，彼此退縮，不肯跨越一步。中間留出溝槽，統俟工完填補，以致不相聯絡，最爲隱患。惟嚴諭夫頭，各就交界處所交互多做幾尺，彼此套搭，牝牡相交，隨時夯打，融成一片，庶免虛鬆，不開裂縫。

〔印簿類〕

竊議修隄成例，刊載印簿，而奉行尤不可不細密也。晚近人心不古，姦巧叢生。議據有時而竊毀碑碣，有時而潛移陡門涵洞，有時而私爲啟閉吏規牌卯，有時而意爲補增。他若置牐之板、添戧之木、豐墩之土、礩磉之石，多有私取，臨時無以備用者。惟逐項詳悉，刊載簿中，降至酒席辛俸，一例臚陳，送縣鈐印。有業之戶，家置一編，俾令通曉，以遵成憲。如有歷久變生，應令隨時更正，重爲刊修，補添新例。謹議庶事如左：議據、規條、工段坐落、陡門、涵洞、土夫、閘夫、畝費、閘板、添戧、豐墩土、石磉、禁規、需用、酒食、辛力。

議據

上古結繩而治，無所爲約誓也。降及後世，會議之法起焉，近日人情更多反覆矣。如議據一紙，群推首事收執，有偷毀全頁者，有私塗己名者，惟刊入簿中，俾家喻戶曉，此弊自杜。

規條

凡事必需條理，而隄務尤雜。或因時，或因地，或因人與事，各有其宜。惟逐件詳列，俾圩民咸知法守。其有宜乎古而不宜乎今者，斟酌而損益之，可也。

熊宏備曰：一切令甲之所垂，憲檄之所飭，民生之所繫，國計之所關，均詳載議約。

工段坐落

該圩應修標工幾百幾十弓，坐落某地，應修次溜工幾百幾十弓，

坐落某地，應修東北花津要工幾百幾十弓，應修中心埂幾百幾十弓，起止繫何圩工段，或有倒潰地段，挽修月隄，續添弓數，亦應補入。

栗毓美曰：慎防守隄。工雖完竣，每當大汛經臨，迎溜頂衝之處，風狂浪激，難於查核。惟先知某工繫某人承管，雖汕刷崩塌，彼自多備蘆蓆草繩，紫枕攬護。其夯碪畚鍤之具，亦必於各工段酌量備用，安瀾後存貯公所。嗣後制爲定例。

陡門　涵洞

圩有陡門，或一圩公建，或隣圩共建。例於九月下旬，水涸開啓；三月初旬，水漲堵築。倘或旱澇不時，值修圩長會商，董首示期啓閉，毋擅毋私，涵閘如之。事件均列簿中，下屆接辦，庶無推諉。

陳文恭曰：凡築圩圍，均於圩根設立涵洞，旱則引水入田，潦則放水出外。式用磚石圈砌，或用燒成瓦筒。低窪蕩地，逐一照行。

土夫　閘夫

通圩計田若干畝，總計長夫若干名；再分一甲計田若干畝，派出長夫若干名；再分一甲計田若干畝，派出長夫若干名，應赴何工修築。先期在於要路點清名數，立將老幼刷回。仍存附近陡門兩畔田若干畝，派夫若干名，免修隄工，專司陡門啓閉，謂之閘夫。一聞鑼喚，毋分雨夜閒忙，立刻迅赴陡門，聽憑使用。蓋陡門遇盛漲時，易於傾壞，有抽腸漫頂諸事，誠恐措手不及。宜在密邇豫定，方可無虞。若向遠地挑取，恐難以救眉急。

林文忠曰：圩內工段最要幾處，派夫幾名，歸於汛員管束。先核定人數，造册候驗；防汛之夫，日給飯食油燭；挑土者視其難易遠近加增。

閘板　添戧　豐墩土

三者，陡門必需之物也。閘板，以雜木樹料爲上，寬闊尺許方中選。須三槽四槽乃足敷用。歷屆添補，並剔去腐敗者。添戧，以杉木爲之。或兩排三排，相水勢平險爲之。豐墩，制同土牛，言豐備之墩也。高堆土塊，積於陡門兩傍，臨時取用。以此三物細載簿中，繫何

人管理、何時增置、何地堆貯，事後即堪查核。

石塒

說見《選能》。本圩某年建造，若干丈尺。歷年將裏坡培補，外腳撐幫，隄面挑填飽滿，似龜背形，方可免雨淋崩塌之患。若石縫有隙漏，速用油灰彌補，慎毋以鐵釘釘之，以致水漲雨淋，腹中膨脹，拆裂多虞。且隨壞隨修，可免無賴偷竊石片。

王戀思曰：石礀裏坡宜平，使隄面之雨從裏面而下，切不可外面聳肩，致雨浸灌。

禁規

旁埂罱泥有禁，縱畜踐埂有禁，埋棺隄畔有禁，竊取椿木石片有禁，隱田閃差有禁，捎費抗夫有禁。逐條申明，載入簿中，庶閱之者知所儆畏焉。

辛力

近今人情好結交胥吏，有以圩中公歀作爲自己人情，而若輩慾壑無窮，屢增不已。惟議工房紙張、飯食歲需若干，圩差、小甲、鑼夫、辛力歲需若干，逐項載簿。俾經手者有所憑據，且以免無厭之求也。

費用　酒食

凡祀土清籌，必需酒食承充繳報，以及赴工督率必有費用。然祇宜撙節爲是。即有會議籌商，亦不宜過豐。蓋圩役輪班轉換，今日使人費財，異時已必耗財，不過一反手間耳。若夫椿蓆灰筋，則又不宜過省。詳載簿中，庶幾妥當。

崔見龍曰：業戶赴工修築，聽民間公舉諳練紳耆司理，出入一應價值，均由董事經理。書役人等，不許絲毫指派，以杜包攬侵蝕諸弊。

按：官圩隄工，向繫民修，歷屆按畝捐費，不借歀、不報銷、不保固，歲修則繫一甲，朋修則繫合圩，俱宜載印簿中。

卷五　興鍫 湖嵊逸叟編輯　趙潤身禮德校

目次

　　天地有自然之利，人生有甚溥之利，因民之所利而利之，雖王政勿能外也。豈若桑弘羊、孔僅輩哉？官圩民隄，例繫民修，按畝捐費，民力苦疲。夏漲猝發，禍出非常，設無經費，人皆視爲畏途矣。不爲之興鍫，其何恃而不恐乎？惟先爲樹蓄，以固其本；申之禁厲，以俟其成，廣爲積儲，以裕其用；嚴行搜剔，以袪其害。不言利而美利見矣。述《興鍫》。

〔樹蓄類〕

　　竊議樹蓄一事，原保衞圩隄之一端，而尤不可不茂密也。聞之百年樹德，十年樹木，故安邑千樹棗，燕秦千樹栗，渭川千畝竹，其人皆與萬戶侯等言措之裕如，取之不竭也。官圩屬古揚州，厥土塗泥，除稼穡外，種桑種竹、種棉種柏，匪特土性不宜，亦無裨於圩政。惟楊柳利於卑濕，且可以禦風浪。至蘆葦芻茭，尤生物之至敏者，慎無

視爲老生常談也。謹議庶事如左：楊柳、蘆葦、荻、茭、蓼、龍骨、菖蒲、蒲。

楊柳

官圩東畔，舊皆植柳，今寥落矣。竊謂澤國宜柳，見水逐節長根，且河隄外灘，大路村旁，沙坡水漵，均宜種植。路旁可廕行旅，村畔可護民居。沙坡水漵，化無用爲有用，惟路旁樹蓄稍難，緣牛羊踐踏，無賴偷竊也。栽法宜冬至前後十日爲上，春次之。沙地惟六七八等月，大雨時行，將楊柳新枝砍壓之，無不活者。總以入土深、築土實爲主。一法用簽釘孔，旁用泥漿、糞土灌之，仍築緊。或以麥灌入土四五寸，藉其芽以行根，使其本固不摇，可也。繁枝芟盡，無使洩氣，上長葉，下自長根，則活矣。

雍正七年部例曰：文武員弁捐種柳五千株，給予頂戴。至二萬株者，分别議敘。百姓種至萬株者，給予頂戴。

劉天和《六柳説》曰：一曰臥柳。春令用柳枝横鋪，每枝距尺許，毋密毋疏，土内横鋪二尺許，土面衹留二三寸。二曰低柳。春初用小引橛縱横各尺許，入土深埋二尺。三曰編柳。凡緊要處，用柳樁如雞子大、四尺長者，用引橛細栽一排，下栽臥柳，低柳如編籬，將土築實。如是者三次，内則根株固結，外則枝葉綢繆，名曰活龍掃尾。雖經衝激，可保無虞，而柳稍之利，不可勝用矣。四曰深柳。前三法衹可護隄，而倒衝潰隄之所，丈八長條，以橛釘深連榦帶稍栽入，用稀泥灌之，視河溜栽用多寡，似勝於以樁釘土。五曰漫柳。凡坡水漫流之處，難以築隄，惟密栽低小檉柳數十層，不畏渰没，水漲泥沙委積，隨淤隨漲，自然成隄矣。六曰高柳。照常於隄外，用高大柳樁成行栽植，不可稀少。節句。

按：公，見《萬城隄志》，疑即劉氏榛，字山蔚，河南商丘人，有《虚直堂集》。

按：栽柳護隄，有謂其年久根朽易生蟻蛀者，有謂其經風摇曳傷隄者，如前明平江伯陳瑄謂根株可護隄身，枝葉足供鑲掃，此利隄也。又國朝兩江吴制軍璥謂隄上植柳，有損無益之。二説者似多矛盾，大抵隄外洲灘宜植柳，且宜多種。俾交柯接葉，以禦風濤，離隄

十數武外，方可栽種。青蔥可資抵禦，朽爛亦不壞隄。至如部議，是令河灘種柳，非勸令隄畔種柳也，不可不知。

蘆荻葦

圩之東有湖，湖畔立品字墩，上栽蘆葦，足資抵禦風浪，蓋倣河工例葦蕩營之法，變通之，特不如設營守汛之爲愈也。

方大湜曰：保固之謀，莫如栽植蘆葦。葦高八尺，稠密叢生，禦浪保隄，無妙於此。栽葦之地，不論冬夏，根可栽，花可栽，桿亦可栽，易莫易於此矣。且發生最速，今年一株，明年可發數十株，如人不侵害，牛不踐食，其生自繁。有二種：一名泡蘆，一名荻茳。泡可編蓆，荻可供爨。初栽略費工本，栽成不費半文。一歲半收，次年全收，三年倍收，既不畏水，又不憂旱，安坐以享其利。或曰錢糧爲重，然蘆課亦無幾耳。或曰盜賊堪虞，殊不知有葦之處，不必定藏盜賊。盜賊之藏，亦不必定在葦中。況盜賊祇害一家，隄岸一決，受害無窮，欲救一路哭，不得救一家哭也。

按：公，湖南附生，同治八年任湖北荊宜施道，見《萬城隄志》。

按：是物三種，泡蘆可以編蓆。荻之高大，與此相同，葉長而桿實中薪。葦似荻形差矮，細不過五六尺，均可以鑲護隄塍。

茭

淺灘微窪之處，隨地可生，苗可蔬、子可食、葉桿可薪，植此以禦風浪甚佳。大者其根如氈，相結成片，至數畝許。

倪豹岑曰：隄有栽種楊柳均不相宜之處，惟茭草一物，隨水長落，滋蔓叢生，足以禦浪。且根苗可當蔬菜，結實名菰米，細粒黑色，質黏味淡而香，較蒲蘆生發尤敏。

蓼　龍骨草

幹多節似龍骨，故名。春初生芽時，畏水驟漲，滅其頂即不茂。延至五七寸水漲而莖亦長。湖灘若生此物，隄畔即無風浪。一說高大者爲龍骨，細矮者爲蓼。前人詩云“紅蓼花疏水國秋”是也。《本草

釋名》曰：蓼性飛揚，故字從翏，高飛貌，言隨水長也。旱地亦有長至丈餘者。

袁邑尊曰：蓼花，俗稱龍骨草。據土人云，此草搪浪最好，生至一尺以外，便不怕水。水勢雖長，勢必高出水面，但不能每年皆生。向來以生草之多寡，占年歲之豐歉。

蒲　菖蒲

生水澤中，高六七尺，縱橫茂密，亦資抵禦。材可織蓆。菖蒲，葉似劍，尤易化生，所生之處，亦足保隄。其根能入藥。蒲茂密，年歲豐，所謂瞻蒲是也。《爾雅》郭璞註曰：莞，苻蘺。其上蒚。今西方人呼蒲爲官蒲蒚，謂其頭臺首也。今江東謂之苻蘺，西方亦名蒲。中莖爲蒚用之爲蓆。

〔儲備類〕

竊議修隄廣儲物力，乃有備無患之善舉，尤不可不富厚也。大凡利民之政，不儲備則患將猝至，可立視其死，徒儲備而無法以馭之，則益滋詐偽焉。官圩俗敝民玩，一切公歀公費，上下覬覦，必使蝕盡然後已，全不顧下屆需用。而溝潭之美利，半沒於差胥。公歀之羨餘，盡銷於烏有。其義倉社穀之法，杳不可行。置塚埋棺之舉，更無倡首。下不能盡人事，上不克召天和，徒沾沾焉佞佛祈神、賽會演戲，以僥倖於不敗也，豈不謬哉？謹議庶事如左：溝、潭、池塘、公田、公地、社倉、義倉、善倉、常平田、豐備倉、義塚。

溝、潭、池塘魚利

隨田溝池塘段魚利，向來各業戶自行網取。今爲圩甲首代庖矣。召販漁戶收取利息，名抵差徭事件，實則半沒於追呼，半由於飛灑。有廉慎者，出司其事，則眾人環伺，暗地與爲留難，雖戚誼不顧也。倘能度支有法，亦未必無補於萬一云。

又，官圩沿埂深潭，大都歷屆倒潰而成，寬闊潛深，均屬藏魚之

所，良以溪深魚肥也。其挖壓田畝，業經奉憲按畝給價，俾該業户親領。所衝深潭，應繫公產，如果沿隄逐一查核，呈憲立案，詳登册籍，召募漁户承管，歲收租息，以濟公用，亦補助之一策也。

倪豹岑曰：紳士稟請經費，無出，將以溝潭魚利補歷年歲修之資。從之。

公田　公地

附缺口旁，有業經償價、挑方未盡之田，花息應歸公收。又，各陡門兩畔餘地，租與市儈，是爲公地。

按：公項有兩弊，存積則無賴垂涎，瓜分則終歸烏有。

史太尊有言：人心之隄防易而難。此之謂也。

義倉　社倉

義倉之設，法良意美，大都不外因其時、隨其地、擇其人三者。近是漢之常平、隋之義倉，均有成效。師其法而善用之者，莫如朱子社倉。至國朝名公鉅卿，又祖朱子之法而斟酌之。如陳文恭公之《條規》、方恪敏公之《圖説》、陶安化之《豐備》、徐文弼之《分設》，既成竹之羅胸，復膾炙於人口。原帙具在，集隘不及備詳，謹擇與官圩相宜者節錄之，以見一斑云。

《大清會典》曰：凡民間收穫時，隨其所贏，聽出粟、麥，建倉貯之，以備鄉里借貸，曰社倉。公舉殷實有行誼者，一人爲社長，能書者一人副之，共領其事。按保甲印牌，有習業而貧者，春夏貸穀於倉，秋冬大熟，加一計息以償。中歲則捐其息之半，下歲免息。社長、社副執簿撿挍，歲以穀數呈官，經理出納，惟民所便，官不得以法繩之。豐年勸捐稻穀，在順民情，禁吏抑派。有好義能捐穀十擔至百擔以上者，旌獎有差。社長、社副經理有方者，按年給獎，仍以息穀酌酬勞勩。

又曰：凡紳士捐穀以待賑貸，曰義倉。各就市鎮鄉村建廠，春頒秋斂，取贏散滯，獎善酬勞，悉依社倉規條，惟頒斂之期、出入之籍，時呈所在官覈之。所在官於去任、蒞任期授受簿籍，察其虛實，

以行勸懲。

常平倉

《大清會典》曰：國家循古制，設常平倉，隨時糶穀，用資賑貸。豐年則勸民出升斗以益之。厥後戶口殷阜，迺出庫藏市糴，或截漕運貯。各州縣分上、中、下等，以三萬、二萬、萬、六千擔爲差。承平歲久，生齒日繁，益需委積，聽所在俊秀納粟入監，視其土地廣狹、山川險易、物產盛衰，酌舊額而更定之，每歲出陳易新。土高燥者，以十之七存倉、十之三平糶，卑濕則存半糶半，各因時地而變通之，以均歲之豐歉。督撫於歲終覈實奏銷，以冊送部稽察，如有虧缺，先請動帑買補，將虧空官題參，照例治罪，限年追賠。凡買補之法，春夏出穀，秋冬還倉，依市價於本地產穀之區、或隣邑價平處買運，如數還倉。遇歲歉市貴，則展至次年。若倉庾闕乏，亟需補足者，申明上官，准於價賤之州縣和糴，抑富民派保甲者刻之。

按：採買稻穀，胥吏時以僞銀封裹，抑勒富戶，圩民深受其累。乾隆年間，保城貢生劉朝望約南廣張清遠、新義郭豐侯、永豐陳九韶、沛國朱爾立等十人，據實上之。巡按遂除之。惜刊案亡於兵燹，不可考矣。

王慝思曰：常平、社倉，皆以積貯爲豫備之計。其常平之設，輕出重入，假手胥吏，藉公肥己者，舉不足道也。惟社倉之法，宜勸民多置，而官爲經理，以善其事。凡烟戶殷繁之所，勸令設倉，其畸零小戶數處合爲一倉。有族巨丁繁、願自爲一倉者聽之。或該地商賈人多，願自設倉者亦聽之。建倉伊始，或於寺院中擇閒房暫貯，仍勸於各捐穀外，量捐錢文，爲建倉費。倘好義樂輸，捐穀至十擔以上者，州縣給匾旌門。百擔以上者，報上官旌獎。如三年內捐穀至五百擔以上者，詳請具題，給予頂戴。立社正副各一人，主其事。凡社中有恒產者，皆得借給。現在公門及遊手無業者，不與。當借者，邀族長保任之。佃田者，田主保任之，皆限以十月全完，否則惟保任之人是問。收息略如朱子之法，有年三分，小歉則半，大歉捐之。每擔別取三升以備耗折，俱出入平概。其始捐之籍二，請官鈐印，一存社正副

所，一存官備案。遞年出納之籍亦二，以防遺漏舛錯。過期不償，稟官追之，且除其籍，不得復借。其實在逃亡極貧極苦者，公議免償，仍註所少之數於籍。此其大略也。

又曰：社倉之行，有數利焉。秋間量捐，明春借出，以公儲爲外府。利一。宗族里黨，聯爲一體。利二。幸而歲豐無容出借，至青黃不接，價必少昂，一出入轉移間可以增多。利三。如有六百擔之數，歲有豐年之息，約十一年可得萬擔。至此可永免其息。即遇凶年，社中亦可分濟。利四。餘利既多，如社學、橋道、隄防之類，社中可以推行。利五。小歉之歲，社有餘穀可以減價平糶，使鄰社均沾。利六。

陳榕門曰：社倉穀擔，不貯於城而貯於鄉，原期便民借還無往返之苦也。不主於官而主於社長，更期隨時接濟，無守候之累也。其成法與常平各不相同，其利濟與常平相表裏。況常平倉穀皆貯城中，歷年有糶無借，祇利及於近城而遠鄉之窮民不與焉，祇便於貿易有錢之戶而耕農乏食者不與焉。春耕之時，農乏籽種，多方典借，加三四之息皆所不惜，甚以爲苦。若隨處皆有社穀可以領借，年年接濟，其事不經官役，其利實爲公溥。

汪輝祖曰：設積貯於民間社、義二倉，尚已。然行之不善，厥害彌窮。官不與聞則飽社長之橐，官稍與聞則恣吏役之姦。蓋貸粟者類多貧窮，出借難緩，須臾還倉，不無延宕。官爲勾稽，吏需規費，筮鑰之私終多，賠累故屆更替之期。畏事者多方規避，牟利者百計經營，甚有因而虧挪僅存虛籍者。此社長之害也。其或勸捐之日勉强書捐，歷時久遠，力不能完。官吏從而追呼，子孫因之受累。此捐戶之害也。欲使吏不操權，倉歸實際，全在因時制宜，因地立法，長社得人。

按：公字煥曾，浙江蕭山人。乾隆乙未進士，官道州知州。有《佐治藥言》。

豐備倉

陶文毅《疏》曰：伏惟民以食爲本，事須豫則立。前年皖江被

水，哀鴻徧野，仰蒙恩旨賑撫兼施，並經臣勸諭有力之家捐輸助賑，流離數十萬獲就安全。事後猶深惻惻，因思博施濟衆，自古綦難。徹土綢繆，宜先陰雨，常平之制善矣。然待惠者無窮，至社倉春借秋還，初意未始不美，而歷久弊生，官民俱累。變而通之，惟有於州縣中每鄉中各設一倉，秋收後聽民間量力捐輸，積存倉內，遇歲歉則以本境所積之粟，即散給本境之人，一切出納，聽民間自擇殷實老成管理，不經官吏之手，以冀圖匱於豐，積少成多，衆擎易舉，所以圖便民也。各保各境，人心易齊，耳目亦周，所以免牽制也。擇人經管，立冊交代，所以防侵蝕也。紳民自理，不經官員吏役之手，所以杜騷擾也。不減糶、不出易、不借貸，專意存貯，以備歉時，所以杜糾轕而起爭端也。凶年不妨盡用，樂歲仍可捐輸，以一鄉濟一鄉之衆，故不患其不均。以數歲救一歲之荒，故不憂其不給，可小可大，無窮匱也。取錙銖於狼戾之時，求水火於至足之地，捐穀者不以爲難，司事者不以爲累。行所無事，不求其利而弊自除，豫防其弊而利乃見。臣爲此章程籌思經歲，簡易直截，似可爲備荒之一助。如果各州縣能實心實力勸導有成，是亦不費之惠。惟所議章程與社倉之法有異，本以豐歲之有餘，備荒年之不足。可否即以"豐備"二字，仰懇天恩，賜爲倉名，俾垂永久，敬爲皇上陳之。

　　按：公名澍，字雲汀，湖南安化人。官至兩江總督。

　　按：安化《疏》意，籌畫盡善，其中有二慮焉。一倉費未及籌，與夫折耗氣頭廠底並貯久黴爛，又何以處之？一遇歉盡發，設再歉又何以處之？彼窺覬與偷竊者又無論已。

善倉

　　徐文弼曰：今欲爲有備無患之計，兼倣義社儲米之規，聚各戶分給之糧，歸本鄉統貯之，所取愷惠之義名曰善倉。視諸倉較爲便民，蓋常平倉設在官，出納拘於功令。此自民儲之而民散之，不待請命需時。一便也。義社二倉，粟出自民，非僅升斗之納。此斂米無多，易於捐助。二便也。諸法積久而弊生，此於數月內旋斂旋放，歷時無幾，無姦欺侵蝕之虞。三便也。常平取值，義社取償。此有發無收，

不必投錢輸粟，免稽數追逋之煩。四便也。公家發賑，澤自上施。此酌盈劑虛，不出閭里，使比戶敦尚仁風，相觀而善，寓教化於惠養之中。五便也。有此五便，想亦爾民或未深諳。合行曉諭，俾各遵行。

按：公字襄右，江西豐城人。官知縣，有《吏治懸鏡》。

常平田

陸世儀曰：鄉里捐資買田，以爲常平，歲收其所入之粟於倉，欲賑則賑，欲貸則貸，欲減價則減價。所糶之錢又可買田爲久，大張本源，源無窮，歲有增益，即遇貪漁侵蝕倉粟，而卸事之後，田脚固在，修舉不難。

按：吾圩祈神祭祖，田產頗多。除歲時伏臘，儘可撙節爲周濟貧乏之計。或遇歉攤給，即常平田之遺意也。又，光緒十二年，華邑尊有《豫籌穀擔防護圩隄章程》，與陶中丞雲汀豐備意見相同，語見《條陳》。

黃可潤曰：倉有穀至黴變，立召民借，急不暇擇，以借多爲善。借者皆刁劣破落下戶、衙役、鄉保、地棍，自其來借之時，已懷不還之念矣。不如減價，猶爲得計。

按：公字澤夫，福建龍溪人。進士，官至河間知府。有《畿輔見聞錄》。

義塚

與下《埋棺》參看。圩俗：貧不能葬者，往往厝於隄畔，遲之又久，隄塍堆築，塚平棺朽，年久雨水浸灌，蟻獺穴洞，足以壞隄。且無名倒斃，圖便埋隄者，隨處有之。惟擇高阜地落厝，置義塚，立山向，按部位，挨次序葬。復爲之編其號、誌其塚，勸附近樂善者主其事，詳開某號、某年月日葬、某籍某姓男婦，日後庶有所稽考焉。倘該子孫力能起阡改葬，所遺空壙，仍著後來者補葬。凡願葬者當懍後先之次，毋許僭越。

裕魯山曰：災祲之後，每多疫癘。蓋因貧民病故，往往暴露荒郊。雖有代爲收瘞者，又因掘土不深，掩蓋不固，春融屍骸腐化，戾

氣與地氣同升，流爲疫癘，傳染病斃，難保無腐屍之沴氣所致。凡有路斃貧民，務令親屬認領，妥爲殮埋。儻繫無主之屍，即報地方官驗明，深埋標記。掘土以三尺爲度，上面包砌高大，不得草率。

《大清會典》曰：地方無主暴露枯骨，該地方官建置義塚，立碑，動用仍咨報部，如有好善之人收瘞貧屍，及收暴骨至數多者，有司勘實給區以旌其善。

〔禁屬類〕

竊議禁屬之事，條教繁多，而有妨於圩務者，尤不可不嚴肅也。夫入國問禁，自古常昭。境有禁屬，然後強梁者知儆畏，闇弱者明是非。如沿圩罱泥，顯害也，首宜禁之。若縱豬牛以踐圩、埋棺柩以穴圩，推而至於開油榨、穿糞窖、濬魚池，凡屬在圩畔足以損圩者，均不能無禁屬焉。他如貪微利而刨圩作圃以蒔蔬、忘顯害而鑿圩用水以灌注，皆在所當禁者。謹議庶事如左：罱泥、豬牛踐踏、埋棺、油榨、糞窖、魚池、蔬圃、開龍口。

罱泥

沿圩內外罱泥，圩防第一顯害也。語詳保護，如捉獲船隻，所議罰酒席、罰演戲，匪特無益於圩，亦不足以蔽其辜。惟將該船鋸成兩截，埋豎圩畔，俾人人望而知儆，餘具變價入公。若官紳吏民受賄而私爲了事者，尤無足取。

按：罱泥爲害，史府立碑示禁，畢尹提案究懲，而圩民尤不知儆畏，重見叠出，人心之危，何可防哉！

豬牛踐踏

近埂居民，貪圖牧廠，知小利而忘大害，縱放豬牛沿圩掀土。一經驟雨，瀉入溝池。農民貪取糞田，遂生罱泥之計。是豬牛踐踏與罱泥交相爲害也。又有冥頑無知者，公然搭圈圩畔，棲息豚蹄，真不知禁屬者矣。

《荊隄志》曰：凡近隄居民餵養猪豚，踐害尤甚，草根不長，泥土掀翻，積雨便成坑坎，足以損隄。牛羊亦然。

埋棺

隄之上下左右，最忌有墳。匪特進土不便，亦且爲貛蟻之窟，日久棺壞，雨水浸注，陷成坑坎，每致壞隄。

袁邑尊曰：圩隄葬棺，棺朽則圩受其傷，圩壞則棺亦不保。久經嚴禁並買置義田，飭令遷葬，乃圩民頑梗並不遵行，殊堪痛恨。現飭圩差巡查，凡埂旁棺匶無論浮厝埋葬，其無主者由官給費雇夫起扦，其有後者限月內一概自行起除净盡。倘敢違延，定行嚴究。

油榨

油榨之設，震動隄身，傷害地脈，固已。若湖邊之隄，尤不可設。黿鼉喜聞油香，近岸爲窟，隄埂尤多漏洞。

王若閬曰：油榨在平原地方尚且有礙地脈，逼近隄脚隄身，朝夕震撼，若在隄面設榨，終年擊撞，不將隄身拆裂不止，不法已極。仰爾等迅即刻日移遷，倘敢抗違，拏究治罪。

按：公，安徽人，進士。道光間任荊州知府陞道。見《萬城隄志》。

魚池

傍埂脚鑿池，車洩魚利，並挑淤泥糞田，池日益深，埂日益陡，亦一事而兩害也。

袁邑尊曰：歷年以來，愚民無知，挑挖成坑，以爲養魚之計，顧小利而忘大害。若責成民修，必有名而無實。現已貼費飭令補修還原，嚴爲禁止。嗣後不准再行挑挖。

藕塘

隄畔栽藕，其簪穿埂。愚民旁隄掘取，跟脚鬆浮，亦屬壞隄之一事。

按：藕塘壞隄與魚池相類，旁隄掘取、猪豚哄食，皆爲隄害。惟淺處蓄茭蒲，深際栽菱芡，並使沙葳荇葉，茂密叢生，不能運船，諸害絕隄埂，固矣。

糞窖

隄旁穿窖貯糞，漸漬浸淫，亦足穴隄。

胡祖翽曰：厠屋糞窖，不加察禁，暗水浸淫，隄易受傷。

按：公爲明經，官績俟考。

按：道光癸未，戚家橋某姓陰溝內小水浸淫，不知何來水族，穴據其中。夏間雷雨驟發，因之潰隄。該處基址寬厚數丈，瓦屋兩層，一旦猝裂，禍甚烈也。吁，可畏哉！

蔬圃

旁埂居民，希圖微利，遇稍寬處擅用犁鋤，蒔種園蔬。更有不知利害者，緣地僻靜，沿隄刨種芝蔴、黃蔴等類，浮土鬆動，暴雨灌注，泥沙直下矣。農佃緣以爲利，罱取糞田，爲害滋甚。

胡祖翽曰：隄不刨種，草皮堅實，一經刨鬆種蓺，一望蒙茸，浸漏難察。

開龍口

有等田畝，近隄不通溝洫，即有溝洫，淺隘不容多水，且與陡門涵洞不相通。乃私自鑿隄開穴，旱則引灌，冬則洩水，官圩間有此弊，惟小圩甚多，脣齒相依，亦不能不爲巡察。

又，圩潰後積水難出，時有於低窪處開口分洩者。近有隣圩先潰，官圩代爲堵塞。鄰圩水滿，擇寬厚處開口，用竹簟塌其下，使水洩入官圩。同治庚午，福定圩潰，邑侯周小蓮用此法，施於黃池鎮北騰蛟寺旁。

〔搜剔類〕

竊議搜剔弊端，爲興利之首務，而禍害不可不殲除也。利興矣，

而不除其妨利者，利尤未全也。故伐蛟捕獺，挖蟻洞、搜貛穴尚焉。諸物皆足以害隄，隄爲所穴則漏生焉。寖久而崩削、而倒潰，事之所或有者。數者之患，蛟尤烈。圩非出蛟之地，湖乃藏蛟之藪。並論及之，謹議庶事如左：伐蛟、捕獺、捕貛洞、挖蟻穴。

蛟

圩瀕三湖，蛟龍窟也。徽甯諸山多蛟，徽天乘霧，往往崛起奔赴湖畔，水驟汜溢，隄不能容，時時壞之。又圩西北隅之青山，間亦有此，俗謂之蚯蚓碰。五小圩諸埂，時爲之壞。特不若高山大澤之多且鉅也。附議伐蛟之說，冀當路君子移知產蛟諸郡邑，按《月令》伐蛟之政，命漁師伐之，則高處免暴没之害，下游享無窮之利，斯德澤爲不小云。

陳文恭曰：《月令》季夏之月，命漁師伐蛟。伐者何？除民害也。先王之愛民也至，故衞民也周。凡妖鳥猛獸之屬，無不設官以治之。蛟之爲害尤酷，故聲罪致討焉。蛟之情狀有似蛇，四足細頸白嬰，本龍屬孕而成形，在陵谷間，雉與蛇當春而交，精淪於地，聞雷下入成卵，直達於泉，俟年久氣足，卵大如輪，其地冬雪不存，夏苗不長，衆鳥不集，土色赤有氣，朝黃暮紫，夜視之，上衝於霄。卵既成形，聞雷聲自泉間起，由漸而上，其地氣色亦漸明顯。未起三月前，遠聞似秋蟬鳴閟在掌中，或如醉人聲。此時能動不能飛，可掘取。及漸上距土面三尺許，聲漸大，候雷雨即出，多在夏末秋初。善識者依法掘之，其卵即得，大如三斛甕。豫以不潔之物，或鐵與犬血鎮之，或利刃剖之，害可絶。又畏金鼓及火。山中久雨，夜立高竿掛一燈，可以辟蛟。

挖蟻

蟻生濕地，亦畏水，時傍隄爲穴。此物生產最遲，隄潰以後，三年乃生。

俞昌烈曰：朽樹枯棺皆足生蟻。每逢汛漲，内必浸漏。點誌其處，俟冬令挖開，用篾絲通入，視其邪正。跟挖大約不過五尺，再以

石灰拌土築塞其穴，蟻最畏灰故也。

捕貛獺

貛產平地，多於朽棺內爲穴，塚中枯骨，時爲搬運。獺則有水旱兩種，旱地捕法：尋其後戶，先塞之，用濕草燒烟，由前洞灌入，即斃。

俞明府曰：獺穴最爲害隄，惟捕盡而患乃絕。洞門有前後，捕後則跳前，捕前則逸後，所謂狡兔三窟也。口門有虛土一堆，照此搜挖。

按：上諸物穴隄，尚有可捕之法，惟鼍一物居無定處。

《本草》云：穿山甲善竄，穴隄最速，牝牡呼應如雷，恍惚不知其處。究無法以捕之。漁人間亦有網得者，其首如烏，魚四足行甚疾，尾尖長而銳，甲堪入藥，善治風。

卷六　宣防　湖唄逸叟編輯　丁玉山允寶校

目次

治水之術，神禹主宣，後世主防。徒防而不知宣，則多壅塞。徒宣而不克防，則亦氾濫。二者可偏廢乎？圩當徽甯，下游湖蕩環繞左右，東塞臁肢岡，西呃姑溪口，宣固無能為力也，於是專主乎防焉。不為之理其緒，則叢脞生矣，故設局尚焉。不為之察其失，則安危昧矣，故守望宜焉。向使巡綽不時，以致危險叠出，然後再議搶救，成則貪天之功，敗則委之於數。嗚呼！其亦不思而已矣。述《宣防》。

〔設局類〕

竊議工多事尤，必有公局以筦鑰之，故不可不先籌設也。官圩周圍綿亘幾二百里，勢難兼顧，是不能無總匯之所焉，故設局為保障之先務。芒種前後，水漲之時，每岸各於適中地段設立公局，俾圩董司之。通圩設一總局，岸總咸駐其中。先籌經費，置辦椿、蓆、

一切器具，並製顏旗，倣軍法部勒之。蓋衛人即以衛己，保圩即以保家，不必惜小費而誤全圩也。謹議庶事如左：經費、椿木、蘆蓆、草韉、柴束、攤簟等物、一切器具、顏旗。

經費

圩例各修各隄，各用各費，原有成例，當已。夏汛驟發，迭出險工，費用多寡，難以逆料。或措借公歀，或按圩分派，總以豫爲籌畫，乃爲得計也。

《荊隄志》曰：隄工之局設，首事之用度，均取給於此。苟恣情揮霍，工竣則彌縫簿籍，以少作多，削有限之脂膏，飽無窮之慾壑，此爲隄蠹。

椿木

圩例保隄遮浪，原議自備椿木，然至呼吸垂危，該管圩修業經氣衰力竭，幾有束手待斃者，其誰承辦大木乎？局中豫辦若干，以備不虞，可免臨時掣肘矣。

按：圩隄果能出力，上緊護衛，需用椿木亦不須乎大料。倘涓涓不絕，流爲江河，即令多備亦難濟事也。詳見《搶險》。

蓆片　草韉　柴束　縶簽

以上四物，護隄必需多貯。局中臨時聽用某圩需用若干，仍着該圩董甲長出具領結登簿，事竣後照原值償之。倘用後有餘，繳還登簿，以待來年。

袁邑尊曰：天后宮存貯官項，置辦椿蓆，原備不時之需，如有某地險要，歸該圩圩首赴局，稟明領用，秋後歸還。

又曰：各圩應用麥荄草韉，趁此麥秋登場，該圩修等傳知各甲首，每佃田一畝，出韉一尺，早爲編齊，各貯各圩隄畔。

攤簟　穬桶　炭簍　油簍　破帳　棉絮　舊船

以上諸物，塞決時相機取用。

器具

石夯，海臍夯、石硪、木硪、鐵鍬、簑衣、雨笠、雨傘、草鞋、燈籠_{駭有籤}。火把、油燭、蔴繩、篾纜、破鍋_{扣泉眼}。蔴袋、銅鑼、斧、鋸、循環籤、誌樁、水平，以上諸器，護隄所需，散見諸條，毋庸贅列。

按：破鍋扣泉眼，誌樁定水痕，圩人未諳此法。

顏旗

諺云：甯督千軍，莫督一夫。言無頭緒以制之也。事變猝起，衆人麕集，無以齊之，難已。考軍政以旗爲號，指揮如意，進退有方，所以步伐止齊，無慮人心之不一也。四岸倣其法而部署之，照以方位屬色，西南岸用赤色旗，白邊鑲之。東北岸用黑色旗，藍邊鑲之。西北岸用黑色旗，白邊鑲之。東南岸用赤色旗，藍邊鑲之。故一望旗色而知爲某岸也。旗上仍大書某圩某甲便於查識。倘有捲旗，即以怠工論罰。此旗豫備局中，搶險時，由局給領，事過繳還。

華邑尊曰：各圩夫船，各插顏旗，寫定某岸、某圩、某姓名，以便識認。

〔守望類〕

竊以守望之法，圩工最宜。其中交勘互察，故不可不急切也。孟子曰：守望相助，言有患難，一人守之，而衆人助之也。守彼望此，誰敢後諉前推？守近望遥，自能左瞻右顧。安則同安，危則同危，相助爲理。無非事者，第防堵之法。惟黑夜之間，荒曠之所，疾風暴雨之候，爲最難計。惟是多搭棚厰，徹夜支更，明點路燈，划船會哨，傳籌報汛等事。設遇坍卸滲漏，立時防堵。謹議庶事如左：防堵、棚厰、擡棚、窩舖、支更、點燈、划船會哨、傳籌報汛。

防堵

防水如防賊然，乘我之懈，猝然以崩。苟非籌備有方，鮮不敗。

乃事者觀下四防，其言可信已。

魯之裕曰：防有四，一曰晝防。五六七八四月，雨多水漲時也。當率夫名巡隄埂、搜獺洞、實蟹孔、堆土牛、填水溝。險要之地，尤宜多積椿蓆、檾麻等物。一曰夜防。設燈竿、定汛地、計里數、編號棚、備夫食。汛至隄危，圩甲鳴鑼左右，棚夫奔而至，至則運土下椿。倘一段之夫力不勝，疊振其金，合岸偕來，料備夫齊，未有不可保之隄埂也。一曰雨防。防雨與防夜等，惟多設棚廠，使有可以避雨處，勞可暫息。然亦不可聽其熟睡，宜標禁於棚首，違者嚴懲。一曰風防。四防之中，風爲劇。波淘洶涌乃風所致。宜於平靜時，豫束柴綑草轆，堆於隄畔。及水發風狂，以此施之，而殺其勢。是亦以柔克剛之義。

按：公，字亮儕，湖北麻城人。直隸候補道。有《趣陶園集》。

棚廠　擡棚　窩舖

棚廠之制，春工便於宿食，毋庸租賃房屋，省費已多。夏令藉此守望傳汛，亦莫便於是棚。各於要工地段、庵寺餘址蓋造草棚，著該地保居住看守，或竟令僧道住持，獲便良多。

林文忠曰：隄上多設窩舖，於臨水頂衝最要之處，以便聚人夫、貯物料也。非此豈能露處乎？凡適中最要處報明上憲，建蓋局房，計轄隄工幾段，夫若干名，以憑點驗。乾隆年間，部議查江南所設堡夫、隄長人等，造蓋堡房，以資住宿防守。該管州縣督令業民於汛漲時，多備守水器具，晝夜防守。一有危險，即行搶護。州縣督率不力，該管道府查明糾參。

倪豹岑曰：窩舖不能多設，即設亦不能遷移，應添置擡棚，隨地搬用。法詳見《器具》。

划船會哨

官圩地面遼闊，遇緊迫事，差役傳喚，言語枝梧，難憑的確。又必需三五日，方得周知，事在春工，尚虞歧誤，夏汛搶護，其能耐乎？惟划船便捷輕利，一有確信，頃刻傳知。一有疏虞，逐處親見。

岸各置划船兩隻，選夫四十名，派甲首督之。逐日交互梭巡，比將各圩隄情形有無險要，填入循環籤，報明汛官及飭知總局，使圩董甲長皆知實際，自不致譌以傳譌。

傳籌報汛

圩隄各司一段，良法也。其如互衞何？惟於要害喫緊之處，設循環籤，逐日傳遞，試其守之勤惰，稽其夫之衆寡，驗其工之安否。如有停滯，即有妨礙。若繫逃匿，鳴官究責可也。或曰：夫不在棚守汛，潛火其棚，夫即不敢逃匿矣。

倪豹岑曰：用板籤八枝，註明某時至某工交某局，挨局填寫，查驗有無險工。輪流梭巡，早發晚收，循去環來，聯絡一氣，晴雨無間，夜則繼之以燭可也。

支更　路燈

公局門口及各段窩舖，懸以路燈，遠遠望之，自見防護之密。並用竹梆，徹夜支更守候。如有警報，則叠鳴其金警之，至金鼓齊鳴可也。

按圩傳鼓習例，稍見險工，四路傳鼓，徵夫無有應者。抑且譌言百出，此傳而彼亦傳，聲聞四野，夫無一名，亦復成何體統。且速百姓搬移，拉船拆屋，皆由無確信誤之。近亦有不傳之議，祇憑私信以通消息，此乃爲自身脫逃計耳。人心如此，庸有濟乎。

〔巡綽類〕

竊以水性就下，惟疏通之，乃無滯焉。故巡綽不可不時也。若至汛漲始議疏濬，晚已。蓋隄外有大河，有溢港，或設箔，或張網，皆阻礙水道者。至若隄內有土牐，有石閘，有私壩私垱，或宜於此而不利於彼者，以隣爲壑，曲防之禁何在乎？隨在巡綽，毋使窒礙焉可也。謹議庶事如左：大河、支港、攔河箔、灌網、土牐、石閘、私壩、私垱。

大河　支港

官圩東南兩畔，瀕臨大河。北面姑孰溪，西則福定、洪、柘、饒、韋環繞其側。曲港支河，近多壅滯，西北一隅，憑陵山阿，五小圩包孕腹裏，均有港有洪。由閘宣洩，脈絡不通，即多壅塞。況無知居民時有登壟斷而罔利者，因之疊出險工。

俞昌烈曰：水因河窄而難容，隄因水壅而易潰。惟多承而以寬受之，急來而以緩待之，自無妨也。

邁制府柱曰：支河曲港有淤淺者，急宜疏濬，而隄內深溝大洫，蜿蜒於田畝間，引以灌溉，利濟甚溥。或明設石閘，或暗砌瓦筒，旱則閉之以灌田，潦則放之以洩水。五月陡發蛟水，建瓴而下，容納無所，氾濫而旁溢矣。

灌網

支河曲港，攔張灌網，水不暢洩，亦足壞隄。尤有甚者，隄門涵洞，外水內浸，魚鱗潛伏，姦民貪利網取，往往潰隄。光緒乙酉、丁亥等年，相繼失事，皆前車可鑒者矣。

攔河箔

法用三尺許圍栗樹，長數丈，一二百枝，由河道兩岸挨次馬牙排釘，中間留口門丈許，用大網袋，挽於中間，沈入半水，魚經箔過，順流入袋，不能轉身出網，一日夜間可得魚百餘。擔花津、姑孰溪、龍山橋三處，河干曾設此箔，山洪下注，障水截溜，致出險工。不特官圩受害，上遊諸圩亦有波及者。嗟乎！得魚如許，利誠厚矣，如億萬生命何？同治某年，涫溪紳士訪知其害，據情上控，經制府批示，檄縣嚴禁。嗣後，未聞此患矣。

訥爾經額曰：築隄防川，治水下策，況近年汛水盛漲，往往漫過隄頂，是築防尚未可恃，必宜力求宣導之方。張網設箔之事，尚可爲乎。

按：公，滿洲人，仕至湖廣總督。見《萬城隄志》。

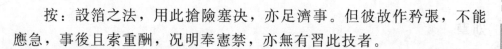

按：設箔之法，用此搶險塞決，亦足濟事。但彼故作矜張，不能應急，事後且索重酬，況明奉憲禁，亦無有習此技者。

土閘 石閘

五小圩有千勳閘，青山鎮有石閘。道光末造洪、柘、饒、福，又設土閘三所，在福、柘交匯者爲南閘，洪、柘交匯者爲中閘，在饒家圩者爲北閘。南北二閘不開，惟中閘時爲啟閉。其中三圩，內埂不修，亦未爲善策也。詳見《陡門》。

《正字通》曰：閘，字同牐，左右如門，設版潴水，時啟閉，以通舟。水門容一舟，銜尾貫行，門曰閘門，河曰閘河，設官司之。

私隄 私塝

內圍二十九圩，各分疆域，緣地有高低，中設縷隄以界之。今十字隄亦荒廢不舉，高阜者囤水灌田，不肯宣洩。夏雨霪注，漫溢就下，低窪者受累良多。且私隄之下復有私塝，旱則承接上圩之水，溢則宣洩使入下圩，亦未免屬隣而自便矣。

彭中丞曰：治水者，譬如一人之身，胸膈欲其寬，尾閭欲其通，四肢欲其周流無滯可也。又曰：人與水爭地曰利，水與民爭地曰殃。殃民者不之去，豈足以言利哉？

〔搶救類〕

竊議夏汛氾濫，疊出險工，多方搶救，尤不可不迅速也。昔人比治水如治兵，守隄如守城，防漲如防寇。兵臨城下，迫人於險，外援不至，內備多疏，狂寇掩襲，倉皇失措，潰敗決裂，不可復問矣。防隄亦若是也。故必先去其妨隄者，如刈柴草、搜漏洞，衝激則用樁蓆，坍剝則用撐幫，極而言之，下絡沈舟，諸事亦非所得已者。

《兵法》云：無幸其不來，恃吾有以待之。勿僥倖於不可知之天焉可。謹議庶事如左：刈草、尋漏裂、釘樁、撐幫、塌蓆、鑲掃、覆穰桶、下絡、沈舟。

刈草

柴草蒙茸，漏洞開裂，舉不能見。先令農佃刈之，一望瞭然矣。

林文忠曰：隄面隄坡，除巴根草外，凡有長柴茂草必須割去，以清眉目。裏坡草割至腰畔爲止，須留根三五寸，以護隄身，不得連根劃拔。外坡之草不可芟刈，留之以禦風浪。

倪豹岑曰：若隄潰後，沿隄漂有柴草，謂之浪渣，頗足禦浪，應禁民間，不得撈取。

搜漏洞　裂折

蟻穴、獺洞、鱔攻，皆能穴隄，水漲則漏。又有鼉龍一物，喙利而尾尤銳。至若隄埂，昂頭縮脚之處，定有陡礓。外水浸淫，即開裂折，宜逐細搜尋之爲是。

衍方伯桐曰：大隄走漏，至險至危，須先察隄形勢，是淤是沙。測量深若干尺，見有漩渦，即近口門，或用鍋扣，或用棉塞，或用口袋裝土壓之。此外堵法也。或外面無從下手，祇於裏坡築月埝。此內堵法也。

釘椿

椿有小大之分，自三五尺至丈餘者，皆用以拴柴綑，繫草韉者。若鑲掃撐幫，又須用丈八長椿，土壓乃不外欹。至搶險塞決，有用三丈餘者。波淘洶涌之際，不易施功，非平昔熟手不能濟事。如有踴躍爭先者，更宜格外犒勞。

按：建造生工，隄身用梅花椿，與隄高下相宜。口門溝段用大椿排釘，如馬牙式。又石工鋪底，必用梅花椿，一石能載三椿便穩。

撐幫　塌薦

俗名打包子。"幫""包"音相近，其形如包子，故名。水漲隄裂，以丈五六之長椿，釘排隄畔，形如半規，靠椿塌薦中實以土，有鑲幫撐抵之義。外則代壩以逼水護隄也，內則實土以壓隄塞漏也。皆

權宜之用也。

　　按：此即河工鑲掃之法。

沈舟　下絡　覆穢桶

　　險工驟出，無法可施，用大船實土，沈於隄決處，以殺溜勢。再用木簰繫於上游，水勢自紆緩矣。然後釘以大椿，塌以攤簀，用土實之。此僥倖於萬一之事，不能常用者。又將告險時，以穢稻之桶，覆於險處，實土其中，鑿空其底，而下以椿，亦足以救眉急。

　　《漢書·溝洫志》曰：建始四年河決，王延世塞以竹絡，長四丈，大九圍。

　　按：此即今用攤簀之法也。

　　《元至正河防記》曰：賈魯治河，用沈舟之法，以爲塞決簡便之用。

　　按：沈舟塞決，乃一時救急之用，水涸時仍宜起除盡净。蓋決口淺深坦陷不一，以至平之船底，沈於不一之湍流，未必妥貼。歷年久遠，左欹石側，上實下空，仍恐礙事，切不可以孟浪成功而忘遠慮也。外此，仍有用炭籖盛土、破帳裹土諸事。

卷七　督理_{庶議七}　湖畍逸叟編輯　丁佩卿筱陵校

目次

　　治絲而棼，古人時懍懍焉。隄務其難哉。然有常有變，守其常以濟其變，大約不外乎賞罰兩途。覆餗者懲之，製錦者敘之，使之和衷以共濟，且崇德而報功焉。圩務就緒，永慶安瀾矣。述《督理》。

〔創懲類〕

　　竊以圩務欲驗勤惰，當明創懲，而尤不可不有法也。有陽必有陰，有公必有私，有善必有惡，理也。欲善吾事而不袪夫弊吾事者，事何由善？如抗夫不出，乘間竊椿、拜帖、請酒諸習，皆莠民所為，貽誤隄工者。若貪婪，若賭博，若游談，均非隄工所宜。小則議罰，大則賠修，斷不容開狥推之門也。謹議庶事如左：抗匿夫名、偷取椿木、拜帖、請酒、騷擾、貪婪、賭博、游談、罰欵、賠修、狥推。

抗匿

隱夫抗卯，罪不容誅。以彼素行刁猾，冬春工作照章輪辦，尚且閃避。時至夏汛，彼先偵知事無頭緒，莫可清釐，公然不至。即至起行，往往中塗逃匿。一夫如是，眾夫尤而效之矣。人孰無心，隄將付與東流乎！

袁邑尊曰：隄工當告險時，宜思同舟共濟，不分畛域。失事雖有彼此之分，而受害則無人我之別也。

竊椿料

偷竊椿木之害，詳見《搶險》。至一切工料，如有乘便順取者，亦宜繩之以法，庶警將來。

袁邑尊曰：各圩在埝椿木，附近居民乘間竊取，或藉水勢，興放划船，滋擾圩修，立時提究。

拜帖　請酒

拜謁尊長，禮也。人非親故，勒令沿門持帖，不勝其煩，煩則非禮矣。且圩長歲歲赴工，何必拘此習套。若夫邀請酒席，禮尚往來，何圩長歲歲請邀，無一人復酬乎？此理殊不可解。況同繫一圩，人事即是己事，此非有所挾以要求也，吾不信也。

袁邑尊曰：各圩修厫所，向有拜帖請酒租墻，一切陋規，概行裁革。每夫一名厫所，給錢七十文，倘有格外需索，立提重究。

貪婪

圩工需用，按畝起捐，向無榜示，染指者多習焉不察。圩俗謂之"打夾帳"，謂一事而加倍出錢也。或此已記帳，而彼又牽連及之也。設遇兩路夾察，彼乃含糊混過。如此等輩，豈非混帳而何？

蔣省庵曰：義利之關，即人禽之界。故君子喻義而不喻利也。利心一萌，凡逆理背義、欺心犯法之事，靡所不爲。心術由此壞，人品由此污，聲名由此敗，天災隨至，人禍即來，是利者害之階也。漏脯

鴆酒，非不暫飽，死亦隨之。故財與命連，雖能生人亦能殺人。奈貪僻性成，謂錢之爲物，可以術取，可以力求。鄰雞未唱，出戶爭先，街鼓徧傳，歸程恨早，繞牀倚枕，通夜徬徨，何智不周，何計不到。不知大富由天，乃人看不破、守不堅。平日聰明才辨，一旦臨財，而頓喪其名節學問，未嘗見利思義也。試思我多取一分，人即受一分虧。我橫取一財，人即受一財害。悖出悖入，理所必至。彼世之攘奪欺陵，一切禍害，皆由於此。即盜賊偷竊，殘忍亦始於一念之貪耳。至居間得財之醜，不減室女從人❶之羞，甚矣。臨財毋苟得也。顧人惟知取財於人，而不知取財於天。人果勤以開源，儉以節流，各執一業，則生之有道，量入爲出，則用之者舒。貧則謹身節用，不至於困。富則處善循理，不傷於盈。爲官潔己愛民，子孫享無窮之利。士庶濟人利物，門閭得昌大之麻。何必狡爲聚斂，算盡錙銖，貪利忘義，以致禍不旋踵哉！吾人辭受取與間，總以公正分明爲要云爾。

　　按：貪最爲害事。昔人云：知足不辱，知止不殆，何無厭者，以寡廉鮮恥，棄禮蔑義，一切損人利己之事，左思右算，甚至將鬼神祭品折入於己囊，親戚命田謀買以藕帳。推其心，非聚天下之財盡歸於吾手不止。嗚呼，何其愚哉！叢怨之府，彼昏不知，獨不觀螳螂捕蟬乎？彼貪者何？不悟也。吾圩修隄，歲徵椿蓆諸費。閱是編，居間得財之醜，不減室女從人之羞。彼染指者，尚其省諸。

賭博

　　賭博最害事，於圩隄尤甚。蓋修隄非賭博時，隄工非賭博廠，隄費非賭博錢。若曉散夜聚，疲精耗神，有何力而擔土負重乎？又有何神而理事督工乎？故曰害隄尤甚。

　　畢二尹曰：有等無賴之徒，專放賭債，鄉愚不知賭禁，故勸入局。贏則或喫或喝，不乾不止。輸則量其家資，縱放重利。一千當扣二百，一日不還又加二百，不數日倍蓰加還。初望得錢還債，不知日積日深，追索益急，遂有典田賣產，甚至服毒吞烟。縱有正人規勸，

---

❶　室女從人　指未婚女子沒有經過正常的婚禮嫁人，或指私定終身。

反指爲多事。嗣後因賭放債，毋論有利無利，許借戶一概不還。有爭訟者，詳縣究治。

按：賭之爲害，《醫俗編》已言之鑿鑿，圩役尤有甚焉。土夫朋聚，夜間入局，日作多疲。且有貓鼠同眠，董夫交賭者，始以錢賭，繼以米賭，終且以鍬籃衣被賭，曠卯逃工，率多由此。是在長夫名者，先自禁以爲之倡。

騷擾

水汛驟漲，隄至垂危。圩長畏事，不肖頑夫突出，划船擁至其家，肆行毒害，故爲騷擾。又私隄漲漫，近隄農具莊屋，時亦拆毀，藉名築壩，實則貽害近鄰。又搶險時，夫名紛至沓來，藉以造飯爲名，間亦攫取雞豚以爲食者，玩法已極。

《刑部例》曰：不先事修築隄岸，及修而失時，日笞三十。因而淹沒禾苗者，笞五十。盜決民間圩岸陂塘，致水勢漫漲，貽害人家，漂及財物，淹沒田禾者，坐贓論罪杖一百，徒三年。

袁邑尊曰：各夫在工鬥毆、在棚酗酒賭博，及暗地逃匿者，與抗夫不出情弊，一經發覺，由本局首事稟究。除本夫枷號示工外，該棚頭責革不貸。

又曰：救災卹鄰者爲良民，幸災樂禍者爲莠民。近聞水大告險之時，有等不法莠民，從中阻撓，把持包攬，甚至將圩首蹧蹋不堪，乘人家危急之時，爲自己漁利之計。況圩破同受其害，則不但乘人之危，直是利己之災矣。喪心若此，大膽若此，深堪髮指。爲有生所同嫉，爲覆載所不容。定即盡法處治。

游談

凡夫到埂，性多懶惰，往往信口游談。一切不經之語，彼此聽聞，互相爭勝，甚有觸犯長上，以致鬥毆者，此最就擱時光。嗣後除當言外，無論挑夫在塘取土，鍬夫在埂夯拍，一概不許閒言妄語。此戰士之勇，所以尚無譁也。縱有些語，惟放夫喫烟一晌，即董首齊集，議公相見，客情一兩言外，亦不得刺刺不休，更不能從中妄插

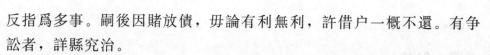

別議。

議罰　賠修

罰條甚多，如隱夫、抗費、乘隙竊椿、縱畜踐隄、罱泥壞埂，均可相其事之小大，而議罰之輕重焉。富者輸以財，貧者示以辱。若保固限內失事，並原缺復潰，均著賠修。

某侍御奏議曰：民間修隄委員及工書等，以其並無功過，是以恣意需索。而州縣亦以毫無考成，漫不經心。如此辦理，安能保其不潰？若嚴定考課之法，知必互相鼓舞畏懼。

按：咸豐元年，邑尊趙燡堂緣孟公碑月隄未竣復潰，大府檄令離任，自備資斧，留工効力賠修。又光緒十二年，郡伯聯仙蕙罰東北岸董首湯某銀三百兩。另諭董首戎汪王承領修築章公祠前漫缺，亦緣原缺復潰也。

狡推

印簿不立，甲分不清。頃畝不一，事無左證。有牽混諉差不當者，有隱匿抗夫不出者，事雖不多見，而人已不堪問矣。更有隄埂廢墜，失久不修，互相狡推者。

史彝尊曰：中心埂連年廢弛，低塌日甚。余與首事諸公目擊者久，具呈上請府縣兩憲，以昭舊額，畫段分工，飭四岸各遵應分一千弓，修築完固，以衛田疇。五歷寒暑，始獲准行定案。

按：光緒九年，戚家橋中心埂一段，兵燹失修，東南、西北兩岸交相推諉。經郡伯沈芸閣委員勘丈，飭令承修。案始定，附批詞云：

大官圩與福定圩，爲脣齒之依，工程最關緊要。丟埂五十餘丈，因止工界碑多年毀失，以致西北、東南兩岸互相推諉，歲久失修，黃前府任內經兩造具控未結。本府查閱接管，卷內供詞扎縣傳集公訊斷，良以圩隄工程稍有罅隙，即爲合圩之累。何況失修至五十餘丈之多耶！該圩首等每以福定圩爲外捍，恃以無恐，因循玩忽，漫不經心。本府若亦稍存此念，亦何必與該首等爲難。豈知天不可恃，萬一福定圩稍有疏虞，以區區數十丈有限之工，而致四岸於淪陷，此心忍

乎？不忍。是皆各圩首狃於習見，而不知顧大局所致也。該某某如果實心任事，何妨於其時出而調停之。准情酌理，持平定議，認界立碑，以爲一勞永逸之舉。該某某近在一方，見聞較確。且士爲四民之首，若能秉公排解，兩造未有不心折者也。而當時則未聞有此。及至冬盡春來，水將漲發，本府念此失修工程，焦灼萬狀。又以兩造詞尚各執，均未投案，一若以延宕爲得計，而爲期又迫不得已，飭縣查明《大官圩圖志》，兩岸各修一千号，雖無止工界碑，而起工界石猶存，各由起工碑起，除去冲潰決口包築圈內，秉公勘量，丈得東南岸已修一千二百四十七号，西北岸僅修九百五十五号，是失修之五十餘丈，應屬何岸承修，已顯而易見矣。乃丈量之日，西北岸首事先以業經處息朦稟候，至次日臨丈，則西北岸並無一人。該某某如果爲地方起見，何不於其時眼同勘丈，當面指陳。而當時亦不聞出此縣勘同城面稟情形。本府深知此間風氣，稍一躭延，即有從而阻撓者。因飭縣即日籤傳兩岸首事，及圩內人等赴城集訊，稟公核斷，當堂具結。失修之處，由西北岸承修給讞立碑。該某某如果尚有意見，何不於其時赴案呈明，而當時亦未聞出此圩首等，具限於四月十五日工竣，候報本府，親臨勘驗。適因天雨，請展五日，而某某等遂起而阻之矣。

夫以全圩工程，爲億萬生靈所關繫，且經官勘斷，兩造遵結在案，而以一舉人出而翻異之，是圩工不必講求，而地方亦無須官長矣。此案原控無該某某，排解無該某某，勘丈訊斷無該某某，忽於案結之後，起工之時，插身自任，謂非把持撓阻，其誰信之？試令清夜自思，其自命爲何等人，其所存爲何如心耶！本府即據此數端通詳懲辦，以爲撓阻圩工者戒，亦不得謂本府之過激也。惟念該某某曲囿一隅，目染耳濡，未知大體。若不明白指示，轉不知獲咎之由。是以委令查訓導孫縣丞據理傳諭，冀其省悟。一命之士，苟心存利，物必於事有濟。況圩工爲切己之事，利人即利己耶。本府謂讀書苟能明理，必當仰體此心，自悔不暇。乃復執拗性成，毫無愧悔。經西南、東北兩岸首事顧全大局，代爲修築，本府實嘉賴之。該某某若鑒於西南、東北兩岸首事之居心，而撫衷自問，何致退有後言？今閱來呈，一味狡執，直一昏憒無知之人，不復以斯文待之。其餘附名各生監，本府

訪聞率皆隨聲附和，不足與校。所與該某某堅僻相同者，亦不過一二人耳。既以縣勘為未允，現在失修段落已由西南、東北兩岸首事代修，目前可以無虞。本府定於秋闈後，金陵回郡，秋冬之交，示期親勘，以免藉口。本府素性質直，凡於地方公事認真辦理，既願任勞，亦不辭怨，固不敢偏執成見，亦不能受人挾制。該某某慎毋以身嘗試。區區此心，唯我四岸士民共諒之。

按：某某繫邑孝廉，誠篤君子也。為圩巨族累葉經畫。圩工得邀，議敘孝廉，需次家居群小，藉其聲望，以售其狡推之計，揑名上控，郡伯亦所明知，但不如是痛詆一番，互相推諉，何由水落石出而讋服群小乎？於以見飾偽者之必露破綻，而不可恃也。批詞氣盛言宜，附載於此。非敢播人之惡也，直欲為該孝廉鳴冤耳。後之覽者，其將鑒諸。

〔獎敘類〕

竊議獎善之舉，貴洽輿情。敘功之典，端邀上鑒。故不可不崇優也。謹按官制軍文疏云：請以春冬興修，親督籌備，夏秋汛漲，駐工防護。既寒暑之奔馳，不辭勞瘁，復捐貲以搶險，力挽狂瀾，故得歲慶有秋，農舍田疇，均資保護，應請獎勵，以示將來官圩民隄不敢上邀國典。如有尚義急公者，或犒賞微勞，或酌予聯額，亦足感發人心，使之聞風興起也。至解囊助公，動以千計，果能實用實銷，又當據情上達矣。謹議庶事如左：犒勞、薪水、獎語、聯額、題贈、議敘。

犒勞

夫名出力爭先，如下樁塞決等事，或賞以錢文，或犒以酒肉，亦是鼓舞之意。又擔土出力，較常加倍者，立插彩旗，至晚酬以錢文。

黃可潤曰：隄工緊急之時，用威不如用惠。余常取庫錢百十千文，分置隄上。買土多則多與，故民踴躍無廢事。

按：圩有買土之法，一擔一錢，亦足見工。

袁邑尊曰：最先收工在前五名者，分別酌賞。在後五名者，分別酌罰。

薪水

枵腹從公，不可強也。查咸豐壬子修隄，按董日給薪水二百文，聽自食用。巡圩亦然。

潘郡伯曰：每圩酌舉紳董一人，其願自備資斧者，仍聽其便。若係寒素，由府縣捐給薪水，不得在公項開支。

聯額　題贈

東北岸姚體仁，字善長，歷屆修隄出力倡捐。邑侯王公以善長一方額獎之。朱公小岩經理隄工四十餘載，解囊倡首事甚夥，咸豐壬子五十初度，工次稱觴。圩尚孝廉曙庵、徐茂才梓鄉暨郡紳唐子瑜、朱月坡二孝廉、教習王蔚卿，皆聯吟贈和，詩見《藝文》。趙邑侯燁堂製五十壽序，多述修隄之功。

羅遵殿曰：或專司銀錢帳目，鄭重收支，一毫不苟。或分督夫名料物，隨時彈壓，片刻靡閒。均能竭力盡心，不辭辛苦。大工告竣，百姓咸歡，似未便沒其微勞，應如何獎勸，以示鼓勵。

按：公籍貫待考。咸豐間，仕至湖北布政司。見《萬城隄志》。

議敘

工費浩大，急公有人。如願出力助工者，不拘官紳士庶，聽其助修，請照地方公事樂輸題請議敘之例，計其工之大小，題請議敘。則善與人同，成工亦易。

《大清會典》曰：搢紳士民，有敦任卹之風者，遇歲不登，或輸粟、或輸銀助穀、或助官賑饑、或依官價減糶、或利及族姻、或施及鄉里，由州縣而府而司道而督撫，爲表其閭。視其所助之多寡，以爲差等。過二三百擔者，以聞於朝，官予紀錄，民予品銜，以旌獎之。

羅遵殿曰：查吏禮二部《則例》，內載獎勵專條。凡捐穀三四百擔、銀三四百兩，請給頂戴。捐銀一二千兩者，題請從優議敘。現奉

藩憲飭知，捐銀二百兩以上者，奉部行文，亦准咨獎勵。凡有捐施紳商富戶以及出力之董事，應照新例造報，分別具題，以彰善類而酬賢勞。其捐四五十兩至一二十兩者，各給匾額。

袁邑尊曰：圩內業戶有力者少，應請照無為州《成案》，其有貼費數百千以上合例請獎者，仍予獎勵，以昭激勸。

〔和衷類〕

竊議修隄夫多人衆，惟和衷共濟，乃克有成，尤不可不輯睦也。官圩劃分四岸，分責成，非分畛域也。分圩甲，非分安危也。然分之則必有異議，有異議遂各有異心，有異心遂有不相和協者，病之所由伏也。譬之養癰乃氣血不和所致，無論左潰右潰、內潰外潰，總不如豫為和解之妙。觀夫堯之協和，舜之惟和，夏商之戀和，文武之修和，古帝王修齊以致平治者，無非和以作其基也。圩工彼此協濟，助工幫費，均平價值，和之道也。謹議庶事如左：協濟、助工費、平價值。

協濟

事至棘手，一圩夫力不濟，鄰圩亦可協之。一岸夫力不濟，三岸亦可協之。袖手旁觀，謂非己事，抑何其計之左也。

邁制府柱曰：隄段雖有疆界，田畝同在一圍，此段隄潰淹及彼段，利害相關，豈宜膜視？凡遇水勢危急，協同搶護，不許互相推諉。如有抗阻，為首棍徒嚴拿，詳解治罪。

林文忠曰：此段有險，上下段夫役均須趕往幫搶，并攜帶物料協濟。如有明知而坐視不理者，查明枷責不貸。

幫費　助工

險工疊出，需用浩繁。若不幫費，則獨力難支，鮮有不償事者。古者鄉田同井，尚多友助扶持，況同在一圩，安危與共，利人即利己乎！幫費助工，理所應爾。此後，責令實力修舉，亦不得恃幫助有

人，一誤再誤。

袁邑尊曰：舊制某圩失守，先自估工籌費，次邀本岸業户幫費若干，又次邀三岸各幫費若干。或四六或三七，分派銀數。公幫者衆擎易舉，獨保者責有專司。

平價值

凡工需椿木、蔴蓆，一切食物，按時估值。賣者，不得過昂，靳而不與。買者，亦不能討巧，硬行攫去。惟有照市估計，兩得其平。當時雖無現錢，事後斷宜歸趙。

袁邑尊曰：爾等平時買賣，原爲謀利起見。茲須照常交易，仍多爲販運，源源接濟，以應工需。倘有藉此居奇長價、壟斷把持，以致病民誤工者，定即枷號工次。該民夫亦不得恃衆滋事，自取罪戾。

〔崇報類〕

竊議太上立德，其次立功，崇之報之，禮所宜然。故不可不舉行也。禮曰：有功德於民者，則祀之。能禦大災捍大患，則祀之。官圩士食，舊德之名，諗農服先，疇之畎畝，親賢樂利，復古何難。是在振而興之爾。若廟食，若專祠，若附祀，皆不可忽者。謹議庶事如左：天妃宮、龍王廟、楊泗廟、孟公碑、章公祠、朱公祠、史金閣、陳公祠、附祀府縣名爵。

天妃宮

在東北岸大禾圩隄畔。面丹陽湖，左臨花津，姑孰繞其傍。舊制宮闕壯麗，道光三年圮於水。同治四年，縣主簿張子赤大心諭四岸士民重建。

吳榮光曰：神始封"靈惠夫人"，歷元明累封"天妃"。國朝康熙十九年，封"護國佑民妙靈昭應宏仁普濟天妃"，加封"天后"。乾隆二年加封"福佑群生"。二十二年，加封"誠感咸孚"。五十三年，加封"顯神贊順"。嘉慶五年，加封"垂慈篤祜"。六年，追封神父爲

"積慶公"，母爲"積慶夫人"。

龍王廟

圩立龍王廟有數區。惟花津天后宮南偏，繫四岸公建。同治五年重修。

《文獻通考》曰：唐肅宗至德二年，詔修龍湫祠。昭應縣令梁鎮上疏曰：夫湫者，龍之窟也。龍得水則神，無水則螻蟻之匹也。故知水存則龍在，水竭則龍亡。

又曰：宋徽宗大觀四年，詔天下五龍神皆封王爵。青龍廣仁王，赤龍嘉澤王，黃龍孚應王，白龍義濟王，黑龍靈澤王。

《格致鏡原》曰：茆山有龍池，池不甚廣，小黑龍十數游其中。取觀之，長僅三尺，昂首四足，目睛爛然，腹有丹書而無牝牡，似蜥蜴類也。每歲旱禱雨輒應，今與山神同著祀典。

《聊齋志異新評註》曰：金龍四大王，姓謝名緒，居錢塘安溪，宋謝太后姪也。三宮北行，緒投苕溪死。門人葬其鄉之金龍山。明太祖呂梁之捷，緒顯靈助焉。遂勅封王，立廟黃河之上。緒父生四子：紀、綱、統、緒。緒居季，故號"四大王"。

按：《會典》祭顯佑通濟、昭靈效（須）〔順〕、廣利安民、惠孚金龍四大王，於江蘇宿遷及濱河各縣。國朝順治三年，封顯佑通濟。康熙三十九年，加封昭靈效順。乾隆二十二年，加封廣利安民。嘉慶年間加封惠孚。

楊泗將軍廟

黃池鎮東有楊泗廟。神，履歷俟考。或曰神名伯遠，充里正，值鹹水決隄，官督築圩堰，不就受責。神割股投水，沙漲隄成。

按：楊泗神有打樁故事，圩逢搶險，立需下樁，宜選精銳壯夫四五十人，操演是法，供神護衛，水勢洶涌，或不致誤。

孟公碑

宋判官孟知縉投身捍水，水爲之卻。圩人立碑頌功，設廟祀之，

在東埂陶家潭後。

章公祠

在護駕墩。前明萬曆十五年，邑侯章公嘉禎抱册投水處，圩人立專祠祀之。右側有佛殿，公履歷政績，見《述餘》。

朱公祠

祠有二，一在青山鎮西麓，今廢。僅存石碣二，剝蝕不可辨。一在新溝市前隄畔，故址今爲廣興庵。均祀前明邑侯朱汝黿。詳見《政績》。

按：上二專祠均載《邑志》。

《大清會典》曰：凡祀禦災捍患之禮，因所捍禦之地建立專祠，特加封號，飭所在有司，歲以春秋諏吉致祭。

吳榮光曰：禦災捍患，諸神祠載在祀典。所以順民情之趨向，爲敷政之一端。非以神道設教，而惑於巫覡祈禳之術也。乃自秦人求仙，粵人尚鬼，其流弊遂至於叢祠、古樹、野石、殘碑，不在祀典之例者，無不老少奔馳，男女雜沓，彼僧尼廟祝，遂得造作浮詞，謂偶爾之吉凶，爲神靈之禍福，藉以誆誘香資，實爲人心風俗之害。禦災捍患，諸神例所不禁。誠能明於彰癉，懍以鑒臨，知福非諂可邀，則慶緣善而積，庶不爲鄉巫野史所惑，而永荷神庥於無斁也。

史金閣

光緒十四年，東北岸建瓦屋三椽，爲修防公所。本慈慧庵基，內供史郡伯蓮叔、邑尊金蘭生二公栗主爲尸祝焉，在北橫埂賈家壩。

陳公祠

四岸士民捐資建造，在郡城東大街。緣光緒十三年，巡撫陳六舟中丞兩次勘隄，籌請鉅欵建造大工，並四圍加高培厚，仍以餘欵賑卹窮民。民不能忘，立專祠祀之。官圩圩工委員駐此。

附祀知府諸公

郡伯潘鶴笙諱筠基，蘇州人，咸豐二年任。

郡伯黃冰臣諱雲，湖南清泉人，光緒五年任。

郡伯史蓮叔諱久常，江都人，光緒十三年任。

知縣諸公

邑尊袁瞻卿諱青雲，興化人，咸豐二年任。

邑尊趙燡堂諱晒，山西人，咸豐元年任。

邑尊徐春林諱正家，江西人，同治八年任。

邑尊周春浦諱溶，同治九年任。

邑尊周小蓮諱德樑，同治十一年任。

邑尊張樵秋諱攀桂，通州人，同治十二年任。

邑尊嚴心田印忠培，常熟人，光緒五年任。

邑尊金蘭生印耀奎，青浦人，光緒十三年任。

述　　餘

卷之一　　山水　湖㙮逸叟編輯　張孔修昌灝校

目次

　　官圩舊爲湖蕩，無高山大川。惟青山峙於西北，謝李留題。丹湖匯於東南吳楚，泛棹吟咏，所至神會及之。雖鹿石與居、鰕菜爲侶，或亦可以適情也。述《山水》。

青山

　　距郡城三十里，在圩之西北隅，繫姑孰鄉。晉袁宏爲桓溫記室，

召遊青山，即此。山南古寺閭閬百室，齊宣城守謝朓卜築焉。唐天寶初，改爲謝公山。宋米南宮芾游此，書"第一山"三字，刻石於山之南麓，傳譌一字成龍欲飛去，雷震之。明崇禎五年，藉茂才廷譽補葺完好。其山自南遙望，莪崒嶔崎，重巒叠嶂，環亘官圩。西北隅諸峰如千瓣芙蕖，不可摹狀。西北雙峰插天，土人望雲之有無，卜天之晴雨。委蛇數十里，包孕山南、保興、城子、塘下、周城五小圩。感義圩附其左方。東南一支，名獅子峰，林木幽蒨。右首臨河一支，似象形，俗名包子山。青鳥家謂有"獅子回頭象不過"之勢。山上有石池二，謝玄暉所鑿也。高下相懸，經冬不涸。紅鱗游泳，相傳爲齊梁時物。謝詩"杳杳雲竇深，淵淵石溜淺"，正詠此也。爲姑孰八景之一。前有白雲寺，寺舊名南峰院。晉咸寧方慧禪師創。宋嘉定改白雲院。熙寧間，僧懷式增修，改爲寺。郭祥正有《記》。寺後有五賢樓，邑人祀郭祥正、□□□等五人。邑宦保黃勤敏公有題詠。中一支名萬佳山。昔人謂萬種佳趣咸聚於此。南有保和庵，明萬曆僧如慧建。西偏有朱公汝龍專祠，明萬曆年建，以朱孔暘、稽廷相、趙栻、鄭文化侑食廡下。鈕廷森作碑，記其實。國朝康熙三年修，今圮。西北十餘里，過泉水灣，唐李謫仙墓在焉。范傳正碑銘屹立基隴，古梅數十本，寒香滿谷，澗水潺潺可聽。光緒八年，蕪關兵備道巴陵孫振銓甃以石，作祠祀之。

白土山

土白色，可陶可墁，舊志云即白雲山者，非。白雲寺，在青山中支，是山與青山連，特標以白土山耳。塗邑山無以白雲名者，山東麓有石隱庵，爲鄉宦夏郎齋前輩讀書處，督學上虞徐立綱游此作記送之。二子炘、燹均以名孝廉，一教授新安，一出宰江右。

武山

距城五十里，在圩東畔之花津湖中。山形如蛤，又圓如覆釜，故

又名釜山。一嵐孤立，獨塞湖咽，傍多漁罾蟹籪，歌聲互苔，清徹可聽。疏烟淡月之際，景況尤臻妙境。運河環亙其下，帆檣絡繹奔赴津溪，亦足徵王政之順軌也。

福定山

距城六十里，在福定圩，有若覆艇然者，一名覆艇山，與官圩中心埂遙對。山之東麓有福山寺，有梓潼閣，有樓有亭，亦佳處也。

附《覆艇山記》：當塗之南鄉，距治六十里曰福定圩，有山焉曰覆艇。周里餘，高數仞，蓋諸山之小者，亦青山之別支也。名是山者，或以其地謂之福定，或以其形謂之覆艇。土人居者斷斷然，是可兼存之而不可偏廢也。步其椒而登焉，恣目四望，東瞻隄岸輪蹄絡繹，西顧平湖一碧萬頃，池鎮屏其南，青山枕其北，綠野相延，閭閻相望，溝池漩洄而互映，樹林蓊密而成陰，鳥啼花發，聲色鮮妍，熙熙然回巧獻技以效茲山者，足以極視聽之娛，信可樂也。我始祖權一公來自木稺，徘徊此山，以寄勝概，因阻以面勢，乃暨乃塗，作我攸宇。故吾氏世其家焉。明嘉靖間捐山左地數畝，與里人建禪寺，曰福山寺。闢石以爲基，壘石以爲樓，依岸以爲垣，種竹以爲蔭。鐘磬號風，香烟含樹，登覽者遊觀而憩息焉，尤覺引人入勝矣。陽有石室，小而固者，福德祠也。陰有石穴，窈而深者，神仙洞也。上有小塔，高不盈丈者，寺僧慈念浮屠也。四圍周匝，或立或跪，或臥或仆者，怪石森然也。其旁之美輪美奐者，吾氏之宮室與宗廟也。巔南數武，漸下而坦。傍山居者，暑夜納涼，每於雲斂月出時，少長咸集，或枕藉而臥，或踞石而坐，或擊節而歌，清風徐來，蚊蠓散去。相傳爲洞仙坐所，故異致有如此者。又有兒戲者頓以足，轟然有聲，山鳴谷應，故老曰此山中空，山陰之洞與此相達，故頓之有聲。不觀夫艇乎？試覆而頓之，有不轟然者乎？山之所以名覆艇者，其以外形乎？抑以中空乎？夫山不在高，有仙則名。撫茲勝境，驗以仙蹤，雖青山之別支，未始不可與青山媲美也。顧美不自美，因人而彰青山也。不遭謝公，則崇岡峻嶺湮沒而不彰矣。予家是山，不書其美，使盛蹟鬱

湮，是貽峰嵐之媿，故誌之。乾隆乙酉王師彭譔。

《覆艇山考》：山形似覆舟，厥名覆艇，最爲馴雅。乃俗呼爲福定山，由覆艇與福定音相似，遂譌傳耳。且因圩名福定圩，遂以山名福定山，即寺亦名福山寺，無復疑而問之者矣。不知土樓上舊有覆艇山碑，歲久漫漶。今雖毀棄無可徵信，然佛殿前有康熙年間碑記，猶云"覆艇"，實非"福定"，可知也。山之龍脈，莫識從來，或以爲自北而南，或以爲自南而北，或又謂突起田間。昔有楚王驅山爲城，以雞鳴爲度，九女夜半學雞鳴，山遂止此。至今池南有楚王城、九女墩遺蹟，其說誕妄不可信？胡胐明《禹貢錐指》謂水行地中，屢伏屢現，山形，何必不然。今就山嘴觀之，其勢自北而南斷，以發自青山爲是。山後有神仙洞，窺之深黑。昔有好事者執炬入，至丈許不可究極，驚悸而返。古云有仙則名，其洞如此，山之靈異可知。其上多蒼翠諸物，蔥鬱可觀。自康熙戊子，水勢懷襄，依山居民屢爲砍伐，萌蘗無存，遂成童禿，非培塿無松柏也。我族聚此山之傍，當復廣種龍鱗，由一株以至百千萬株，遠近庇蔭，則山勢亦爲增勝矣。即今春深之候，花黃似蠟，草綠如裀，秋晚之時，苔石成文，雲霞欲冠，每與同人登其絕頂，踞石危坐，極目四望，頓覺開拓心胸，想見蘇門長嘯、謝安石東山得意時，正不必上衡山落雁峰，欲攜謝朓驚人句，搔首問青天也。我祖若宗藉山景以盤桓，賴山靈之呵護者，已數百載矣。可不溯其源流而標其名勝乎！第覽縣志山圖，此山亦名福定，並無覆艇之稱，於以見譌傳之久與採訪之疏也。後之珥筆者，尚其知所釐正焉。王櫟園著。

按：官圩四圍以內皆無山，所記諸山，緣附近官圩也，故述之。以下水。

丹陽湖

距城八十里，經貴游、積善、黃池、多福、湖陽等鄉，在官圩東畔與石臼、固城湖通，東西相距七十里，南北相距九十里，姑孰巨浸也。今分丹陽湖屬當塗，有新溝所辦納漁課。明萬曆二十九年，巡按

御史李炳立碑，在塘溝鎮。湖有八景，如荷花、夏日、蓴菜、秋風，皆爲名士賞詠。

召試博學鴻詞，欽授翰林院檢討徐位山先輩有《湖居》七律三十詠，一韻一詩，見《志甯堂稿》，集隘不及備載。

石臼湖

俗傳晉石崇載臼沈此，故名。或曰中底深如臼，冬月不涸，未知孰是。今考湖在湖陽鄉北，分丹陽湖之東半屬當塗，半屬溧水。高淳有葛家所，亦納漁課。志載二所共納稅銀五十六兩三錢四分六釐。

固城湖

在高淳界，與丹陽、石臼二湖匯合，是謂三湖。夏秋之交，水溢風涌，官圩東岸百里當之，最喫緊處也。

青山湖

在青山之南舊圍隄。宋開慶間，知縣事孫宣教呈請路西湖永不圍田，緣徽甯山水下注，無地瀦蓄，往往囓隄，以致民累。部議從之，遂奉劄禁廢。立碑在青山鎮北，今漫漶不可識。

路西湖

在青山大路之西。青山舊有驛站，湖在路西，故名。又名路斯湖，以張路斯得名也。考張路斯，隋初家於潁上，以明經爲宣城令。夫人石氏生九子。後罷歸，釣於焦氏臺陰，忽見有宮室樓臺，遂居之。夜出旦歸，體寒而濕。夫人驚問之，曰：我，龍也。蓼人鄭祥遠亦龍，與我爭此居。明日當戰，使九子助我。頷有絳綃者，我。青綃者，鄭也。九子以弓矢射青綃，中之，皆化爲龍而去。蘇東坡在潁

上，作《記》，使吏民祀之。今黃池鎮西有九女墩，與宣城接壤，疑即此事。舊志載，湖草場租銀六十一兩四錢六分零，漁戶辦納，每頃納銀二錢四分。

萬春湖

距城六十里，壤接路西湖，在官圩西偏，原繫圩田。明正統間，巡撫周文襄忱築東壩，遂破圍以瀦水，田賦派入蘇松。萬曆初，令納租取草爲青峰草場。志載六百七頃二十一畝零，納銀六百二十五兩四錢零。每頃一兩零三分起科，佃戶辦納撥補，江北各營不敷兵餉，今解布政司撥充。是湖與蕪邑相錯，俯視清波，尺餘下面，塍壟仍在。

姑孰溪

溪臨圩之北岸，與丹陽湖連，起自小花津，湖盡而溪接焉。郭祥正詩"兩歧直截丹湖源"是也。迤西過青山之陰，經兩盤磯，又西過白紵山、凌家山之陽，北過新壩口，直達郡城之南，越南津、采虹二橋，達皋慈河，至金柱山折而北趨，過黃山至采石，約五十里入大江。李謫仙、陸放翁皆有姑孰溪題咏，見《藝文》。

各支港水入丹陽湖

一、唐溝河，繫湖陽鄉。南自涫邑官溪河流合新草港，至唐溝鎮爲唐溝河，東行入石臼湖，迤至丹陽湖，拍官圩埂。

一、大溪港，繫貴游鄉、白鹿鄉。源出橫望山南麓，水經澗口村前窰岡村陶家甸，至博望鎮大王廟許家村入丹陽湖，逼射官圩東岸。

一、新開港，繫貴游鄉。新市鎮東諸水，由港入河，匯於丹陽湖。漲則浸沒官圩隄埂。

一、武山港，繫永保鄉。自桑姑山南、章公堂起、新市鎮西，水南行經陳子山，由武山之東約十里，自港入丹陽湖。水漲風急時，搏

官圩十里要工。

一、花津渡河，繫積善鄉、黃池鄉。東水一支自紹師橋西南，行經陶家橋分支而南，由武山之西陳進等圩，約十數里，自河入丹陽湖，下注姑孰溪，礙官圩北岸。

各支水入姑孰溪

一、煉堆港，繫黃池鄉。水自丹陽鎮南行，合龍泉靈墟諸山之水，經薛鎮葉家橋南，會陶家橋分一支，西行繞陳進圩之北，爲煉堆港，俗稱煉丹港。約三里許，至紀家渡，入姑孰溪，逼官圩北橫埂。

一、儲家渡，繫石城鄉。洞陽老山諸水出焉。自和尚港南行十里，入姑孰溪，逼官圩北橫埂。

一、新開港，繫石城鄉。禪山、嶽山、象山諸水出焉。西南行十里，由拏馬橋入姑孰溪，逼官圩北橫埂。

一、查家橋港，繫石城鄉。在白紵、凌家山之間。白紵景山之水，西行五里至釣魚臺，東流入姑孰溪，逼官圩北橫埂。

按：以上諸港，均在南津橋內。水漲溪滿，江流逆溯，皆礙官圩。

一、襄城港，爲郡城內水所洩之處。水由城東南新壩自外濠達內河，由北水關出梅莊閘，西行由港北入姑孰溪。

一、城北附近各山之水，及諸塘渟注溢出者，均由港入姑孰溪。

一、平政橋，繫化洽鄉。舊名灌渡橋，歸善、化洽諸山之水起和尚橋，西南行二十里，經裏外灌渡橋入姑孰溪。

一、杜公港，在采石鎮南一里。乳山、梅山之水，南行十里，至四喜橋入姑孰溪。

按：以上四條，非正文也，連類及之。

一、竺山圩港，繫姑孰鄉。梅山、桓墓諸山之水，匯於中山，下爲小湖蕩，北由芮家橋入姑孰溪。

一、龍山港，繫延福鄉。起路西湖之右，經青山白雲泉，一名桃花泉，即相傳泉水灣是也。水味甘冷，下至龍山，過九井山花亭橋、牛濯橋，入姑孰溪。

按：以上二條，水漲有礙官圩四岸。

一、臙脂港，繫延福鄉。在城南三里甸，地有昔代皇后脂澤田，故名。港水從龍山之北分支，西經塗山之南，西南行過新造橋，折而向北，水小流微，至城西入姑孰溪。

一、扁擔河，繫延福鄉。在城南新城埠，即古擔河通大信河，至犂頭尖分派，北流至金柱山入姑孰溪。

按：上入丹陽湖諸水，均爲隄害。入姑孰溪諸水，其在南津橋內者，夏秋山洪下注，江潮倒灌，亦足隄害。緣溧邑天阜石閘，一名臙脂岡，旋鑿旋長，自明洪武間議開此閘，經今數百載，未能遽行。國朝同治□年，部議開洩，飭當塗縣會同溧水、高淳兩縣履勘，兩畔山石确犖，工大費鉅，卒不果行。百川不能東之，僅南津橋一綫出口，又兼南岸徽甯諸山之水灌入，三里埂至查家灣河下達花亭橋，交匯津溪，其源之來也日旺，流之去也日紆。圩多水患可知矣。其在南津橋外諸港溇，因姑孰溪而類及之，非盡礙隄也，備參考爾。

南岸上承諸山之水

說見《正編·瑣言·修築》上承徽甯山水註。

謝公池水

水色澄碧，上下二池皆甃以石相懸丈許，雖大旱不涸。其溢出者，灌山下田百畝。池中紅鱗長尺許，繫五代時物，游人投以餌，輒浮起水面唼食焉。志稱八景之一，曰"玄暉古井"。

按：以上諸水，均在圍外，以下繫在圩內諸水。

稠塘

稠，滿也。一作"讎塘"。傳古人避亂居塘中爲賊害，故名爲仇，俗譌爲"臭塘"。在黃池鎮西，與華塘、火燒塘，圩民謂之三塘。

華塘

在南廣濟圩並興國圩。周、汪、王、華，皆爲著姓。

火燒塘

在中廣濟圩與新溝圩交界處。

無淤港

一名烏溪港，又名遼港，言遼遠無分淤也。在烏溪陡門口北，長約十五里，直達邰家橋。

白潭

在騰蛟寺北，一名龍潭。深且大，中間巨測，疑藏蛟龍。道咸間，連潰六七缺。

王家潭

在永豐圩，外臨大河，中間寬闊數百畝，淵深莫測，險工也，魚利甚溥。

三條港

在新溝圩，自垛子橋至賀家橋十數里，舊有二埂在港中，今沒。

南河

在中廣濟圩亭頭鎮，陡門口長二里許。午日，土人掉龍舟聚此以

角勝負，兩旁觀者如堵。

沙潭

在南廣濟圩，有周、張著姓在焉。有橋有寺。

鐵罐潭

在上興國圩，一名鐵冠潭。

清水潭

在沛國圩，前明潰缺，圍成此潭。

按：以上三潭，皆深而且巨。

牧牛埠

在中廣濟圩，寬大十數里，瀦水處多淺灘，爲芻蕘蓄牧之所。

邵家湖

在沛國圩，亦多淺灘，約廣大六七里。

九十九條溝

在上興國圩，溝洫極多，不能悉數，故名。

釜底港

一名無底港。在南新興圩，有陡門水出入。

官圩膽

　　居官圩極中處，池水不甚深，經冬不涸，而緣於染且似膽，故名。

　　按：陸放翁《江行記》云：南望平野，極目而環宅皆流泉奇石、青林文篠，真佳處也。其大意謂圩民散處田廬之旁，均有溝洫植以垂楊，彌望青蔥，故云。

　　此外，仍有張家灘、薛家灘、龍潭灣。

卷之二　人物　湖堧逸叟編輯　于采藻毓伯校

目次

吾塗巖壑靈秀，文紳武胄，代有偉人。圩當其南，賢哲挺生。其忠義激發者，亦光昭志乘。焉知地以人重，百世而下其能已於興起乎！述《人物》。

宋

趙權

黃池鎮人。母病，衣不褫帶，嘗藥而後進。醫屢易，益痼，乃焚

香夜禱，取刀刺脇，探手取肝以進。母漸瘳，權亦遇良藥無患。大守孫懋表其里曰"孝感坊"。

元

漆榮祖

字仲舉，黄池人。父永成，宋將仕郎。榮祖仕織染局副使，遷武昌局提舉，用先賢裔孫，改將仕佐郎，累升奉訓大夫。少敏於學，敦行孝弟。父歿，負土成墳，松柏皆手植。兄弟先卒，經理其家，事無遺力。尤喜周人之急，歲歉則發粟，病則與藥，死則施槥。居官所至，修其職業。年六十即致仕歸。初，永成以青山保和庵乃謝公故宅，不宜久廢，爲市田二十畞。榮祖又置田四十五畞。里人稱之，爲碑以祀永成於廡間。後被害仇家。

于勝一

字茂振。先世自河南仕姑孰，遂家焉。天姿英毅，師事王逢，學宗濂洛。母愛少子，勝一善體親志，分産時以膏腴與弟，而自取瘠者。尤好周卹貧乏。世祖時訪江南人才，程文海薦之，拜集賢院學士，固辭。歸隱，壽終，葬白紅山。子姓蕃衍，至今十字。圩于姓皆其後裔。

明

潘庭堅

字叔聞，學問老成。元時，用薦爲富陽教諭。乙未，迎高帝駐蹕太平，遂擢本府儒學教授。明年，取金陵，改中書博士。庚子，除金華同知。壬寅，召爲翰林學士。四年，充會試主文官，階諫議大夫，以年老致仕。爲人慎密謙恭，未嘗有過。詩文爲時所重。

潘黼

庭堅子，字章甫。幼潁悟絕倫，總角時，庭堅與談鄉邦搢紳、文獻、模楷、典則，輒能強識博記，長師事陶安而託交於李淮兄弟。初授太平府學教授，改金壇主簿，擢起居注。丙午，除中書左司都事。丁未，拜嘉議大夫、江西湖東道按察使，時年未四十。會修《大明會典》，充議例官。洪武九年律成，尋卒。爲人肖父而文章清雅過之。所作序碑傳贊皆散佚。子孫家多福鄉。

詹俊

字用章，祖居青山下。俊幼受《易》陶安。洪武四年，徵授磁州同知，賜冠服銀帶，到官揭"公勤廉謹撫教懷安"八字，黏座隅，以自勵。時兵革初定，民復舊業，俊勞來安集之，勸督耕桑，明飭教令，興學選師，舉賢薦能，抉剔弊蠹。民有訴掘地藏金，爲眾所奪。俊立眾於庭，諭以義利，眾率還所奪。民德俊，懷金謝之。俊曰：我不欲眾昧義趨利，乃躬自營利耶？民愧而去。董饟潼關，解所服銀帶，代民輸遣漕。歸，置帶還之。俊曰：吾得紓民憂，何愛一帶？卒不受。隣縣蝗，爲文籲天，蝗不入境。嘗旱，作歌自責，大雨即至。陞汝甯府通判，治廨舍，役夫得窖鏹欲納俊。俊曰：此汝所得，何與吾事？悉界之。洪武九年，以疾歸。老壯遮道挽留，涕泣不忍別。道經新蔡，卒，遂葬龍潭之側。

葛貞 子雍

字文幹。永樂三年進士，除户部主事，以幹軀顧美選擢尚寶寺丞，升卿。爲章帝所眷，每用璽寶侍左右，承顧問，被賜賞爲多坐。與勳戚圍棋爭路，出語不遜，爲所奏，外除南兵部郎中，尋升布政司參政。命下，貞物故矣。子雍以監生任學職，居黃池鎮。

于鐓

字可法，新溝人。萬曆間仕江西高安縣佐。嘗宿旅邸，牀下獲金二百

兩，流連數日，俟遺金者至，悉付還之。三十六年歲歉，出粟賑濟鄉里，咸頌之。

丁大相

字子忠，華亭鎮人。母歿，寢匶傍，服闋乃入私室。父卒，廬墓三載，有白燕巢之異。邑令朱汝鼇扁曰"純孝之門"。里人稱爲丁孝子。

魯國聘

烏溪人。事媥母五十年，依依孺慕。病嘗藥，溲矢皆手滌，號哟剜股，得愈。曲體親志，以待同胞，鄉里敬之。

朱光

字後溪，橫埂人。公產時值夜分，榮光滿室，照耀同白晝，故以光名。及長，候時轉物，致累貲鉅萬，富甲一邑。萬曆戊子歲荒，以萬金上之當事，助本郡賑濟貲。達於朝，部議合例授南省賑濟官。

朱孔暘

光長子，字明宇。席祖父餘蔭，田連阡陌，世居西南岸之沛國圩。才具開展，偕同志鄭文化、趙栻、稽廷相等，禀請邑令朱汝鼇倡畫段分工議，頤指手畫，四岸二十九圩，規劃井然。嗣是圩工鞏固，一洗從前諸弊。當事不没其長，達之部，授以冠帶爲圩宮焉。時萬曆四十一年也。

鄭文化

字半州。家素封居青山陽之山南圩。以子貴，偕朱孔暘等倡分工段，爲西北岸總圩長。

趙栻

東南岸二碾人，字步佳。例贈修職郎，與西北岸鄭文化、西南岸朱孔暘、東北岸稽廷相鬮分工段。

稽廷相

東北岸稽村人。居花津十里要工之傍，習見該埂險要，偕同志諸人分工劃段。十里要工，工險費鉅，無敢肩任。令四岸攢築之，至今遵守。

朱桂

黃池人，字有芳，號西橋。前明萬曆十五年大飢，輸穀八百擔助賑。御史喬公璧星旌曰"尚義"。咨部賜七品秩，會公故，賜其子"尚寶"。

朱緘

字金繩，沛國圩人。多膂力，明崇禎壬午科武舉人。

張有望

黃池人，字賓實。郡庠生，明崇禎朝兩舉鄉飲賓，里人榮之。

國朝

楊璜

字希周。世居官圩栗樹墳。持己甚正，不肯詭隨。性孝，會兵繞其鄉，璜曰：吾祖宗址隴在此，何忍棄去？因匿妻妾與子於林中，身守壟。兵見墳上有衣冠者，奔執之，璜遂赴水死。子甫十齡，自林間見父溺，號哭，亦奔投於水。時順治三年三月十六日也。久之，父子兩屍攜手浮出。族見璜父子死，利其產，將（折）〔析〕之。四年三月十六日，遺腹女哭一晝夜，忽變爲男。知縣張京驗實，獎額曰"君子道長"。

張鳳暘

沙潭人。明末官圩，土寇蜂起沙潭，險逼湖濱，肘近賊穴。暘散

家財給鄉里強壯者，率之捍禦，數十里內，賊不敢入。已而，大兵征剿。副總梁化鳳帥師過沙潭，民皆震恐。暘椎牛犒師，泣陳良民遭寇之苦。梁義之，授以旗，全活無算。至今里人德之。

孫啟蕃 子一睿附

字維楨。邑庠生，積學好義。丹湖舊有賠累課銀，蕃力陳豁免。順治九年大飢，蕃詣縣請示給簿募賑。其家無餘力，並變產以繼，所活無數。子一睿，丁卯科武舉人。

孫啟芝

蕃弟，邑庠生。圩紳湯天隆赴撫轅上圩務條陳，芝副之，得力居多。

湯天隆

東北岸湯村人。歲貢生。順治十五年，輯圩務十六條，上之巡案衛貞元，蒙批飭縣，准行勒石，永著爲令。條陳見《正編》。

汪維

南柘港人。順治九年捐賑。

戎虯

戎埂人，字蒼臣。例授州同。年荒，破家紓難。

丁宗閔

字再騫，號青麓。居西南岸古華亭下，孝子丁大相之曾孫。康熙己未進士。居家敦睦宗黨，爲族人貧者完娶，分田廬以資其生。置義田祭器，延師課訓子姓。任雲南祿豐縣令，遭逆藩之變，地荒民逃，閔請於上憲，借帑買牛種，招流移，民乃樂業。祿邑應試，士鮮甚。閔設義學，親訓課，助其膏火，文風漸盛。張藻鑑等始獲雋於鄉。得譚璜卷，力薦闈元，主司抑置副車，閔決其必元。癸酉，果發解。勸州有土酋龍卓，奢恃險，不服節制。督撫重閔才，檄攝

州事。閔單騎往，示禍福，卓感泣，縛首惡以獻，一方安堵。攝安寗州，井水忽淡，不能成鹽，竈戶逃亡。閔至，除其苛費，禱於神，井水如舊，課額不缺，士民立祠，肖像載《雲南省志》。任滿，督憲范承勳贈以詩曰：九節蒼籐今日杖，半肩行李舊時書。兩院交章薦之。值丁內艱歸，哀號思慕，卒。著《讀書草堂文集》，待梓。

胡一楨 子成喜另傳

字天吉，黃池鎮人。性純孝，克敦友誼，與兄一柱同爨，毫無忤色。後因家口繁衍，始分析。兄子三，己子二，一切產業五股均分，族黨稱之。持身清儉，治家整肅有方，教子嚴切。長成善，邑廩生。次成喜，歲貢生，肄業北雍，授霍山訓導。孫闓基，廩貢生。寗蒼，邑庠生。希敏，邑庠生。

丁大儀

字子範，華亭人。優貢生。父病篤，刲股爲羹以進。父病愈，值歲飢，傾資以濟貧乏。督學周師旦察其狀，舉優行，屢舉鄉飲賓。

丁士瑊

大儀子。幼失怙恃，悲慕終身。康熙十八年旱荒，瑊捐穀賑飢，疾病者給藥餌，有鬻妻者伙助之，使完全，並施棺百餘具，鄉里義之。

王尚恕

字心衡，倉屋墩人。幼聰穎，父顯名抱恙，親嘗湯藥，閱月罔倦。事繼母魏如生母。兄弟七人互相友愛，三世同居共爨者七十餘人。分析時，涕泣不忍。子七，長煥，庠生，熾、焰，均國學生。

葛之嵩 子遇澍另傳

字維嶽，邑庠生，黃池人。十世祖貞，山東布政使司。嵩少潛心宋儒五子之書，主敬清心，居嘗與同志講學於池上之當仁館。此外，杜門

授徒，不窺城市，箸述甚富。雍正丙午，年七十。三月朔日，忽語門弟子曰：我以是月七日去。至期，沐浴、薙髮，對鏡作七言絕句，端坐而逝。子遇清，郡庠生。遇澍，歲貢生。孫芳榮、芳蔚俱庠生。

王國勳

字翰臣，南柘港人。母年老臥病，同妻谷氏奉湯藥，衣不解帶者七載。康熙十八年旱災，隣邑有鬻妻子者，向勳訴告，多所獲全。

朱三連

黃池鎮人。字肇坤，邑庠生。孝友仁慈，矜孤卹寡，壽九十二歲。康熙十八年舉鄉飲賓。

張性

黃池鎮人，郡庠生。父病膈一載，性千里覓方，晝夜跋涉。父沒，事繼母無異所生。兩弟皆繼母出，愛之尤至。嘗往高淳收租，見鬻妻者，以租予之。其好義，固天性然也。

周有名

黃池鎮人，邑庠生。母孀得癱疾，名妻後氏扶持眠起，凡十六載。母疾篤，後氏刲股療之。母沒，名悲哀失魄，每哭必至墓所，風雨不避，失足墮水死。妻一慟而逝，遺孤二伯叔撫養。

沈文迷

黃池人。天性至孝，十二歲刲股救母，母得愈。八年後母病，又刲之，母又愈。然諱不令人知也。竊視之，但見兩斑痕云。生平行誼高潔，邑孝廉徐必泰為立傳。

胡成周 子開基另傳

黃池人。立心敦本，孝父母、睦兄弟，不愧古人。尤矜卹孤寡，全人昏姻，閭里多被其德。家由此貧，不少悔。子開基，乾隆丁卯

舉人。

張大烈

何家潭人，字承之。孝友性成，康熙二十七年舉鄉飲賓。

吳德成

黃池人。性孝友。康熙二十八年舉鄉飲賓。

傅之巖

黃池人。康熙三十三年舉鄉飲賓。

陶連 子潘另傳

東北岸人，字公選。貢生。祖正坤，兄弟七人同居，坤督家政，一錢不自私。連事親孝，母染疾累年，艱於臥起。連日夕不離寢處，侍奉湯藥。親瀚腧廁，不假僕婢手。康熙戊子，圩潰，出穀佐賑，存活無數。次年充修圩總，念荒後災黎難以負築，呈府請夫，日給米一升，先捐米五十石以倡。好義者皆趨事，圩隄堅固。邑令成文運獎之。年六十八卒。子以約，國學生。潘，另傳。潤，貢生。孫植，候選州判。林，候選州同知。

陶潘

連子，字士采。歲貢生。事父母有孝行，孺慕之誠，出自天性。其父母委以家政，潘力任之，無私橐，至今鄉里咸稱焉。雍正丙午壬子，圩內連遭水患。潘率諸弟姪察，懸釜者輪以粟，全活者多。里黨貧乏，嚴冬無被，婦子終夜號寒。每歲搆被與棉貯靈應觀，俾道人分給。恐在家，則請者懷嫌或不至也。事諸父以禮，待族眾皆有恩義。邑侯顧麒錫常以“厚德”額襃之。

于科昌

邑庠生。黃池人。性至孝，母鄧氏瘝，牀蓐七載，親浣腧廁。

守制三年，未嘗離靈側。愧不能禄養，早謝場屋，開家塾延師，令合族貧子弟肄業其中。康熙戊子水災，人多斃，昌糾同志捐金施棺，鄉里咸重其人。

汪起龍

字飛九。起隴埂人。少習制藝，後即肆力經史，淹貫博洽，著有《歷代題名人物考》數十萬言，亦工詩。惜其子爲《農家流人物考》，不知何人攫去。詩並散失，志載存《懷古》十二首，今亦失。龍性高潔，雖飢寒交迫，不受人粒米寸帛。卒年七十六。

陶治

橫埂人。制行高潔，康熙四十年舉鄉飲賓。

李成蕃

黃池人，字祥生。天性醇厚，尤敦棣萼。起家千金，分諸弟。鄉里有兄弟爭産者，聞之俱爲愧服。

劉焕 子廷柱另傳

賈家垛人。邑庠生。康熙四十九年躬赴撫轅，呈請禁革官圩四岸總長，有《條議》，見《正編·條陳》。子廷柱，另有傳。

朱萬九

黃池人，字翼雲。邑庠生。敦行不怠，陶情詩酒，與天都王浩然旦、宛陵沈方鄰泌、梅瞿山清、吳下李笠翁漁、邑魯鐵人，逢年互相唱和，著有《荒荒集》。太平府同知署府事趙士珩舉鄉飲賓。

戎良炳

邑庠生，戎埂人。母病三載，晨夕扶持勿懈，牏厠亦親滌。兄弟三人以食指繁，議析居，炳不忍。勢不得已，遂聽兄標分，不計多寡。其孝友出於天性，年四十八，雙目忽瞀。踰八載，夢神以水洗

415

之。及覺，見月浸疏櫺，遂復明如初，人異之。年七十二歲而卒。

戎上輝

字期朗，東北岸人。守正仗義。康熙戊子，民艱於食。輝產不及中人，隣里不能舉火者，分粟以濟，不受其償。縣賑粥，患喧嚷。輝奉委辦官圩西岸事，措置有方，並解囊以助。屢任總修。雍正丙午，水溢幾潰隄。輝捐米食人，保護無虞。邑令陳銓獎之。壬子，督同修太平圩陡門，迄今完固。他若施茶、施棺。撫戚唐某遺孤，爲謀生業。諸弟析產後，家業中落，分己產給之。建宗祠，清祖塋址，獨經理竭力，蓋爲善不倦者。其倡修昭明太子西講院，有碑記。妻戴氏亦能輕財，輝嘗遠出，值境內粟翔貴，遽出所儲米穀，減價以售，一方沾惠焉。子淇、孫嶽，皆國學生。

庚玢

字文石，黃池人。康熙辛卯舉人。長於文。雍正庚戌，以知縣往貴州試用黔撫。問治略，條議悉當，委辦臺拱兵餉，亦得宜。未幾，疾卒，當事惜之。

庚玝

玢之弟，字義存。康熙庚子，歲貢生，任貴池訓導。文與兄齊名，池上第一家也。

胡成喜

字燕尹。雍正丁巳歲貢生，黃池人。性剛方，持躬清儉。少好學，至老不倦。試嘗迭冠其曹偶。箸有《蔓鋤制藝》《拂雲樓古文》《僅軒詩鈔》。居家尤重根本，族中丁繁，獨鳩宗立譜建祠，以崇敦睦。任霍山訓導，學有立。安山躍龍池，舊爲豪佔，悉令仍歸學宮。後罷歸。卒年七十。子，甯蒼，庠生。秉直，監生。

胡開基

黃池人。字徑三，成周子。乾隆丁卯舉人，文筆豪邁，才雄一時。

葛遇澍

貞裔孫之嵩長子，字耘自。乾隆丁卯歲貢生，選授江蘇靖江縣教諭。

趙萬隆

黃池人，字東田。乾隆丙子舉人，名滿江南，時有經師之目。尤長於《禹貢》。大興朱文正公愛其品學，延爲子弟師。邑孝廉夏心伯有詩序。

乾隆嘉慶之間，吾鄉黃左田宮保暨先師趙東田孝廉俱以詩名當世。先君子嘗爲炘言：居京師時見宮保日自課一詩，雖大忙必籌鐙拈題足成之，曰：詩未必皆可存，多則可以棄瑕而錄瑜。後葉雲素給諫爲宮保斟酌詩集，刪其什之六七而存之。今所傳《壹齋集》是也。東田師則不然，興之所至，執筆吟哦，否則終月終年或不得一字。李實夫明府嘗敬之，曰：詩以道性情也。性情之所不屬而強爲詩，是僞也。無論其不工即工，亦不足貴也。以故先生之歿，存詩寥寥數百首而已，可不謂少乎。厥後，宮保解組歸里，索去詩稿，爲選其六十餘首，將付之梓而未果。去年，宮保捐館舍。先生之孫寶青裒全藁來山中，屬炘商定之。炘年二十五六時，曾學制藝於先生。彼時兼治《毛詩注疏》，亦間質所疑，未遑學詩也。偶於壁間見所題《畫鷹詩》，歎爲古雅絕倫，意欲留爲他日請業。乃南北奔馳，而先生歸道山矣。展誦遺編，愴悅久之。因謂青曰：先生之詩不必選也。先生品行高潔，胸次恬澹。早受知於大興兩朱公之門，後客京師，即館文正公宅。其時，仁宗親政，倚文正如左右手。而文正之愛才如命，與其兄笥河先生無異也。凡士之急於自衒者，皆委曲執贄其門，或掇巍科以去。而先生禮部試罷，即浩然歸來，閉戶屏蹟，課徒自給。故其爲詩高古超邁，不可攀躋。即偶不經意之作，亦必有真性情以寓乎其中。譬諸空青翡翠、珊瑚寶璐，豈無瑕疵？而精光不可磨滅也。寶青家四壁立，不能付梓，將來剞劂之任，門弟子責也。嗚呼！後人欲考黃趙兩先生詩之所以多寡者，此可以得其梗概矣。

汪士彬 弟士彤

華塘人，居池上。字景曹。乾隆庚午舉人。弟士彤，歲貢生。弟兄師友相琢磨，以文名於時。子一緯，選拔生。孫子進，邑增生。遭咸豐辛酉粵逆之亂，罵賊被害。

尚可畏

戚家橋人。字□□。詩文清秀獨絕。中辛酉副車。

王凬

字便樸，四碾人。教授生徒，一時從游者眾。文筆排宕，名作如林。

史宗連

字彝尊，沛國圩人。武庠生，兼優文理。乾隆十九年，倡修中心古埂，呈請府縣兩憲。有東北岸陳紹裘、戎文紹相繼而出，與爲留難，歷五稔讞定，復請。府教授朱錦如將四岸原日分定中心埂工段，刊載府志。箸有圖冊，刊行圩中。

朱爾立

字大成，沛國圩人。國學生。乾隆十九年史宗連修復中心古埂，爾立副之，俾昭舊額。又偕保城圩劉廷柱等赴總憲告除採買弊政，卓有功烈。

朱逢春 子芹，孫岐另傳

世居沛國圩之橫溪，字運三，國學生。以孫岐貴，贈貤六品職銜。道光癸未、辛卯，圩遭水患。公散穀千餘擔，族隣鄉黨藉以存活者居多。子芹，亦國學生，能繼父志。癸巳、甲午等年圩潰，亦給穀擔鄉里，有"善門"之目。丙申，陳遠雯太守倡捐育嬰堂，公出銀五百兩助之。蒙府憲詳請部議，合例邀准，議敘八品職銜，仍贈匾額曰

"種德膺榮孫，岐州同知銜"。

陶之鍾

字漢傑，義城圩上下埠人。由增廣生加捐詹事府主簿。道光三年，捐賑案內欽加二級，紀錄二次。弟之鎬，同列奏案，賞加一級，紀錄四次。巡撫給予"克襄義舉"匾額。子如澐，郡廩生。孫俊，同治丁卯舉人，選南陵縣訓導。英，歲貢生。儀，邑庠生。

劉廷柱

保城圩賈家垛人，字朝望。歲貢生，長於才。史宗連修復中心古埂，朝望之力居多。時採買弊政，深爲虐民，乃偕同志朱爾立等十人呈請當事，除之。著有《採買德政書》。

朱兆安

原名一安，橫溪人。家貧，爲人傭。事母至孝，母死，安結草廬於墓側，日間傭工，晚宿草廬內，夏蚊冬雪不避，三年如一日，久之多異徵。邑侯李永芳親造墓所，嗟嘆之，給以匾曰：孝行可風。

丁銓

亭頭人，字印三。由邑庠生例授修職郎，年八十餘恩賜副舉人。子長洽、長潤，皆郡庠生。

尚成熏

貴國圩人，字凝晨，號曙庵。道光己亥恩科舉人，大挑一等，以知縣用。子時莘、時夔，郡庠生。孫遇度，郡廩生。曾孫文淵，庠生。咸豐壬子修隄，爲總修，見《工程條約》。

夏宣

廣義圩夏莊人，字竹心。道光癸卯經魁。值世亂，精岐黃，並箸有《圩務摯要》，稿燬於兵。

詹家廣

西北岸石橋頭人。邑庠生。事親孝，母没，廬墓三載。同治六年，邑侯徐正家詳請上憲，題奏奉旨入忠孝祠。

朱岐 子萬滋

橫溪人。字位中，號小岩。逢春長孫也。幼習舉業，值水災，未竟其志，援例授州同知。旋奉各府憲諭，歷辦道光癸未、辛卯、己亥、戊申、己酉，咸豐辛亥、庚申、辛酉等年潰缺，蒙大府嘉獎。其辛卯、辛丑、辛亥三度懸弧，東埂工次稱觴。有孝廉唐瑩、朱汝桂，茂才徐國材、丁逢年等倡和，聯吟賦詩晉祝。著有《圩圖》五幅，幅附以言。《彙述》二編採入。長子萬涵，例貢生。次子萬滋，己丑恩貢生，咨部候選，復設教諭，自號"湖峴逸叟"，撰《修防彙述》四編二十二卷、《述餘》八卷、《補編》一卷。又《析荷編年》二卷。孫甸寅，邑庠生，佐朝國學生。

姚元熙

東南岸王明圩人，字星榆，一字心畬。歲貢生。歷署建平懷甯訓導。編首有序。

趙湘

烏溪人，字春帆。光緒戊子科舉人。

張懋功

沙潭人，字書田。由邑庠生例授修職郎。光緒丁酉科恩賜副舉人。

附録

夏喜

郜家橋人，夏廷進僕也。廷進合門疫死，僅存襁褓一孫起泰。復

善病，家産盡廢。喜備工撫育之，饘粥外尤備修脯。就村塾學。又買地葬泰兩世遺骸。積三十年，買田九畝、茅屋三椽，供奉饗殯棲止。喜終身不娶，年七十卒。起泰爲制服報之，合圩稱義僕。做甯國侯來保金俸例，特表之。

張旺

黃池人。生員張大正之僕。大正六十無子，納妾楊氏，甫脈而大正歿。遺腹子翰家貧，戶無次丁。旺日夜爲人傭，供翰嫡母、生母及翰衣食並讀書膏火，乃自食麤糲，衣單絮，終身無改，仍勉翰自立。後楊守節荷旌，翰學亦有成，皆其力也。年八十二而没。此與夏喜相似，足徵聖朝德化翔洽，雖臧獲中亦有人云。

卷之三　土宜　湖陾逸叟編輯　臧穀益新校

目次

揚州之地，其穀宜稻。官圩編氓，勤於隴畔，終歲勞苦，無日少休，而瓜壺葵菽，飲食之所常供，芹藕魚鳧，殽品亦堪佐用。其間特產，縱無可珍，而土物碩大蕃滋，爰備錄之，亦瞻蒲望杏者所有事也。述《土宜》。

白土

《縣志》載出姑孰廣濟圩，俗名白土。山土色白，可堊可陶，取

以制瓦，堅白可觀，今亦鮮。

按：白土山在青山之東北隴，繫青山之餘支，不在圍內。緣圩舊名廣濟，山以下即廣濟圩北管，故邑志載之如此。

蓴菜—作蒓

陸佃《埤雅》曰"《詩經》'薄采其茆'"，即蓴也葉如荇絲而紫，莖大如箸，柔滑可羹。《鍾城邑志》註曰：蓴生水中，葉似鳧葵，浮水上，花黃白，子紫色。三月初至八月，莖細如釵股，黃赤色，長短隨水深淺，味甜體輭，名蓴絲。和鯽魚作羹佳。丹陽湖甚蕃，圩亦有之。張志和因秋風起，思吳下蓴鱸，即此。言蓴多風味也。

九孔藕

産自黃池稠塘，甜嫩無渣滓。初生時，其緒供饌，俗名藕稍。《爾雅》云"筎茭"，註云：今江東呼藕稍緒，如指，中空，可啖者爲茭。今土人漉粉作貢，歲有常經。僞者以蕷薯粉雜之，最誤人。節粉最佳。

按：凡藕皆七孔，惟稠塘生者九孔。圩産藕甚蕃，性與他産不甚相遠。又圩東西兩湖蕩中多産野藕，節疏體脆，有長至丈餘者，比家藕尤益人，歲歉掘食之，可療飢。

以上三物，邑志稱間産。

楊柳

本繫兩種。白楊葉大條短，硬木質不甚堅，止可充雜器。紅楊高十餘丈，大亦數圍。葉圓，質堅硬難朽，可作農器。又垂楊，倒生，枝條柔長，臨風嫋娜可愛。近水者曰水楊，易蕃，植埂旁，可禦風浪。又一種曰鬼楊柳，秋多紅葉，臃腫，不甚高大。

茭

二月生，笋可食。水驟漲，可長至數尺。秋深結子，細而長，色黑，名彫胡米，即菰米。儲光羲《田家詩》"夏來菰米飯"是也。又一種生笋俗稱茭白菜。葉高大如蒲葦，中心生白薹，如小兒臂。生熟可啖，名家茭瓜，叢生竭澤中，水熱則易肥。

按：茭草，叢生出水際，長落隨水，隄畔蓄之，搪抵風浪最佳。

蘆葦荻

有數種。《爾雅》云"葭華"，又曰《蒹葭》詩所謂"蒹葭蒼蒼"是也。註：似萑而細高數尺。又曰：其萌虇，註：江南呼蘆笋爲虇，長刈之，可以爲薪。

按：蘆、葦、荻，本繫三種。蘆、荻長皆丈八，葦不過五六尺。蘆質虛，可編蓆，葦、荻體實中薪，皆叢生，移栽隄畔及品字墩，可禦風浪，亦獲利無算。

以上三物，均利於隄，爰首述之。

秈稻

邑志載十三種，圩所栽插者，惟百日秈最多且宜。俗云"莫慮秈"，言雨澤少愆，可無慮也。又早稻六十日熟，俗稱"救公飢"，言早接新可免飢也。又曰"拖犂歸"，言犁纔罷而稻已熟也。又有墊倉白、占城秈、黃壳秈、蘆梗秈、麻皮秈、大粒秈、穿珠秈、白紅秈、雞卡秈，七八月熟。又二秀稻，早稻刈後，根再發穗結實，粟最益人。

稉稻

亦十三種。惟早者良，一名隨秈稉。白稃無芒，七月熟，刈同秈稻。遲者九月熟，黃雀多食之。驅之，藏田內不去，甚有無收者，故

今不甚種。

秏稻

有秈、糯二種，皆九月熟。不黏者爲秈秏，味香美，食之不甚耐飢。黏者爲稬秏，可作屑爲糕餅，和糖霜食之。

大麥

有五種。一曰穀雨黃，最宜，三月熟也。烏鍊子，四月熟也。餘稱稈麥、賚麥、無芒麥，未詳其種，皆大麥類也。

按：大麥內有一種野麥，名夾麥，謂不種自生，夾在大麥內，難於剔出也。其荄愈長，其粒愈細。有黑白二種，黑者味尤苦劣，大麥熟時，已落田內。至期，復生，濕土尤甚，洵可厭也。

小麥

七種，惟白小麥最宜。芒短似蜈蚣脚。又一種無芒，俗謂和尚小麥，間亦種之，收稍薄。餘有大小籽之分，紅白色之異，及皮壳厚薄之別。

蕎麥

《詩》所謂"視爾如荍"是也。有紅花、白花及紫花三種。一歲三熟，碾食之，最益人。陳者良。

按：蕎麥不宜多種，收成歉，尤瘠田。惟水旱不時，播種愆期，以此補之，勿使地力空也。

荳

種類甚繁，可以榨油製腐者惟黃荳。有旱黃荳，清明後種，六月

收。中黃荳，七八月收，一名"夾裏忙"。遲者霜降後收，俗名"望霜枯"，名類蕃多，有水牛毛、白生椿，以形名也。九月黃、中秋黃，以時名也。又一種粒大如白菓，名大豆黃。又綠荳，性清涼。魚眼荳，俗名飯荳，可雜米中炊食當飯也。一名白小荳，皆可漉粉。紅荳，一名赤大荳。青荳，味鮮美，中蔬。黑荳，色純黑益人。荷包大荳，色青，形如荷包，粒甚鉅。又泥黃荳，色麻而粒細，種稻田內，來春取其以糞田。又豇荳、蝙荳，皆可作蔬。刖荳，可醬食，三物味皆在莢。又豌荳、蠶荳，四月熟。又野荳，子黑而細，難收，食之可已盜汗。

芝蔴

有黑白二種，又有蔴色者，名穅蔴。大約雙邊者壳厚，單邊者油多。天時亢旱，宜種之。水浸根即萎。

苦菜子

《詩》稱"荼"，《爾雅》註云：子可榨油。又一種油薹，可茹，俗名大菜，壓油尤多，渣可糞田。

棉花

古皆用木棉，即嶺南所云"斑枝花"也。此繫草本，種自西域，元時始入中國。圩土亦不甚宜，間亦種之。雨過即薅，方能多實。

胡蘿蔔

俗稱紅蘿蔔。又一種黃色，形長而銳，可雜米爲炊，糧不足者常食之，故名飯蘿蔔。亦能飼豬。又一種白色者，名白蘿蔔，可茹，但不及宣産者爲佳耳。

苜蓿

出麥隴中，俗稱麥藍也。古詩"苜蓿長闌干"是。

荸薺　慈菇　蕷薯　落蘇　葫蘆　瓜　瓠　花生　瓜子

以上瓜壺，圩亦多種諸物。又有瓜子一種，收成雖歉，其價頗高，近有種至十畝者。至蕷薯、慈菇，亦充夕膳晨羞之用。

韭　莧　菠薐　萵苣　芹　薤　蒜　芫荽　蔥　葵

諸蔬品類，不可勝數，間有老圃，藉以營生。

菱　芡實　茭

此水產也，溝澤間多有之。丹湖淺灘尤茂。

按：以上雜穀及諸蔬菜，與他產不甚相遠，故無俟縷述。其餘菓品，本非藪澤所宜，然高阜處間亦有栽桃李榴棗者，不過供賞詠耳。

附錄：涇包世臣《農政辨穀篇》

稻類至多，其要二。黏者名糯，可炒食、可爲糖、可磨粉作糕、可釀酒，糟與蝦拌醃食最鮮。白者佳，赤者皮硬厚，分兩多而得米少。不黏者名粳。今供常食，早者立秋而穫畢，遲名秜稻，香美尤益人。九月杪熟，農功尚早，熟取能接濟。又避秋旱也。又有皮色紫黑，名香稻。味羶不中食，和稬以釀特佳。草爲牛冬糧，抽其心可織屨打索，煮爲紙古名稴、名秔、名占，種自二月中旬至五月下旬，穫自六月初旬至九月下旬不等。南人多兩穫法：於六月初穫時，先十日撒種禾下，刈去早稻，其秧已四五寸。至八月杪，可再穫矣。再以三

月黃大麥種之，或種泥黃荳，一歲可三穫焉。初伏多雨，不能拷田，則葉盛。入秋多生結蟲。立秋日雷主風，落稻當秀，畏旱尤甚。又有旱稻法，收同水稻。河以北多種之，未得其法。姑錄之，俟博考焉。

麥種二：有壳而穀黃白者名大麥。撒種叢生，收成早。曝乾舂，微浸水，去其皮，名麥麨，和米炊飯，頗香脆。能漲鍋而熬飢亦過之，但味減不爲人所貴。飢年乃以爲食。宜爲醬，餵豬尤肥。可釀酒，性至烈。糟可飼牲。又有賫麥，形性相似。其無壳紅黃者名小麥，宜爲溝塍以種之，亦可撒種。磨麨供食，麩可飼豬，置篩內和水揉成麨筋，爲素食上品。澄者爲小粉，可爲漿，芟可織帽。性熟，不宜炒食。頭麨尤熱，和次麨乃益人。常食，愈輕健。古名賫、名牟、名穬、名青稞，種自八月至十月不等，亦有春種者。冬日有雪壓之，不甚長。土潤則傳科❶大。冬暖起節者，遇春雪，常損折，忌豬食。不復透，宜春寒，暖則於松花時黃苗，名松花瘟，多雨著土而黃，名黃疸瘟。春甲子日、驚蟄日、二月十二日、四月八日，晴則熟，雨則反。是小麥宜糞於冬，大麥宜糞於社，故有"小麥糞椿，大麥糞芒"之諺。麥塍內種棉花，麥刈而棉長數寸。田旁可種蠶荳、苦菜。

按：麥熟楂綏時，切忌霪雨，雨多則爛麥。又畏立夏日西風，一經西風，燥則萎矣。

蕎麥，紫桱弱而歧生枝，枝結實，花細白、實黑，甲三稜，磨麨如麥，收成不盛，爲間穀。性好雨，亦不甚畏旱。最忌霜，一而枯，再而落，重則萎矣。色淄，味稍膩，消腸胃沈滯。稭作薦，可辟臭蟲。古稱菽，或稱烏麥。

黍、稷，本一類，黏爲黍，不黏爲稷，今名蘆稷，又蘆穄、又蘆粟、又荻粱、又高粱，又實名黃米，隨地異稱也。種穫遲早皆與稻同。爲飯香淡，舂粉可爲餅爲糖，釀酒尤美。穗可爲帚，皮可織箔。古名秬、名秠，色各有別。

玉黍，一名包穀，一名陸穀，一名高粱，一名御米，似蘆穄而微矮。三月種，六月開花成穗，而別出苞，外垂鬚內結實，瓦礫山場皆

---

❶　科　同"顆"，顆粒。北魏賈思勰《齊民要術·種紅藍花梔子》：亦有鋤掊而掩種者，子科大而易料理。

可種，嵌石隙，尤耐旱。勤鋤，不須厚糞。爲飯亞於麥，不耐飢，可炒食。收成盛，工本輕，爲旱種之最。

粱，今名粟，亦名小米。有硬、粳二種，如糯、粳米。有有芒、無芒二種，如大、小麥作飯香脆，粳者尤佳。可釀酒。有青、黄、白、赤諸種，以黄爲上。早熟者皮薄而米實較勝。古名衆，名糯秫、名青粱、名黄粱，皆指此也。

稗子，本草種，稈似薏苡，或名龍爪、鴨爪，狀其形也。不擇肥磽，耐水旱，能保歲。煮飯香滑，釀酒味勝糯米。古名穇子，又名莛。

薏苡，叢生，稈葉似蘆穄而瘦狹，亦有夙根自生者，種同稷米。益人心脾，和糯米爲粥，味至美。價於穀中爲至高。然人罕種之，不耗地，不耗糞，保水旱，惟脱殼爲難耳。

菽荚，穀之總名。角曰荚，葉曰藿，莖曰萁，今曰荳。其青荳、黑荳、赤荳爲大荳。六月，白緑荳爲小荳。土宜高鬆，太肥則葉厚少實，名發青科。赤黑緑豆皆可雜米炊飯，黑者尤益人。青荳味尤鮮，黄白者可磨腐，又可榨油，楂可飼豬，油比菜油較和平，味不燿，可燃燈，可爲醬，爲豉。其中薪。緑荳食法尤多，軟糕、索粉，發芽爲素食上品。古名苿、名荅，皆謂荳。

泥黄荳，萁短，著地混泥，有黑、黄二種，爲腐色淄而味滑。種畦下爲間穀，收成薄，不損田，不勞人，分外之利也。古名穭。

豌荳，種收時與麥同，耐旱又耐凍，苗中蔬。古名戎苿、畢荳、麻累，皆此。

蠶荳，荚狀如蠶，種收同豌，嫩可煮食，老則甲堅，煨加以鹽，可代蔬。磨粉爲醬，特鮮美。古名胡荳，可保歲。

豇荳，一名角荳，蔓生，以竹援之，花實至盛，採摘復生。荚俱雙垂，長至二尺，嫩時中蔬。

蹁荳，一名刀荳，一名蛾豆。蔓生，同豇豆，中蔬，味冠諸品。又一種荚長數倍，名刀豆，入醬爲蔬，風味尤美。

脂麻，一名胡麻，有黑、白二種，種刈同稻時。炒碾爲粉，和糖食，味鮮馨。又能榨油，香美而多爲素食要品。稈灰可以醃蛋。

按：圩田沙土，惟宜麥稻菜豆，農家種植，全資乎此。上而倉庾

正供，下而仰事俯畜，所由生也。因備錄之，以資觀覽焉。若桑柘等植，非土所宜，魚鳥諸物，他產相類。姑存其名，不必詳其實也。

桑、柘、榆、棗，四物材料製爲農具，最經久不爛。松、柏、楓、樺，均適器用。烏柏利最溥，子可榨油。外面皮油，可取爲燭。材可置器具，可刊書板。壳可供爨，餅可糞田。樹多生毛蟲，用稻草在下燒烟，薰之即斃。種法，以開壳露子者埋牛糞內，至春萌芽種之。俟長尺許，移他處栽之。光緒戊子，蕪關兵備道覺羅成公奉巡撫陳大中丞命，刊書編詞、教民種植，且給種，俾分領之。楝、穀、栗、樟、桂、桐、椿、杉、竹，間亦有之，惟宜於高阜地。桃、李、榴、杏，間亦栽爲玩物，水至則漂没焉。瓜子、落花生，沙土最宜。菸葉、靛汁、紅花，圩民不習此類，惟外籍客民間種之。

蘘，萬春湖及葛家渡新溝所皆有，稅取此稏田肥甚。薰，亦蘘類。三稜織爲衣，可遮雨。馬蘭，氣香，可和米煮飯食。祥菜，一名兔耳。凶年掘根煮食，味似蘋。菨菜，一名野菜、薗蒿，味亦香。至花卉、藥材等物尤多，不及備述。

鯽魚，古稱鮒，產多而味鮮，冬月尤美。鯿，即魴也，小頭縮項，故稱縮項鯿。又名鮊，俗名鮊鮀子，象形也。鯉、鯖、鱏、鱣、鰍、鯵，以上諸魚，溝潭常有之物。如值水歉，族類蕃滋，圩民網取藉以資生。

螺、蚌、蝦、蛤、螃蟹，水漲時尤多，窮民取以充飢。黄牛、水牛，田家藉其力以耕，戶多有之。驢馬非土產，間亦買畜。羊亦非土產，其歲時伏臘，大都用之度歲，以此競爲上品，匪特殺牲耗財，究視少牢之典爲太輕也。至飛禽走獸，亦無特產，毋須贅述。

雞、犬、鵝、鴨、豚彘，所在都有。野鴨，東西兩畔湖蕩咸集焉。東食西宿，朝飛暮還，圩中積潦處亦多眠宿，可網取可釣取，惟弋人以火鎗獲者，風味逾鮮。

卷之四　名勝　湖崿逸叟編輯　衞宇臣良伍校

目次

當塗寺院，昉於晉魏六朝，圩亦隨地多佳境焉。亦後人好尚使然乎！蓋明有禮樂，幽有鬼神，皆足以引人樂善之心，而消桀驁之氣也。若謂藉以邀福則陋矣。述《名勝》。

白雲寺

在青山南峰腰際，距城三十里，舊名南峰院。晉咸甯四年，方慧禪師建，宋嘉定八年改白雲院。熙甯元豐間，懷式和尚增修後改院爲寺，有巢雲亭及石池。明永樂五年，僧寶琪重建。國朝順治十五年，僧芝山新之。康熙十二年，僧笠庵募修山門、大殿、方丈，整繕一新。

水心寺

邑志載在黃池鎮西，今考之，實在烏溪鎮北之無滊港。孤懸水中，舊爲院。滘熙間，僧珍公建。元時廢。明洪武十六年，僧正照重建。四面環水，非舟楫不得登岸。讀程伊川先生"水心雲影"之詩，可以方斯佳境。同治間，僧本玉修之。今樹林翳蓊矣。一說寺舊有田十數畝，在寺前，屬宣邑。

廣教寺

在黃池鎮西，叢林梵宇，金碧輝煌，前臨河隄，游人如織。北面稠塘，六月之間，荷花盛開，香氣時襲襟裾。同治軍興後，住持僧惟芻漸復舊觀。

騰蛟寺

在黃池鎮北，爲接衆叢林。邑侯王公改名普安，前輩趙東田、庾文石曾設晴嵐會舘，講學其中，子弟造就者甚衆。咸豐間燬於兵，住持僧長慶募修之。互見正編《村落》。

西承天寺

在黃池鎮東。咸豐間遭兵燹。光緒十年，僧本玉募建並起梓潼

閣。邑孝廉趙萬隆原有記，後明經朱某亦序之。

東承天寺

在西承天寺之東，相隔里許。詳見正編《村落》。

彌勒教寺

在多福鄉廣義圩塘南閣東里許。唐貞觀二年建。宋景定間，照極禪師重建。明洪武間，歸併成叢林，前臨石礄。

禪定寺

在永豐圩。宋景祐五年建。旁有岳武穆王殿，光緒八年重建。

寶林寺

在延福鄉下莊。宋嘉泰間，僧祖燈建，後廢。明洪武二十年，僧慈忠重建。

龍化教寺

在多福鄉保神村。宋景定間，僧道清建，元廢。明洪武八年，僧德壽重建。傳言：明祖微時過此寺，僧狎之，得籍救止。及即帝位，詔云：先剿龍化寺，後帶籍。萬武乃誤"帶"字意，竟籍籍某，致含冤莫白也。

沙潭寺

在南廣濟圩沙潭沿東邊石礄，爲利濟所。居士劉東湖倡建，民不病涉。

洪潭寺

在多福鄉洪潭圩。元至正八年建。橫溪居士朱遇春率子孔暉建石礄，在寺門首，通柘林圩。宣城祭酒湯賓尹有記並銘。見《藝文》。

福山寺

在福定山東麓旁，有梓潼閣、娘娘廟。咸同兵燹後，善士朱禹門、王宏模倡建。當春和時，百鳥爭鳴，萬卉齊發，士人群集，尋花鬪草，而眼界豁然一新。《覆艇山考》見《山水》。

按：寺多供佛，釋迦佛，釋教之祖也。佛者，天竺國語，漢言覺也。謂覺悟群生滅穢明道也。又稱佛陁、浮屠，音相近也。前有六祖：一曰毗婆尸，二曰尸棄，三曰毗舍浮，四曰拘留孫，五曰拘那舍牟尼，六曰迦葉。其後以數千計奉爲祖師者，釋迦是也。瞿曇，其姓曰如來、曰世尊、曰無上士，乃尊稱也。父淨飯，母淨妙，生天竺國，即印度也。娶三夫人，生子曰羅睺。年十九出家，居檀特山，後至舍衛國，日披裂裟，持缽盂乞食，歸孤獨園。所收弟子，男曰桑門，女曰比邱，均去殺、盜、淫、妄言、飲酒，是謂五戒。自西漢孝武討匈奴，獲金人列甘泉宮，東漢永平夢丈六金身，遣使天竺問道圖形，是爲入中國之始。又《路史》言：佛者，拗戾不從之義也。《曲禮》云：獻鳥者，佛其首。字形以弓插二矢，豈不拂甚？中土事之，而不得其嘉號，究何爲乎？

淨居院

在多福鄉㩁牧廠，即今李莊寺。梁大寶間建，爲昭明太子讀書處。林深境幽，真趣不少。殘春初夏之間，步入林麓，花竹交映，野芳隱隱生香，幽禽關關弄舌，閒情逸韻，讀書佳趣，無過於此。

西講院

在東北岸，宋端平間建。後有樓，新春樹色蔥蘢，登樓四眺，淺深青碧，色態俱呈，亦佳處也。

按：蕭統，字德施，小字維摩，梁武帝太子也。讀書五行俱下，五歲通五經，注《文選》，謚昭明。

保安院

在北廣濟圩。唐大中建，明洪武間僧智就重建。

崇甯院

在永甯圩夏村。吳赤烏二年建，後僧祖智重建，梵宇最佳。時而霧隱飛甍，時而霞橫遠樹。時而淡烟渺渺，搖蕩於阡陌間，時而巒氣浮浮，掩映於村落外。偶憩於此，令人便忘豔俗。

瑞相院

在姑孰鄉。宋建，明洪武二年，僧宗微重建。當門碧水，甸橋中通焉。

丹陽書院

在黄池鎮。宋景定甲子貢士劉君肇建，吳澄有記。見《藝文》。

白土山觀音庵 即石隱菴

在青山東麓，出白土可範琉璃瓦。明天啟年間，三殿大工，下令取土，鄉民鑿山深入崖洞，崖將崩，洞中人不知。大士現女身提籃鬻

魚，人争往觀而崖陷，遂得全活，故今崇奉焉。

按：《搜神記》載，觀音乃鷲嶺孤竹國祇樹園妙莊王第三女，名善。不願昏嫁，詣白雀寺修行。寺焚，噴血救熄。王恨之，處斬。閻君使獄卒來迓，即日，阿彌善哉，枷鎖盡爲齏粉，諸囚盡脫。釋迦引至普陀，功成，封"大慈大悲救苦救難觀世音"。又明胡應麟《琅邪代醉篇》云觀音大士，不聞有婦人稱者。《法苑珠林》謂觀音顯蹟至衆，或菩薩、或沙門、或道流，無一作婦人者。又《感應傳》：大慈悲欲化陝右，現爲美女子。人求爲配，荅曰：一夕能誦《普門品》者事之。及明，得二十人。女曰：一身豈能配衆？能誦《金剛經》事之。至旦，通者十數人。女復不然，更以《法華經》七卷。約三日，有馬氏子通之，禮成而死，葬後僅存鎖子骨。且世所傳畫像，或三十六臂，或披髮，或長帶，或捧持小兒，或身着白衣，或有童子跪拜，或提魚籃，皆各逞其技能。未必誦其經，禮其像，即倖逃法網耳。果如其説，是啟人作亂，而毫無畏懼心矣。有是理乎？

保和庵

在青山謝公池旁，有石佛殿。明萬曆間僧如慧鼎建大殿禪室、山房、寮門，後燬於兵。國朝同治間僧□□募修之。

圩豐庵 原名圩夫菴

相傳圍隄時，圩夫經始於此，亦告成於此焉。在圩東岸，説見《村落》。

慈慧庵

一在北岸賈家壩，里人楊球倡建。光緒十二年，旁建史金閣，頌史太守、金邑侯功也。一在西北岸新義圩，馬家橋北首。宋建，明洪武初，僧界静募修。國朝康熙三十八年，茂才陶文繪復募修。乾隆十五年，僧廣聚募衆重修。見縣志。

靈應庵

在東北岸。宋紹興間建。雍正間，陶明經連置棉貯此，令道人分衣寒苦。

前村庵

在東北岸。宋時建。

紫草庵

在廣義圩。小屋三椽，蒿萊滿地，人蹟罕到，幽境也。見邑志。

隱居庵

在籍泰圩。宋時建。

化身庵

在廣義圩，彌勒寺東南首。霍氏妻焚化處也。捨身奉佛，當衢路旁，至今霍氏置院奉香火焉。然亦未免近於愚矣。

保甯庵

在聖興庵之東。

福興庵

在保甯庵之東。二庵均附隄岸，見正編《村落》。

龍華庵

在烏溪鎮西。前祀治水諸神，後建佛樓，頗雄麗，闔鎮居民奉香火焉。

印心庵

在西北岸南子圩北峰埂。其境幽僻，少人行也。

元通庵

在雙溝舖北。二庵均詳見《村落》。又祠山祀東嶽殿。

按：東嶽，《封神演義》名黃飛虎。魚龍，《河圖》曰姓圓名常龍。又曰唐臣。《搜神記》載，掌人世居民貴賤高下之分、生死之期。唐武后封天齊王，宋祥符封仁聖王，由是廟徧天下。然諸書所載名目不符，當亦惑於幻境耳。

萬壽禪庵

一名盧和尚庵。在潘家庵之東，甸橋左方。

廣濟庵

在馬家磧南，上廣濟圩四甲。

普濟庵

在上廣濟圩二甲，俗稱潘家庵。

按：以上三庵皆平疇曠野，一望無際，春時桑林麥隴高下競秀，

加以雉雊春陽，鳩呼朝雨，此間誠不少佳趣也。

興福庵

在南子圩何家潭。人日，社令稱觴，洵不減椒花獻頌。抑且士女如雲，尋芳鬭草，亦踏青之遺韻也。

新庵

亦在南子圩。

頭陀庵

在北廣濟圩石礄頭東首。炎天月夜，煮茗烹泉，與禪僧詩友，分席相對，亦足以覓句吟香也。

長樂庵

在華亭鎮南沛國圩隄畔，面對潭心。黃昏時新月半鈎照水，尤覺清徹。

萬善庵

在戚家橋。左右兩水夾之，爲往來通衢。

善慶庵

在麻村。俗名姚家庵。

洪露庵

在新溝圩。

青龍庵

在袁村東南首，當圩十字隄畔。

青林庵

在北廣濟圩新陡門，面對白土山，臨小湖。湖光山色，與樹交蔭。長夏綠陰蔽天，暑氣盡消。倚闌遥望西山，夾氣撲人眉宇。

玉水庵

在護駕墩西，感義圩隄畔。

老庵石香爐

在沛儉圩。

遷善庵

在廣義圩溝稍頭。

淡厰庵

在咸和圩。

徐村庵

在北新興圩。

稽家庵

在□□圩。

福慧庵

在新興圩。僧智坤、崑隱募建。法孫實傳增修佛殿大悲樓。

保和觀

在青山下。宋左司李樫爲李道姑建，有記，見《藝文》。

崇元觀

在黄池鎮西、稠塘之北福定圩。

按：《搜神記》載，張天師，漢張道陵也，子房八世孫。光武中生，天目山學法，隱北邙，東游抵興安，升高而望至雲錦。煉丹三年，龍虎旋繞，餌之。年六十得祕書，驅除妖鬼。至蜀之雲臺峰升天，所遺經籙、符章、印劍，傳衡孫魯。至曾孫盛，復居龍虎山，世襲真人。當居蜀時，以符術治病，人供以米絹樵薪，史號爲米賊。後嵩山道士冠謙之自言老子降命，繼爲天師。賜以科誡，此齋醮所由起也。引以服導，此修養所由起也。授以圖籙，此攝召所由起也。銷以金石，此烹煉所由起也。嗣有陶弘景、趙歸真、杜光庭推衍其教，蔓延於世。至明祖，革其天師之號，曰：至尊惟天，豈有師也？觀此可以悟矣。

齊宣城內史謝朓祠

明帝朝，朓以中書郎出守宣城。雙旌五馬，嘗遊青山，因愛其勝，遂築室山南。後人祀之於南麓，祠今廢。

唐李謫仙祠墓

在青山西北麓。國朝列入祀典，歲清明前一日致祭。公初殯於龍山東麓，與畢吏部墓相近。宋元和間，宣歙觀察使范傳正諭邑令諸葛縱遷兆於山之西北麓，從公志也。墓前有祠，據張震《祠記》，唐已有之。宋紹興年間，州守趙松年建祠。隆興時，尚書虞忠肅公守是州，建祠修墓。淳祐間，州守孟點亦繼之。明嘉靖間，甯國府同知李先芳復加修治。萬曆間直指龔一清命工重修，郡守王繼明與其事。國朝康熙初，郡侯黃桂率邑令冠明允、高起龍復新之。厥後，邑侯祝元敏、周琦亦重修焉。道光初，中丞陶文毅公囑邑紳張寶榮修祠，故有像。歷爲東隣谷氏所裝塑。烏巾白衣錦袍，有道帽縠裘。侑食於側者，郭祥正也。據府志，墓上產蘆如筆，有竹散點如星。唐李華、劉全白、范傳正、裴敬，宋蘇軾、張震，李先芳，國朝呂新垣、谷琦，皆有碑記。光緒四年，蕪關兵備道孫振銓重新之。

宋朝請大夫郭祥正祠

在青山李謫仙祠之東廡。

章公祠

在護駕墩東關外。明萬曆十五年，邑侯章嘉禎有功德於圩隄四岸，建生祠祀之。詳見《政績》。

朱公祠二所

一在青山鎮之西麓。明萬曆三十六年建祠，祀朱公汝黿也。圮於兵，國朝康熙三年修之。青松怪石盤繞其上，沙鷗牧犢眠宿其旁，過之者時爲小憩焉。一在新溝。今爲廣興庵。詳見《政績》。

關帝廟

在華亭鎮南，他處間亦有之，不暇備載。

按：帝名羽，字壽長，改雲長，河東解梁人。爲人義勇，好讀《春秋》。過涿郡，值劉備、張飛，意氣相投，結爲兄弟，共圖大舉。破黃巾賊，曹操表爲漢壽亭侯。後呂蒙襲荊州，被部將擒獲，不降。後主追諡曰“壯繆侯”。宋封“武安王”。元封“英濟王”。明封“協天護國忠義大帝”。國朝列入祀典。

城隍廟

在黃池鎮西。因明鑒察御史署故址，鎮紳建之。

按：《易·泰之上六》曰：城復于隍。《禮記》：天子大蜡八。水庸居七。水，隍也。庸，城也。此城隍之所由名也。其神之見於史者，《南齊書·慕容儼傳》有守郢禱城隍獲佑事。見於集者，唐張説、張九齡、杜牧皆有祭城隍文。見於説部者，李陽冰爲縉雲令，以不雨告於城隍，曰：五日不雨，將焚其廟。竟得雨。爲新其廟，以酬之。逮後唐清泰中，封以王爵。宋建隆後，其祀遂徧天下。明初，去廟爲壇，加封府曰公、州曰侯、縣曰伯。旋去公侯伯封號，定其主爲某府州縣城隍之神。其後，又改用廟祀，設座判事如長吏狀。迄今因之。或曰蘇緘、曰紀信、曰龍且、曰灌嬰，又曰春申君、且曰周新、曰秦裕伯。想亦因地異名耳。《五禮通考》謂尸法久亡，塑像乃近尸之義，愚民疑耳信目，文告不如像設之竦觀而懾志也，良亦未可厚非矣。紀、灌諸名，雖近乎

誕，大約猶祀社稷之神，而以句龍與柱配焉耳。

吕祖廟

一在烏溪魏家灣東首，面臨大河，風帆上下，往來不絕。夜半時，月色橫空，澄波靜寂，悠悠逝水，吞吐蟾光，自是一段奇景。一在白土山南岡，面對彈弓山黃潭峽，舊無基址。隴上夏氏闢山麓新廟宇，設吕祖像。左有佛殿，右有回心堂，門前回巒挺秀，淡靄凝烟，變幻天呈，頃刻萬狀。亦讀書佳處也。

按：洞賓名巖，河中永樂人。年二十不娶，游廬山，遇火龍真人，傳劍法，號純陽子。唐咸通中舉進士，游長安，遇鍾離權於酒肆，炊黃粱，假寐，歷高爵榮顯五十年，忽被重罪，籍没，流嶺表。一欺而覺，黃粱未熟，遂往終南得道成仙，蓋幻夢，乃厲言也。

三忠廟

在黃池東鎮，俗名煖廟，避瘟諱也。祀唐忠臣張睢陽_巡、顏常山_{杲卿}、許新城_遠三人。雷萬春、南霽雲侑食兩廡，闔鎮居民年例七月二十五日祀之，謂之乾龍船會。

按：張巡，南陽人。唐天寶中調真源令。許遠，新城人，爲睢陽太守。安禄山反，巡起兵討賊，守睢陽，持久，城内糧匱，士多餓死。羅雀掘鼠而食，存者率瘠傷氣乏。巡出愛妾曰：（請君）〔諸君〕❶經年乏食，而忠義不少衰。吾恨不割肌以啖衆，寧惜妾而坐視士飢？乃殺以大饗。不足，繼以奴。坐者皆泣，巡強令食之。賊偵知糧盡援絕，圍益急。衆欲東奔，巡謂睢陽爲江淮保障，若棄之，江淮亡矣。賊攻城，士病不能戰。巡西向拜曰：孤城困守，臣不能生報陛下，死爲鬼以癘賊。城陷被執，剖心割肌而死，年四十九。大中時，圖像凌烟閣。顏杲卿，真卿兄也，罵賊不屈，拔舌而死。雷萬春，巡偏將。

---

❶ 諸君　底本訛作"請君"，今據《新唐書·張巡傳》校改。

令狐潮圍雍邱，春立城上與語，伏弩發六矢，著面不動，潮疑木偶。南霽雲，亦巡裨將。城將陷，巡令突圍出，乞師賀蘭，具食延之，泣曰：睢陽軍士不食月餘矣，雖欲獨食，忍下咽乎！乃嚼一指，誓曰：請留此示信。賀蘭終無出師意，抽矢射浮屠曰：吾歸滅賊，必滅賀蘭。此矢所以志也。睢陽城陷，與巡俱死，亦繪像於凌烟閣。至於汪村降福殿、新興圩大王廟，皆祀此神，藉以逐癘耳。

五顯廟

一在新溝圩楊村。有臉神，清明前後，楊、籍、徐、趙諸姓賽之，佻達謔浪。朱子所謂儺雖古，禮近於戲也。一在黃池鎮中。其餘若東畔諸村，亦多有之。一在亭頭鎮北百餘弓，內供治水諸神。

按：《搜神記》云：唐光啟中，鄉民王喻園中火光燭天，有神自天而下，曰：吾受天命，當食此方，福佑斯人。言訖，昇去。衆立祠塑像，號五通。宋徽宗封侯，甯宗加封王。又鈕玉樵《（狐）〔觚〕賸》云：明祖定天下，封功臣，夢卒羅拜乞恩，帝曰：汝等多人不及稽考，但五人爲伍，處處血食可也。南人祀之，爲立小廟。後雞塒豕圈有殃，輒曰五聖爲祟。《夷堅志》載：林劉舉赴試，禱於塘錢五顯廟，登科，到任奠之。是五通、五聖、五顯，各從所好而已。又曰五路。陳侍郎顧野王募義軍援梁，梁亡，仕陳。卒後，民建祠翠微之陽，並祀其子。五侯曰聰、明、正、直、德。

晏公廟

一在東承天寺下。考公爲江西清江人，姓晏，名戍仔。平生嫉惡如仇，後尸解去，父老知其爲神，立廟祀之。顯靈於湖海，凡遇風浪洶涌，叩之輒静。明洪武間，封爲平浪侯。彼處居民用以逐疫，猶可説也。乃藉馬甲以催生，書方咒而治病，毋乃褻神已甚乎！謬誕之習，牢不可破。一在貴國圩，名新晏公廟。一在興國圩，名老晏公廟。社首丁席珍、尚慰臣等倡首建。春日柳烟社火，大致與中北南社等。東首有地藏王廟。

按：地藏，一稱新羅國僧，或稱王舍城僧。本名傅羅卜，法名目連。師事如來，刱盂蘭盆，救母於餓鬼中。至德間，始渡海，居青陽九華山。年九十九，趺坐而没。爲地藏，職掌幽冥。以七月晦日爲降辰，人咸禮拜焉。第不識其未至中華以前，職掌伊何人乎？

北社廟

在上興國圩。清明前後，里儺社鼓，香火特盛。且士女雲集，百戲具陳，而獨脚、高蹺尤爲奇絶。至蹬罎走索、舞獅耍熊，無不精妙。觀黎園呼佛號者，絡繹奔赴焉。適當隄工未竣，農事將興，不無遺議耳。

中社廟

亦在上興國圩。與北社廟相距里許，情景亦同。

南社廟

在上興國圩。里人王柳齋倡首重建。地勢幽邃如葫蘆形，傍臨大溪，堪攜小艇誦杜詩。汛月遊行，亦一時快事也。其良辰美景，賞心樂事，大略與中北社同。

按：《搜神記》載：祠山姓張，名渤，字伯奇，龍陽人。西漢神爵三年二月十一日生，娶李氏，游吴渡浙至苕霅。能役陰兵，疏聖瀆，通廣德。於楓樹掛鼓壇，先與夫人約，餉至鳴鼓。偶遺餐，爲鴉啄鼓鳴，至壇無人，知爲鳥誤及饢，至鼓鳴，反以爲誤，不至。夫人詣工所，見大豨，乃變形，未及而功息矣。遯於橫山，居民立廟，改爲祠山。唐天寶間，贈水部。宋封靈濟王。據《明史》，周瑛守廣德，禁祀祠山，謂本《淮南子》禹化爲熊，通環轅，塗山氏見之，慚而化石，移以附會也。

按：蕭公，字伯軒。龍眉虬髮，美鬚垢面。爲人剛直，里巷咸爲質平。宋咸淳間，没爲神，附童子先事言福，鄉民立廟於江西新淦縣

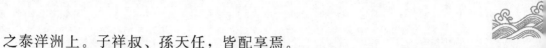

之泰洋洲上。子祥叔、孫天任，皆配享焉。

按：據《獨醒志》，灌口二郎，李冰父子也。秦時有龍爲孽，冰鎖於離堆。蜀人德之，剡羊以祭。元封爲聖德廣裕王。子二郎爲英烈昭惠王。《史記·河渠》云：鑿離堆碎，辟沫水之害，穿渠行舟，餘用溉浸田畝。《風俗通》云：神歲取女，冰飾其女。至祠，拔劍斬之。忽不見，化蒼牛相鬭，江神遂滅。

岳王廟

在永豐圩。

按：《宋〔史〕❶》載：飛，字鵬舉，湯陰人。家貧力學，好《左氏春秋》《孫吳兵法》。徽宗時，應募從戎，所向無敵，論功封武昌郡公。時秦檜主和，乞飛班師，一日發金牌十二道。又万俟卨與有隙，刻飛父子，送大理寺，誣爲謀反。裂裳示背，有"精忠報國"四字。在獄死，天下冤之，建廟於鄂，號"忠烈"。淳熙中，謚"武穆"。嘉定間，追封"鄂王"。

包公廟

在福定圩，祀孝肅公。善士朱令甫、呂仁卿倡建。

按：公諱拯，字希仁，廬陵人。舉進士爲郡守，知開封時，貴戚宦官斂手，吏民不敢欺。京師語曰：關節不到，有閻羅包老。以笑比黃河清也。卒，贈尚書，謚"孝肅"。

龍王廟

一在亭頭鎮陡門北。祀典見《正編》。一在福定圩張家拐。搶險椿木，可積儲於此。

---

❶ 宋史 底本無"史"字，據文義補。

楊泗廟

一在福定圩周家埠。爲修防集事處，敬設神以佑之。一在黃池鎮東首，事蹟見《正編》。

六社廟

在柘林圩南岸劉村六甲，報社公處也。圩紳袁氏倡建，面臨支河。

發勝廟

在饒家圩。右瀕小湖一面，月明人静，亦佳境也。

四勝廟

在義城圩，面龍潭沿，圩紳徐慶芳等倡建。柳岸溪烟，亦足以爲雅人深致云。

洪廟一作紅

在棗樹灣東楊氏村畔。詳見《正編·村落》。

大王廟

在南新興圩。

楚陽埂永豐廟

在沛儉圩。

將軍廟

在新興圩。

按：劉猛將軍，即宋之劉錡。以北直山東常有蝗蝻之害，禱之，則不爲災。又曰其弟名銳，《歙縣志》云：名承忠，吳川人。元末授指揮使，適飛蝗徧野，逐之。值鼎革，自沈於江。有司奏請授將軍之號。

鑒王廟

在黃池鎮東街。

雙土地廟

在南塘塢。

按：《説海》云：廣陵蔣子文，自謂骨青，死當爲神。漢末，逐賊傷額，死後乘馬執扇如生。曰：吾爲此方土地，不立祠，有蟲入耳爲災。果應。又曰：不立祠，當有大火。吳王患之，封都中侯，立廟。又《陔餘叢考》謂本沈約遷父墓，捨址爲寺，僧奉爲土地神。又《宋史》臨安太學本岳飛故第，奉爲土地神。又《夷堅志》載，市民楊文昌倏仆地死，復甦，持牒，謂作眉畫山土地，代鄭大郎觀。今鄉城市野，立祠供像。或鶴髮雞皮老叟，或蒼髯赤面武夫。問其名謚，言人人殊。或有稱昌黎韓文公爲都土地者。宜宋臣張南軒以爲不經，令毀之。

馬神廟

在石橋頭西首南子圩。

按：神之稱不一，其名或將軍、或元帥，無一可據。如溫、楊、

耿、聶，隨俗異稱，不過向往之誠耳，豈能藉以免禍求福哉！

娘娘廟

在新溝圩楊村東北。

按：《封神演義》載，痘神繫余化龍及五子達、兆、光、先、德也。仕商爲潼關主將，拒敵敗走。德暗用妖術，將毒痘散播，周營皆染毒疹。惟楊戩在外，未病。乃遣往火雲洞求羲農發丹救之，霎時全愈，率兵破關。化龍及五子陣亡，後封爲主痘元君。

甪姑廟

所在都有。俗傳爲甪里先生之女，時弄野火，害田稼，故祀之。

按：螟蟓蟊賊，四大名蟲，食心、食葉、食根、食節。而食根者，其苗枯死，如被焚熾，無法治之。遂立廟祀，亦農人不得已之苦心焉耳。

丁村廟

在東北岸北新興圩。朋酒羔羊，春祈秋報，亦田家之樂事也。同治間，遊丐滋事，遂停止。梨園編成曲譜，名《鳳凰橋》。

尚村廟

在戚家橋東南。四圍皆水，晚坐荒隄，看斜日射水中，奇彩萬變，亦足以娛目賞心云。

薛村廟

在貴國圩。薛氏奉香火焉，裔孫順基倡建。

姚村廟

在下興國圩，皆家庵也。

佑聖宮

在起隴埂東。宋建。翠陌垂楊，晴暉可挹。雲生前隴，直欲駕我飛騰。到此萬斛紅塵，蕭然永釋矣。

按：《史記》：老子，楚苦縣人，姓李名耳，字伯陽，周守藏史。孔子適周，問禮於老聃。退謂弟子曰：老子其猶龍乎？其學以自隱無名爲務。見周衰，西出關。令尹喜曰：子隱，爲我著書。乃作上下篇，言道德之意五千言，後莫知所終。又《路史》：老子生於李下，而以爲姓。因食苦李而饑，餌木子，均爲誕妄。

靈應宮

在□□圩。

馬元帥宮

在烏溪呂祖廟之東門北向。青山拱秀，綠水生春，第額以"聖興"，殊未能免俗耳。

三官殿

在烏溪陡門上。

按：《陔餘叢考》曰：天、地、水，三官之説出於道家，衍爲三元，能爲人賜福、赦罪、解厄，以帝君尊稱之。此由張道陵子衡造符書，令有疾者書名服罪，作三通。一上之天，一埋之地，一沈之水，賺米五斗而已。後寇謙之襲其意，以正月、七月、十月之望，衍爲三

元。又《搜神記》謂：陳子椿貌美，龍王以三女娶之，生子三，神通廣大。即封上元一品，天官賜福。中元二品，地官赦罪。下元三品，水官解厄。生於三首月望日，恐好事者附會耳。

三茅殿

在亭頭鎮西洪潭圩。門臨大川，孤月懸空，上下照澈，靜境也。光緒十九年，圩紳朱甫倡建。

按：三茅爲兄弟三人。長盈，字叔申。次固，字季偉。三衷，字思知。生於西漢中元五年。十八別父母，入恒山，遇神人，得身輕辟穀。後還家，父責以不供養，杖之，杖折飛揚。未幾，入吳之句曲，遐舉飛升。父母終，歸行喪禮後，仙吏迎之，乘雲而去。兩弟在官聞之，棄官。盈教以延壽之法，分居三峰。士民立祠，求嗣輒應。其師王妻以弟女。宋封爲佑聖真君。第茅大既已成仙，又經娶女，殊不可解。

五賢樓

在青山白雲寺後，祀郭功甫等五人於其上。邑宮保黃勤敏公有題詠，待補。

鳳凰樓

在黃池鎮南，留愛橋口。昔有鳳巢於此，鎮儒集貲建樓以誌其瑞。孝廉趙東田書額，筆墨飛舞，過客爭賞之。塌，得者珍如拱璧。

梓潼閣

在黃池鎮西里許起鳳山，俗名水臯墩。明萬曆間，生員戴天祿天秩捐建。河側甃以石，上建六角亭。林木青蔥，禽鳥弄舌，而幽韻閒雅，如囀笙簧。豈屑與塵俗，區區較尺寸哉！一在福定山。

按：文昌化生：在周初，名張善勳，宣王時名忠嗣字仲，秦惠王時名仲弓子長。西漢爲趙王如意死，忿化爲金色蛇，東漢時爲張孝仲，西晉時爲亞子，又託生於謝氏名艾，士民立廟稱梓潼君。唐時名九齡，至北宋，令次子復生於張氏，名齊賢，長子復生於司馬氏，名光，後又化生爲張浚。至元封爲：輔元開化文昌司禄宏仁帝君。據《高厚蒙求》，文昌六星，在北斗魁前，其三貴相，主理文緒。道家謂其星明，文運將興也。輾轉化生，事恐虛誕，宜徐文定公闢之。

財神閣

在護駕墩，翹然特出，四望皆廛市。

按：《清嘉錄》云：三月十五日爲元壇誕辰，祀之能致富，故塑像供之。謂姓趙名朗，字公明。又正月五日用鑼、炮竹、牲醴，早起迎之，謂之接路，俗傳五路財神。

塘南閣

在東南岸新溝圩，俗譌爲藏王閣，試一登眺，桃柳成陰，淺翠嬌青，籠烟惹濕，亦圩內之大觀也。今有小市。巽方有姜太公廟。

華亭

在亭頭鎮西，建自南宋靖康時，今遺蹟半没於澗水中矣。後有作者訪故址而培植以新，其亭仁見，一觴一詠之風，於茲不墜。

申明亭

在沛國圩。國朝雍正間，圩衆設爲講約處。

大聖堂

在東埂宋村前。詳見《正編・村落》。

登瀛道堂

在黃池鎮，久廢。

當仁舘

在黃池廣教寺内，前明鎮儒唐起聖建，爲講學處。

晴嵐會館

在黃池騰蛟寺西偏。

卷之五　政績　湖堧逸叟編輯　趙仕寬採山校

目次

常變交濟，斯緩急可需，況愛之養之，其道不愈全乎。蓋盛德之入人者深，斯民所以不能忘也。第恐陳蹟寖衰，口碑易沒，是不得不表而出之。述《政績》。

宋

王知微

宣城人，以祕書丞作當塗令。時築萬春圩工役甚急，知微請俟農隙，嘉祐八年任。

孫宣教

宋開慶元年，宰當塗，請路西湖永不圍田，免致民累。部議從之，遂奉戶部劄禁廢，立碑在青山鎮北，與第一山碑並峙，入祀名

宦祠。

張津

宋紹興二十三年任當塗令，築長隄一百八十里，包諸小圩而成十字圩。

孟知緒

宋咸淳八年爲轉運判官，巡圩隄至花津東埂，值水溢，投身捍水，水爲之却。圩民立碑以紀功，今所傳孟公碑是也。

元

朱榮甫

元至正間，榮甫奉檄裹糧出郊，度里遠近，相地之高下，計頃畝，馭夫數百里，長隄固若長城。李習有記，見《藝文》。

明

謝湖

明進士，字有容，廣東海陽人。授左評事，弘治七年調當塗令，剛斷有爲，砌水濟倉，繕官圩隄岸，鋤强抑暴，民荷安枕，三載陞梧州同知。

章嘉楨

字元禮，浙江德清人，由進士初授蒲圻令。卓異冠三楚。外艱歸，蒲人遮道泣送，爲立祠。萬曆十四年，補知當塗，值歲祲且疫，死者載道，楨賑飢施藥，暑雨不輟。時大水，圩岸將崩，楨躬督捍救，宿於花津天妃宮者旬日。水勢愈溢，幾不保，楨涕泣誓天曰：

"隄潰，民其魚矣，何惜一身，不爲闔圩請命？"躍入巨浸。衆急挽以上，得不死。水漸平，圩竟無恙。於是盡力修築。後萬曆三十六年，隄防稍懈而圩遂潰。楨善形家理，以黃山繫郡護山種松，滿山爲蔭。又以府治下流水駛，主財不豐，故前此無千金之家，特於抱沙流水匯處造浮屠七級，東岸創興福寺對峙鈐鎖。自後，邑漸饒裕。遇旱蝗則密疏禱天，無不應者。修社學，延塾師，以訓童稺。置紀綱簿，以清徵稅。立和息票，以止爭訟。減典舖息，以寬民貸。置義倉禮庫於邑庠，以贍士。政治令行，前後令塗稱賢者，於禎無兩。邑人繪圖刻主，群尸祝之，擢兵部主事。復丁內艱，士民泣送者倍於蒲。有竟走吳門不忍別者專祠祀之。凡五圩北岸護駕墩祠其一也。歷官通政，卒於家。易簣頃，諵諵作語曰："速治具，吾當塗人來迓也。"蓋其精神始終於塗，故每稱塗爲吾塗云。塗人聞其卒，家爲制服，如喪考妣。清明賽其遺像，迄今猶然。詩詞草書俱工，有什襲之者，珍同拱璧焉。新安王道昆撰生祠記，後祀入名宦祠。

朱汝鼇

字雨化，浙江歸安籍，長興人也。明萬曆間進士。知自守介，節不苟官。圩隄潰後，設法修築，分工劃段，自公始立，十五則曲盡其利。編審里甲，一清積弊。捐廉倡造大成坊，以興作學校。除邑極惡崔會實之法，邑人稱快。以八法留禮部主事。尋轉郎，奉使南旋，卒於甯。塗民爲立去思碑。秣陵焦竑撰記。

李永蕃

字貽錫，湖廣永興人。明正德二年，以舉人知縣事，悃愊無華，宅心坦易，振興學校，修築圩岸，節里甲丁田，均徭役，增戶口，決訟如流，美政種種。在任四年，以疾卒於官，百姓思之如失怙恃。厥後，子孫科第不絕，人歎其陰德之報云。後祀入名宦祠。

國朝

王國彰

字典玉，遼東人。順治十一年任當塗縣，東北岸明經湯天隆以所擬圩務十六條陳上之，巡按衞公貞元蒙批准行。國彰率所屬稟請知府事李之英、同知郁春枝、通判熊啟胤爲之刻石立於花津天后宮，俾遵守焉。

荆逵韓

山西猗氏縣人，康熙癸巳舉人，雍正十三年知當塗縣事。繕修陡門隄岸，於圩政多所裨益。後引疾歸田。

祝元敏

字駿公，山東登州府甯海州人。拔貢生，由正黃旗教習選當塗縣令。康熙三十二年任纂修，邑志詳載官圩剔弊事宜，文見《正編·檄文》。

王巨源

字及山，江西安福縣舉人。康熙五十七年任當塗縣令，有《禁革官圩總修文》，緣士民劉焕請也。見《正編·檄文》。

朱肇基

乾隆二十四年，知太平府事。有《批准官圩四岸協修中心埂詞》，詳載史宗連圖册，並見《正編·檄文》。

秦廷墍

乾隆二十一年署當塗縣事，有《修復中心埂詳文》，緣士民史宗連、朱爾立等呈請也。見《正編·檄文》。

鈕維鏞

字洪聞，浙江山陰人，律例館供事。乾隆十八年任當塗縣典史，奉委押修中心埂。緣東北岸戎文紹、陳紹裘相繼狡推，賴公始終其事。

朱錦如

乾隆二十二年任太平府學教授，修府志，刊載中心埂四岸起止工界，緣士民呈請，分工界限。嗣後永著爲令。

按：自道光三年圩潰，厥後屢潰屢修，歷任府縣亦多惠政。惜文獻無徵，容俟補入。

陳雲

字遠雯，順天宛平人。道光己丑榜眼，兩任太平府知府，撥借育嬰堂存典生息銀兩，修造潰缺。

潘筠基

字鶴笙，江蘇蘇州人。咸豐元年奉方伯李公檄調署太平府。甫下車，即以修復官圩爲首務。事詳《圩工條約》。

袁青雲

字瞻卿，揚州興化人。咸豐二年署當塗縣事。縷陳官圩潰口情形及十里要工並周圍隄工。上書李方伯撥欵築孟公碑月隄，並建造搪浪外埂。蘆墩、魚池，一律培高鑿深。著有《圩工條約》，洵百十年來僅見者矣。

附《示當邑士子應觀風試文》

爲示期觀風事，照得秀鍾河嶽，英靈特萃，夫人文化起，絃歌政教，先敦夫士氣，學校爲興賢之地。制及鄉間，譽髦實致治之原。風蒸選造，所願珪璋範德。茂實含醰，豈徒琬璧爲心？彤今潤古，此先

器識而後文藝。早儲楨幹之材，由士習而及民風，首從輶軒之採也。

維茲當邑，星屬斗墟、地連吳會。望翠螺之山色，材毓楩枏。溯姑孰之溪流，澤流芹藻。李學士揚帆采石，詩酒神仙。謝宣城築宅青山，煙霞供養。龍山落帽，訂韻事以移神。牛渚然犀，騐奇踪而目曜。入昭明之選室，翰苑鴻裁。訪功甫之吟庵，騷壇駿望。王便樸精繹理學，並轡關閩。洪鄱陽親築圩田，齊鑣韓富。鶺鴒懋樹，聖公之純孝誰如。龍虎分符，子溫之耿忠奚匹。眺山川之麗秀，振古如斯。攬人物之瑰奇，於今爲烈。固宜家傳楚璞，名儁代興，人握隋珠，風流勿替矣。

本署縣幼承家學，長列科名，幾度春明，遭帆檣之回引。頻膺花縣，幸鳩戶之敉平。蒞任以來，自分政拙心勞，唯願風清俗美。下車伊始，問俗良殷，因念義路禮門，師儒樹德門之望。箴肓起廢，文章垂立教之謨。唯道德發其輝光，斯學術通乎政治。探善本而琅函挹秀，定皆麟閣奇英。運新機而斑管生花，盍試鳳樓鉅手。爲此示諭闔邑生童知悉：訂於某日廣集英髦，胥臨書院，盍簪珥筆，各自振其羽儀，撤幕焚香，漫主盟於壇坫。學足三冬之用，相期賈枓董醅。才甄一日之長，且任馬工枚速。嶺南花放，春梅偕意蕊爭開。江溢潮生，秋水挾文濤共注。喜鼉聲之入聽，問牛耳其誰持。敢云諜訴裝懷，克持衡而鑒別。竊謂琳琅滿目，尚見獵而神馳。看今朝，典冊笙簧，擢璧水鑣鸞之秀。卜他日，隆平黼黻，蜚玉堂金馬之英。特示。

李本仁

字藹如，□□人。任安徽布政使司。咸豐二年修隄，調邑侯袁青雲來塗，諭以圩務爲先務，復撥銀九千兩，造孟公碑月隄，仍捐廉銀五百兩，接濟不敷，有示見《檄文》。

趙昞

字燡堂，山東歷城人，登進士。咸豐元年知縣事，緣圩潰撤任賠修，偕石少尹琛、王參軍乃晉監造孟公碑月隄及搪浪外埂，圩工劾力，自冬徂夏，尤辛苦備嘗焉。

趙光緒

字小琴，同治三年署縣事。時粵氛初靖，田卒汙萊，烏溪西首小牛灘漫缺，公募夫搶救，事竣招佃墾田，借給牛種，流亡藉以復業。

徐正家

字春林，江西大挑舉人。同治七年任當塗縣令，八年圩潰，瀝請大府借庫銀二萬一千餘兩，修造官圩潰口三處，仍補葺周圍殘敝工段，借歉六年攤徵還庫。

周德樑

字小蓮，同治九年攝縣篆，七月福定圩潰，中心埂告險，該埂低塌，公晝夜督夫加幫鑲埝，圩得獲全。圩民頌德奉祀，栗主在花津天后宮傍。

沈鎔經

字芸閣，浙江歸安人。同治戊辰進士，知府事。時中心埂戚家橋一段緣兵燹失修，東南岸與西北岸互相推諉，呈府勘丈，經委縣丞孫□、府訓導查煥修履勘清丈，始定讞。有批詞，見《督理》。

嚴忠培

字心田，江蘇常熟人。光緒四年攝縣事，多惠政，民德之。時青山白土山旁保興圩潰，官圩迤北一帶稍工不能障水，圩垂危，公躬詣缺處，扼要害，督夫董堵塞之，凡三晝夜，圩竟無恙。圩設栗主尸祝之。後十年戊子奉撫委督辦圩工，駐中心埂潰缺，恩威並用，民歌樂只。明經姚心畬元熙歌《竹枝詞》頌之，和者數百輩。見（文藝）〔藝文〕❶。

---

❶ 藝文 底本訛作"文藝"，據底本目錄改。

黄雲

字冰臣，湖南清泉人。光緒四年署府事，堵築春工，搶救夏水，皆有方略。民不能忘，奉栗主於天后宮傍。光緒十四年，在廬州府任，撫委驗收圩隄，一塵不染。

周溶

字春浦，世襲雲騎尉，修復花津搪浪外埂。其他圩政亦多所建，白圩人亦設栗主祀之。時光緒五年，攝邑篆也。

陳彝

字六舟，江蘇儀徵人。由二甲一名進士，授翰林院編修，累官至兵部侍郎左副都御史，授安徽巡撫部院。光緒十三年八月，移節赴甯郡視師，道經花津，士民籲請勘隄。比返斾，旋由黄池便道勘驗中心埂潰缺，蒙彙案會奏，撥銀三萬七千餘兩，以一萬二千餘兩作爲津貼南北二缺建造月隄工費，以二萬二千餘兩借給官圩四岸修築周圍隄埂，並福定、感義、洪、柘、饒、韋六圩及五小圩兼陡門垱閘石工。又以三千數百兩賑圩中之極貧、次貧者。曠典特頒，俾官圩金湯鞏固，實再造恩主也。四岸特建專祠於郡城東大街，歲時奉祀焉。是歀除津貼賑濟銀兩毋庸徵還外，其餘借給銀二萬二千二百餘兩，着官圩四岸並附官圩受益諸小圩五年攤徵還歀。

史久常

字蓮叔，江蘇江都人。同治間攝邑篆。光緒十三年以觀察銜權太平府事。適官圩三年兩潰，隄埂內外衝囓。會巡撫陳大中丞按臨，面陳彫敝情形，蒙會商阿嘯山方伯奏請，發帑鉅萬，周圍大造，實用實銷。較咸豐壬子之役，有其過之無弗及也。圩建專祠於北橫埂賈家壩，以邑侯金公配之，題其額曰"史金閣"。

金耀奎

字蘭生，江蘇青浦人。由供事洊陞當塗縣令。光緒九年任，緣事

調去。十三年圩潰，撫院按郡紆道勘隄，調回本任，重葺官圩一百八十里，逐段加幫，民感其政，特建閣以祀之，與郡伯史公並重焉。

朱漸鴻

字逵九，江蘇金匱人，光緒十三年任當塗縣縣丞，奉府委督修北工，鋤姦有法，旋因府詳請以縣尹駐防官圩，專司圩務。公由是効力隄工，三載安瀾。

史智悠

揚州人，署當塗縣丞。光緒十四年十月，紅廟後隄垂危，得公力救，圩獲全，並採訪圩圖，代呈大府。有函略曰：允欽芝範，未摳荊州，春樹暮雲，徒勞結想。每於貴圩諸君至城藉詢起居，敬諳高隱鄉邦，放情詩酒，六時納祜，一切告祥，曷勝忻羨。某分佐姑溪，瓜期將及。去秋淋雨為害，竭蹶從公，未登青山，作白紵之游，先渡丹湖，救紅廟之險。三至王家潭工所，未得一聆教言，久聞著作等身，自恨肉眼無福，良深悵惘。近來當道留意圖書之學，今且閱兵宣州，即日鳴騶臨境，某分應迎謁，倘以官圩下問，擬作卞和之獻，而豐城劍光，於斯足現。用特專函布告，或惠然肯來，攜圖指示，或以圖説稿本付來，俾窺全豹，及時代呈。此閣下脱穎之機，抑亦圩鄉興利除弊之會。某得薦賢且免尸位之誚，一舉而數善兼備，閣下必欣然樂從也。幸勿姍姍來遲，是為至禱。

畢兆麟

字魯村，湖北人。光緒十八年任當塗縣軍糧廳，奉委督辦隄務，有禁賭債、飭游談、戒逃工諸示，並能興廢修墜。近今河流順軌，數載安瀾，民咸賴之。

卷之六　藝文　湖陽逸叟編輯　丁鏊基甫川校

目次

　　凡無益文字，可以不作。即作矣，可以不述，以其爲浮文也。然佳境名區，志乘備載，體國經野，方策猶存。茲編體例雖近謳吟，而紀載之筆、歌頌之章，亦爾時之實事也，庸可略乎？述《藝文》。

丹陽書院養士記　　　吳澄

　　黃池鎮有書院，舊已。自宋景定甲子，貢士劉君肇建，郡守諸公以聞於朝，錫"丹陽書院"名額，撥僧寺没官之田二頃，給其食。厥後，僧復取之，書院遂無以養士。至大戊申，憲使盧公議割天門書院之有餘以補不足。令既出，會公去，不果如令。時提舉陳侯分司黃池，暇日與群士游習，知書院始末，慨然興懷，移檄儒司，儒司上之省，省下之郡。郡太守主之力，竟如憲府初議。俾天門書院歸田於丹陽，以畝計，凡四百，侯尤以爲未足以贍，乃勸士之有田者數十家暨官之好義一二人，各出力以助，或十計、或畝計，積少而多，凡田二百。噫，丹陽書院創垂五十年，而教養之缺，又十餘年。一旦有田六百畝，盧公開其始，陳侯成其終。盧公勉勵學官，固其職也。陳侯典治絲設色之工而用心儒教，有出於職分之外者。尸祝越樽俎而治庖，可乎？《唐風》之詩曰：職思其居，職思其外。夫居者其分也，外者其餘也。所思可謂遠矣。陳侯有焉。田之疆畝名數，久則盡湮，群士請泐諸石，而陳侯之功尤不可泯。《春秋》常事不書，侯此舉非常也，宜得書。若夫士既有以養，必知所以學，不待余言矣。

青山保和庵記

　　青山距姑孰東南三十里，絕頂有池，即齊謝宣城卜居之遺址也。宋紹興初，有李道姑者，來自西蜀。披榛翦棘，獨棲其旁，寡言笑，安澹泊，語人間休咎，決歲豐凶卒，多信驗。人異之。時左司李橝㢈居丹陽湖之薛鎮，心知其異。一日，羽士周大安過門，見其氣岸高古，延坐與語，略無凝滯，遂還歸山中。周至以師禮事姑，履行修潔，士俗益加信焉。左司爲結庵，扁曰"保和"，給以山側田數十畝，俾奉玄暉之祀❶。姑老謝事，周掌之。時湻熙乙未也。粤十五

---

　　❶ 俾奉玄暉之祀　此指滿足李道姑常年祭祀南齊詩人謝朓的需用開支。謝朓，字玄暉，南齊山水詩人，與同族謝靈運合稱"大小謝"。

年，周羽化，以授其徒魯思真，俾續香火。嘉定丙子，魯亦仙逝。甲乙授受傳之謝真。謝守庵餘二十年，操志彌篤。修舊增新，崇卑闢溢。至於山門兩廡、齋堂雲室、庖湢游憩之所，罔不畢備，翬飛跂翼，殆數百楹。廊宇倩深，軒牕明敞，松竹花卉，映帶左右，至者翛然作塵外想。登臨賞勝，甲於南州，真道家之清隱也。

方姑居此山，郡守吳芾以勸農造庵，問養生術，姑笑不荅，徐及飲食起居之宜。公深嘆異，爲之增廩免役。徐師揆因行部一見，加禮大書八字以扁其居。自是一郡之人與宦游之。賢者臨眺於茲，莫不捐帑樂施，倍加營葺。

嗚呼，既有天地即有此山，不知其幾千百年。而謝玄暉獨攬而有之，謝後又不知幾百年，而羽流者復嗣而守之，遂使玄暉清風懍懍在即，草木泉石與有光榮。其有功於山多矣。

青山白雲寺記　　郭祥正功甫

當塗有山曰青山。齊謝玄暉守宣城時，建別宅於此，遺址尚存，因又名謝公山。左丹湖，右長江，穹窿盤礴，延數十里，爲當塗諸山之表。山東南修松夾徑而上，幾二百丈。依岸立屋曰“巢雲亭”。亭之陰礐礐爲磴道，又十餘丈。三門翼然臨於亭上，曰“白雲之院”。院之中亭有石窟，湷泉深三十尺，色若粉乳而味甘。歲或大旱不竭，因窟壘石爲方池，跨池爲飛橋以登於殿。殿之北爲堂，環以廡廊。東爲齋修之厨，西爲待賓之所。堂之北爲檻，而圍植金紗、荼蘼，延蔓而爲洞。佳花美竹，交榦而成林。當春明花敷之時，游人無日不來，太守亦有時而至焉。由巢雲而望，長空晴明，千里一碧，良田沃壤，高下相連，長溪深溝，回漩交映，行人往來，飛鳥出沒，不可以目力窮也。而或烟雲晦暝，雷雨震作，牕户之下咫尺莫辨，則院處山之高，概可知矣。始謂之南峰院，載於圖經，而無碑誌可考其建置之蹟。嘉祐中，改賜今額。我先君金紫，當祥符間爲進士，結友習課於南峰者久之。吾母同安郡張太夫人又家於此山之下。余晚仕於朝，或進或退，每過是院，登高遠望，思吾先君之遺風，而攲椽敗瓦，不蔽

風雨，未嘗不感慨太息而去。熙甯中，有僧希仁始來住持，未果興構，遽卒，弟子懷式繼之。式有才略，經營積累二十餘年，凡堂殿廡廊三門。池亭之屋，一切新之。又塑佛侍衞九軀，金碧煥耀，爲一山之鎮焉。嗚呼盛哉！蓋院之興廢繫乎主者之才否，抑亦有其時耶！宋受大命，神聖繼位，皆以仁治天下，好生而惡殺，戢兵而惠民。是以時和歲豐，民阜於財，而浮屠氏求取於民者無厭，民亦喜爲之施。若式師興作之費，一出於己而不求於人，得不謂之才乎？浮屠氏聞式師之風者，亦可以少愧矣。余故爲之敘其事而列於碑，使後人有以考焉。

修陂塘記　　李習

　　元至（止）〔正〕間，都水庸田司官申明水政，太平路總管府照磨石處遹謀於府長貳曰：是民功之不可緩也。先在歷年正月始，和田畯命吏巡行田野，名稱點圩，實惟鳩財餔餟而已。照磨遴選列曹，得朱榮甫焉。檄下，榮甫裹糧食出郊，時已滌場，農有餘力，榮甫度里遠近，相地高下，計其頃畝，馭其夫數，各陳工役，用木立楔，期限有程。鼛鼓一鳴，傳命徧舉。榮甫乘羸馬，周原省視，或怠慢苟簡，或挾貴雄豪，輒督以刑，略不阿徇。民之菽水不入於口，民乃勞而不怨。榮甫令下，畚鍤具奮，百里長隄隱若長城，薄者培之使厚，低者封之使高，虛者築之使實，防皆隆然。凡隄障江湖以防爲命者，若十字圩埂，百有餘里，皆豐大矣。

遊石隱庵小記　　徐立綱

　　當塗青山，謝玄暉所卜宅也。余庚子冬視學皖江，方懷靡及，三載以來不遑一涉其地。癸卯春杪，試竣旋署，擬做遺踪。時夏生鑾讀書石隱庵，在青山之東南，春雨稍霽，始得至山周覽。自下而上約五里許，山頂有庵名保和庵，庵外有池名謝公池，池內蓄金鯽數千頭，日午則上浮，土人相傳爲齊梁時物，蓋附會云。俛仰之際，太平勝境

皆在目前，獨恨太白先生祠墓尚隔十里，不能奉杯酒以祭耳。既而取路山後，便爲石隱。余友副車邵君廷仕、同年友選拔朱君滋年及縣學生員吳生本煥、夏生鑾已相侍庵外矣。庵隱深松中，基不數楹，結茅頗雅。僧道性亦不俗，相與汲石泉瀹山茗而啜之。問其字，曰"聖機"。余以其義未愜，贈以二語，云：隨地結緣皆是福，好山無處不浮青。易之曰"福緣"。僧喜，謝而退。夫人世富貴貧賤、悲歡離合，無非適然。適然遇之，適然處之。此即佛氏之所謂緣也。抑何所容心於其間哉！庵創自前明萬曆間，自樂然僧至秉中始常住，閱數傳而至福緣漸拓其地。庵有勝境，人多未知之。余與諸君偶閒游憩息，而地以顯，亦未必非緣也。因述顛末，以付福緣藏焉。時乾隆四十八年三月。

洪潭寺建礄碑記　　湯賓尹

唐至元初建古剎，名"大聖院"，取寶光透頂之義。至元改"洪潭庵"，取法遍大千之義也。明萬曆三十八年重建大功，復更"洪潭禪寺"，取光透透人、法輪輪轉之意也。寺前通大川，常設木橋，水涌輒壞橫溪，居士每心念之。會大功興，居士施其金以助，而念未滿焉。乃復捐金百餘，砌石堅築，俾永久無壞，垂之百世。居士豈冀往來豪儁博聲施者？居士益滿念云爾。銘曰：海珠星燦，貝葉瓊飛。大士翔空，濟彼百川。惠乘寶筏，慈航永宵。百爾君子，嘉福駢臻。

重修官圩記　　士民公撰

吾邑大官圩，居縣東南，田二十五萬有奇。圩分四岸，瀕臨諸湖，東北爲丹陽、固城、石臼三湖總匯。盛漲時，面寬百餘里，徽甯山水下注，迸射圩隄，工最險要。隄外舊有搪浪埂，入夏水漲浪高，越埂拍隄，其勢較殺，賴以保障。今廢棄已二百餘年，故老猶津津道其事，實未有親見之者。

三十年中，官圩九潰。大憲憫斯民待命之急，思所以甦民困者，

因檄潘太守筠基、袁邑侯青雲來守是邦。下車伊始，徧採輿論，急求所以修之法，當即會同本任趙邑侯眪，屢經親勘，首議復搪浪埂。又以孟公碑旋築旋衝，決計改建月隄，次及各缺口，暨十里要工、二十里次要工，各岸稍工籌畫精詳，有條不紊，分晰縷呈。上憲李方伯鑒其爲民請命之誠，勉以"殖我田疇"之語，籌給口糧銀四千五百兩、津貼銀四千五百兩、倡捐廉銀五百兩。又續發制錢二千串，以工代賑，而用乃裕。太守復示革一切積弊，車馬供億、薪水日用悉自給。兩邑侯亦如之。聞風興感，民氣自倍。圩之民咸頌方伯之能任人與守令之功勿衰，而又委任得宜，以收指臂。孟公碑新工最鉅，趙邑侯駐工督修，而延紳士王文炳爲之佐。四月來，披星帶月，與民共甘苦。又委王參軍乃晉、石少尹琛分岸督修。他如監修之郡城，紳士唐瑩、朱汝桂、杜開坊、張國傑，俱能晝夜辛勤，不避嫌怨，可謂得人矣。其督夫者，則又有姚體仁、詹蓬望、朱岐、尚成熹、徐逵九、夏鍇、周樹滋、汪永成、戎宗淦、徐方疇諸同人分任之。而府縣憲仍輪駐工次，徒步阡陌間，往來勸導，課其勤惰，示以勸懲，故得事半功倍。夯硪堅固，捐備土牛、蘆蓆、椿木，以備不虞。至重建天后宮，置義地，飭掩埋，則又德之旁及者耳。

嗚呼！惠以養民，億萬姓共登袵席，功歸實用，廿萬畝永保膏腴。效已著於目前，策更深於善後。下全民命，上召天和，災沴不生，豐亨永慶。記曰：有功德於民者則祀之，能禦大災則祀之。他日馨香俎豆，豈諛詞哉！溯自上年十一月十九日經始，本年三月二十日告竣。合圩感其德，服其神，謹爲之記其實，以垂不朽。時在咸豐壬子士民公撰。

廣義圩南柘港修陡門記　　李永芳

大官圩於當邑爲最鉅。生靈百萬，歲賦半出其中。陡門之繫於圩又最重，周環十三座，利出入，備旱潦，而廣義圩之陡門尤最險。面山帶湖，巋然而立。康熙二十六年修葺至今，蓋亦磨塌而傾圮矣。夫司民社者，必徧訪利病而興除之，俾食足居安，無水旱患，所以宣上

德而達下情也。況圩隄（曰）〔日〕修，忍須臾緩諸？去年春，隨府憲巡視圩工，即進彼處父老而謀畫之。而料首紳士輩果踴躍羅列而對余曰：是生等責也。余獎勵之，給簿興工。自七月起，今四月訖，經歷十有一月，木石灰料工費共若干。計高二丈餘尺，深六丈有奇，煥然聿新，屹然鞏固。余扁舟過之，爰集紳士輩慰勞之，曰：是不可無記。蓋舉一所以風百也，而繼往於以開來。余承乏茲土八載，惟期興利除弊，與民休息，使盡得勇於為義者襄余，未逮而藉手觀成，則沃土醰風，維新者，不僅陡門一事，被澤者，不僅廣義一方也已。乃命工而鑱諸石，以上記。

青山賦并序　雍正癸卯舉人，召試鴻博，御賜檢討徐文靖位山

大江之南，蜿蜒扶輿，鬱而為山者，不知其幾。而姑孰面臨溪水，入望數十里，有山曰青山。山不甚高大，而名公鉅卿，騷人才士，往往透舟其下，無有不觴且詠者，蓋以齊宣城太守謝公玄暉家焉，世遂呼為“謝公山”。越後，塗之人又祀供奉李謫仙於其上。倘亦欲遂其臨風懷謝之意乎。南宮米先生書之於石，以為第一山，洵然。請染翰而為之賦。曰：

塗邑之望，山名曰青。右托根於溪沚，左結體於郊坰。既征途之所歷，亦舟楫之所經。俯臨石室，仰踞蒼冥，捫苔蘚而直上，搆巢雲之危亭。恣游覽以選勝，景先哲之餘馨。雅愛山樓，徑穿石隙。烟樹鬱而迷人，幽鳥間而喚客。嵐光與蜜篠分青，雲影共寒光競碧。一覽而萬壑俱縈，四顧則三江頓窄。探袁記室之逸興，未免有情，笑桓將軍之勝游，聊能免俗。至若亭依峭壁，寺隱山椒，背景峰而若接，枕白紵而匪遙。睇泉灣之入抱，環塔影以干霄。謝家舊地，梅竹爭饒，以石為池，自昔通泉於海眼，就松架屋，何年結宇於山腰。爾乃代異齊梁，詩稱供奉，招月下之仙靈，披雲間之蒙茸。沈香亭畔，曾邀御墨之題，桂樹山中，猶見宮袍之擁。方將擒玉管以揚休，豈止藉金閨以為重。廼知山以人顯，人以詩傳。思臨摹兮石碣，屜芳躅兮前賢。故白雲兮古寺，汲保和兮清泉。奠椒漿兮玉糝，尋逸韻兮瑤篇。宜後

賢兮繼起，與日月兮俱懸。

以下詩古不拘格。

姑孰溪　　唐　李白謫仙

　　愛此清水間，乘流興無極。漾楫怕鷗驚，垂竿待魚食。波翻曉霞
影，岸疊春山色。何處浣紗人，紅顏未相識。

丹陽湖　　　前人

　　湖與元氣連，風波浩難止。天外賈客歸，雲間片帆起。龜游蓮葉
上，鳥宿蘆花裏。少女棹輕舟，歌聲逐流水。

謝公宅　　　前人

　　青山日將暝，寂寞謝公宅。竹裏無人聲，池中虛月白。荒亭衰草
徧，廢井蒼苔積。惟有清風閒，時時起泉石。

　　按：謫仙是詩有十詠，專指姑孰，茲祇錄三首，緣餘與圩不相
屬也。

泛舟姑孰溪口　　宋　陸游放翁

　　姑溪淥何染，小艇追晚涼。棹進破樹影，波動搖星鋩。荻深漁火
明，風遠水草香。尚想錦袍公，醉眼隘八荒。坡院青山塚，斷碣臥道
旁。悵望不可逢，乘雲游帝鄉。

游青山　　齊　謝朓玄暉

　　託養因支離，乘間遂疲塞。語默良未尋，得喪云誰辨。幸莅山水
都，復值青冬緬。凌崖必千仞，尋溪將萬轉。堅鍔既崚嶒，巵流復宛

澶。杳杳雲竇深，淵淵石瀏淺。傍排鬱箕篆，還望森枎梗。荒隩被葳
蕤，崩壁帶苔蘚。齈穴叫層嵁，鷗鳧戲沙衍。觸賞聊自觀，即趣咸已
展。經日惜所遇，前路欣方踐。無言蕙草歇，留垣方可搴。尚子時未
歸，邴生思自勉。永志昔所欽，勝蹟今能選。寄言賞心客，得性良
爲善。

東田　　前人

戚戚苦無悰，攜手共行樂。尋雲陟累榭，隨山望菌閣。遠樹曖阡
陌，生烟紛漠漠。魚戲新荷動，鳥散餘花落。不對芳酒春，還望青
山郭。

丹陽湖　　前人

積水照頹霞，高臺望歸翼。平原用遠近，連汀見紆直。葳蕤向春
秀，芸黃共有色。薄暮傍佳人，嬋娟復何極。

題青山館　　唐　許棠

境概殊諸處，依然是謝家。遺文齊日月，舊井照烟霞。水隔平蕪
遠，山橫渡鳥斜。無人能此隱，來往漫興嗟。

經謝公青山弔李翰林　　杜荀鶴

何謂先生死，先生道日新。青山明月夜，千古一詩人。天地空銷
骨，聲名不傍身。誰移耒陽塚，來此作吟林。

白雲寺　　梅文鼎定九

古寺依道周，巖壑巧位置。徑偏門不扃，游人若相避。千仞依迴
溪，波光林外至。道人空小樓，蕭然絶塵累。學佛不自名，何况文與

字。杖藜時獨歌，千山落空翠。

白雲寺　　李先芳

落日依古寺，疏鐘出翠微。我來黃葉下，相伴白雲歸。蘿月開山徑，松風掃石磯。空門無翦伐，薜荔掛征衣。

途經李白翰林墓　　許渾

氣逸何人識，才高舉世疑。禰生狂善賦，陶令醉能詩。碧水鱸魚興，青山鵩鳥悲。不堪遺塚在，荊棘楚江湄。

太白墓　　王思任

秀骨住青山，行人望禾黍。生乘明月來，死臕清風去。陽冰篆尚存，力士靴何處。夜臺無酒家，還起我共語。

青山李供奉墓　　黃鉞左田

仙骨埋青山，草木發靈異。至今邱隴間，時有龍虎氣。永王號勤王，初亦無異志。女孫山農妻，尚知節不二。先生天人流，豈後君子智。

按：供奉祠墓，名流弔詠，美不勝收。摘錄數首，聊以備吟詠爾。

懷青山草堂　　郭祥正功甫

三峰連延一峰尊，龍山白紵如兒孫。重岡複嶺控官道，北望金陵真國門。淙流奔激灑河漢，兩溪直接丹湖源。松荒檜老古佛刹，雞鳴春老桃花村。石崩廢井謝公宅，龜仆斷碣長庚墳。斯人白骨已化土，

英風往往成烟雲。我昔棄官結茅宇，九品青山安足數。竹筒盛酒騎白牛，醉眼瞻天與天語。甯知一旦隨辟書，十年又向塵土趨。只今兩鬢滿霜雪，功業不成思舊廬。山花解忘憂，山鳥鳴提壺。四隣未必便棄我，三徑荒草還堪鋤。烏泥田肥種稻秫，紫蓴味美饒嘉魚。盈缸釀酒邀客顧，林下散髮時時梳。誰人縶爾不歸去，自問此心無乃愚。

青山尋謝宣城故宅　　梅鼎祚

不妨微雨繫孤槎，日向青山問謝家。三徑春風歸燕雀，一江秋水上烟霞。夢中渴想如瓊樹，句裏長飛似綺霞。故郡可憐祠廟在，臨流吾欲采蘋花。

白雲寺　　沈傳師

僧愛白雲溪上飛，白雲深處廠禪扉。莫言便是無心物，思着故鄉依舊歸。

白雲寺　　許渾

一片白雲千丈峰，殿堂樓閣架虛空。山僧不語捲簾坐，遥看世間如夢中。

姑孰溪　　米芾海嶽

下輿照檻數星星，一世還如隔世經。不見山東李十二，青山山色只青青。

姑孰溪　　楊穀汝

釣魚臺下水潺潺，海月松風縹緲間。永日勝遊追往事，白雲依舊

在青山。

謁李白墓　　曾鞏子固

　　世間遺草三千首，林下荒墳二百年。信矣輝光争日月，依然精爽動山川。曾無近屬持門户，空有鄉人拂几筵。顧我自慚才力薄，欲將何物弔前賢。

弔李翰林墓　　陸游放翁

　　飲似長鯨吸百川，思如渴驥湧奔泉。客來縣令初何有，醉忤將軍亦偶然。駿馬名姬如昨日，斷碑喬木不知年。浮生今古同歸此，回首桓温亦故阡。

李翰林墓　　明　陶安主敬

　　自别金鑾抵夜郎，江南有夢到朝堂。酒酣采石風生袂，崖老青山月滿梁。鳳管鸞笙遺韻事，筆蘆星竹借文章。雲飛荒野苔碑斷，時有詩人醉一觴。

夜泊黄池　　施閏章愚山

　　晚晴殘雪後，遠岸夕陽邊。葉盡楓難辨，漁歸網自懸。客舟寒趁月，茅屋夜含烟。試覔幽人語，燈明却未眠。

將之禄豐令飲餞洪潭精舍賦謝　　己未進士丁宗閔再騫

　　縜綏南行愧濫竽，多情諸父餞驪駒。唧盃共羨標銅柱，執手還期映玉壺。柳暗旗亭春欲老，花明繡甸錦如鋪。從今振策揚軨去，肯使蠻人笑豎儒。

官圩紀事 五排一百韻　　咸豐辛亥恩貢壬子舉人朱汝桂月坡

誰擅膏腴產，丹湖夾岸宜。圩先分廣濟，志載沿湖諸圩，廣濟冠首。編戶邁臨淄。田祖靈常護，陽侯患迭滋。道光三十年中被水九次。厦傾巢累燕，室毀羽憐鷗，哀雁征匍野，亡羊入路歧。卅年拋樂土，萬頃失敷畜。太守迎潘友，循聲媲杜詩。崔笙郡伯甫下車，即以修復爲首務。都人宣義問，佛子溥仁慈。大任洵能受，嘉謨况有資。趙仍廉頗用，邑侯燿堂。袁復謝安推。邑侯瞻卿。懸鏡胸懷朗，鳴鑾政治熙。福星聯燦燦，贊日勉孜孜。入境車初下，傳籤檄快馳。老農煩顧問，衆士遞詢茲。孰許狂瀾挽，疇教痼疾醫。幾曾關痛癢，奚以補瘡痍。閱歷情應急，濡遲悔莫追。徑旋抄白紵，舟早泛黃池。瀏到花津湧，波洄石臼漸。其間真險要，自昔善圖維。直恐中堅搗，勤將外衞支。班逾排玉筍，貞叶繫金梔。法美何堪廢，痕消了不遺。湖騰驚浩渺，漲褪且漣漪。滄海防俄變，狂飈怪緊吹。百般沟獨甚，千里害無涯。忽忽如聊爾，茫茫却咎誰。亟求崇岸塹，統俟峻藩籬。事敢因循誤，功須次第施。爭先搪浪埂，繼作判官碑。轉運判官孟知縉以身捍水，水爲之却，後人立孟公碑。俯瞰淵難測，遐觀畔莫知。前車行屢覆，故轍守胡爲。擬截溝雙跨，剛摹月半規。孟公碑決兩次，皆極深大，因別跨溝築月隄。創興胥視此，比例總由斯。李氏培堆礫，徐家宅掩茨。李村培至徐家屋後皆要工。塘深堪插柳，灘淺記栽薺。楊柳塘薺母灘屬次要工。白社榆飛莢，青山黛染眉。黃池鄉有白社，在東南岸。青山在西北岸，皆屬稍工。危皆撐獨木，穿似着殘碁。特假量天尺，兼鑷畫地錐。射雕弓並控，繡鳳綫斜垂。弓尺、繩綫，丈量工段之具。逐段論尋丈，開方計倍蓰。通權今軼古，按畝耦承奇。計田二十五萬有奇。借箸紓良策，飛書報上司。叠上書藩憲歷詳情狀，無微不至。瀝陳詞斐亹，縷述境流離。茂宰鷹悲憫，旬宣篤撫綏。九千頒國帑，兩次裕民脂。口糧銀四千五百兩，津貼銀四千五百兩。兩次給發，以工代賑。尚賴輸財粟，何從助斗箕。宦囊捐厚俸，蒙李方伯倡捐銀五百兩，府縣各捐廉銀足之。質庫發餘資。撥育嬰堂存典息銀三千兩，以濟用。曲致綢繆意，覃敷誥誡詞。煩苛除狗盜，值年圩修，多被土棍挾制，及盜竊椿木蘆蓆俱一例禁止。論斷釋狐疑。身倘乘閒暇，心終受

詐欺。依然多逐逐，蠢爾又蚩蚩。趨但爭羶附，居翻昵燕私。群生雖在宥，鉅害定重罹。爰奮營謀志，彌增瘝瘝思。令偹來野甸，稅駕伴村耆。邑燁侯堂。駐工備嘗辛苦，崔笙郡伯瞻卿邑侯輪班赴工糾察。指顧茅檐近，躬棲草舍卑。短牕披牘處，晚渡喚船時。孟公碑決口甫開工用渡船。南北區疆界，東西判等差。合希升益上，豫卜履如夷。起役隣連鄬，寬征旄與兒。土夫選用壯丁，老幼檿行淘汰。點牌催駿發，田夫亦稱牌夫，標名牌上。縮版擴鴻基。籃疊魚鱗滿，土籃一名魚籃。鋤揮鴨嘴欹。賃廬棚互結，土夫二十名作一棚。有就地紮住者，有租屋居住者。數米飯同炊。夫出米一升二合五勺，合爨炊食。亥市均叨惠，工萬餘人，薪米食物輻輳。丁男藉賑飢。土肥攜鍤掘，沙細揀金披。土中夾沙，築埝忌用。蛇陣頭當領，鳩工足任胝。影穿蝦壩窄，隔港取土，另築子埝，往來俗名蝦壩。數怕鶴籌虧。挑土持籌計數，不足者責補之。縈纜橋排板，港深未便築壩，買船排橋。標竿擔壓旗。土夫擁雜，分製短旗標示竿頭。先鋒扛鼎勝，後勁奪標奇。領頭押尾，兩擔較重，日加號賞十文。多取忙爭價，衆夫有挑土，重者另加賞號。高呼再振衰，申威宜鼓舞。起夫放夫，鳴金爲准。辛苦罷鞭笞，黎庶惟爭此。蒼穹更監茲，雪稀霏片片，雨罕降祁祁。暖氣霞蒸綺，晴暉旭馭羲。倦歸凝暮靄，勉作趁朝曦。滑滑泥團塊，登登石代推。層土層夯，期於堅固。鑽誇堅試鐵，滴怕漏傾卮。夯後用鐵杵錐入深際，灌以水，不漏爲上。虹臥腰輕折，牛眠背緩騎。上隄徧列土牛，以備不虞。四圍齊削築，一律戒荒嬉。那惜形骸瘁，渾忘面目黧。邑黔謳異晢，衣素化爲淄。從事賢勞也，同官左右之。曼卿螺脫壳，薺母灘螺殼極多，巡政石錦齋責令挖凈。大令繭抽絲，十里要工，經歷王小斐稽查精細。唐介言猶納，張華祕略窺。司勳參計議，摩結令扶持。桂與王蔚卿、唐子瑜、杜寶田、張小雪，均奉諭監修。我亦吹竽濫，公然侍杖隨。謙光昭抑抑，履道羨遲遲。各憲步行隄工巡視。懲勸交相視，憂勤絕弗辭。明皆邀藻鑒，成好及瓜期。蘆葦陰分植，楊稊種待移。當前徵妥貼，慮後免顛危。竣後多備椿蓆防汛。備矧兼三善，神尤感百祇。祈神虔立廟，澤國廣埋觜。重建天后宮，並置義塚。頌德歌盈耳，沾恩洽透肌。綠菇欣薿薿，紫蓼愛葳蕤。葦係官圩土產，紫蓼俗名龍骨，隨水長落，可禦風浪。春浦瞻蒲葉，秋塍唱竹枝。倉都儲稼穡，家盡給饘酏。飲水源遙溯，耕田利永貽。馨香他日奉，合擬建生祠。

咸豐辛亥隄決孟公碑

位中先輩奉檄督工，次年壬子中和，值五十初度，詩以自貺。諸吟壇步韻聯吟，傳爲佳話。今屈指近四十年矣。乙酉新溝之役，大相徑庭，因念天時人事迭爲變更，撫今追昔，不勝感慨繫之。爰錄詩章載加詳註，以追慕當日之盛云。

首章　　<small>州同知朱岐位中</small>

閒身且喜祝康强，半百方周自忖量。蹭蹬功名輸廩粟，<small>童試三列前矛，未售，援例授州同銜。</small>艱難年歲閱滄桑。<small>道光三十年中水災八見。</small>壎篪音斷悲何極，<small>仲弟石亭早世。</small>風木聲多恨愈長。<small>父母皆已仙逝。</small>三度懸弧東埝上，<small>壬辰三十、壬寅四十迄壬子五十，均因隄潰奉諭督工。</small>空勞兒女備壺觴。

次章

九載趨公問水濱，<small>道光年間八潰，及今咸豐辛亥，九次督工。</small>欣逢高士祝生辰。<small>同里徐梓鄉茂才倡祝。</small>流霞合許今朝醉，化雨先霑此日春。<small>郡城諸紳皆有和章。</small>積學漫云能富貴，<small>家翁子事。</small>分勞聊與共風塵。無窮期望將誰屬，惟在兒孫若輩人。

和章　　<small>道光丁酉優選本科經魁，授懷甯教諭唐瑩子瑜</small>

卅年曰壯卅年强，服政才應論石量。室爲善居藏竹木，<small>時作室新落成。</small>隄能堅築固苞桑。名場矕鼇收韁早，<small>弱冠即援例納粟，授州同銜。</small>古籍摩挲汲綆長。今日介眉春酒綠，彭籛斟雉侑千觴。

南弧星復燦湖濱，鳳紀書壬二月辰。<small>時壬子二月十六日。</small>甕碧酒宜浮伯雅，絹黃詩敢效陽春。每從孝友覘真性，<small>朱仁軌事祠以孝友扁堂。</small>定許科名起後塵。<small>令嗣甫就外傳。</small>我亦同年年四十，<small>少十歲。</small>不離席帽未歸人。

和章　　<small>咸豐辛亥恩貢生壬子舉人朱汝桂月坡</small>

年來夔鑠是翁强，屢率隄防丈尺量。<small>列憲諭爲官圩總修。</small>孝友家風

同水木，<small>同出沛國郡。</small>工程指日慰農桑。錫光自是承先篤，<small>祖逢春樂善好施，父愔五能繼先志，捐賑案內議敍八品銜。</small>純嘏彌徵受命長。正值春和好天氣，不妨旅邸快稱觴。

次章

不是尋芳問水濱，邀朋游讌豔陽辰。長隄永奠功同夏，<small>九次修隄，幾至過門不入。</small>兆姓咸歌德擬春。舊雨合徵名士詠，<small>同人晉祝一時名士。</small>採風旋慰屬車塵。<small>歷憲委任袁邑侯撰圩工條約事宜，特備顧問。</small>遙憐兒女躋堂際，晉秩神馳作客人。

和章　<small>道光丙午優貢選用八旗教習王文炳蔚卿</small>

羨君聞博識彌強，如許才難玉尺量。作室既成苞以竹，<small>詩如竹苞矣。</small>懸弧猶憶取乎桑。<small>禮：男子生用桑弧，蓬矢射天地四方。</small>芝庭日麗情虞遠，<small>雙親仙逝。</small>槐里風清澤倍長。<small>朱雲爲槐里令。</small>湖畔追隨湖畔望，一回晉祝一稱觴。<small>東埂稱觴，今第三次。</small>

次章

邇來僑廔曲江濱，又到中和上巳辰。算具八千纔服政，筵開百五好沽春。<small>時近寒食。</small>繞庭玉樹群凝秀，<small>子姪英俊。</small>一縷冰心不染塵。<small>圩工需用，逐欵報銷，外多賠墊。</small>自愧樗蒲巴里曲，聯吟屬和附詞人。

和章　<small>道光己亥恩科舉人大挑知縣尚成熹曙菴</small>

自信男兒當自強，如君才識益難量。安瀾合作中流柱，<small>四岸推爲總首。</small>未雨先籌下土桑。額錫膺榮餘廕遠，<small>丙申太守陳遠雯倡建育嬰堂，捐銀五百兩，乃以"種德膺榮"額獎之。</small>堂開勤業教思長，<small>祖父以"勤業"扁堂，欲子孫顧名思義。</small>二難四美今駢集，自愧蕪詞等濫觴。

次章

豫卜期頤等渭濱，而今服政遇良辰。酒浮綠縐初經雨，<small>是日陰雨，暫停工作。</small>花褪紅嬌別占春。燕翼貽謀承舊澤，<small>人先創置田千餘畝，今復增田千</small>

猷。雁行繼序步芳塵。遠屏子嶸二弟競美。他年得赴耆英會，洛下應添一老人。

和章 邑增生徐國材梓鄉

漫云官政服年強，澤國經營費料量。歷屆歲修奉諭督工。九載辛勤登燕麥，每逢圩潰，二麥有秋。十分子細重蠶桑。椿蔭隔世音容渺，蘭蕙盈庭趣味長。謂海門毓川與滋。此日筵開眉壽介，亡看花甲羽飛觴。後十年壬戌督造黃池決口幾成詩讖。

次章

沿隄綠柳映湖濱，沿隄仿河工例，多栽楊柳。上壽欣逢二月辰。醉打酒籌花及第，閒聽歌板鳥鳴春。蝸廬雪亮忘居客，鹿洞風高迥出塵。朱文公事。多少高朋咸列座，官紳董首約三十餘。于門我亦愧同人。

按：諸前董倡和之作，雍容暇豫，得古人頌不忘規之意。撫卷謳吟，令我一讀一擊節。

新溝工次即事七律二首 歲貢生試用訓導姚元熙星榆

扁舟一葉趁春晴，豈為飢驅作遠行。虎負徒聞攖眾怒，蠅營竟至激群爭。愁他谿壑填難滿，遲我隄防久未成。枵腹自來難責效，程功先要免呼庚。

老夫耄矣百無能，暮齒猶思勵飲冰。不合時宜非傲眾，苦於戀直懼多憎。河渠有志書空讀，柄鑿無人禮倍增。慚愧救時無善策，籲天惟祝麥豐盈。

按：是詩詞多憶澧，殆有慨乎！其言之也，首作護時，次作勵己，其三閭氏之流亞與。觀下《官圩愁》一闋，情見乎詞矣。

官圩愁 前人

熙生長斯土，迄今六十有五。憶自道光癸未以及今上之乙酉，圩

凡十三潰，民情愈變愈詐，人心愈趨愈險，甚有幸災樂禍以罔利者。嗚呼！人之無良，至此極乎。今茲三月缺口告成，王氏村西百餘弓，堆沙爲埂，不能無後患也。吾懼焉，作《官圩愁》，成五十四韻。

江南魚米鄉，官圩最云樂。厥田惟上中，大可安耕鑿。春雨一犁扶，秋風十倍穫。所資在河防，以埂作城郭。一朝失所守，人民棄溝壑。繄我生之初，水災偶一作。維時豐亨久，多富少貧約。道光癸未年，乍遭不爲虐。奈何辛卯後，陽侯頻肆毒。〔癸巳、甲午、己亥、庚子、戊申、己酉，疊次告潰。〕廿載八無收，舊家遂蕭索。乃更兵燹加，〔自癸丑以迄壬戌，粵逆盤踞十年。〕生存苦寥落。田荒無人耕，室毀身安托。所賴賢令賢，招撫裕方略。〔克復後，趙小棻邑侯刱天門書院。謀士在河西籌牛種，招佃墾闢，官圩漸次生聚，真再造恩主也。〕籌種河以西，畝助聲諾諾。因以得開墾，穀熟鮮飄泊。經過歷八年，隣殃勢難却。〔同治己巳，感義圩潰，延及官圩。〕禍延北橫埂，〔官壩圩一缺，廣濟圩兩缺。〕遽爾大崩削。悲聲震村野，離散因各各。守令得唐徐，仁慈復忠愨。疾苦急上聞，沈痾爲救藥。得欵隄告成，醉飽恣酣謔。〔經手均有乾没。〕生齒日已繁，誦讀方踴躍。人心趨險詐，天意怒澆薄。去夏逞霆霖，示警足駭愕。胡彼幸有災，於焉生貪攫。計以禦患資，而作度荒策。揖盜任開門，坐視失先着。援西因失東，萬命罹湯鑊。太守今〔聯仙蘅郡伯尅期開工，僅准畝捐番銀貳分蔵事。〕龍圖，窮治非臆度。小懲而大戒，聞者庶惕若。獨憐無告民，在難殊焦灼。天恩自高厚，大府早斟酌。卹典雖區區，鴻依難隔膜。豈期工代賑，吏才矜卓卓。不卹野莩多，巨口恣吞嚼。胥役即官長，百唯無一諤。即令洋務平，度支不如昨。深宮堯舜心，施濟亦云博。津貼出歲供，仁哉哀民瘼。奉行繄何人，天良盍自摸。勿以太倉粟，任使飽鼠雀。我老病交乘，固宜束高閣。戇直易招嫌，羶附殊增作。聞變急趨工，温語爲籠絡。〔埂脚至經五易。〕謡唱聽忠姦，〔時有某忠某姦之唱。〕笑罵逾搒掠。竟有顏之厚，居然履之錯。世情已至此，焉用增嘲啄。僥倖一春晴，隄完有關鑰。米鹽得通融，非僅飽藜藿。所恨戚自貽，狐狗相牽縛。〔事外垂涎掣控。〕一曲《浪淘沙》，分崩失根脚。〔王村西北堆沙爲埂。〕此患人盡知，匪我獨驚咢。爲詩語時賢，莫作燕巢幕。思患宜豫防，庶見雞群鶴。〔謂楊甸臣、趙玉棠。〕

〔敬頌嚴明府盛德〕　　姚元熙 星榆

　　光緒戊子修隄，前署縣嚴明府盛德在民，謳歌載道。茲奉委監修，民慶重生，恨疾軀未獲效命，感成七律敬呈慈鑒。

　　竹馬重迎似細侯，來蘇可解萬民愁。地緣舊治情多熟，人是相知算自周。棠芾猶留當日蔭，芸生更荷百年謀。慈幰伊邇難趨侍，悵望崇轅德未酬。

南中心埂竹枝詞十二首　　前人

　　三年兩度水災成，隄決誰歟問蟻生。賴有萬家生佛在，相公司馬爲巡行。陳六舟中丞赴甯閱兵，旋便道勘隄。

　　不柱圩名號大官，中丞觀察爲飢寒。非常曠典頻邀發，一例生全福定安。史蓮叔郡伯著福定圩一體領歟。

　　隄分南北有攸司，分得中心嚴挺之。嚴心田明府奉檄分督南工。一自興修經始後，衝風冒雪總無辭。

　　蘆棚土竈儼行營，圩務居然軍令申。聽得金鑼聲一振，大家早起趁黎明。

　　興事端由率作功，未明先起是嚴公。催將號炮從空放，頃刻夫齊各逞雄。

　　不矜架子不張威，不用刑驅亦不違。能使愚頑皆効順，好官口裏念微微。

　　清晨及午走無停，再食全憑表最靈。按候散夫齊不誤，金鳴還向耳邊聽。

　　更有忠誠出肺腸，自家飲饌儉非常。願將已費添加獎，賺得夫挑土幾方。

　　晚來依舊是鑼傳，束擔歸來飽食眠。但祝天晴工早竣，恐教阻雨又遷延。

　　勤哉勤事有朱楊，德川、聚川昆仲，匋臣、杰臣二君。晝夜奔馳又二王。

柳齋、耀槐二人。兩趙玉棠、岷亭。張書田。徐文光。周紹經。與魯，源緒。一般不負諭煌煌。

布穀聲中夏令交，親身苦勸暮還朝。圩工未了農工急，莫再延挨本業拋。

永逸全看此一勞，這番中外埝都高。陳蕃經濟中丞六舟。史魚直，觀察蓮叔。萬古留名並禹皋。

〔行夯闋三十首〕

光緒戊子，建造中心埝潰缺，余奉觀察諭督辦諸務，自冬徂夏，歷五月許。新歲阻雨停工，工次即事，作《柳枝詞》三十首，用上下平首韻，教夯夫歌之，以節罷勞，命之曰《行夯闋》，以代《邪許》。逐首仍拈四字以命題。自註。

間年潰埝 光緒己丑恩貢生候選復設教諭朱萬滋湖㙓逸叟

平原曠野畝南東，自昔圍圩號永豐。晚近數遭河伯患，道咸相繼，凡十二潰。酉年纔潰亥年同。前年乙酉潰，間一年丁亥又潰。

紆道勘隄

方憂無計禦三二冬，二水頻遭歲又凶。一片汪洋無控告，乙酉修隄無欵，上控督轅竟屬子虛。聯仙蘅太守示捐畝費。萬家生佛偶然逢。陳大中丞赴甯視師，經花津圩，衆籲請勘隄。旋迂道黃池，勘中心埝缺㘲，餘生作圩務瑣言上之，悉蒙採用。

籌欵濟急

福星原是燦邗三江，江蘇儀徵人，原籍休甯縣。天遣巡行到此邦。奉旨閱兵，過圩境。瞥見流離情不忍，加恩頓起故園腔。塗與儀徵同屬江南，故云。

請帑興工

邇日河工費度四支，河決鄭州。況加賑撫又兼施。憂民憂國情交迫，祇爲趨甯往視師。

放餉從優

估工攢料燭些五微，兩缺南北二缺。量清又計圍。核實撥銀三萬七，津貼銀萬二千兩，周圍借銀二萬餘兩，賑濟銀數千兩。天從人願莫予違。照估清給，毫不扣減。

派委念舊

欲爲澤國免其六魚，督率憑誰下簡書。默記花津天后院，士民頂祝有誰如。天后宮詣香，見嚴明府栗主因委是役。

量地分司

不是尋常命澤七虞，重迎竹馬萬民趨。戊寅嚴公握篆救五小圩，官圩獲全。履祥回任知縣金前奉調。延年委，特委幫辦。南北分司各一隅。北工近城金公主之，南工較遠嚴公主之。

列岸編册

卯簿新編法整八齊，兩南岸自列東西。東南西南兩岸，各立卯簿。細排鱗次無遺漏，迅速圈成一月隄。退挽月隄四百三十弓。

照田選夫

古來經界制稱九佳，前明分工，照田出夫。按畝徵夫莫閃差。老幼疲癃皆剔盡，革去舊習。一人懸掛一腰牌。書明圩甲。

按期給食

冬工興作值葭十灰，十一月十九日。得食赴工不用催。五日爲期清楚給，按五日給口食。厲工於賑慰鴻哀。津貼毋庸攤還。

蘆棚棲宿

時難年荒菜色十一真，擔柴負米此安身。領銀買蓆編棚廠，二十名夫作一棚。飽食安眠頌至仁。

土竃安炊

草野無文不尚十二文，掘泥支竃飯匀分。夫出米一升五，合三餐，秤匀食之。此中縱屬荒涼景，尚有炊烟裊白雲。

鳴鉦申令

政刑兼用予元十三元，圩務勤時軍務存。三令五申皆不紊，清晨首造飯，次齊夫。卓午先放夫，後齊夫。及黃昏。終散夫，恰合三令五申。

放炮取齊

鳴金已是膽心十四寒，號炮聲來更不安。束好泥籃挑好擔，大家好好莫抽單。魚貫而行，絕不擁擠。

豎旗分塘

繁亂原須待剸十五删，紅旗高豎字回環。大書某圩某甲。土方彼此分疆界，來往于于各就班。

持籌計擔

夫名踴躍各爭一先，彼此齊挑不歇肩。遠近派分多寡數，八九十擔自無愆。照步數多少，以計擔數。

逐名點卯

隄邊傍晚日蕭二蕭，魚貫行來努力挑。按甲按棚齊點卯，抽夫買米票回銷。給票買米，點卯掣回。

驗表放歸

樂事原非載酒三肴，連陰誠恐日時淆。好將靈表勤查驗，天陰用表驗時。一賣光陰也不抛。緱晦尚挑一兩擔。

奪彩爭先

子來丁壯氣真四豪，競彩爭紅插擔高。彩旗插在擔頭。贏得青錢便沽酒，得彩者領賞號二十文。歸棚一醉傲同曹。

編歌忘倦

盛世原傳擊壤五歌，祇緣豐歲黍稌多。如何庚癸頻際，也有謳思譜太和。夫編十字歌，忠懇者贊揚，貪黷者貶斥，輿論如是。

減膳勞功

四圍隄務雜如六麻，甘旨糧儲俸應如。嚴委薪水取給糧台。樂事趨功皆用命，減餐犒勞眾無譁。自經始以迄告成，無一罹刑罰者。

持鞭警惰

顓蒙原有毗陰七陽，勤惰頑愚各短長。扑作教刑終肆赦，逐日持鞭，未嘗笞責。非同志得意揚揚。彼侈驕者可以愧矣。

層砐夯固

偶然林外叫倉八庚，正雜夯夫倡和聲。好是層砐夯得透，每坯一尺二寸，夯至八寸。連環套打待籤行。籤試灌水不漏。

密椿防險

菜色黃兮麥色九青，土工竣事木椿釘。找成高架排成桃，三丈高椿必需找架排桃乃下。鱗次還兼梅瓣形。如鱗，次復如梅瓣。

置壟埋棺

波瀾瀰漫暑氣十蒸，殘棺朽匵附隄塍。圩俗，每停棺隄畔。數邱義塚豐碑竪，黃池鎮北一所，倉基渡一所。心地栽培菲祿增。嚴明府印忠培字心田。

修藥治證

崙褐已告召愆十一尤，若遇調元病即瘳。手合丸散應時立效。一片婆心

如保赤，好官能得再來不。<small>前曾握篆咸望重來。</small>

續築標工

雨灑長隄似霧<small>十二</small>侵，大工蕆役慰初心。<small>二月廿五日告功夫倍出力。</small>何期接辦標工日，却有青蠅暗地吟。<small>緣議夫價，遂有中傷之者。</small>

稟請夫價

以工代賑帝恩<small>十三</small>覃，待哺嗷嗷舉室含。八折申明通四岸，詎期截止竟成三。<small>標工夫價，初定八折，減爲三分，三月十五截止。</small>

黔黎頌德

夙成功業作梅<small>十四</small>鹽，邇日隄成德又兼。但願長生歌樂只，瓣香永祝我公嚴。<small>天后宮西偏原設栗主。</small>

陸續報功

從此三登並五<small>十五</small>咸，九重指日晉頭銜。子孫瓜瓞綿科甲，<small>嚴公冢嗣是年入泮。</small>侍立朝班展綬衫。

卷之七　器具　湖峴逸叟編輯　谷有章倫煥校

目次

此外，船姚樁戗等物，毋庸贅述，故無圖説。

圩之修築，非徒手可告成功，故估計需弓綫、挑挖待畚鍤、搥扑用夯碨、保護資樁蓆，事所必然者也。若夫立局安棚、傳籌報汛諸務，雖有成法，亦在相其時因其地而善用之，毋庸泥也。果能事事如式，在在得人，又何慮告潰者之多多也。述《器具》。

隄防一切器具圖式，説略如左。

部尺式

此爲五寸

部尺説

以絫黍定分寸之率，一黍之廣度爲一分，橫絫十黍得古尺一寸。一黍之縱度爲一分，直絫十黍得今尺一寸。今尺八寸一分，當古尺十寸。今尺七寸二分九釐，當古尺九寸。即黃鍾之長十寸爲尺，十尺爲丈，十丈爲引，總以尺該之。工部製造頒直省布，政司通頒所屬，以准度營造。

俞明府昌烈曰：石尺較部尺，每尺大一寸五分，灘尺較部尺，每尺大七分。灘尺以篾爲之，用以圍木者。

天然尺式

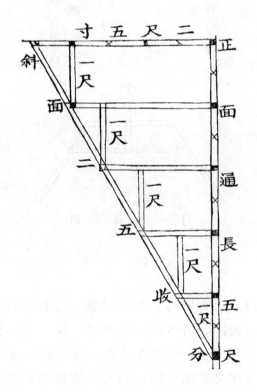

天然尺説

倪制軍豹岑曰：向來估工收工，俱以五尺豎立斜面牽綫掛平，往

往陡高不准。部製此尺形如梯架，長五尺。每尺安一橫檔，上檔長二尺五寸，漸次縮短，防斜面阻礙也。量二五收分在隄高五尺處安尺，用繩一丈二尺五寸，憑尺頂牽平，不低不昂，則陡方斜面俱足。倘繩長五寸，方平橫檔，是爲二六收分，一尺爲二七收分。或祇用繩一丈二尺，與橫檔相平，是爲二四收分。再短五寸，又成二三收分矣。或長或短，由此類推之。

弓式

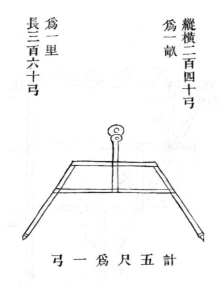

縱橫二百四十弓
爲一畝

爲一里
長三百六十弓

弓 一 爲 尺 五 計

弓説

胡明經祖翮曰：弓有册弓、京弓二號。以册弓較准，京弓每弓短一尺一寸。以京弓較准，册弓每弓長京弓一尺一寸一分。諺所云“不緊不鬆，三步一弓”，乃册弓非京弓也。竊謂製弓亦須留意弓式，大小以尺爲憑。然木架必放開寸許，兩股釘腳居中，方能如式。若木架大小僅符部尺，釘腳每股收進半寸，則每弓短一寸，一丈須短二寸。以通隄數萬弓計之，不必蛇行鴨步，已知少若干弓尺矣。

一云縣印。二十四印，即長一弓。

碪式

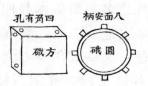

式繫方　　式安圓
　辮碪　　　柄碪

孔有爲四　柄安面八

碪方　　碪圓

高三尺徑
一尺鑿八
孔安柄
四角有眼
繫索擎之
以便起落

碪説

俗呼爲磕。胡明經祖翻曰：碪以土方定價。碪夫圖占地面利於長闊。惟選用青石，高准五寸，置地堅重，過於長闊，自難運動。

沈丹甫曰：青石長闊高各一寸，重三兩，由此推算便知之，今所用碪方，徑尺餘厚三寸許，空如仰盂，四隅有稜，鑿稜爲孔，以繩繫之。重不過五六十觔，八人舉碪，力多碪輕，落地無蹟，不如圓碪，高三尺徑一尺，用力不均，輒起錢眼，必須連環套打。然高易傾側，改製碪形如磨，旁鑿八孔，嵌木柄長四寸，以繩絡之。

夯式

石牛　　木夯

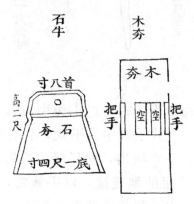

首八寸　　夯木

高二尺　夯石　　把手　空空　把手

底一尺四寸

中間嵌空
用以握手

上首宜稍
銳而小下
方宜平正
而大起落
方穩

夯説

考《字彙》：夯，呼講切，上聲。用力以舉堅物，北音讀如抗，今土音作平聲，借爲築杵之名。斷堅本長四五尺、圍徑尺許，周圍鏤空以容手，四人共舉，去地一二尺，旋起落，壓打鬆土，使其堅實。於不能行碨之處最便。又一式用青石大塊，鑿如方秤錘，約三百餘觔。兩旁刻箝口，各嵌木棍，輕則三枝，用六人，重則四枝，用八人攛築。圩内呼爲石牛者是也。大抵碨用於斜面以收邊，石牛用於正面以鋪底，木夯用於側面以實浪窩。此大略也。

籤錐式

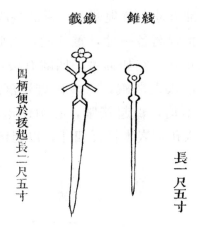

籤鐵　　錐棧

四柄便於援起長二尺五寸

長一尺五寸

籤錐説

汪制軍志伊曰：建造生工，夯過以後用籤錐入土中，一直拔起灌水於孔，以不漏爲上。其式上圓中方下鋭，旁有四柄扶持起落。長四尺餘，使釘入土深透，一直拔出，勿任緩緩挍轉，俾四圍磨光，或有水中和藥之弊。又一式用純鋼棧錐，以手籤之，短而細，難以入深，不及中方下鋭者之爲愈也。然欹側處用之亦佳。

按：籤式，旁有柄便於提攜，中方勿令挍轉，下鋭易於入土。徑用寸許，大則擠實水不漏矣。

畚鍤式

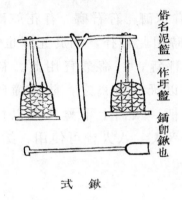

式　籃　泥

俗名泥籃一作圩籃　鍤卽鍫也

式　鍫

畚鍤說

　　考河工挑土，有運以土車者，創自靳文襄公。謂一車可負三四石之重，圩民未見此制，亦未便於馳驅修造取土。除駕船裝運外，均用土籃肩挑。籃以柳條作半圈，箝以木板，縛以細繩如魚鱗，故各魚籃魚圩同音。又名圩籃，言挑土築圩之籃也。用粗蔴繩束於區擔兩頭，法頗輕便，價廉工省，惟細土尚虞灑漏。復以樹枒槎一支架撐區擔，便於取攜，亦妙。鍤，《釋名》：插言捐地起土也。《史記·河渠書》：舉鍤如雲。今圩民所用鐵鍫是也。

硪式

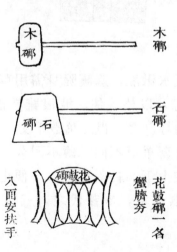

木硪

石硪

花鼓硪一名蟹臍夯

硪鼓花

八面安扶手

碢説

按：碢有數式，有木碢、有石碢、有花鼓碢。木碢，一名鞭碢，以木碢頭爲之。收工時用此鞭扑，期於光澤也。石碢重三四十觔及五六十觔不等，形如秤錘，釘椿最宜用此。初下大椿，不能驟用大夯，持此甚便。必以天紫石爲之，防其撞碎墜下損人也。花鼓碢圓如鼓形，不用長柄，八面上下鑿孔安以柄，勢如蟹脚，故又名蟹臍夯。或四人、六人、八人皆可使用，搶險下椿時尤不可少。

草簾式

關以五尺爲准

土名藥幕　長以一丈爲准

厚以二寸爲准

草簾説

袁邑尊瞻卿曰：夏水汛漲，遮護隄身需用草簾，較蓆穩便。其式寬五尺長一丈，鋪水際，以椿籤住。波浪雖常搖撼隄埂，不致受傷。舊制按畝出簾一尺，通圩計之，得二萬數千丈，可敷用矣。

按：草簾厚實與蘆蓆單薄不同。薄不耐久，中盛以土易敗。草簾密結，以繩紮定，隨波上下，長落可移，一便也。舊例按畝徵收，不需經費，二便也。如無稻草，麥荄代之，三便也。有此三便，何憚不爲？

旗號式

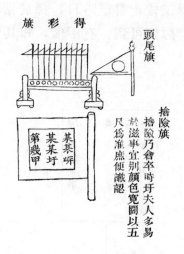

得彩旗

頭尾旗

搶險旗
搶險乃會卒時圩夫人多易
於滋事宜別顏色寬闊以五
尺爲准庶便識認

某某呀
某某圩
第幾甲

旗説

按：圩例修隄夫名擁擠，擇老成精壯者二人，一爲領袖，予紅旗一面。一爲押尾，予緑旗一面，日加賞號。又圩夫多疲羸，例用小紅旗數十面，遇有精壯之夫，踴躍出力，終日不懈者，立予彩旗一面，插在搶頭以覘用命，且爲寵異。酉刻收工，憑旗領賞。至猝出險工，夫多人雜，尤易擁擠。且時時滋事，非製顏旗以別之，則良莠不分，賞罰鮮當矣。惟倣軍法以部署之，一望而知無所逃遯。

巡隄籌式

巡隄循環籌
太平府當塗縣正堂示爲巡隄事仰大
官圩圩修小甲夫役人等知悉立將
該籌持送前段換回還字號以憑防
守要工　右仰　圩第　甲

按：夏漲囓隄，各段告警，需夫支更防守。值風雨晦暝之夜，往往無夫管守。惟製此籌二枚，書定時日，擇於緊要地段着送此籌，循去環來，則通圩一週，尅期可到。有不備，知其緊要乎？

高脚牌式

牌用方式，四面皆尺餘，下撐以高脚，上䩞各憲示諭，着小甲肩行，並鳴鑼以警衆。

架棚式

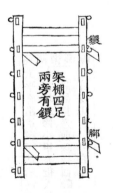

右用篾弓架之，上冪以蓆，旁繫以繩，下鋪以板，可蔽風雨，且能遷移。緊要地段，如嫌稍矮，易受潮濕，亦可安高脚如牀架。

架棚説

倪制軍豹岑曰：棚用木桿二枝，長七尺，兩頭安橫檔，寬四五尺，形如轎槓長桿，各鑿孔七，以竹片弓插其上，覆以蓆。桿旁有鐶，穿繩縛蓆，恐爲風雨漂搖也。每棚可容二夫，高低位置，聽其自便。鋪以柴草，坐臥皆適。夜則張燈棚口，更替梭巡，甚爲妥便。

按：林文忠公《防汛章程》有擡棚，可以遷移，其即此與？又大架棚，做軍中帳棚爲之。棚二十人可免租廂之費。圩無此製，存之以備選用。

碑式

碑工分

官圩某某岸某某圩分工碑
計長　千百　十弓
面寬若干丈尺
頂高若干丈尺
起自某某圩工止自某某圩工

按：前明分工碑湮沒久矣。間或有碑，亦不詳載溝稍並弓丈高厚起止。過者無從考驗，即勘者亦茫然也。惟立界碑，瑕瑜立判矣。

卷之八　占驗　湖陽逸叟編輯　劉海鼇樹人校

目次

修防之法，是於人事盡矣。其可以貪天功乎？設或天道反常，人事錯出，苟非占驗，或少參稽，則術亦有時而窮。茲緣圩有關會而事有所宜考者，聊爲集説，其亦博觀約取之一助乎？述《占驗》。

歷朝災異

晉武帝泰始三年，圩民宣騫母年八十，偶浴，化爲鼋，諸子閉戶守之，掘坎堂上實水其中。鼋入坎游戲二三日，延頸外望，伺戶小開，躍入遠潭水，隨身去，不復還。

宋徽宗二十三年夏，宣州水泛溢，至諸圩盡壞。

明顯帝十五年大水，圩盡没。次年，飢死者相枕籍。有一家五口以繩繫頸，同赴死者。

又三十一年四月，水鬭溝水無故沸騰，盎盆亦然。

又三十六年大水，圩岸皆潰，民間剥樹皮草根以爲食。

又四十年水。

又四十一年大水，圩壞。

國朝康熙二年九月大水，諺傳：九月二十三，打破湯家灣是也。

康熙四十七年大水，圩潰。奉特旨地丁銀兩全行蠲免。

雍正四年大水，圩潰。全邑煮粥賑飢。

乾隆三十四年大水，圩潰。

按：以上災異，均載邑志。

道光三年大水，圩潰。民人流離，爲向來所無者。嗣後，歷遭水患，年次情形，備載《正編・修造》。

占日

《祥異賦》曰：日暈有黑氣則傷穀，主大水。

《農圃春秋》曰：烏雲接日必下雨。諺云：日落雲裏走，雨在半夜後。又曰：日落臙肢紅，無雨也有風。

又曰：日出當中現，三天不見面。

占月

《宋志》曰：月中蟾蜍不見者，主大水。

《群芳譜》曰：新月下有橫雲，主多雨水。初三月下有橫雲，初四日裏雨傾盆。

占星

《姚令威叢話》曰：陰雨初晴，明星不宜多見。多見。則復雨。諺曰：明星照濕土，來日依舊雨。

《農圃全書》曰：游星自北向西移，主水淹田禾。

占風

《農書占》曰：春風多，夏雨必多。行得春風有夏雨也。春風多秋雨亦多。一場春風一場秋雨也。又云：春發東風連夜雨。又曰：東風急，備蓑笠。東風必雨，理之常也。《詩》曰：習習谷風，以陰以雨。朱註：谷風，東風也。

《士商要覽》曰：五月初五日，屈原暴。十三日，關聖暴。二十一日龍母暴。皆有大風。

占雲

《隋書占》曰：二分二至觀雲氣，青主蟲、白主喪、赤主兵、黑主水、黃主年豐。

《農事須知》曰：雲起西南雨必多。諺云：雲自西南陣單過也。三寸雲起東南，必無雨。諺云：太婆八十八，雨未東南發。雲自東北起，多風雨。風愈急，雨愈多。雲自西北起，必黑如潑墨。先風後雨終易晴。又曰：雲行東，雨無蹤。雲行西，雨沒犁。雲行南，水滂沱。雲行北，如曬穀。

又曰：四月十六雲推磨，十個圩岸九個破。

占霞

《農圃須知》曰：朝霞暮霞，無水煎茶。

《群芳譜》曰：霞乾紅主晴，褐色主雨。霞滿天過，主晴。霞不過，〔主雨〕❶。

占雷

《師曠占》曰：雷初發，聲在水門者，其年主水。亥子二方爲水門。卯時雷主有雨，當頭雷主無雨。諺云：未雨先雷，船去步回。言不雨也。雪中有雷，主陰雨百日。初起，其聲霹靂者爲雄雷，旱氣也。共鳴依稀者雌雷，水氣也。

占露

《田家雜占》曰：八月十一日夜，用金漆盆承露，圓珠則來年水小，散漫則水大。

---

❶ 主雨　底本原無，據《農政全書》卷十三《農事·占候》及《授時通考》卷二《天時總論下》補。

占霧

《月令廣義》曰：江淮間以立春連三日，看湖中霧氣，高尺寸則水亦至其處。如無則旱。又以一九日占霧，定來年四月之水高下。二九日定五月、三九日定六月、四九日定七月、五九日定八月。每以首日看霧高幾寸，濃薄以占其月有無水及大小，極驗。諺云：春霧晴夏霧落，秋霧不收雨颯颯。

占霜

《萬寶全書》曰：春霜主雨。諺云：一夜春霜三日雨，三夜春霜九日晴。

占雪

《農圃春秋》曰：若要麥，見三白。冬無雪，麥不結。此言年內雪多，來年豐亨之兆也。諺云：冬雪年豐，春雪無用。雪晴不消曰等伴。日照不化，來年多水。春雪大，主水大。應在一百二十日。

占電

《田家雜占》曰：電在南主晴，在北主雨。諺云：南閃千年，北閃眼前。

占雨

《群芳譜》曰：甲子日晴主兩月多晴，雨則久雨。諺云：雨打五更，日曬水坑。又久雨雲黑，忽然明亮，主大雨。謂亮一亮，下一丈。久雨午後乍晴，有日色，雨必多。又云雨住午，下無數。雨同雪下，卒難得晴。又謂雨夾雪，無休歇。

《農圃春秋》曰：春甲子雨，乘船入市。夏甲子雨，赤地千里。秋甲子雨，禾頭生耳。冬甲子雨，雪飛千里。四季壬子日宜晴。此日名水生日。雨打六壬頭，低田只索休。一說壬子是哥哥，爭奈甲寅何。此日若落，四十九日天不晴。又久晴逢戊雨，久雨望庚晴。

《荊楚歲時記》曰：正月元日遞至十日，皆不宜雨。雨主災，晴則吉。一雞、二犬、三豬、四羊、五馬、六牛、七人、八穀、九麻、十麥。

占虹

朱子曰：雲合則雨，虹見則止。

《切用格言》曰：虹明而長者主晴，短而闇者主雨。

《太玄經》曰：虹掛東，一場空。虹掛西，雨灑灑。《詩》曰：朝隮于西，崇朝其雨。

占正月

《卜歲恒言》曰：除夕以罐盛水，元日秤其分兩，挨至十二日，逐日秤之，辨其某日輕重，即知某月內水之大小也。又除夕看潮汛消長，定來年桃伏秋凌四汛。是夕長潮一尺，來歲夏秋汜漲即至一丈，落亦如之。其數頗驗。

《群芳譜》曰：立春日晴明歲熟，陰黯傷禾豆。風從坤來爲逆氣，主春寒，六月內有大水。

《花鏡》曰：立春日，虹見正東，春多雨，秋多水。

《農圃春秋》曰：百年難遇歲朝春，遇則大熟。

《便民書》曰：元旦，東井有雲，歲潦。

《圃史》曰：歲朝西北風，大水害農功。

《彙譜》曰：二日晴，大熟。得辛小收，得卯低田半收。三日晴，上下安。西北風主水，得辛亦水，得卯大水。四日晴，主春暖。得辛主水，得卯大水，得辰七分收。五日晴，民安，霧傷稼。得甲下歲，得辛旱，得卯半收。六日晴，歲熟。得辛小旱。七日晴，人民無災。得辛半收，得卯春潦，得辰水。八日晴，宜穀。得辛歲稔，得卯潦，得辰先旱後水。九日得辰，主仲夏水災。十日得辰，主旱。月暈，主大水。東方朔曰：元日晴和人安，國泰歲豐。

《花鏡》曰：上元日晴，三春少雨。又云：雨打上元燈，早稻一束草。有霧，主水。十六日夜晴主旱，惟水鄉宜之。晦日風雨，歲

惡。又雨水節陰多主水。

《占書》曰：甲子豐年丙子旱，戊子蝗蟲庚子亂。惟有壬子水滔天，都在正月上旬看。

《周益恭日記》曰：正月得三亥，湖田變成海。在節氣內方准。又俗傳圍隄以正月二十日爲經始，謂圩埂生日，至三月二十日成功，凡歷三個二十日。此三個二十日不雨，圩隄無礙。

占二月

《農圃六書》曰：二月二日，田家謂之上工日。又曰龍擡頭，宜晴。八日爲祠山誕，前後必有風雨，俗謂請客風送客雨，東南風主水。

《群芳譜》曰：春分風從東北來，主水。坤來，多水。

占三月

《圖史》曰：清明要晴，雨主霉裏，有水至。又曰：清明要明，穀雨要雨。

《花鏡》曰：三月初三晴，主水，旱不時。四日雨，主澇。七日雨，決隄防。八日雨，乘船行。

占四月

《文廣日記》曰：四月朔日暈，主水。

《群芳譜》曰：立夏不下，田家莫怕。諺云：四月初一見青天，高山平地任開田。四月初一滿地塗，丟了高田去種湖。農夫此日最要緊，立夏亦然。初四日，稻生日，喜晴。又云四月八日雨，前後皆不應。言前後所占不足驗也。

《圖史》曰：有穀無穀，只看四月十六。四月十六烏瀝殼，高低田稻一齊熟。十六日上早，低田好種稻。二十日爲小分龍，晴則分嫩龍，主旱。雨則分健龍，主水。一云二十八日方是。

占五月

《群芳譜》曰：芒種端午前，處處有荒田。

《神樞經》曰：吳楚以芒種後逢丙日進黴，小暑逢未日出黴。閩人以芒種後壬日進黴，遇辰則絕。

《雜俎》曰：雨打梅頭，爛却犁頭。打鼓送黴去不囘。又迎梅一寸，送梅一尺。

《風土記》曰：天道自南而北，凡物候先南方，故閩粤萬物早熟半月始及吳楚。今驗江南梅雨將罷，而淮上方梅雨。又踰河北，至七月少有黴氣而不覺。以此言之，壬丙進梅不足定，擬當易地以論之。

《圖史》曰：五月初一雨若落，牆傾屋倒難收捉。此日至十日不雨，主旱。初二雨落井泉枯，初三雨落漫大湖。端午大晴，主水。諺云：端陽曬得蓬頭乾，十片高田九片浮。只喜薄陰，霧主大水。

《農圃書》曰：十三日為白龍生日，常有風雨。又云：關壯繆誕辰，常有大雨。

《便民圖纂》曰：夏至日暈主大水，有雷主久雨。

《四時占候》曰：夏至後半月為三時。頭時三日，中時五日，三時七日。最怕中時雨，主大水。

《雜俎》曰：夏至後三庚便入伏。伏者何？四時相禪皆相生也。獨夏禪秋以火尅金，金所畏也，故謂之伏。

《群芳譜》曰：二十日為大分龍。俗又傳二十二日為分路，二十五日為望娘雨，主多水。

《四時占候》曰：楚俗以二十九日、三十日為分龍節，雨則多水。閩俗以夏至後為分龍節，此日宜陰。

占六月

《群芳譜》曰：六月小暑節有雨，主不歇。

《酉陽雜俎》曰：六月初三晴，山篠盡枯零。六月初三雨，風潮到處暑。

《月令通考》曰：六月六日晴，主收乾稻。雨，主有秋水。

占七月

古書曰：朔日值立秋，人多病。日食，人流亡。大水壞城郭。

《農占書》曰：七夕有雨，名洗車雨。

《農圃六書》曰：十五日爲稻竿生日，宜晴。雨，主撈水稻。

《群芳譜》曰：秋前無雨水，白露枉來淋。又云：處暑若還天不雨，縱然結實也無收。

《時令新書》曰：七月有霧，魚行人路，主大水。

《庚辛占》曰：月逢丙日食，主人災、大水、歲惡。

占八月

《農圃六書》曰：八月初一難得雨，九月初一難得晴。月月初一要晴，惟此月初一宜雨。

《花鏡》曰：十二日半晴，吉。是日看潮長落，可卜來年水旱。

又曰：中秋晴，主來年大水。無月，蚌無胎，蕎麥不實。月有光，主兔多魚少。雨，主來年低田熟，上元無燈。

《雜俎》曰：雲霧中秋月，雨打上元燈。陳後山云：中秋陰晴，天下如一。此語未試，恐亦未必盡然也。

《農圃書》曰：十六夜萬里無雲，年歲大熟。諺云：十六雲遮月，來年防水沒。

《花鏡》曰：十八日爲潮生日。

占九月

《農圃六書》曰：寒露節前後有雷電，主次年有水。

《田家五行》曰：重陽晴，則冬至、元旦、上元、清明四日皆晴。雨，則皆雨，主飢荒。重陽無雨，一冬晴。或謂"無"字當作"霧"，一作"戊"。

《雜俎》曰：九月十三晴，釘靴掛斷繩。

《農事須知》曰：霜降前後水必退。古詩曰：霜降水痕收。

占十月

《群芳譜》曰：立冬晴，主冬暖魚多。風從西南來，主水泛溢。

《田家五行》曰：月內有霧有沫，主來年水大。相去二百五日，

水至須看霧。着水面則輕，離水面則重。

占十一月

《田家五行》曰：十一月朔日得壬，主旱。二日小旱，三日亦旱，四日大熟，五日得壬，小水。六日大水，七日河決，八日海翻，九日大熟，十日少收。

《群芳譜》曰：冬至前後日有雪，主來年水多。

《四時纂要》曰：自冬至日數至元旦，五十日者民安足。不滿五十日者，則一日遞減一分，餘一日則益一分，最驗。

《農圃彙書》曰：晦日有風雨，主明春少水。

占十二月

《群芳譜》曰：朔日有風雨，明春主旱。

又曰：臘雪不消，謂之等伴，主再雪。次年多水。

《黃帝占》曰：朔日食，主次年水災。月食，主次年大水。霧，主次年旱。酉日尤驗。諺云：臘月有霧露，無水做酒醋。

《儒門事親》曰：冰後水長，主來年水。冰後水退，主來年旱。有暴雨，來年六七月內有水。

占地

《月令廣義》曰：地面濕潤，主雨。地出水珠如汗、石礎流，皆主暴雨。

占山

《農占》曰：山頭戴帽，平地潦竈。言出雲也。

占水

《切用格言》曰：夏月水底生苔，及苔浮水面，或作靛色，或腥臊，或香氣，皆主雨水驟至。

占人

《呂覽》曰：元旦聽人民之聲，其音羽，主水，如鳴馬之在野外。

《漢名臣奏議》曰：天將雨，人之病先動。是陰相應而起也。天將陰雨，又使人睡臥者，陰氣也。

占草木

《月令廣義》曰：茅屋久雨，菌生其上。朝出晴，暮出雨。茭草初生，剝其小白嘗之，甘主水，餿主旱。藕花開在夏至前，主水。

《農占》曰：扁豆鳳仙，芒種前開花。麥花晝放，竹笋透林，蘆葦忽自枯死，皆主水。

《常氏日鈔》曰：冬青花開，主旱。此花不落濕地。諺云：冬青花未破，黃梅雨未過。冬青花未開，黃梅雨不來。

《博物志》曰：桐花初生，赤色，主旱。白色，主水。

占鳥獸蟲魚

《孔子家語》曰：齊有一足鳥，飛集殿前，舒翅而跳。齊侯使人問孔子，孔子曰：此鳥名商羊。昔童兒屈其一足，振迅兩臂而跳。且謠云：天將大雨，商羊鼓舞。今齊有之，其應至矣。急告民治溝渠、修隄防，果大霖雨。諸國俱傷，惟齊有備。

《爾雅翼》曰：鳩性拙於爲巢，纔架數椽，往往破卵。天將雨即逐其雌，霽則呼而反之。有還聲者呼婦，主晴。無還聲者逐婦，主雨。

《本草綱目》曰：鷓知天將雨則鳴。

《酉陽雜俎》曰：鴉浴風，鵲浴雨。朝鶴晴，暮鶴雨。

《農事須知》曰：獺穴近水，主旱。登岸，主水。犬爬地并眠灰堆，主雨。河邊喫水，主水退。

《月令廣義》曰：野鼠爬泥，主大水。

《士商要覽》曰：夏至前蟹上岸，夏至後水到畔。

《聞見錄》曰：唐人詩云，田家無五行，水旱卜蛙聲。註云：三

月三日田雞上晝叫，上鄉熟。下晝叫，下鄉熟。終日叫，上下鄉俱熟。聲啞，低田熟。聲響，低田澇。又蚯蚓朝出晴，暮出雨。蝸牛出，主雨。

《西京雜記》曰：蜘蛛添絲，主晴。弔水，主雨。

《月令廣義》曰：平地蟻成陣，主雨。

《致富全書》曰：鵲巢低，主水。高，主旱。

又母雞負雛而行，主雨。

又魚躍離水面，謂之秤水。躍高幾寸，即增幾寸。

按：占驗書甚多，此惟撮録水旱諸事，餘不暇備載者，緣隄防專指水澇而言也。《洪範》雨暘、寒燠，《豳風》流火、肅霜，其亦猶此意也夫。

補 編　湖嵊逸叟編輯　楊成名永芳校

目次

正編之外得《述餘》八卷，分門別類，已廣爲蒐輯矣。然猶未盡也。官圩東岸三湖，修防實無虛歲，而西北兩畔附諸小圩，環爲拱衞，其修防大約與官圩等。而感義、福定兩圩，尤爲要害，惟類無可分，附綴簡末，如經有別義，子有外編是也。若夫集説、常歌及可慮諸務，亦圩鄉所不可忽焉。集《補編》。

福定圩

附官圩諸圩，福定爲大，亦爲害良多。在官圩西南隅，周圍四十餘里，縣志載宋隆興八年，户部侍郎葉衡奉詔核實，似未圍十字隄前即有是圩矣。自黄池鎮迤西至三里埂轉北，直至莊村灣、周家埠、楊泗廟，經魚剩塘、張家拐約十五里許，再東行五里至颺板街，連官圩之中心埂，約二十里，南達黄池鎮，合圍計四十里，此其大略情形也。

圩東畔，隄埂久没，間有存者，亦宛在水中央矣。倚官圩中心

埂爲東面長城，從無幫工修築之例。南埂三里，微嫌迎溜頂衝，而風浪則寂靜焉。西埂有最險要者三：一周家埠，一魚剩塘，一張家拐，其餘若楊泗廟、麻馬渡，亦不能無虞焉。周家埠外臨大河，值回溜，道咸間數潰。魚剩塘內臨數頃大潭，外面埂無伸腳處歷年，退後鑲幫，緣對岸灘嘴遠溜逼衝隄岸，日夜崩汕。該圩第一鉅工也。近隄內外無法取土，向北里許至劉書房，方有外灘，往來數千步，圩夫努力上緊，僅挑二十擔，歲以大樁植其骨，其難如是。一有疏虞，官圩震撼矣。張家拐之工，轉灣急鈎，洄溜汕刷，與魚剩塘等。幸內無大溝，近日填築幾壅成田，尚可無失，惟賴歲修加功耳。

圩分南北二壩，南稍窪，北稍阜。其南壩又分爲二，一爲小上壩，一爲中壩。連西南隅九都圩，實五壩也。共額田二萬八千餘畝。近設修防公所二，一在莊村灣，南壩屬焉。一在魚剩塘，北壩屬焉。置隄門五座，在北首者颺板街西一座，張家拐一座。在西埂者周家埠一座，麻馬渡一座，莊村灣一座。西南角九都圩，田三千畝，納糧隸蕪邑，修隄則與本圩同辦。

圩有山似覆艇形，土名福定山，音相似也。一山直亙，四面皆田，東麓有寺有閣有殿，籐籬竹樹，一幽邃林泉也。名勝見於《述餘》。前輩王櫟園倡文讌，名流賦詩，一時稱最。如丁蒲軒、王貫之、徐梓鄉、朱小岩，皆傑出者，附記於此，知先正流風於茲未墜。

近年圩務，合圩朋費，惟按甲僉點，田多者爲領袖，餘甲附從，不觀望不逃脫，較官圩例似勝。其夫名出力擔土百勠，自朝至暮，迥非官圩所能及矣。

附《圩圖》列後。

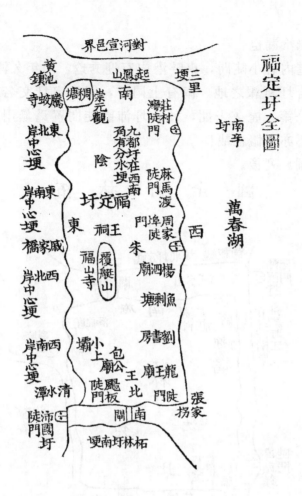

柘林圩

柘林圩，南與福定圩爲隣，北與洪潭圩爲鄰，皆夾出水河一道。西瀕萬春湖，湖身稍高，茭葦叢茂，夏漲遲發則彌望青蔥，一無風浪。近年修築頗能出力，良由費實而夫齊也。東倚官圩大隄，爲重門疊障，不修內埂，夏水稍漲即與洪饒諸圩謀堵中閘，舟楫不通，貨物停滯，不無遺憾耳。

該圩額田二千九百畝有奇，例分六甲，向年有正副差之分，緣事煩瑣，革去之，今則按甲輪修矣。東北近亭鎮稍高，西南鄰福定較下。傳言周圍九里十三步與洪潭圩等，茲因築月隄數段，亦未必符此數。外水僅一石垱，名唐倪垱，在圩西南隅袁姓村畔，相時啟閉，以

近年修葺尚無滲漏也。

又南首港內有小陡門，東畔港內有迎秀垱，均年久湮塞。劉村有社各六社，合圩祈報之地。南有土閘一，與福定圩交名南閘，繫洪、柘、饒三圩公築，歷久未開，使官圩沛國陡門置為無用，良可惜也。滄桑更變，不亦可慨也哉！

附《圩圖》列後。

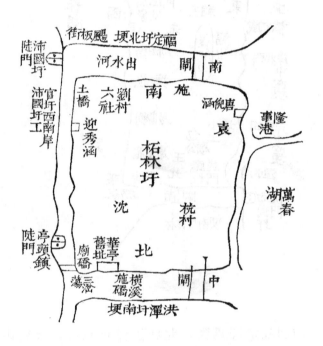

洪潭圩

洪潭圩與饒家圩合圍，中有分水埂一而二者（者）也。圩在南首與柘林圩並，中隔出水夾河。近因兵燹無力修隄，夏汛漲時與南北柘饒兩圩共設土閘，遂舍東南二面圩隄不修。依官圩之大隄為重關疊嶂，僅西埂一面勤修，外臨萬春湖湖身亦高，且茭草叢密，風浪安靜。該圩額田三千畝有奇，原分四甲，甲分三號。十二載輪修一次，今改甲分二號，八年輪修一次。有石涵二所，一名蔣家涵，尚能啟

閉。一名葛家高涵，今淹塞矣。圩有洪潭寺，橫溪居士施橋於前，以通柘林圩來往。前輩湯霍林記之且繫以銘。有三茅殿，詳見《述餘》。其春冬修築，一切規畫，大略與官圩同。惟夫名尚屬努力，朝出暮歸，無請酒租鷹之習。居民沿西埂培築基址樵牧，湖蕩採取菱藕最便，較東畔田稍勝。沿埂設有罾埠，水涸時網取魚蝦，亦一利也。

　附《圩圖》列後。

　下列《饒家圩圖》。

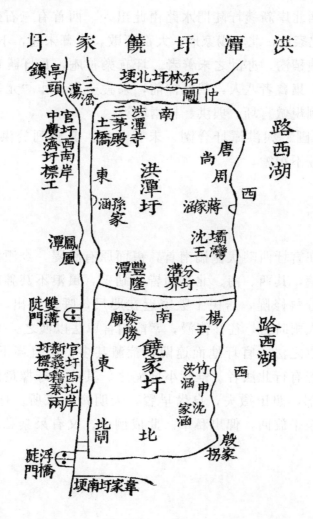

饒家圩

饒家圩與洪潭圩二而一者也，合圍而分埂。該圩在洪潭圩北，額田二千二百畝有奇，向分十甲，按甲輪修。後七甲稍高，而前三甲較低。其東面圩隄亦復失修。倚官圩隄爲外障，西傍路西湖，芻茭叢密，亦無風浪。惟西北拐有要工二里，多單薄處，畏暴風衝突，夏令汛發，洄屬可危，亦足以波及官圩也。東北隅近設土閘，名北閘，間亦啟閉，緣西北岸新義圩陡門水路由此出入。西首有三石垯，南名竹茨垯，中名沈家垯，北名楊家垯，大都朽敗，修葺未逮，不堪啟閉也。水涸鑿隄以洩積澇，亦計之未善者。圩有樂善庵，爲圩讌會所。同治乙丑，有詩文集會者八人，戲祝神前，果獲全雋，作"元愷蒙庥"額獻之。其圩例規倣官圩，與洪、柘兩圩等。

《饒家圩圖》與洪潭圩合圍，未有子埂。其圖列於洪潭圩下方，已見前頁，茲不復繪。

韋家圩

韋家圩在官圩西畔伏龍橋南首，東面原有私隄，今湮没矣。附官圩大隄爲半壁，其西、南、北三面皆近湖蕩，風浪不甚獰惡。該圩田五百餘畝，分料修隄，居民十數家近在咫尺，呼之即出，尚能得力，惟無溝洫，大雨時行，往往淹漫，幸能用官車法以洩之。

按：官車之法，官圩地面遼闊，荒灘甚多，抑且高下難期一律。私隄又廢，無有行此法者。惟諸小圩能之。其法通圩擇最厚地勢，安置水車數十部，照田徵夫，自備早餐，天明齊赴工所。圩長鳴金鼓，以作其氣，至午放回，俾出私車。此成例也。又有呆禁私車者，但看時勢何如耳。

章家圩圖

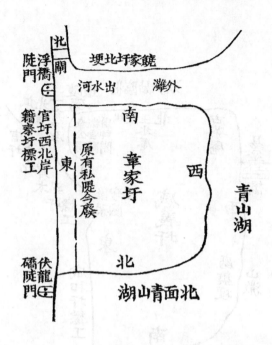

埂北圩家饒

河水出　灘外

浮橋門

陡

北關

官圩西北岸

籍泰圩標工

東

原有私隄今廢

南

章家圩

西

北

青山湖

湖山青面北

伏龍門

磘陡

感義圩

感義圩在官圩西北隅，原與官圩爲一，緣僻處白土山北，形勢窄狹，明末作中心埂以障之，見湯天隆《條陳》。邑侯朱汝黿分工，以此爲東北岸咸和、太平兩圩標工。該圩額田二千八百餘畝，坐落低窪，苦無深溝大洫，冬令積潦不能種麥。惟南畔稍高，有村落焉，水由觀音閘出入。其東、南二面以官圩之標工爲隄，西面內埂細如追蠡，無地伸脚，無土培身，不堪障水。其磨盤埂一段尤險要之至，人所不介意者也。惟北臨姑溪大河，按田修築，近又續出險工一段，在章公祠前，爲官圩圈出者。該隄內外陡險，近年水災，多半屬該圩先潰，茲添險工，官圩臥不安枕矣。較之福定圩，其害尤烈。圩分□❶甲。

---

❶　□　底本如此，今從。

附《圩圖》列後。

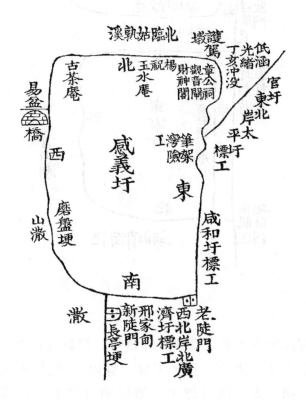

感義圩全圖

五小圩

五小圩在官圩西北隅青山東南麓，錯綜相聚。各圍私隄以障山水，土穀堅固，隄埂不甚高大。沿官圩曲折有港，北設千舶閘，西設青山閘，前後洩水。中間各設陡門以便出入。在東北者爲保興圩，在東南者爲塘下圩，正南爲山南圩，西爲周城圩及城子圩。五圩毗連，共田三千畝有奇。其修隄規例雖未昭畫一，大約髣髴官圩耳。四圍擧無風浪，惟山洪下注，間亦壞隄，不可不備。

附《五小圩全圖》。

五小圩全圖

按：上十一小圩，或一圩各繪一圖，或數圩合繪一圖，均附官圩。西面迤及北面，脣齒相聯，道咸間有洪、柘、福潰而官圩獲全者，亦有官圩潰而洪、柘、福獲全者，斷未有感義圩潰而不殃及官圩者，亦未有官圩潰而感義圩猶能自衛者。由此觀之，良由西畔之中心埂或能障水也。至章公祠前之筆架灣諸工，約三里許，繫東北岸咸、太兩圩標工，感義圩恃爲東道安，必其不通也乎？後之有心隄務者，由老陡門直至低涵，作一重圍，闢去一害，斯亦圩民之大幸矣夫！

〔集說五篇〕

官圩隄務始末

當邑大官圩，舊志載稱：十字圩向分四岸，西南岸之七圩曰沛

國、貴國、興國、南廣濟、上下廣濟，西北岸之六圩曰義城、南子、籍泰、永甯、新義、北廣濟，東南岸之七圩曰保城、王明、永豐、廣義、低場、上下新溝，東北岸之九圩曰太平、咸禾、大禾、沛儉、官壩、清平、桑築、南新興、北新興，統計二十九圩。凡一岸失事，三岸可保無虞。今十字埂基址久廢，一圩失事，二十八圩同害。惜工費浩大，不能如舊分界矣。四岸對徑四十餘里，周圍一百七十餘里，東西濱湖，南北距河。自前明邑侯朱公汝鼇畫段分工，有極淘工、次淘工、稍工之分。其西埂以黃池中心埂四千弓爲極淘工，東埂自天后宮至李村垱十里爲極淘工。瀕臨固城、石白、丹陽三湖，上通徽甯、高宣，山水湖面百數十里，風浪時作，最爲險要之地。

宋咸淳八年大水，轉運判官孟公知縉以身捍水，而水爲之卻。今邊湖立孟公碑。自道光二十八年至今，碑地潰者三。前明萬曆十五年大水，縣令章公嘉禎宿花津天后宮旬餘，晝夜救護，圩岸賴以得全，今護駕墩立章公祠，其地亦常潰之所。明朱公就東埂之險處，令四岸各認弓丈一段，又令各岸之各圩認弓丈一段，至公至當。四岸工段，除中心埂四千弓之淘工及各圩稍工外，其餘淘工均坐落東北岸地方，並非東北一分與三岸受分者有險夷之判也。舊制，某圩失事，先自估工籌費，次邀本岸業主幫費若干，又次邀三岸業戶各幫費若干，或四六或三七分派銀數，公幫者衆擎易舉，獨保者責有專司。道光二十八年後，工程愈大，民力愈困，人心愈偷，旋築旋破。總由圩修春工不力，夏漲不保，工竣後既不稟官驗收，臨險時復不請官傳救，輪差一次，希圖了事。無怪四年三破，若不豫籌善策，則半邑之錢漕、萬民之性命、百年之廬墓，悉歸烏有，豈非屢朝之利藪，不數年而成澤國乎？

但興利必先除害，除害必先知弊。東北地勢低窪，凡大水之年涸期最遲，二麥難以徧種。其心先無所恃，春工因而草率，及夏水泛漲，易經隄漫，田疇見白。該圩之人即束手不問，以致三岸受累，責無專司之故。其弊一。

不於工竣飭令該圩之人具結保固，不足以祛其弊也。至於三岸，距東北岸之淘工有十數里、二三十里不等，每逢春工圩修，領夫前去

擇其附近之家租賃辦公，至夏水氾濫，遂懶於復去，滿候主賃之人付信，始言起費，再行集夫保護，中多轉折，屢誤其事。且有逞刁賃主，小水時詐言洶險，索費遠揚，及水勢認真可慮，伊又自顧生涯，轉不前行付信。而輪差之人尚安枕在家，竟至人不介意，而隄已潰。其弊二。

不將圩差循例票傳，外添設高腳牌分岸嚴催，圩修赴隄保護，不足以警其弊也。再者各岸值年圩修，凡水漲之期皆自謂無恙，希圖惜費，掩耳盜鈴，及聞真信險要，眾口一詞，又復閃避不去，誠恐以有益之錢置於無用之地，不如吝費守家。遇安固可以益己，遭歉更可以度荒，喪心若此。每見勢有生機而理無生氣者，人事之未盡也。其弊三。

若非示諭，四岸圩修，擇其岸之大者二圩，帶夫各二十名，小者四圩，帶夫各十名。自三月起至六月止，駐工值班，夙夜防護，五日一輪復，不足以以攻其弊也。而且四岸暌隔數十里，風聞失實，譌傳不一。有一二日得知者，並未確見形勢，疑信參半。其畏事吝費之圩修，不顧圩務，先籌移家之策，間有稍之大義，措備錢米，踴躍欲前，或聞幸災者之言不可救藥，遂半途而返。且有愚詐書差朦混本官，妄稱救之無益，甚至有此去不便等語，多方退志，以致官長枉罹上憲之責、下民之怨者，皆書差階之厲也。其弊四。

試思宋之孟公、明之章公，皆以爲民者勞民、因民者利民，未聞二公有怨於民而殉命於民也。是非設立官棚委員駐工彈壓之、督率之、防護之，使上而得音信之確，下而得呼應之靈，更不足以洞悉乎情，而立救其敝也。外此又有三害焉：

一、承差之例，田多者當田少者幫。舊有明文，近日圩差每逢承報年分，即向輪差客籍殷實業戶詐索錢文，聽其閃避。更有不應承充之人，私索小費，舉報在前或令換名頂替鑽充者，藉以肥己，而圩差又落得分外開銷，一經染指，有懲，不得爲剛，互相回護，雖示諭煌煌，皆視爲具文，相習而無忌憚。其執戶賄賂之害如此。宜嚴飭圩差，秉公開報，如違者嚴究不貸。

一、修築之始，固賴堅實，而保護一法，尤不可少。奈值年圩

修，每歲輪差之次，或挖埂腳以築埂頭，或以沙土填心而取湖土蓋面者有之，不過僥倖過差而已。春工之不力若此，其甚夏水汎漲，不敢前去，勢畏附近居民飭令用費格外苛求，只得聽其附近持橫之輩，包代遮浪，及索費到手，絕不問工。此求安彼求利，各取便宜，遺累匪淺。其攬戶滋擾之害如此。宜出示嚴禁包攬，違者重責。其閃工者，申明議罰。

一、大造之年，工費浩繁，殷實業戶，畏事而不敢為之領袖。不肖者希圖帑項，名為公而實為私，不知國家經費有常。有時格於例，雖仁人君子有愛莫能助者，必須自發天良，早圖善策，以仰副憲恩。如向年各圩所用之費，不能盡如所領之費而用之，良可慨也。其董事侵蝕之害又如此。擬將此後公欵由駐工委員逐日經放，庶工程可固而度支亦不至糜費焉。

至興利之舉，又須依次施行，未可立奏其效。即如舊制，沿湖一帶，本埂以外設有搪浪埂，上蓄楊柳蘆葦塞抵沟涌，此舉久廢。當援順治十五年湯天隆之《條議》，以今年之不足者，來歲補之，二載一換，以終前績。又埂頭設立土牛，相去丈餘築土一所，為有備無患之計。此即河工所謂"小子堰"之意。子堰設於埂之外沿，土牛設於埂之內沿，其防患未然則一也。再者舊制，佃戶承佃業戶編草為席，每畝一尺，以為遮浪之具。近日人心不齊，能守舊章者不過十圩之二三。倘能因前成事，合數約計二萬四千餘丈，此亦護隄之良法耳。至於加高幫闊、夯硪堅固，又在臨事時奉使者得其人，委任者得其吏也。以上諸條，不揣冒昧，僅就所知之情形情弊利害，約略言之，是否有當，仰冀當代名公大人增損於其間。

所議既定，法在必行。則圩工大振，錢漕於以足、性命於以全、廬墓於以保。不特躬逢其際者，咸知食德而勿諼，凡後之居乎里、賈於境、游其邑者，亦莫不顧坦途豐壤，而樂道其當日為民牧者，不知幾費經營，始克成此永逸之休、永豐之驗，俾陰受其福者沐鴻恩於無既矣。

官圩四岸二十九圩圖說

官圩為古姑孰地，舊名十字圩。考諸志乘，分野屬揚州，其興廢

不一。據圩之東畔有湖曰丹陽，秦始分郡屬鄣，後改爲丹陽，而湖隸焉。秦漢而還，尚爲藪澤。生其間者，僅博荷、蒲、蜃蛤之利，稼穡猶未興也。三國時壤接吳會。吳景帝曾使丹陽都尉嚴密築湖田，疑即此。西晉泰始、東晉咸康，皆徵爲三務。南齊建元、後唐清泰及宋之熙甯、宣和間，議修議復，皆無定局，惟紹興二十三年，當塗知縣張津築隄一百八十里，包諸小圩。隆興八年，戶部侍郎葉衡奉詔核實太平州圩，計延福等五十四圩，周一百五十餘里，福定圩周四十里。邑志備載延福諸圩細目，與福定圩輔車相依。是延福等圩之即爲官圩明矣。

至咸淳八年大水，轉運判官孟知縉投身捍水，水爲之却。今東岸有孟公碑，是其地也。元至正四年，照磨石處遜令曹吏朱榮甫脩之。明洪武十二年塞銀淋，堰圩數遭水患。至永樂時復下詔修葺，以備風濤。萬曆十五年大水，知縣章嘉禎抱冊投水，圩岸獲全，士民立專祠祀之，在北岸護駕墩。萬曆三十六年，邑侯朱汝鼇繼起，區分四岸二十九圩，選圩紳朱孔暘、趙枂、稽廷相、鄭文化刌分工劃段法，至今奉爲成憲。立生祠二，一祀青山南麓，一祀東岸新溝。其以十字名者，謂劃分四岸中區縷隄髣髴十字形也。沿爲官圩者，率作興事，賴官以董勸之也。加以大字者，賦幾居邑之半，諸圩惟此爲大也。

謹將周圍方域村鎮莊落圩岸頃畝、工段標號、陡門涵洞，繪成圖幅，附以耳圩，並傍圩之山川藪澤，俾觀民風者得焉。計四岸二十九圩，共田二十四萬七千有奇，外附十一小圩，復編以詩歌訣曰：

東南一岸舊三分，南廣低塲並下興。上下新溝中段列，後推廣義及王明。

西南冠首是上興，中廣濟圩上下分。貴沛當初原是一，永豐卑下保城平。

西北岸角有義城，南子籍泰向前臨。北廣濟圩推第一，要知新義及永甯。

東北岸下有太平，最大南北二新興。桑築咸和皆渺小，當思沛大與官清。

圩圖續編業經詳繪，無庸細列。

按：圩周一百四十里，綜覽全局，西南岸形方，東南岸體圓，東

北岸勢犄角，西北岸回環曲折。是圖用開方之法，得九百餘方。每方一里，爲田五百四十畝，以勾股之法計之，故俗傳四十八萬七千有奇也。然其中荒廢不成田之湖蕩、溪沚及港溚、溝澮，約去十之三。官隄私埝，坐壓挖廢，又去十之一。庵寺、鎮市基址、邱隴，又其一。僅得成熟田二十四萬餘畝。爰照老册數目細列各圩下，復將周圍工段弓丈繫何圩修築，逐一註明，俾閱者一目瞭然也。惟東北十里要工，幅隘不能詳載，尚有遺憾。至要工用△、險工用×、分工處用○以別之，平穩工段概從略也。尚希識者正之焉。

上白小山總憲書

前自金陵拜別，後痁發，一月餘始愈。又感受時氣，燒熱連日夜不解，近雖脫離，而元氣一時難復，仍終日在房，未出堂戶。聞老夫子查災臨縣，不得躬迓行旌，歉仄奚似，謹命舍弟輩趨謁舟次，伊等皆舊日門牆之士，久違慈訓，伏惟進而教之。

炘竊有請者：道光三年水災，當塗准報九分，領賑銀九萬兩，雖官吏未能奉行盡善，然貧民受惠不淺。彼時承五十餘載，有秋之後甫經破圩。又得此厚賑，是以冬春之交，民有菜色而無餓莩。此炘所親見者也。自三年以後，歲無大稔。去年小圩俱破，其大圩收成不及十分之五，民已不堪。而今歲之水較之三年又高二尺，當塗所餘之田無幾。現在情形，已有餓莩，待至冬春，不知若何。傳聞各大憲以帑項不敷，意存節省，當塗只准災七分，而賑項不得三年之半，民情頗覺駭懼。伏思當邑本繫瘠區，昔日老夫子駐劄三年，素所深悉。今遭此奇荒，務祈格外推恩，向方伯商酌，能從優撥給，既可免縣官之掣肘，而窮民之沾惠無窮矣。

抑炘又有請者：民命者，國家之根本。錢帛者，朝廷之枝葉。養得一分民命，即培得一分根本。國家元氣之足，全在於此。古人所謂"有民此有土，有土此有財也"。皇上軫恤江南之災，特命老夫子逐縣查勘，雖籌帑發賑，另有責成，然無使一夫失所，以上副宵旰之慮，實老夫子今日之任也。愚直之言，伏惟鑒宥。

夏炘謹上

大水紀事

人力欲與天爭功，此計雖拙心特雄。堙城閉關塞溝竇，杜禦兩月丸泥封。蒼蒼一夜召河伯，壞我城垣入我宅。千騎萬騎白馬來，平地水深四五尺。撼壁搖牎門戶低，悲哉老屋難安棲。呼船奉母挈眷走，城東北郭龍山西。看家我獨臥小閣，十斗塵埃撲面惡。出門趁船問親友，雨散星飛無著落。愁見城頭露處人，住無片瓦餐藜藿。惟時守土兩劉公，愛民如子心相同。白金請發左帑費，紅粟告貸西江豐。計惟糜粥利最溥，諭我司事文昌宮。青銅一枚粥一椀，兩錢三錢照此算。隔水人家少渡舟，朝朝運送船裝滿。痌瘝呼起民可生，天怒欲殺誰敢嗔。水災甫定風災起，拔毛沈舟三日裏。城上棚房盡束芻，城下桅檣似密蘆。夜深不敢點燈火，風聲水聲相遞呼。幸茲大難復衰歇，霜落潮平秋八月。狂瀾孰挽水西流，聞說人將東壩掘。是時街市盡泥沙，瓦鑠堆場路徑差。修我牆屋整門戶，母子且喜今回家。親朋各各走相慰，見面歡喜復咨嗟。吁嗟乎！江潰防河決口，懷山襄陵自古有。萬物誰逃刼數中，蕭條城郭無雞狗。

子瑜唐瑩偶筆

上史太尊蓮叔書

敬稟者：官圩數遭水患，近六十年中已有十四次矣。其魚屢嘆，碩鼠頻嗟。轉徙流離，鄭監門圖有未及。繅絲賣穀，聶夷中詩所難傳。咸豐壬子，藩憲李藹如先生委府憲潘縣憲袁駐工修築，刊有《圩工條約》，俾圩衆法守，兵燹盡失，莫可遵循。荷蒙高軒再涖吾郡，扶筇父老，稱頌盈衢，騎竹兒童，歡迎滿路。去夏圩潰瀝請大府籌發庫欵，以工代賑，再造之恩於今又見。茲又垂詢善後事宜，長留遺愛，爭傳棠黍之陰。不揣顓蒙，敬效芻蕘之獻，擬撰《修防彙述》若干卷。脫稿初成，竊幸福星之照臨，旋慮陽春之有脚，恭呈左右以備採擇焉。

按：上集說諸篇，有紀官圩實事者，有敘官圩原委者，有極言水災之苦，專望賑濟者，附載於此，以見當日爲民請命之忱也。

官圩勸民常歌

細編俚句，奉告鄉閭。皖南當邑，首在官圩。

厥田下下，厥壤膏腴。綜計畝數，廿四萬餘。

畫分四岸，二十九區。其穀宜稻，二麥平鋪。

雞豚狗彘，魚菽瓜壺。春田報社，秋賦輸租。

可安耕鑿，可服詩書。士民熙皞，婦子歡呼。

倚隄爲命，切莫緩圖。東岸百里，緊靠三湖。

丹陽浩淼，風浪堪虞。固城石臼，環繞一隅。

徽甯山水，衆壑奔趨。分爲二股，左右成渠。

路西萬頃，西面盈瀦。津溪扼要，洚水警余。

來者日盛，去者日紆。與水爭地，每歎其魚。

聊述大概，勸我農夫。有備無患，其在斯乎。

此一段歌，首言官圩之大概形勢也。

勤加修築，時在於冬。九月之杪，已畢田功。

計畝捐費，按甲輪充。無得推諉，尤貴和衷。

照分工段，自西徂東。如遇險要，合辦通公。

選夫荷鍤，聚糧宿舂。剔盡老幼，刷去疲癃。

不准替換，自始至終。要路點數，毋許混蒙。

日出而作，日入收工。百畚爲率，百擔皆同。

鳴鑼起放，務要聽從。頭尾插彩，重擔酬庸。

持籌計擔，土塘必空。魚貫而入，卸土從容。

不可直撞，不可橫衝。先挑蝦壩，以備奔洪。

歲添水箭，滿築土龍。層培層砌，形勢自雄。

土牛高大，取用無窮。夯硪堅固，其崇如墉。

歸家度歲，可卜年豐。

此一段歌，先言舉辦冬工之宜急也。

待交春令，天雨連綿。湖灘淹沒，取土維艱。

挑廢田土，估買需錢。上虧國額，下累完編。

鬆堆浮土，草率偷肩。官紳勘驗，在在招愆。
按工覆卯，照罪敲鞭。不如上緊，努力爲先。
倘遇陰雨，在廎安眠。不准賭博，毋喫洋烟。
酗酒滋事，律例最嚴。送官懲治，體面胥蠲。
此一段歌，次言春工之不可稍緩也。
正工告竣，守汛相連。陡門涵牐，與時推遷。
豐墩預備，戧板宜添。時啟時閉，閘夫承肩。
僉點左右，一喚即前。毋分雨夜，但聽鑼傳。
抽腸漫頂，頃刻莫延。
此一段歌，再言陡門宜及時啟閉也。
分水私隄，歲宜修復。業戶承看，公同幫築。
天雨山洪，要防衝突。高水低溜，隣圩成壑。
彼被騷擾，我遭淹沒。漠漠水田，無法車戽。
自築溝堘，自家生活。沿埠加高，沿田幫闊。
切勿遲延，雨後作缺。倘遇旱乾，水不下落。
無分私塝，一例閉塞。上用牛車，下不須續。
一車至田，水漿自足。聽我迂言，是爲上策。
此一段歌，並言私隄溝埠均築以備旱溢也。
至於保護，逐事申明。搪浪外埝，品字高墩。
荮荽楊柳，交互縱橫。魚池糞窖，蔬圃墳塋。
猪牛踐踏，掇箔攔罾。貛洞蟻漏，一一搜尋。
芒種前後，夏汛將臨。先籌椿木，派定夫名。
麥荽編蓆，舊例飭遵。每欹一尺，運送查清。
各保各埝，看守認真。風雨日夜，不可離人。
此一段歌，細言夏令保護之事件也。
盛漲不已，設局宜先。通籌一切，首派划船。
沿隄巡綽，夷險見焉。傳籌驗守，循環無愆。
措辦木料，堆積局邊。米糧什物，諸事齊全。
圩修力竭，接濟無偏。承領承用，事後還原。
免致失事，徒張空拳。如是辦法，主在汛員。

盡其人事，力可囘天。

此一段歌，急言設局接濟乃不至誤事也。

近今世變，起費維艱。下明上暗，眾不出錢。

層層積弊，個個垂涎。不肖圩長，大率埋姦。

險工一出，逃走爲先。風聲鶴唳，鑼鼓喧闐。

報凶報吉，莫知其然。束手待斃，搬運聯翩。

縱來搶救，集夫數天。乘間報復，鬭禍挾嫌。

一段失守，全圩被淹。室廬飄淌，性命苟延。

老弱凍餓，壯者播遷。水土不服，災疫纏緜。

鳩形鵠面，困苦顛連。綢繆未雨，端貴清廉。

去其太甚，釋彼前愆。

此一段歌，甚言圩隄誤潰民情困苦不堪也。

再謀建造，估計宜精。丈量高厚，二五收分。

工堅料實，土方算明。石灰煤炭，接脈行筋。

可驅水族，可致膠凝。夫多爲貴，准定成棚。

二十爲率，部署花名。按圩派數，按工給銀。

離隄十丈，取土方能。土塘留路，免雨泥濘。

毋相擁擠，毋任縱橫。掀沙撿壳，浪脚剔清。

深潭退挽，填泓聽撐。鋪垛埂脚，夯打認真。

每坯尺許，八寸爲程。照花三徧，籤錐乃行。

灌水不漏，斯爲上乘。需用日記，逐旬報登。

工完榜示，其見共聞。請官履勘，到處留神。

勿以賄託，勿以情伸。躺腰縮脚，聳肩窪心。

穿靴帶帽，滲漏浸淫。開縫裂拆，諸弊叢生。

更有起止，昂首不平。限期保固，以專責成。

此一段歌，略言建造新工一切規畫也。

民力不逮，據實上呈。以工代賑，仰懇憲恩。

早撥庫欵，早諭妥紳。官督民辦，上下一心。

承領匪易，報銷匪輕。胥吏尅扣，部撥紛紜。

毋冒毋濫，逐節條陳。上不負國，下不虐民。

嚴懲中飽，狗苟蠅營。分年立限，按畝攤征。
年清年欸，蒂欠不行。

此一段歌，言民力不逮呈請上憲以工代賑也。

其餘保衛，石工最良。工程重大，經理更難。
硪礄收縮，陡門深長。石涵石牐，工亦相當。
先求鋪底，土面行夯。馬牙鱗次，梅瓣釘椿。
選用大石，寬厚異常。順砌條石，六面見方。
層丁層順，切忌支山。丁要三尺，順要堅剛。
數層伴石，緊靠內牆。灰炭三和，濃加汁漿。
細籤不漏，細杵勿芒。膠黏不到，恐有蜂房。
水浸雨漏，日久傾傷。高設圈甕，厚搭駝梁。
封面飽滿，龜背何妨。聊述遺制，固擬金湯。

此一段歌，詳言石工製造勿可草率也。

既勤築埝，尤儉持身。去其舊染，咸與維新。
士爲民望，恪守典型。作爲無益，告誡須殷。
愚夫愚婦，心竅乃明。勿尚游戲，勿媚鬼神。
勿信妖道，勿飯游僧。淫祀無福，傳有明文。
迎神賽會，動集千人。干犯例禁，其各懍遵。
戲爲無益，縻費金銀。穿喫嫖賭，招盜誨淫。
修隄事廢，何以營生。即日祈報，不外虔誠。
土鼓葦籥，元酒太羹。不必多品，可交神明。
簹車滿祝，僅操蹄豚。田畯至喜，胡考之寧。
獲罪無禱，載在魯論。

此一段歌，切言賽會演戲有礙隄工也。

士庶當祭，惟在先靈。中霤戶竈，分所宜循。
此外寺院，不必添營。多興土木，波害鄉鄰。
神道設教，信以爲真。不善體會，終屬誣民。
操莽誤漢，只緣執經。官禮貽禍，詩書誤人。
莫謂此語，絕類離倫。司香廟祝，箕斂盈門。
不如移此，修築隄塍。天心默佑，疾癘不行。

此一段歌，大言多興土木不如多修隄工也。

再言禮節，勿尚拉籠。以少爲貴，何必過隆。

拔來報往，兩下成空。紙包紙裹，破費皆同。

可省則省，勿怪矇聾。好撐體面，家道必窮。

在堂父母，甘旨宜充。不幸有疾，湯藥爲宗。

書符燒紙，請禱無庸。至於大故，棺衾貴豐。

遵制成服，哀戚毀容。僧道齋醮，虛妄勿從。

踵門弔慰，蔬飯相供。散巾散帕，此禮不通。

擇地安葬，避水避風。春秋祭掃，必親必躬。

奉祠載譜，孝道方終。

此一段歌，實言虛儀勿尚非禮勿從也。

其有嫁娶，從儉爲宜。毋索重聘，毋尚虛儀。

稱家之有，切勿挪移。莫好美酒，莫好鮮衣。

鳴鑼花轎，品官乃宜。庶民傚效，力竭神疲。

黃雀跟雁，其飛不齊。他人轉笑，無識無知。

債主索債，將何措詞。田物賤賣，仍説過遲。

莫賒店帳，市儈居奇。加價倍算，取償不貲。

語雖瑣碎，允宜三思。

此一段歌，兼言嫁娶崇儉借債難償也。

乃有愚頑，囂陵是鬨。妄作妄爲，非幾冒貢。

老實樸誠，被人欺弄。如有含冤，先通族衆。

並訴紳耆，言必有中。調解一番，切莫爭訟。

訟則終凶，衙門揑空。贏氣輸錢，終爲無用。

旁觀者清，局中夢夢。

此一段歌，申言有訟調解勿到衙門也。

自今以往，孝弟爲根。廉恥道立，仁讓風存。

接上以敬，待下以溫。婦主中饋，男事耕耘。

街市游蕩，殊不雅馴。燒香進廟，朔望求神。

婦人無識，家長任行。既失家教，又玷閨門。

村糚俏服，彼此效顰。更有可怪，茹素念經。

夜聚曉散，拜斗朝真。習於邪教，不知典刑。

亂倫瀆紀，罔識尊親。閨媛寡婦，並不分清。

風俗敗壞，急宜改循。

此一段歌，直言男婦守分不可習於邪教也。

安守本分，同享太平。爲家肖子，爲國良民。

早完國課，早畢工程。天心感召，地利豐盈。

人無天札，衽席咸登。春無霪雨，夏無怒霆。

秋田多稼，冬畎無驚。安爾廬舍，長爾子孫。

詩書俊彥，逐細指陳。童蒙熟習，長大奉行。

窮安畎畝，達躋公卿。門楣高大，累世簪纓。

以仁爲里，依德爲隣。泥丸小地，百福駢臻。

輶軒過境，何啻圖幽。上呈黼座，竹冊揚芬。

此一段歌，總言食德飲和帝天眷佑也。

按：官圩素傳樂土，民和年豐，故聞風者于于然來也。邇因收成歉薄而作事奢華，只圖目前，未存遠慮，匪特餘三餘九不可復期，即一粥一飯常不可得。今歲丙申，天雨過多。江潮未漲，自春徂秋，戶戶缺乏米糧，家家炒食麥屑，且多懸釜待炊者，較諸乙酉、丁亥之間三年兩潰，其情形尚多窘迫。此果何爲而然哉？大都迷失正途，一似睡爲夢魘耳。余作四言常歌，略分韻類，使圩中交倡迭和，睡者呼之使醒，大驅夢魘，迷者引之使覺，不入歧途，或於下里巴隅尚可轉敗爲福也。向使怙惡不悛，一旦因加無已，其將如之何哉！其將如之何哉！迂腐之詞，未知當否。

娛茗齋主人漫草

〔十可慮〕

人材庸腐，知識卑陋，一可慮也

在昔震澤底定，圩屬湖蕩中江一沮洳耳。緬想其時，或操罟以爲業，或刺艇以爲家，祇知荷蒲魚蛤之利，未識文明黼黻之榮。唐宋以

還，圍湖成田，乃安。耕鑿久之，生齒漸繁，英華間出，設有丹陽書院，原以育人材廣知識也。自銀淋閘成，水患迭興，詩書未能卒業，大都以有用之才力，歲興無限之隄工，即有登賢書者數人，而捷南宮者不啻破天荒焉。功業無以昭於時，著作無以傳於後，良可惜已。國朝雍乾以降，遂無足觀。延及晚近，尤不可問。偶列庠序，遂自鳴得意，輒謂聖賢之道盡在是矣。尚能經天緯地乎？推原其故，祇緣身辱泥塗，志存溫飽，稍稍董事即思効力圩工，以圖染指，自以爲足。且競以爲榮，庸腐陋劣，識者咸非笑之。不特汪非九之肆力經史，葛維嶽之潛心理學，丁再騫之績著滇省，潘庭堅之輔佐太平，杳不可得，即求如史宗連之恢復隄工，劉朝望之告除採買，朱位中之捍災禦患，詹蓬望之陳説利害，亦虛無人焉。甘居窪下，自囿一隅，豈不最可慮哉！

十字隄没，私埂不修，二可慮也

當邑官圩，舊以十字命名者果何謂哉？方四十里合以大圍，中畫十字，一隅失而三隅可保，東畔缺而西畔有收，法至良、意至美也。今則該隄已没，故址宛在水中矣。即有鉅欵萬千，不可復設，滄桑更變，無可如何也，匪值此也。二十九圩向有私隄，今盡偷安，不加修葺，偶遇旱乾，開垱竊水，或逢泛溢壞埂，厲隣互相爭刼，所在皆有。忘舊規、逞私智、充圩役者，掩耳盜鈴。業田畂者，撫膺長歎。是困於天時者半，困於人事者亦半也。前於光緒某年，大府委員查勘，並未聞有設一議建一策者，非謂言之迂疏，即謂欵之支絀。有心民瘼，未能設施，豈不大可慮哉！

搪浪埂荒，品字墩失，三可慮也

圩近三湖，東西相距七十里，南北相距九十里，夏秋之交，山水下注，江潮逆流，一望無涯，水天一色，風獰浪惡，駭目驚心，前人於十里要工外築遙隄，俗名搪浪埂。又二十里次要工外設葦墩，俗名品字墩。一則可以禦風浪，一則可以分風浪也。栽以楊柳，植以芻茭，即有風浪，虛與委蛇，拍隄無礙。今之歲修者，正埂草率，還論遙隄乎？已埂偷漏，還論品墩乎？視公事爲傳舍，搪浪埂没，間有議

及之者。而品字墩之制，後生小子幾不知爲何物。已往者不言，將來者不語，一屆承充，祇僥倖於不敗，繳卸此差，即脫身事外矣。又有石工十里，四岸未能一律舉辦，此修彼壞，爾有我無，是亦不無糜費也。豈不又可慮哉！

陡門涵洞，隨修隨壞，四可慮也

圍隄禦水，設陡門、立涵洞，原以備旱潦也。時啟時閉，人咸知之。官圩周圍百數十里，陡門涵洞二三十處，近因兵燹，或數層傾倒，或終年閉塞，適用者少，無用者多。間有籌及修繕者，非措費維艱，即無人承辦。此間好事者舞弊，畏事者閃差，不理事者又飾詞捐費。大工未成，謠言百出。於是匠工草率，石料偷減，雖曰竣事，滲漏居多，可啟時不能驟起，當閉時或閉不住。抽腸漫頂，均在意中。而且私隄盡失，數圩合一，陡門高低不一，雖適用者終歸無用，其不能啟閉者，又無論已。不亦有可慮哉！

夏秋盛漲，無路宣洩，五可慮也

官圩在當邑南鄉，接壤徽甯，二郡多山，雨水下注，賴有丹陽湖以承之，迎溜頂衝，盈而後洩。自銀淋閘成，水不東之，僅恃姑溪一綫之口，又有兩浮橋以鎖之。雖旁出鳩江，潮漲逆灌，潮退順洩，其出納亦無時耳。設江潮盛漲，逆流上溯，一綫危隄，朝不保夕，蓋維艱哉。考錢中諧《五堰論》云：洪武二十五年，浚胥溪、建石閘，命曰廣通鎮，設巡檢司、茶引所。是時河流易洩，湖中復開河一道，而尚阻臙脂岡，乃命崇山侯鑿山焚石以通之，引湖水會秦淮入於江。增設官吏，派夫四十人守之。據此，則高淳交界地方有石岡，土名天飛閘。如果鑿開放洩，湖水東趨入江，利無窮也。同治某年，部設此議，檄下高淳與塗三縣會議詳覆，卒不果行。無有身任其難而爲民請命者，豈不真可慮哉！

土夫築埕，均不出力，六可慮也

歷屆修隄，派夫挑運，其以老幼備數者固誤工已，獨奈何以身

偉力壯之人一至工次，往往糕作柔懦，毫不出力，不特踴躍難期，即求一照常操作挑至百斤者，百無二三焉，以應築之工爲過差之舉，襲常蹈故，轉相倣效，人人如是，處處如是，而且年年如是。較之端陽競渡、社令行儺，其出力大相徑庭矣。夫以游戲之事尚且努力爭先，乃以身命所關，竟爾甘心偷率，何不知輕重乃爾。説者謂懲一警百，彼視鞭笞枷杖不過暫時，終非死也。禮義失，恥辱亡，互鄉難與言，益信然已。是豈夫各不力，由於董首不公耶？抑豈董首不公，由於胥吏舞弊耶？此中必有能辨之者。世道衰，局氣敗，豈不重可慮哉！

田畝侵削，墳塋漸增，七可慮也

自古田間設有水道，深廣四尺曰溝，八尺曰洫，周制也。官圩沙土鬆浮，一經大雨，瀉入溝洫，農夫罱以糞田，年復一年，漸深漸廣，有至三五倍者，有至十數倍者。按之弓丈，多不符矣。況生齒日繁，葬埋不已。除西北青山外，別無壙塏安塋。田家作苦，無力遠阡，就田堆築，勢所必有，惟邀福心勝，聽信堪輿，一棺一塚，占畝若干，以爲局勢佳、排場大，遂使無墳之田少，有塚之埠多，不諳古制多矣。蓋田祇此數，墳實無窮。設僅有田數分，葬棺數塚，收成不逾減乎？糧編又何出乎？抑尤有可鄙者，比鄰興作，有以故礙墳塋，致傷風水，鳴公理論者，求筶問卜，若目見死者不安焉，信斯言也，是鬼神速之訟也，天下有是理乎？夫葬者藏也，藏衣冠魂魄者也。古有族葬之法，俾祖孫父子相聚黄泉，即《周禮》墓大夫之意，掌邦墓之地域，爲之圖而禁令焉。且祖父在堂教子孫以勤儉，尚未盡遵，焉有朽骼枯胔能禍福人者乎？封之閉之，人子之心安矣。非類不歆，經史疊載，乃有藉此以爲奇貨者，豈不深可慮哉！

青峰蘆課，業主賠累，八可慮也

圩之東岸，有新溝、葛家二所，舊納魚課，界限不清，強弱鬪毆，不無偏累。而西畔萬春湖、青峰草塲原有額銀，每畝以一分三毫起科，佃户辦納。路西湖魚課，漁户辦納，向來置買圩田，隨田例載

銀數，執業完編，緣湖産蓑草取以糞田，或産蘆柴用以編蓆，設有頃名各分疆界，召佃看守，各執各業，各完各編，節經買賣更撥，有無不一。大概有業有編，未有有編無業者。近來港汊壅塞，船隻不通，兵燹十年，徵册盡失，無名查考，土著意爲代報，不無偏累。其高阜者佃户占踞，其低窪者鳧雁浮游。夏水汪洋，冬泥淖没，無界可查，無業可守。正額缺而不全，虛名因此受累，姦人漁利，損上不能益下焉。又況旗丁游牧，悉索騷擾，均未可以逆料。佃户苦於供億，業主無能報科，安得良司牧親履勘展籌畫，借欵項、清港汊、傳業佃、認疆界、註花名、完國課，俾無偏累也。豈不更可慮哉！

諂媚鬼神，誤工糜費，九可慮也

祭祀之禮，貴誠心也，尤貴循分。季氏旅於泰山，夫子非之，謂其有諂心，且失本分也。舞佾歌雍，何益乎！

國家設官定制，社稷先農、雩祀屬祭，與夫捍災禦患諸神，守土者遵例致祭，已爲民請命矣。圩俗好媚鬼神，春日演戲賽會，屬處皆是，大都品紅拾翠，嬉謔相將，此中之招盜誨淫，靡有定極，糜費金錢猶後也。又復鳴鉦張幟、聲銃攢鼓，效里儺逐疫故事，跳舞旬餘。更可笑者，病稱鬼祟，許鑼酬愿，神像一出，男女成群，荷校帶鎖，隨班雜遝，觀者堵砌，雖隄防爲保身養命之舉，亦將託之神運鬼輸，泄沓以從事矣。一鄉若狂，有識者或笑之，則以不狂者爲狂也。水勢初定，新秋甫臨，又思爲飲蜡吹《豳》，以報田祖。不知《楚茨》《甫田》諸詩，乃公卿有田禄者詠之，琴瑟擊鼓，分也。《大田》之詩，爲農夫咏者，不過謂稼堅好而不稂莠，奉黍稷以爲禋祀耳，豈必召優伶、唱詞曲、設鐃鼓、誦經懺哉！禮曰：士祭其先。而農爲庶人，所祀者户與竈耳，非所祭而祭之，名曰淫祀。淫祀無福，圩人何未知之也？豈不深可慮哉！

婦女作田，遊冶無度，十可慮也

《記》曰：内言不出於梱，外言不入於梱，別嫌疑也。自古男耕女織，治内治外，各有攸司。即有時田間饁餉，亦當相敬如賓，求之《女

史》《女誡》，中以德、容、言、工爲主，未聞有作田營生者。吾圩地土不宜蠶桑，間種土棉花亦不茂，故紡織無聞也。婦工之能者，議酒食、習鍼黹。其勤者糶蔴紅絣，瓣成罾網，下此惟主中饋焉。圩因兵燹，地廣而荒，不能坐食，遂使之助力耰耡，寖久變成風俗，荒郊曠野之際，幾如野田蔓草之間，其心放其人遂不可收拾矣。由是俏飾村糮，里巷游冶，庵觀寺宇，朔望燒香，棄禮義而不知，蔑廉恥而不顧。長街大市之中，茶坊烟鋪之內，妖冶結隊，授受必親，雖嫠婦閨媛，亦自忘其何等也，尚復成何體統哉！王化起於閨門，昔爲勤儉，猶在唐魏之間，今變邪淫，不減鄭衛之俗矣。豈不終可慮哉！

後跋七首

跋《官圩修防彙述·初編》　　倣晉王羲之《蘭亭序》體

　　光緒紀年，歲在庚子，暮秋之初，會於官圩詩書味長軒，助印書也。同門畢至，遠近咸集。此編有建置册籍條陳檄文，加以官紳吏民，經營朝夕，凡有關國計民生，列敘其內。雖無典籍人文之盛，而一工一段，亦足以保衞田廬云。是圩也，水秀山青，民風和暢，仰觀舊章之大，俯察經制之盛，所以陳利除弊，足以極温飽之娛，信可樂也。夫人之相喻，義利兩途，或取諸經濟，措置一世之內，或因事所得，出人意表之外。雖取舍萬殊，賢否不同。當其欣於所遇，暫得於己，快然自足，曾不慮後之所論，及其所爲既熄，人隨境遷，泯沒無聞矣。向之所欣，得失之間，已如過客，況功業所傳終期於當。古人云興廢亦大矣，豈不重哉！每覽此編，彙述之由，若有深契，未嘗不臨文感慨，不時警之於懷，故知其貪得者無厭，立功德者不朽，後之視今，亦猶今之視昔，信然。故列敘同門，校其所述。雖州分部別，可備參稽，其事一也。後之覽者，亦將有感於斯文。

時維光緒二十六年重陽前五日

門生尚時錫謹識

跋《官圩修防彙述·續編》　　倣宋歐陽修《醉翁亭記》體

環塗多圩也，其南鄉諸圩，田地尤美，耕之而豐然有收者，官圩也。圩東岸七十里，時聞浪聲潺潺而瀉出於三湖之口者也，姑溪也。山青水綠有隄環然周圍四面者，圩埂也。築埂者誰？塗之官張津也。名之者誰？圩衆交推也。圩紳與官來督於此，事半功倍而恩又最深，故得名曰官圩也。官圩之義不在大，在乎修築之堅也。修築之堅，官爲督而民爲辦也。若夫水漲而隄防危，工興而苞桑固，夷險不時者，圩中之成敗也。陡門設而灌田，工段劃而均役。圩岸平分，村莊林立者，圩中之形勢也。西北高東南下，四圍之埂不同而工亦無窮也。至於耕者力諸原、讀者吟諸室、老者歡幼者樂，鼓腹嬉游，生息而不已者，圩人衆也。臨溝而漁，溝深而魚肥。釀水爲酒，水清而酒洌。殺雞爲黍，燦然而前陳者，公事讌也。耕鑿之氓，不識不知，圩首多，甲首衆，杯盤狼藉，坐起而喧譁者，農佃聚也。蒼顔白髮，迥然特異者，逸叟編也。已而農事將興，圩人散去，逸叟編而彙述成也。卷軸裒集圖書事物，圩人法而工役成也。然而圩人知工役之成，而不知所以成，人知仿逸叟書而成，而不知逸叟之彙其成也。按圖繪其形、集説成其書者，逸叟也。逸叟爲誰？沛國朱□□[1]也。

時維光緒庚子秋月
門生丁席珍盥薇謹誌

跋《官圩修防彙述·三編》　　倣晉陶潛《五柳先生傳》體

先生不知何許人也，亦不詳其姓氏。或者因衆齟害，遂以爲號焉。瑣碎煩言，洞悉圩務，好祛弊不求甚解，每有私意，便顯然直揭，宵小憚其如此，遂揑欵以誣之，期在必告。既告被撥，曾不介意是非。圩衆憤然咸咎官府彰癉不明，漫如也。放懷得失，以此自全。

贊曰：廬陵有言不立意以爲高，不逆情以干譽。味其言，茲若人

---

[1] 朱□□　疑爲原書編者“朱萬滋”。

之儔乎？握管摛詞，以祛圩弊，無懷氏之民與？有巢氏之民與？

時在光緒庚子年重九月

門人丁佩卿謹識

跋《官圩修防彙述·四編》　倣明宋濂《閱江樓記》體

官圩爲蜃蛤之鄉。自花津迄於烏溪，類皆逼近三湖，無以抵夏秋之風浪。逮有宋間，築埂於茲，始足以當之。由是歲修所至，罔間朔南。標分東西，與環同體。雖一工一段，亦足以爲全圩後世法。官圩之西北有謝家山，自龍津蜒蜿而來，姑溪如虹貫，蟠繞其際。官以其地饒沃，諭築圍其前，與民謀衣食之樂，遂得嘉名爲官圩云。修築之頃，萬夫臝至。四岸之隄，一時畢茸。豈非土沃民滷，以俟愛百姓之官，而開千百世之樂利者與！當風日清美，冠蓋親臨，履其長隄，憑輿細勘，必悠然而動遐思。見督理之有方、儲備之有法、興鷺之美善、宣防之勤勞，必曰：此官櫛風沐雨、苦心焦勞之所致也。頑惰之夫，益思有以懲。見湖光之浩蕩、磐石之鞏固，椿薪接蹟而來隄，畚鍤聯肩而負土，必曰：此官率作興事、分派田畝之所及也。四圍之遠，益思有以保之。見四岸之間、闔圩之内，士人守孝弟忠信之行，農女戒冶游蕩逸之習，必曰：此官導以禮義而登之衽席者也。附近之圩，益思有以安之。觸類而思，不一而足。余知官圩之建，前人所以力爲經營，因地制利，無不厲其教養之思，奚肯擾夫吾民也哉？彼夫傍水尋洲，非不廣矣；依山採蘢，非不高矣。不過刈蘆葦之薄材，種薯蕷之微物。不旋踵間水旱加之，余不知其何樂也。雖然，丹湖發源徽甯，委蛇數百十里而入江，白涌碧翻，六朝之時，往往棄之爲澤國。今則大小合圍，歲慶安瀾，無所慮乎蕩析矣。然則，果誰之力與？父母斯民，有肩斯任而閱斯編者，當思章孟諸公，督理盡善，其投衣捍水之功，世祀不忒，利民衛國之心，有不油然興耶？余不敏，讀書撰跋，欲上推逸叟蒐輯之功者，附諸編末。他若修隄防汛之規，皆略而不陳，懼贅也。

時維光緒庚子無射月

門生丁守謙百拜敬録

跋《述餘八卷》 倣唐劉禹錫《陋室銘》體

　　功不在高，不朽則名。業不在大，可傳則成。斯是《述餘》，惟吾圩馨。山水廻環綠，桑麻徧野青。人物有鴻儒，名勝無白丁。可以觀政績，談藝文。有器具之備用，占驗之通靈。史彝尊《册籍》，湯天隆《條陳》。劉子云餘蘊畢宣。

時維光緒二十六年庚子菊秋

門人朱萬溢恭識

跋《官圩修防彙述·補編》 倣唐魏徵《十思疏》體

　　蓋聞求食之飽者，必謀其菽粟，欲衣之煖者，必課以桑麻。思居之安者，必保其家室。舍菽粟而求食之飽，廢桑麻而欲衣之煖。毀家室而思居之安，人雖下愚，知其不可，而況大官圩乎？圩董操修防之重，統四岸之大，不念居安思危，戒貪且惰，斯亦離菽粟以求飽、去桑麻以求衣也。凡昔圩董奉官示諭，辦理者實繁，彙述者蓋寡，豈言之易行之難乎？蓋在漁利必竭誠以阿好，既棘手則設詭以欺懦。竭誠則胡越爲一體，設詭則骨肉爲行路。雖申之以舊制，陳之以《圖説》，聞《瑣言》而不知悟，《庶議》而不心服。圩不在大，成事在人。春工冬工，俱宜上緊。誠能獎人材則慮知識之卑陋，憂廢壓則慮墳垾之增添，分高下則慮十字圍之已没，念衝激則慮搪浪埂之久荒，懼旱澇則慮陡門之閉塞，樂疏通則慮港滋之壅污，憂廢弛則慮夫名之懶惰，念荒歉則慮草場之失業，懔無益則慮瀆祀乎鬼神，戒冶遊則慮淫縱之婦女。總此十慮，葺補全編雜説以明之，常歌以入之，則君子勞其心，小人勞其力，官長布其惠，圩董効其忠。士農交勉，安瀾相慶，何有蕩析離居，致下民之昏墊哉？

門生朱甸寅識

後跋

　　先生輯《官圩修防彙述》一書成，命及門諸子校，字仿宋人用聚珍排印，已蔚然成集矣。莊誦之暇，有不能已於言者。因憶受業

時，優游饜飫於詩書味長軒下，先生時以古文指示。先生雖棄帖括者久，而晚節彌堅。自班、范以下及韓、蘇、歐、柳，明之歸、胡諸家，暨國初諸老，無不嗜之彌篤。良鈺籍隸池陽，兆斌生長郡內，未與修防之役，不敢擅贊一詞，因推同緫尚君沛恩，丁君玉山、佩卿、少民，朱君璞臣、旬寅，援倣古體，各跋一通，雖不能得古人神味，亦可擬古人具體。第未知有當於先生之意否。且未知有當於閱是編者之意否。敬綴數語以附簡末，亦猶太史公附青雲之士，施於後世之意云爾。

　　　　　　　光緒庚子秋仲門人池陽曹良鈺敬
　　　　　　　　偕門人郡城朱兆斌同註

　　整理人：胡濤，文學博士，湖北大學文學院古籍研究所中國古典文獻學專業講師。代表作：《古畫微（全注全譯彩圖版）》。